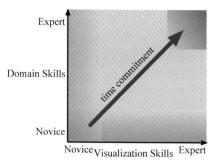

图 1-23　沉浸式技能空间

图片来源：文献[38]

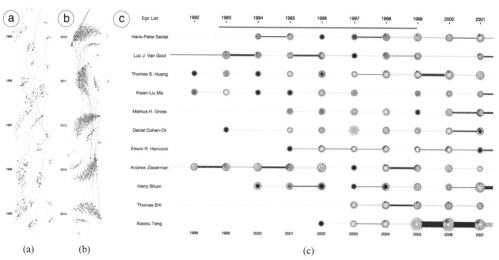

(a)　　　(b)　　　　　　　　　　　　　(c)

图 5-34　数据概述中 DBLP 协作网络数据集的部分可视化

图片来源：文献[30]

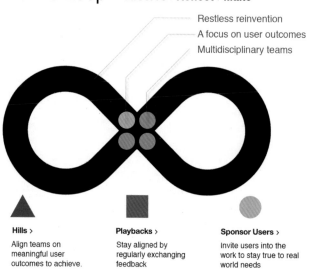

图 10-5　IBM 设计思维模型

图片来源：文献[9]

  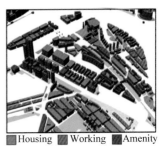

Housing　Working　Amenity

图 12-6　城市空间的不同可视化方式比较

图片来源：文献[3]

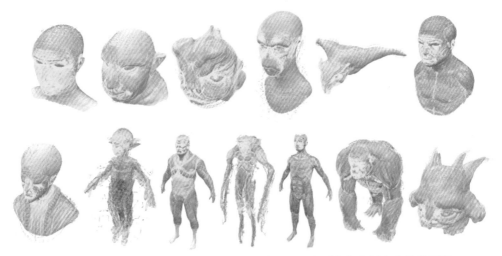

图 13-19　作为参考在网格上渲染的笔画密度。红色到黄色表示密度从低到高

图片来源：文献[4]

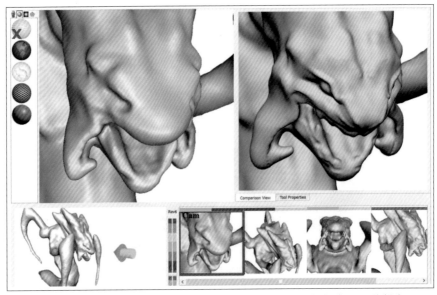

图 13-37　比较视图功能。"概览"面板中的箭头有两种颜色表示两种版本

图片来源：文献[14]

数据科学与大数据技术专业核心教材体系建设—— 建议使用时间

四年级上：分布式系统与云计算｜自然语言处理｜信息检索导论

三年级下：计算理论导论｜编译原理｜计算机网络｜非结构化大数据分析｜模式识别与计算机视觉｜智能优化与进化计算｜信息内容安全

三年级上：数据结构与算法Ⅱ｜并行与分布式计算｜大数据计算智能｜数据库系统概论｜网络群体与市场｜人工智能导论｜密码技术及安全｜程序设计安全

二年级下：离散数学｜计算机系统基础Ⅱ

二年级上：数据结构与算法Ⅰ｜计算机系统基础Ⅰ｜数据科学导论

一年级下：程序设计Ⅱ

一年级上：程序设计Ⅰ

面向新工科专业建设计算机系列教材

数据可视化与设计思维

编　著

林俊聪

夏佳志

曾　伟

郭诗辉

清华大学出版社

北京

内 容 简 介

本书以设计思维与可视化作为切入点,立足迎合新工科建设对创新人才培养的目标,依托数据可视化课程做一些积极探讨,撰写一本能够有效支撑该课程的新型教材。本书首先在数据可视化的定义、历史和数据建模等的基础上,进一步介绍针对不同数据形态(如文档、音视频、时空数据、图和层次数据、高维数据等)的具体可视化技术及研究前沿;然后介绍设计思维的定义及相关模型;最后通过不同领域的案例演示如何将设计思维的理念用于具体的可视系统的设计与实现中。

本书可作为高等院校计算机、软件工程专业高年级本科生、研究生的教材,也可作为对可视化和可视设计比较熟悉且对设计思维有兴趣的开发人员、广大科技工作者和研究人员的参考用书。

图书在版编目(CIP)数据

数据可视化与设计思维/林俊聪等编著. -- 北京:清华大学出版社,2025.4.
(面向新工科专业建设计算机系列教材). -- ISBN 978-7-302-68663-7

Ⅰ. TP31

中国国家版本馆 CIP 数据核字第 2025QP4814 号

策划编辑:白立军
责任编辑:杨　帆　常建丽
封面设计:刘　键
责任校对:刘惠林
责任印制:刘　菲

出版发行:清华大学出版社
　　　　网　　　址:https://www.tup.com.cn,https://www.wqxuetang.com
　　　　地　　　址:北京清华大学学研大厦 A 座　　　　　邮　　编:100084
　　　　社 总 机:010-83470000　　　　　　　　　　　邮　　购:010-62786544
　　　　投稿与读者服务:010-62776969,c-service@tup.tsinghua.edu.cn
　　　　质量反馈:010-62772015,zhiliang@tup.tsinghua.edu.cn
　　　　课件下载:https://www.tup.com.cn,010-83470236
印 装 者:三河市龙大印装有限公司
经　　销:全国新华书店
开　　本:185mm×260mm　　　印　张:22.75　　插　页:2　　字　　数:561 千字
版　　次:2025 年 5 月第 1 版　　　　　　　　　　　　印　　次:2025 年 5 月第 1 次印刷
定　　价:79.00 元

产品编号:092589-01

出版说明

一、系列教材背景

人类已经进入智能时代，云计算、大数据、物联网、人工智能、机器人、量子计算等是这个时代最重要的技术热点。为了适应和满足时代发展对人才培养的需要，2017年2月以来，教育部积极推进新工科建设，先后形成了"复旦共识""天大行动""北京指南"，并发布了《教育部高等教育司关于开展新工科研究与实践的通知》《教育部办公厅关于推荐新工科研究与实践项目的通知》，全力探索形成领跑全球工程教育的中国模式、中国经验，助力高等教育强国建设。新工科有两个内涵：一是新的工科专业；二是传统工科专业的新需求。新工科建设将促进一批新专业的发展，这批新专业有的是依托现有计算机类专业派生、扩展而成的，有的是多个专业有机整合而成的。由计算机类专业派生、扩展形成的新工科专业有计算机科学与技术、软件工程、网络工程、物联网工程、信息管理与信息系统、数据科学与大数据技术等。由计算机类学科交叉融合形成的新工科专业有网络空间安全、人工智能、机器人工程、数字媒体技术、智能科学与技术等。

在新工科建设的"九个一批"中，明确提出"建设一批体现产业和技术最新发展的新课程""建设一批产业急需的新兴工科专业"。新课程和新专业的持续建设，都需要以适应新工科教育的教材作为支撑。由于各个专业之间的课程相互交叉，但是又不能相互包含，所以在选题方向上，既考虑由计算机类专业派生、扩展形成的新工科专业的选题，又考虑由计算机类专业交叉融合形成的新工科专业的选题，特别是网络空间安全专业、智能科学与技术专业的选题。基于此，清华大学出版社计划出版"面向新工科专业建设计算机系列教材"。

二、教材定位

教材使用对象为"211工程"高校或同等水平及以上高校计算机类专业及相关专业学生。

三、教材编写原则

(1) 借鉴 *Computer Science Curricula* 2013(以下简称CS2013)。CS2013

的核心知识领域包括算法与复杂度、体系结构与组织、计算科学、离散结构、图形学与可视化、人机交互、信息保障与安全、信息管理、智能系统、网络与通信、操作系统、基于平台的开发、并行与分布式计算、程序设计语言、软件开发基础、软件工程、系统基础、社会问题与专业实践等内容。

（2）处理好理论与技能培养的关系，注重理论与实践相结合，加强对学生思维方式的训练和计算思维的培养。计算机专业学生能力的培养特别强调理论学习、计算思维培养和实践训练。本系列教材以"重视理论，加强计算思维培养，突出案例和实践应用"为主要目标。

（3）为便于教学，在纸质教材的基础上，融合多种形式的教学辅助材料。每本教材可以有主教材、教师用书、习题解答、实验指导等。特别是在数字资源建设方面，可以结合当前出版融合的趋势，做好立体化教材建设，可考虑加上微课、微视频、二维码、MOOC 等扩展资源。

四、教材特点

1. 满足新工科专业建设的需要

系列教材涵盖计算机科学与技术、软件工程、物联网工程、数据科学与大数据技术、网络空间安全、人工智能等专业的课程。

2. 案例体现传统工科专业的新需求

编写时，以案例驱动，任务引导，特别是有一些新应用场景的案例。

3. 循序渐进，内容全面

讲解基础知识和实用案例时，由简单到复杂，循序渐进，系统讲解。

4. 资源丰富，立体化建设

除了教学课件外，还可以提供教学大纲、教学计划、微视频等扩展资源，以方便教学。

五、优先出版

1. 精品课程配套教材

主要包括国家级或省级的精品课程和精品资源共享课的配套教材。

2. 传统优秀改版教材

对于已经出版、得到市场认可的优秀教材，由于新技术的发展，计划给图书配上新的教学形式、教学资源的改版教材。

3. 前沿技术与热点教材

反映计算机前沿和当前热点的相关教材，例如云计算、大数据、人工智能、物联网、网络空间安全等方面的教材。

六、联系方式

联系人：白立军

联系电话：010-83470179

联系和投稿邮箱：bailj@tup.tsinghua.edu.cn

面向新工科专业建设计算机系列教材编委会

2019 年 6 月

面向新工科专业建设计算机系列教材编委会

主　任：

张尧学　清华大学计算机科学与技术系教授　中国工程院院士/教育部高等学校
　　　　软件工程专业教学指导委员会主任委员

副主任：

陈　刚　浙江大学　　　　　　　　　　　　　　　副校长/教授
卢先和　清华大学出版社　　　　　　　　　　　　总编辑/编审

委　员：

毕　胜　大连海事大学信息科学技术学院　　　　　院长/教授
蔡伯根　北京交通大学计算机与信息技术学院　　　院长/教授
陈　兵　南京航空航天大学计算机科学与技术学院　院长/教授
成秀珍　山东大学计算机科学与技术学院　　　　　院长/教授
丁志军　同济大学计算机科学与技术系　　　　　　系主任/教授
董军宇　中国海洋大学信息科学与工程学部　　　　部长/教授
冯　丹　华中科技大学计算机学院　　　　　　　　副校长/教授
冯立功　战略支援部队信息工程大学网络空间安全学院　院长/教授
高　英　华南理工大学计算机科学与工程学院　　　副院长/教授
桂小林　西安交通大学计算机科学与技术学院　　　教授
郭卫斌　华东理工大学信息科学与工程学院　　　　副院长/教授
郭文忠　福州大学　　　　　　　　　　　　　　　副校长/教授
郭毅可　香港科技大学　　　　　　　　　　　　　副校长/教授
过敏意　上海交通大学计算机科学与工程系　　　　教授
胡瑞敏　西安电子科技大学网络与信息安全学院　　院长/教授
黄河燕　北京理工大学计算机学院　　　　　　　　院长/教授
雷蕴奇　厦门大学计算机科学系　　　　　　　　　教授
李凡长　苏州大学计算机科学与技术学院　　　　　院长/教授
李克秋　天津大学计算机科学与技术学院　　　　　院长/教授
李肯立　湖南大学　　　　　　　　　　　　　　　副校长/教授
李向阳　中国科学技术大学计算机科学与技术学院　执行院长/教授
梁荣华　浙江工业大学计算机科学与技术学院　　　执行院长/教授
刘延飞　火箭军工程大学基础部　　　　　　　　　副主任/教授
陆建峰　南京理工大学计算机科学与工程学院　　　副院长/教授
罗军舟　东南大学计算机科学与工程学院　　　　　教授
吕建成　四川大学计算机学院(软件学院)　　　　　院长/教授
吕卫锋　北京航空航天大学　　　　　　　　　　　副校长/教授
马志新　兰州大学信息科学与工程学院　　　　　　副院长/教授

毛晓光	国防科技大学计算机学院	副院长/教授
明　仲	深圳大学计算机与软件学院	院长/教授
彭进业	西北大学信息科学与技术学院	院长/教授
钱德沛	北京航空航天大学计算机学院	中国科学院院士/教授
申恒涛	电子科技大学计算机科学与工程学院	院长/教授
苏　森	北京邮电大学	副校长/教授
汪　萌	合肥工业大学	副校长/教授
王长波	华东师范大学计算机科学与软件工程学院	常务副院长/教授
王劲松	天津理工大学计算机科学与工程学院	院长/教授
王良民	东南大学网络空间安全学院	教授
王　泉	西安电子科技大学	副校长/教授
王晓阳	复旦大学计算机科学技术学院	教授
王　义	东北大学计算机科学与工程学院	教授
魏晓辉	吉林大学计算机科学与技术学院	教授
文继荣	中国人民大学信息学院	院长/教授
翁　健	暨南大学	副校长/教授
吴　迪	中山大学计算机学院	副院长/教授
吴　卿	杭州电子科技大学	教授
武永卫	清华大学计算机科学与技术系	副主任/教授
肖国强	西南大学计算机与信息科学学院	院长/教授
熊盛武	武汉理工大学计算机科学与技术学院	院长/教授
徐　伟	陆军工程大学指挥控制工程学院	院长/副教授
杨　鉴	云南大学信息学院	教授
杨　燕	西南交通大学信息科学与技术学院	副院长/教授
杨　震	北京工业大学信息学部	副主任/教授
姚　力	北京师范大学人工智能学院	执行院长/教授
叶保留	河海大学计算机与信息学院	院长/教授
印桂生	哈尔滨工程大学计算机科学与技术学院	院长/教授
袁晓洁	南开大学计算机学院	院长/教授
张春元	国防科技大学计算机学院	教授
张　强	大连理工大学计算机科学与技术学院	院长/教授
张清华	重庆邮电大学	副校长/教授
张艳宁	西北工业大学	副校长/教授
赵建平	长春理工大学计算机科学技术学院	院长/教授
郑新奇	中国地质大学(北京)信息工程学院	院长/教授
仲　红	安徽大学计算机科学与技术学院	院长/教授
周　勇	中国矿业大学计算机科学与技术学院	院长/教授
周志华	南京大学计算机科学与技术系	系主任/教授
邹北骥	中南大学计算机学院	教授

秘书长：

白立军	清华大学出版社	副编审

FOREWORD

前言

习近平总书记在党的二十大报告中指出：教育、科技、人才是全面建设社会主义现代化国家的基础性、战略性支撑。必须坚持科技是第一生产力、人才是第一资源、创新是第一动力，深入实施科教兴国战略、人才强国战略、创新驱动发展战略，这三大战略共同服务于创新型国家的建设。报告同时强调：推动战略性新兴产业融合集群发展，构建新一代信息技术、人工智能、生物技术、新能源、新材料、高端装备、绿色环保等一批新的增长引擎。而信息技术与经济社会的交汇融合引发数据迅猛增长，数据已成为国家基础性战略资源。大数据正日益对全球生产、流通、分配、消费活动以及经济运行机制、社会生活方式和国家治理能力产生重要影响。数据正在变得无处不在、触手可及。相对应地，理解数据并提取其价值将其可视化的能力则成为一种稀缺服务。

我近20年的研究生涯一直围绕着计算机图形学、可视化展开，在这个过程中也受到很多大师经典著作的启蒙和引导，既有国内的，也有国外的。在这么多年的研究生涯中，我感受颇深的是计算机图形学、可视化真的是计算机科学中非常严谨又很有艺术性的一个领域。无论在图形学还是可视化的国内外旗舰会议上都可以见到其跟艺术的紧密结合，各种不同的艺术展穿插其中，向观众呈现美妙的视觉盛宴。而在教学过程中，我的授课对象也以数字媒体技术/艺术专业学生为主，他们兼具计算机和艺术方面的背景知识，在与他们的授课交流中我也感受到他们对这个方向的热爱，同时他们也给我带来一些不同的灵感和启迪。在多年进行相关研究、讲授相关课程的实践中，我看到，在讲授时适当融入设计和艺术的相关思维的必要性。设计思维体现了设计者探究设计挑战以及创造性解决设计难题而进行的一系列连续思考和行动的过程，作为一种新的理念，设计思维契合当前世界对创新人才培养的需求，在学生的培养过程中引入设计思维的概念有助于实现我国教育范式的转变。而现有的教材很少体现这种设计相关思维，对老师和学生缺乏相应的引导。编写本书的动机就是为师生学习的时候提供这样的引导。

本书由三部分14章构成：第一部分（1～8章）为数据可视化基础理论，主要对数据可视化和设计思维的基本情况以及它们之间的关系进行阐述；针对不同的数据类型，结合其特点介绍具体的可视化手段和可视分析的方法；第二部分（9～11章）对设计思维的提出、特点、工具以及常见的设计思维模型进行介绍，对设计思维本身的可视呈现的方法与研究进行阐述；第三部分（12～14章）

为设计思维驱动的可视分析方法,主要结合作者的研究背景和领域热点,选取若干典型案例,示范如何运用设计思维理念设计相应的可视分析系统。

限于时间和编著者水平,本书错误、疏漏之处在所难免,敬请谅解。

编　者

2024 年 12 月

CONTENTS

目录

第 一 部 分

第 二 部 分

第 三 部 分

第 一 部 分

第 1 章

数据可视化概述

◇ 1.1 数据可视化的定义

"数据可视化"一词可以追溯到公元 2 世纪。在古代社会,绘画和其他可视表现被用来认识世界,也用来记录历史事件。在人类历史上,数据可视化为发明和发现做出了重大贡献[1]。计算机的出现使数据的可视表达发生了巨大的变化。借助计算机图形绘制的数据可视结果,数据分析变得更快、更准确。数据可视化已经成为算法、感知、动画、计算机视觉等领域研究的重要组成部分。

数据可视化通过图形编码,将抽象的数据转换为与人类认知一致的可视表达,以增强人对数据的认知。可视分析利用可视表达,辅以交互手段,将人的感知、联想、决策、顿悟能力和机器的计算能力相结合,帮助人们发现数据中的潜在模式,获得数据的洞察。以 2020 年欧洲杯为例,数据可视化工程师 Krist Wongsuphasawat 利用数据流图对 2020 年欧洲杯小组赛的整场比赛进行了可视化总结(见图 1-1),每条流线都代表特定的分数线,每条河流(流线)的高度与在特定时间段内有多少场小组赛达到该分数线成正比,还用不同的颜色编码了比分。另外,图中的圆圈表示进球。实心圆圈表示比赛的最后进球,轨迹表示进球之前的得分线。通过对整个比赛过程的回顾可以发现,在足球比赛中往往第一个球就会奠定比赛胜利的基础,因为获得首胜球却输掉比赛的次数仅占全部比赛的 5%。这只是可视化技术在生活中应用的一个缩影。

学者们从不同角度给出了"数据可视化"的定义,大多数都侧重于数据和计算机技术之间的联系,以便将数据转换为视觉或声音形式。Stuart K. Card、Jock Mackinlay 和 Ben Schneiderman[2] 将数据可视化定义为"使用计算机支持的、交互式的、可视化的数据表示来放大认知"。数据可视化涉及信息交换,包括发送者、接收者和信息,Andy Kirk[3] 将数据可视化定义为"利用我们的视觉感知能力放大认知的数据表示和呈现"。他强调,数据可视化的设计要求以有效和高效的形式表示数据。数据的可视化表示是这些定义的关键元素。数据可视化的目的是通过图形化的手段帮助探索和分析蕴含在数据中的现象和规律。在文献[4]中,Nikos Bikakis 将数据可视化定义为:"数据可视化是以图形或图形格式表示数据,数据可视化工具是生成此表示的软件。数据可视化为用户提供了以交互方式探索和分析数据的直观手段,使他们能够有效地识别有趣的模式,推断相关性和因果关系,并支持有意义的活动。"

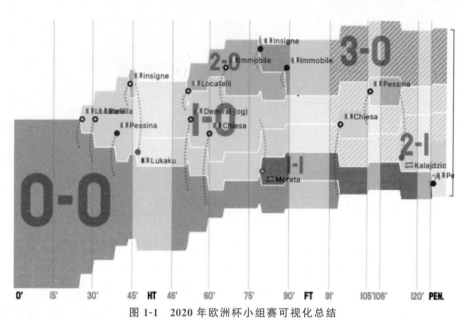

图 1-1　2020 年欧洲杯小组赛可视化总结

图片来源：可视化工程师 Krist Wongsuphasawat 个人主页

◇ 1.2　数据可视化的形态及演化

要了解数据可视化领域发展的趋势，从一些历史背景开始是很有效的。尽管数据可视化的起源可以追溯到史前时代，但大多数的发展都发生在最近两个半世纪里，尤其是在过去的 30 年里。数据可视化的整个发展历史大致可以分为以下几个阶段[5]。

- 图表萌芽(17 世纪之前)。可视化的最早萌芽出现在表示恒星和其他天体位置的几何图形，以及帮助导航和探索的地图制作中。古埃及测量师在规划城镇时就使用了坐标的概念；早在公元前 200 年，就开始用类似经纬度的东西确定地面和天体的位置，而 Claudius Totlemy 在亚历山大绘制的地球到经纬度投影图从此一直被作为参考，直至 14 世纪。

- 物理测量(1600—1699 年)。17 世纪最重要的问题主要集中在天文、测量、地图制作、导航和领土扩张的物理测量——时间、距离和空间。17 世纪还见证了理论上的巨大新发展和实际应用的曙光——解析几何和坐标系的兴起、测量和估计误差理论概率论的诞生，以及人口统计学和"政治算术(为了理解国家财富而对人口、土地、税收、商品价值等进行的研究)"的诞生。

- 新图形形式(1700—1799 年)。随着统计理论的萌生、感兴趣和重要数据概念的出现，以及初步确立的图形表示思想，数据可视化在 18 世纪被扩展到新的领域和新的图形形式。在制图领域，绘图人员开始尝试在地图上显示地理位置以外的其他信息，这促进了新的数据表示法(等值线和等高线)的发明，物理量的专业化制图也开始生根发芽。在 18 世纪末，我们看到了地质、经济和医学数据专业化制图的首次尝试。

- 现代图形(1800—1850 年)。之前的设计和技术创新为 19 世纪统计图形和专题地图的爆炸性增长提供了肥沃的土壤。

- 统计图形黄金时期(1850—1900 年)。可视化快速发展的条件已基本具备。为了认识到数字信息对社会规划、工业化、商业和运输的重要性,欧洲各地都成立了官方国家统计局。统计理论由 Carolus Fridericus Gauss 和 Pierre-Simon Laplace 提出,并由 Guerry 和 Quetelet 扩展到社会领域,为理解大量数据提供了手段。

- 现代黑暗时期(1900—1950 年)。19 世纪末,人们对可视化的热情已经被社会科学中量化和正式(通常是统计)模型的兴起所取代。数字、参数估计,尤其是那些有标准误差的数据都是精确的。图片只是图片,可能很有感召力,但做不到仅用三个或更多的数值陈述一个"事实"。这个时期几乎没有图形创新。

- 数据可视化重生(1950—1975 年)。仍然受到 20 世纪 30 年代中期开始的形式和数字时代思潮的影响,但从 60 年代中期开始从休眠状态恢复。

- 高维、交互和动态数据可视化(1975 年至今)。数据可视化已经发展成为一个成熟、充满活力和多学科的研究领域,每台计算机都可以使用包含各种可视化方法并适用于不同数据类型的软件工具。

图 1-2 概述了可视化发展历史中的各个时期以及一些里程碑事件出现的频率[5]。从 18 世纪初到 19 世纪末,这些标签稳步上升,此后有所波动,下面展开介绍可视化的演化形态。

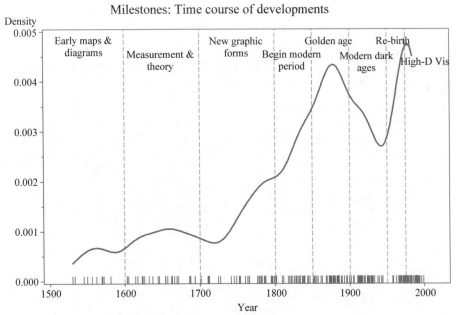

图 1-2　数据可视化发展历史中里程碑事件的时间分布密度

图片来源:文献[5]

认识自己所生活的环境,是人类的天性。在史前时代,古巴比伦人、古埃及人等都用图画的形式表现周边的环境,于是就有了地图。制作于公元前 6 世纪的巴比伦世界地图是目前已知的世界最古老的地图。巴比伦世界地图由两个同心圆所组成,地图上端为北方,下端为南方。内圆代表陆地,它的四周环绕着"盐海",陆地的最北方为山脉,幼发拉底河自北向南流过陆地的中心,并横穿处于地图中央偏上方位置的巴比伦。在外圆以外还有数个向外延伸的尖角,代表其他的地区。

相比于地图,地形图在人们的生产、生活中更为常用,因而出现的时间也更早一些。都灵莎草纸地图是世界上现存最古老的地形图,来自公元前1150年前后的古埃及新王国时期的都城,被古希腊大诗人荷马誉为"百门之都"的底比斯。图中展示了许多复杂的信息,包括地质信息和矿物的开采数据,并且最近的研究表明,其中的地质信息非常精确,可见古人的智慧着实不可小觑。

在地图的发展中,古罗马做出了很大贡献。古罗马人很擅长制作地图,主要原因是罗马帝国从未放下过扩张的野心——他们需要依据地图规划如何扩张。他们用线条表示路线,用图表展示目的地。这在当时是一种极为先进的地图绘制方式,并且直到现在仍有不少实用价值。

真正意义上的全球范围的世界地图的出现,是地图发展史上的又一个里程碑。诞生于公元2世纪的托勒密《世界地图》是第一张通过天体观测确定陆地位置的地图,同时还第一次采用了经纬线。托勒密用相同间隔的经线和纬线以俯瞰的视角绘出西起摩洛哥、东至中国的广阔区域。古代的天文学、地理学以及国际商业都市亚历山大港中积累的海图和地图,都被托勒密完美地结合在一起。可以说,这是世界上第一幅以俯瞰视角创作出来的世界地图。虽然由于历史的局限性,这幅世界地图不够准确,还有很多严重的错误,但它体现出的方法和思路对后世有巨大的意义。

除地图外,线性图也是可视化的一种形式。图1-3是历史上记载的最早的线性图。由于时间久远,该图的确切含义已不得而知。可信度最高的一种猜测是,该图是一张行星轨道图,描绘了行星随着时间的变化而变化的轨迹。但无论其确切含义是什么,在公元950年出现一张横轴、纵轴、折线等元素齐备的"多线图",就已经足以令人惊叹了。

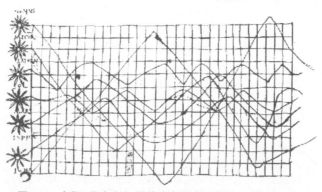

图1-3 太阳、月亮和行星的全年位置(欧洲,公元950年)

图片来源:文献[6]

此外,我们如今频繁使用的表格,也是世界上最早的数据可视化的应用之一。现存最早的表格是在公元2世纪时古埃及创建的,用来整理天文信息,作为航行时判断方向的依据。表格本质上是数据的一种文本表示,但它使用对齐、空白以及垂直线和水平线等可视化属性将数据排列成列和行,因此看起来直观得多。虽然表格的主体是文本,但是其将数据可视化地排列成列和行,迈出了可视化发展重要的第一步,实现了数据的文本与视觉表达的平衡。

定量数据在二维坐标尺度上的可视化表示,是图形最广为人知的表示形式。这种表示形式直到 17 世纪才出现。勒内·笛卡儿(René Descartes)(见图 1-4),17 世纪法国著名的哲学家和数学家,因为提出"我思故我在"的哲学命题而广为人知。这种最初表示定量数据的方法,正是笛卡儿发明的。但他的初衷并非为了更直观地表示数据,而是为了研究一种基于坐标系(见图 1-5)的数学,不过后来这种方式被证明是一种向他人传递信息的有效手段。

图 1-4　笛卡儿

图片来源:维基媒体

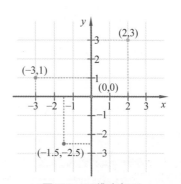

图 1-5　二维坐标系

图片来源:维基百科

在笛卡儿的发明之后,可视化在很长一段时间里发展缓慢。直到 18 世纪末至 19 世纪初,我们今天使用的许多图表,包括柱状图和饼状图,才被一位名叫 William Playfair 的苏格兰社会科学家发明,并得到显著改进(见图 1-6~图 1-8)。

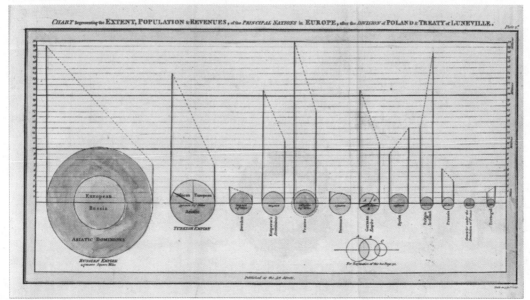

图 1-6　史上第一张饼状图

图片来源:文献[7]

然而,一个多世纪后,这些技术的价值才被人们认识到,并最终引进用图表表示数据的专业课程。最早的相关专业课程由爱荷华州立大学于 1913 年开设。

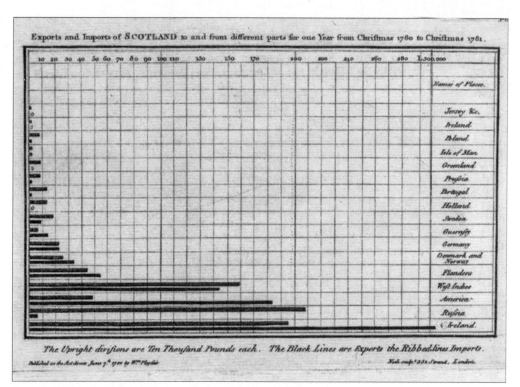

图 1-7　史上第一张条形图

图片来源：文献[7]

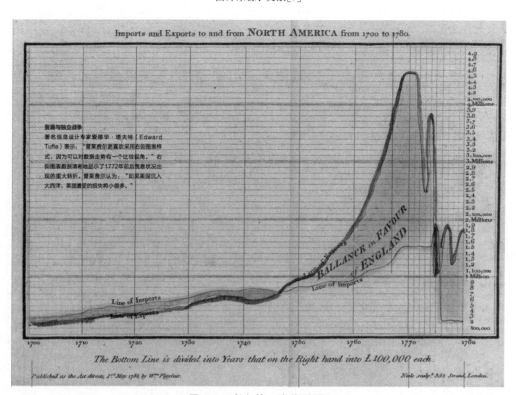

图 1-8　史上第一张线形图

图片来源：文献[7]

而最早将数据可视化作为一种探索和理解数据的手段的是普林斯顿大学的统计学教授 John Tukey，他在 1977 年发明了一种重要的可视化方法来探索和分析数据，被称为"探索性数据分析"（exploratory data analysis）。

1983 年，数据可视化爱好者 Edward Tufte 出版了具有开创性的著作——*The Visual Display of Quantitative Information*。他指出，我们本可以通过可视化的方法高效地展示数据，但遗憾的是，我们大多数人都选择了低效的方法。一年后，也就是 1984 年，苹果公司推出第一款便宜、流行、将图形作为交互和显示模式的计算机。这为数据可视化的应用铺平了道路，使我们能够从计算机直观地看到数据，并与之交互。

考虑到图形处理能力强大的民用计算机的流行，学术界增加了一个新的研究专业——"信息可视化"（information visualization）。1999 年，*Readings in Information Visualization：Using Vision to Think* 一书将该领域的工作整合在一起出版，使其为学术界以外的大众所知晓。

除以上这些数据可视化发展的里程碑外，20 世纪下半叶的另一个事件也极大地影响了数据可视化的质量，但却使其朝着相反的方向发展——IBM 个人计算机（Personal Computer，PC）（见图 1-9）的普及。个人计算机在工作场所变得普遍之前，如果需要以图形方式呈现数据，则将面临一段相当复杂的过程，包括使用 T 字尺（T-square）、绘图员的三角形（draftsmen's triangles），以及一套特殊的铅笔和钢笔，有时甚至需要几小时才能做出一个可以在会议中展示或者附在打印报告上的图表。正因为这个过程花费的时间和精力巨大，负责这项工作的人往往需要花很长

图 1-9　初代 IBM 个人计算机
图片来源：维基百科

时间研究如何更好地用图表进行交流，从而将收益最大化。但随着个人计算机的出现和电子表格等商业软件的普及，这种情况发生了变化。使用计算机，轻轻点击鼠标就可以将一堆数字转换成一个图表。即使是那些对图表设计一无所知的人，也能毫无成本地制作图表，仿佛一夜之间成为图表交流的大师。尽管 Edward Tufte 在 20 世纪 80 年代初做出了努力，但数据可视化的质量仍在很大程度上被忽略了，尤其是数量呈指数级增长的商业图表。

1.3　数据可视化的研究领域

数据可视化可进一步分为三个子领域：科学可视化、信息可视化和可视分析。科学可视化一般研究如何表示科学数据，这些数据通常是来源于真实的物理现象[8]。信息可视化则用于直观地表示抽象数据，如商业数据[2,8]。而可视分析则进一步强调交互，将人类智慧与机器智能联结在一起，在数据分析过程中充分发挥人的独有优势。它们都致力于如何将数据转换为可视化形式，使其成为可理解的信息，从而获得洞察力和知识。

1.3.1　科学可视化

科学可视化（Scientific Visualization，SciVis）侧重以图形方式展示科学研究产生的数据，以使科学家能够理解、说明并洞悉数据本质，它是可视化领域最早、最成熟的一个跨学科

研究与应用领域。早期,三维图形(也有一些二维)技术很大的发展动力都旨在支持科学可视化应用,其挑战包括如何适当地表示体积、曲面、照明源等的真实渲染,这些通常与动态元素(如时间)相关联。随着计算机图形学方法在科学领域的广泛应用和计算能力的提高,允许对科学数据进行实时分析,科学专家以特定领域的方式与科学可视化进行有效互动的需求也变得越来越重要。美国计算机科学家 Bruce H. McCormick 在其 1987 年关于科学可视化的定义中[9],首次阐述了科学可视化的目标和范围:"利用计算机图形学创建视觉图像,帮助人们理解科学技术概念或实验结果的那些错综复杂而又往往规模庞大的数字表现形式"。作为示例,图 1-10 展示了研究人员使用计算机仿真和可视分析理解复杂的生物分子系统,并发现用于治疗疾病和改善人类健康的分子。增加分子和受体之间的结合强度是设计有效药物的重要技术,它降低了结合熵,从而增加了总的结合亲和力。这项研究通过高性能计算和理论解决了从单分子到基因组的生物学和医学挑战。

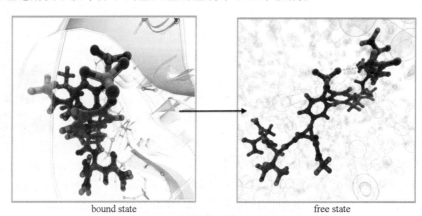

bound state   free state

图 1-10   构建针对有效药物的亲和力

图片来源:得克萨斯大学奥斯汀分校高级计算中心

1.3.2   信息可视化

信息可视化(Information Visualization,InfoVis)致力于将数据以某种易于理解和操纵的方式呈现出来,帮助我们更好地利用信息。它起源于统计图形学,通常用于在二维空间展示数据,最常见的信息可视化图表莫过于我们从小用到大的折线图、柱状图和饼状图。作为比较,以常见的地图导航为例,我们既可以以文本的形式详细列出各种不同路线从厦门出发到北京依次经过的重要道路节点、间隔距离、红绿灯,以及预估时间等一系列信息,还可以在地图上叠加不同的路线,并用颜色显示其拥堵程度等信息,文本标记每个路线方案的用时。两种方式各有其优缺点,对不同的人有不同的价值。

1.3.3   可视分析

可视分析(Visual Analytics,VAST)是以交互式的可视化界面为基础进行分析和推理的一门科学。它将人类智慧与机器智能联结在一起,使得人类独有的优势在分析过程中能够充分发挥。也就是说,人类可以通过可视化视图进行人机交互,直观高效地将海量信息转换为知识并进行推理。

可视分析的首要驱动愿景是将信息过载转换为机遇:正如信息可视化改变了我们对数

据库的看法一样,可视分析的目标是使我们处理数据和信息的方式相对分析的论述保持透明。对这些过程的可视化将提供与它们进行交流的方式,而不是简单地和分析结果放在一起。可视分析将促进对我们的流程和模型进行建设性的评估、纠正和快速改进,并最终提高我们的知识和决策(见图1-11)。

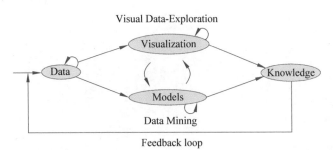

图1-11 可视、自动数据分析方法和数据库的紧密结合以提供可扩展、交互的决策支持

图片来源:文献[10]

◆ 1.4 感知与信息处理

可视化的一个基本目标是生成关于数据的图像以支持可视分析、探索和发现新见解。在可视化设计过程中,一个重要的考虑因素是人类视觉感知的作用。人的感知在可视化领域扮演着重要的角色,决定了可视化的效能。如何"看到"图像中的细节会直接影响观看者的效率和效果,对感知的理解可以显著提高所显示信息的质量和数量。

1.4.1 感知处理模型

如图1-12所示,我们可以将人的感知处理过程分为三个阶段[11]:在第一阶段,信息被并行处理,以提取环境的基本特征;在第二阶段,模式感知的主动过程拉出结构,并将视觉场景分割为不同颜色、纹理和运动模式的区域;在第三阶段,通过主动注意机制,信息被简化为视觉工作记忆中的几个对象,从而形成视觉思维的基础。

视觉信息首先由眼睛和大脑后部初级视觉皮层中的大量神经元处理。单个神经元被选择性地调谐到某些类型的信息,如边缘的方向或光点的颜色。在第一阶段的处理中,数十亿个神经元并行工作,同时从视野的每个部分提取特征。Anne Treisman[12]将结果描述为一组特征图。无论我们喜欢与否,这种并行处理都会继续高速进行,并且在很大程度上独立于我们选择关注的内容(尽管不是我们关注的地方)。如果想让人们快速理解信息,也应该让大脑中的这些大型、快速计算系统可以轻易地检测到它的方式来表达。

在视觉分析的第二阶段,快速活动过程将视野划分为区域和简单模式,例如连续轮廓、相同颜色的区域和相同纹理的区域。运动模式也非常重要,尽管在可视化中,运动作为信息代码的使用相对被忽略。视觉处理的模式发现阶段非常灵活,既受第一阶段并行处理中大量可用信息的影响,也受视觉查询驱动的自上而下的注意行为的影响。David Marr[13]将这一阶段称为处理2.5维草图。Ronald A Rensink[14]称其为原始物体通量,以强调其动态性质。

在感知的最高层次上,2.5维草图是视觉工作记忆中因主动注意的需求而保持的对象。

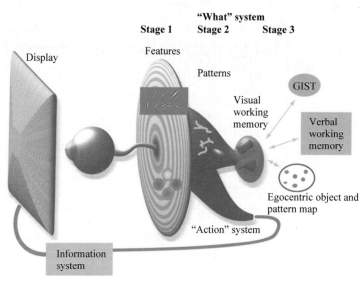

图 1-12　可视信息处理三个阶段模型

图片来源：文献[11]

为了使用外部可视化，我们构建了一系列通过视觉搜索策略回答的视觉查询。在这个层次上，一次只能拿几个物体；它们是根据可提供视觉查询答案的可用模式和存储在与任务相关的长期记忆中的信息构建的。例如，如果我们使用路线图寻找路线，视觉查询将触发两个视觉符号（代表城市）之间连接的红色等高线（代表主要公路）的搜索。

1.4.2　人类视觉

多年来，视觉研究人员一直在研究人类视觉系统如何分析图像。总的来说，人类的视觉系统依赖两部分：视网膜中的不同细胞和大脑中的处理过程。

如图 1-13 所示，当光线落在视网膜上时，它被三种不同类型的锥体细胞和一种杆状细胞捕捉。杆状细胞只有在光线较暗的情况下才会有效地活动，这意味着锥体细胞负责白天的视觉。视锥被分为 B(蓝色)、G(绿色)和 R(红色)或 S(短)、M(中)和 L(长)视锥，这取决于它们最敏感的颜色或波长。虽然锥体的分布和比例在个体之间可能存在显著差异，但这并不会产生很大影响[15]。需要注意的是，锥体之间有大量重叠，G 和 R 锥体能够吸收大部分 B 锥体光谱中的光。当光子撞击锥体中的分子并将其转变为另一个分子时，细胞会吸收光，这一过程称为漂白。这会释放出电脉冲。脉冲通过外丛状层到达视网膜内核层的双极细胞、水平细胞和无长突细胞。双极细胞是弥漫型或小型细胞。它们把几个锥体加起来，并考虑落在这些锥体上的光的分布（偏心和偏心）。侏儒细胞与较少的锥体相连。水平细胞受到某些光的激发，也受到其他光的抑制，这影响了颜色成分理论。无长突细胞倾向于对刺激开始和抵消做出反应。这些细胞类型随后通过内丛状层将信号发送到神经节细胞，这反映了早期细胞的集体特性。值得注意的是，视网膜的工作原理非常复杂，详细描述可以参考文献[16]等专业书籍。

水平细胞可分为 H1 和 H2 两类。G 锥和 R 锥为 H1 细胞提供了大部分输入，只有少量来自 B 锥，而 H2 细胞与 B 锥有很强的联系，这为颜色对立奠定了基础。颜色对立理论被用来创造感知色彩,一个著名的例子是创建于 1973 年的 CIELab。然而,它并不是完全精确的,Ebner 等[17] 随后对其进行了改进。国际照明委员会(CIE)则在 2002 年发布了 CIECAM02。人类感知颜色的方式会带来一些不同的效果。例如,即使颜色是由不同波长组合产生的,也可以被感知为相同的颜色。两种相同但成分不同的颜色被称为异聚体。此外,增加光的强度可以改变色调,被称为 Bezold-Brücke 现象。

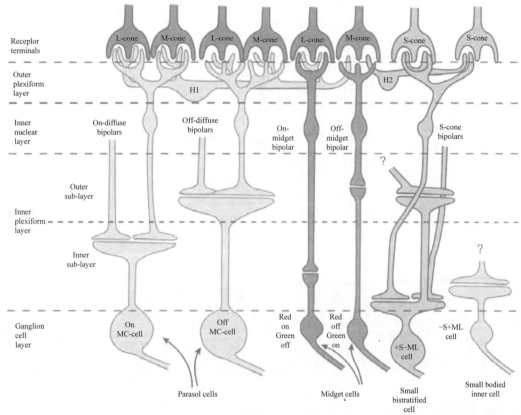

图 1-13　眼球视网膜构建过程

图片来源:文献[16]

在大脑中存在两种不同的视觉流、背侧流和腹侧流。顾名思义,背侧流沿着大脑的"背部"向上,而腹侧流在其下方,即大脑的"腹部"。背侧流负责确定某物的"位置",而腹侧流决定它是什么。两者都始于大脑的 V1 区(视觉区 1),位于大脑皮质枕叶的纹状体皮质。背侧流经过 V2 和 V3 到 V5,也被称为中颞叶皮质。腹侧流通过 V2 到 V4,但不是 V3。这种分离还在继续,但变得更加紧密和复杂,大脑皮层至少包含 20 个不同的视觉区域[16],我们仍然不完全理解大脑中视觉信息的处理。

尽管被称为流,信号并不会只朝一个方向流动。如果一个人专注于某件事,那么视觉流中的细胞会改变他们的反应,尽管 V4 之前的区域似乎不是这样[18]。这也解释了变化和注意力不集中的失明等现象,如大猩猩服装实验[19]。在这个实验中,要求人们计算一个篮球被来回传递了多少次。因为他们的注意力集中在球上,所以他们没有注意到一个穿着大猩猩服装的人从屏幕上走过。其他实验表明,我们甚至可以在受试者没有察觉的情况下,将与其交谈的人替换掉[20]。视觉系统对注意力的竞争如图 1-14 所示。

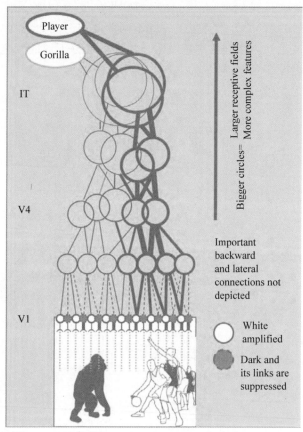

图 1-14　视觉系统对注意力的竞争

图片来源：文献[21]

1.4.3　色彩

1. 三原色理论

关于色觉最重要的事实是，我们的视网膜中有三种不同的颜色受体，称为视锥，它们在正常光照水平下活跃，因此具有三色性。我们也有杆状细胞，在低光下敏感，但除最暗的光线外，它们在所有光线中都被过度刺激，以至于它们对颜色感知的影响可以忽略。因此，为了理解颜色视觉，我们只需要考虑锥体。

图 1-15 所示为人眼视锥灵敏度函数，其中显示了三种不同的受体类型（S、M、L）如何吸收不同波长的光。很明显，L 和 M 这两个函数的峰值分别为 540nm 和 580nm，它们的重叠程度相当大；第三种是 S，它更为明显，峰值灵敏度为 450nm。短波 S 受体吸收光谱中蓝色部分的光，灵敏度低得多，这也是我们不应该在黑色背景上显示纯蓝色文本等详细信息的另一个原因。

由于只有三种不同的受体类型参与色觉，所以有可能将某一特定颜色的光与通常称为原色的三种色光的混合相匹配。目标色光具有完全不同的光谱组成并不重要，唯一重要的是匹配的原色是平衡的，使得锥体对该混合光的响应与目标光一致。

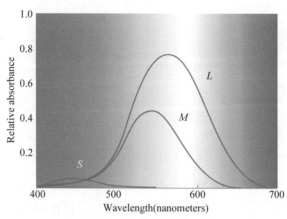

图 1-15　人眼视锥灵敏度函数

S-短波视锥　*M*-中波视锥　*L*-长波视锥

图片来源：文献[11]

2. 颜色度量

可以用不超过三个主光源的混合匹配任何颜色(见图 1-16(a))，这是色度学的基础。可以用如下方程描述一个颜色，任意颜色都可以通过调整红、绿和蓝的比例进行匹配(见图 1-16(b))：

$$C \equiv rR + gG + bB$$

其中，C 是要匹配的颜色；R、G 和 B 为用于创建匹配颜色的主光源；r、g 和 b 为每个主光源的量。$\equiv$ 表示感知匹配，即给定样本和红(rR)、绿(gG)、蓝(bB)的混合看起来一样。

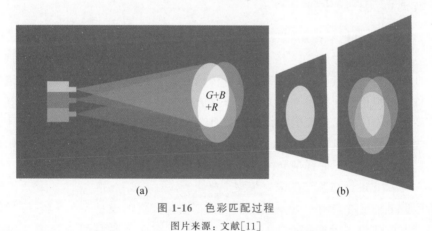

(a)　　　　　　　　　　　　　　(b)

图 1-16　色彩匹配过程

图片来源：文献[11]

3. 拮抗理论

19 世纪末，德国心理学家 Ewald Hering 提出了一种理论，即有六种基本颜色，这些颜色在感知上按照三个轴排列为对立的颜色对：黑-白、红-绿和黄-蓝[22]。近年来，这一原理已成为现代色彩理论的基石，并得到各种实验证据的支持(有关综述，请参阅文献[23])。现代对抗过程理论有一个完善的生理基础：来自锥体的输入在受体之后立即被处理成三个不同的通道。亮度通道(黑-白)基于所有锥体的输入。红-绿通道基于长波长和中波长锥形信号的差异。黄-蓝通道基于短波长锥体和其他两个锥体之和之间的差异。这些基本连接如图 1-17 所示。

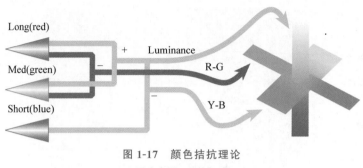

图 1-17　颜色拮抗理论

图片来源：文献[11]

拮抗理论预测某些颜色名称不应该出现在组合中。我们经常使用颜色术语的组合描述颜色，如黄绿色或绿蓝色。该理论预测，人们永远不会使用红绿色或黄蓝色，因为这些颜色在对立颜色理论中是极性对立的。

◈ 1.5　数据可视系统设计与评测

对可视化教学而言，设计是一个重要但具有挑战性的概念，从制作到评估可视化编码、用户交互或数据可视化系统。随着可视化领域的日益成熟，从评估策略[24-26]到设计过程[27-30]本身，刻画可视化设计方式的理论和模型变得越来越普遍。

1.5.1　数据可视系统设计

通常，可视化设计框架提供宏观层面的指导或过程步骤来支持可视化设计。开发可视化使用最广泛的标准化方法是可视化流水线[31]。它大致划分了四个独立的阶段：给定原始数据的数据分析、结果过滤、映射到最适合传输数据信息的图形元素，以及将结果呈现给显示器。许多可视化设计模型都遵循该流水线方法及其一些扩展和修改。由于在数据处理或渲染步骤的设计中存在潜在的致命误解，因此简单遵循流水线线性开发可能导致整个项目失败。为了减轻这种风险，研究人员提出一些新的模型以更好地管理变更需求，并在开发过程中频繁更新设计。下面详细介绍一些典型的模型。

1. 面向可视化设计和验证的嵌套模型

尽管已经出现了许多用于指导可视化系统创建和分析的模型[2,32]，但它们与如何对可视系统进行评估并没有紧密耦合。同样，之前也有大量关于评估可视化的工作[24,30]。然而，大部分工作侧重于列举各种方法并把重点放在如何执行这些方法上，而没有关于何时在这些方法之间进行选择的建议。Munzner[33]提出了用于可视化设计和评估的四层嵌套模型。顶层是用问题域的特定语汇描述相关任务和数据，下一层是将它们映射到抽象操作和数据类型，第三层是设计可视化编码和交互来支持这些操作，最内部的第四层是创建一种算法来自动高效地进行设计。这些层是嵌套的；"上游层"的输出是"下游层"的输入，如图 1-18中的箭头所示。这种嵌套的挑战在于，上游错误不可避免地会影响所有下游层。

如果在抽象提取阶段做出了一个糟糕的选择，那么即使是完美的视觉编码和算法设计，也无法创建一个解决预期问题的可视化系统。

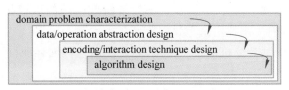

图 1-18 嵌套的可视设计与评估模型

图片来源：文献[33]

1）语汇

"任务"一词在可视化文献中被过度使用，涵盖了不同的抽象和粒度层级。在本模型中，"问题"用于表示用领域术语描述的任务，而"操作"则表示抽象任务。在讨论跨越不同的层次时，我们使用任务。

2）问题域和数据表征

在第一层次上，可视化设计师必须了解目标用户在某些特定目标领域的任务和数据，例如是关于微生物学还是高能物理，或电子商务。每个领域通常都有自己的专业术语来描述其数据和问题。而且通常有一些现有的工作流程来说明如何使用数据解决相关问题。域工作流表征的输出通常是目标用户针对一些异构数据集所询问的一组详细问题或执行的操作。细节是必要的：例如，"治愈疾病"的高级领域问题，并不足够详细成为模型中下一个抽象层次的输入，而底层域的问题"调查能显示基因表达水平和基因交互网络的微阵列数据"更适合作为输入。

3）操作和数据类型抽象

抽象阶段是将特定领域的词汇表中的问题和数据映射为计算机科学词汇表中更抽象和通用的描述。更具体地，它是在信息可视化的词汇表中：这个层次的输出是对操作和数据类型的描述，而这也是在下一个级别做出可视化编码决策所需的输入。所谓操作，指的是通用任务，而不是特定于领域的任务。这个阶段的另一方面是将原始数据转换为可视化技术可以处理的数据类型：各个列包含定量有序的数字或分类数据的表格；节点-链接图或树状图；包括空间中每个点的数值域。这样做的目标是找到正确的数据类型，以便它的可视化表达能解决问题。这通常需要将原始数据转换为另一种形式的派生类型。

4）视觉编码与交互设计

第三个层次是设计视觉编码与交互。自从 Jock Mackinlay[34] 和 Stuart K. Card 等[2] 的工作开始，视觉编码的设计在基础信息可视化文献中得到大量的关注。而可视化的交互设计理论还不太成熟，但是已经开始出现[35]。本模型将视觉编码和交互考虑在一起，而不是分开，因为它们是相互依存的。

5）算法设计

最内层结构是构建一种算法来自动进行视觉编码和交互设计。算法设计的问题并不是可视化所独有的，并且在计算机科学文献[36]中被广泛讨论。

2. 九阶段模型

尽管设计研究已经成为一种越来越受欢迎的问题驱动的可视化研究形式，但关于如何有效地进行设计研究，几乎没有可用的指导。Sedlmair 等[29] 提出了一个方法框架，为进行设计研究提供实践指导。他们将设计研究定义为一个项目，在该项目中，可视化研究人员分析领域专家面临的特定现实世界问题,设计支持解决该问题的可视化系统,验证设计,并反思经验教训,以完善可视化设计指南。我们刻画了两个轴——从模糊到清晰的任务清晰度轴和从领域专家的大脑到计算机的信息位置轴,并使用这些轴推理设计研究贡献、它们的适用性和其他方法的独特性。

如图 1-19 所示,他们提出的方法框架包括九个阶段:学习、筛选、角色转换、发现、设计、实现、部署、反思和写作。对于每个阶段,他们都提供了实践指导,并概述了潜在的陷阱。

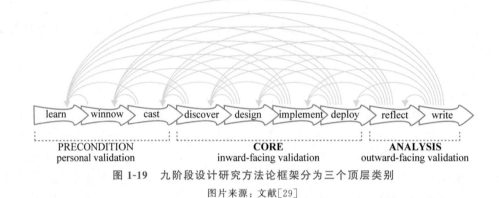

图 1-19　九阶段设计研究方法论框架分为三个顶层类别

图片来源:文献[29]

1) 前提阶段

关于学习、筛选和角色转换,致力于为可视化研究人员的工作做准备,以及寻找和筛选与领域专家的协同合作。

(1) 学习:可视化文献。

进行有效的设计研究的关键前提是扎实的可视化知识,包括可视化编码和交互技术、设计指南和评估方法。这种可视化的知识将指导所有后期阶段:在筛选阶段,它将指导选择与可视化的有趣问题相关的合作者;发现阶段侧重于问题分析,指导数据和任务抽象;在设计阶段,它有助于拓宽可能解决方案的考虑空间,并选择好的解决方案,而不是坏的解决方案;在实施阶段,有关可视化工具包和算法的知识可以加快开发稳定的工具版本;在部署阶段,它有助于了解如何在现场正确评估工具;在反思阶段,对当前最先进技术的了解对于比较和对比发现是至关重要的;在写作阶段,依赖前人的知识有效地构建文章框架。

(2) 筛选:选择有前途的合作伙伴。

这一阶段的目标是确定最有前景的合作。我们将这种策略命名为"筛选",这意味着将会有一个漫长的过程来区分好与坏,并暗示仔细选择是必要的:并不是所有潜在的合作都是好的匹配。对协作的过早承诺是一个非常常见的陷阱,它会导致平白花费大量时间和精力。

(3) 角色转换:确定合作者角色。

在设计研究协作中有两个关键角色。第一线分析师是进行实际数据分析的领域专家最终用户,也是将使用新的可视化工具的人。看门人是有权批准或阻止项目的人,包括授权人们在项目上花费时间和发布数据。在学术环境中,一线分析师通常是研究生或博士后,而实验室的主要研究人员则充当看门人。虽然在项目过程中确定额外的一线分析师很常见,但在与至少一位一线分析师建立联系并获得中心看门人的批准之前就开始设计研究是一个主要陷阱。本模型把角色和人区分开来,也就是说,一个人可能同时担任多个角色。然而,对于不同的设计研究,角色的分配可能是不同的——期望每个项目的角色都是相同的是另一个陷阱。此外,还可以引入几个额外的角色,他们有用但不是关键的,因此不需要在一个项目开始之前填充:联系人是将可视化研究人员与其他领域人员联系起来的人,通常是第一线分析师。翻译人员擅长将他们的领域问题抽象成更通用的形式,并将它们与更大环境的领域目标联系起来。共同作者是论文写作过程的一部分;通常直到项目结束时才会发现哪些合作者(如果有的话)适合这个角色。最后,他们还确认了一个应该非常小心对待的角色:其他工具开发者。这个角色经常想用可视化功能增强他们设计的工具。然而,他们可能没有与一线分析师直接接触,因此没有正确地描述可视化需求。将其他工具开发者误认为前线分析师是一个陷阱。

2) 核心阶段

设计研究的核心包含四个阶段:发现、设计、实现和部署。

(1) 发现:问题表征与抽象。

在设计研究中,必须了解目标领域和专家领域的实践、问题和需求,以便发现可视化是否能够以及如何能够实现洞察和发现。只关注工作流程中有问题的部分,而忽略工作良好的成功方面是一个陷阱。

发现阶段与软件工程中所谓的需求分析相关,它直接与领域专家交谈和观察相关。在设计研究中,问题描述和抽象的过程是迭代和循环的:专家说话,研究人员听,研究人员进行抽象,然后从专家那里获得关于抽象的反馈。当抽象的重新细化开始于发现阶段时,它将继续贯穿所有后续阶段,直至最后的编写阶段。

问题描述和抽象对于设计研究至关重要,特别是精辟的抽象有助于将设计研究的特定结果和发现迁移到其他领域,也方便将用户对领域问题进行可理解和直接的可视化描述。抽象应该在发现阶段的早期使用,并且应该经常与专家核对来确认其正确性。

(2) 设计:数据抽象、视觉编码与交互。

在发现阶段,通过领域专家对问题达成共识后,可视化研究人员可以开始设计可视化解决方案。开始这个阶段并不意味着对问题表征和任务抽象的改变已经完成;随着后续阶段的继续工作,对问题和任务的进一步细化几乎是不可避免的。

在这个阶段,对设计的定义是数据抽象、视觉编码和交互机制有效生成的基础。模型将数据抽象作为一个活跃的设计组件,因为关于可视化设计的许多决策包括转换和派生数据,不包括任务抽象,它本质上是关于专家需要完成什么。任务抽象可能是实际领域的好反映,也可能是坏反映,而研究人员提出的数据抽象可能适合或不适合手头的特定问题。

(3) 实现:原型,工具 & 可用性。

软件原型和工具的实现与设计过程紧密地联系在一起。选择合适的算法来满足可伸缩性和其他需求,将新软件与现有工作流紧密集成,创建软件原型,这些都是涉及编码的设计活动实例。这里总结了一些在实现设计原型和解决方案的过程中有用的人机交互和软件工程指南。

(4) 部署:发布和收集反馈。

核心阶段的最后阶段包括部署一个工具,并收集关于它实际使用的反馈。这个阶段是一个成功的设计研究的中心组成部分,但一个常见的陷阱是没有在项目时间表中构建足够的部署时间。

3)分析阶段

包含反思和写作,通常是在回顾的时候完成的,但可以在过程的早期开始。

(1)反思:确认、细化、拒绝、提出指导方针。

反思的重要性及其对研究的价值在人类学等其他领域得到了认可。这种批判性反思在设计研究中也很需要;反思是工程研究产生的地方,未能做到这一点是一个陷阱。思考特定设计研究如何与更大的可视化研究领域相关,对于增加知识体系并让其他研究人员从中受益至关重要。它对于改进现有设计指南尤其有用:根据新的发现,可以通过进一步证明其有用性以对先前提出的指南进行确认;用新的见解改进或扩展;在应用后发现不起作用时就可以排除或提出新的指导准则。

(2)写作:设计研究论文。

关于设计研究的写作通常与反思并行进行,但可以随时开始。在撰写设计研究论文时,一个常见的陷阱是包含太多的领域背景,将写作精力投入呈现任务和数据的清晰抽象中通常是更好的选择。设计研究论文应该只包含理解这些抽象概念所需的最少的领域知识。另一个挑战是,从构成设计研究的一系列事件中构建一个有趣而有用的故事。研究者必须重新阐明在过程开始时不熟悉的,但后来已经内化和隐含的东西。

3. 基于五设计表方法的手绘式设计

对于希望创建一个新的信息可视化工具的开发人员来说,其中一个挑战是决定如何可视化数据。想出新颖的可视化形式是困难的,需要可视化设计师具备发散思维,能够考虑不同的可能性。草图和低保真度的原型设计已经被证明能够让人们快速地记录这些想法,从而帮助人们组织思想并使脑海中可能的想法变得具体化。基于此,Roberts 等[37]提出了五设计表(Five Design Sheet,FdS)的完整解决方案(见图 1-20),以草图为基础,培养发散性思维,可以让用户思考要设计的工具的目标、操作和交互。

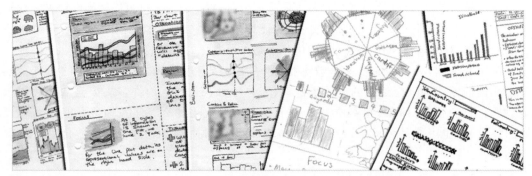

图 1-20　FdS 由 5 张纸组成,每张纸由 5 部分组成

图片来源:文献[37]

顾名思义,FdS 由 5 张表格组成,包括一张头脑风暴表单(见图 1-21(a));三张设计图纸(见图 1-21 (b))和一张实现图纸(见图 1-21(c))。每张表格由 5 部分组成。它提供了一个正式的结构,专注于创建一个交互式界面,并鼓励用户进行创造性的思考。相应地,整个方法也分为 5 个阶段(见图 1-22):①用户考虑任务(用户满足客户端);②用户发散思维,考

虑了许多不同的想法；③用户创造了三个原则设计；④设计被考虑、反映，或与客户讨论；⑤最终设计（实现表）被创建。

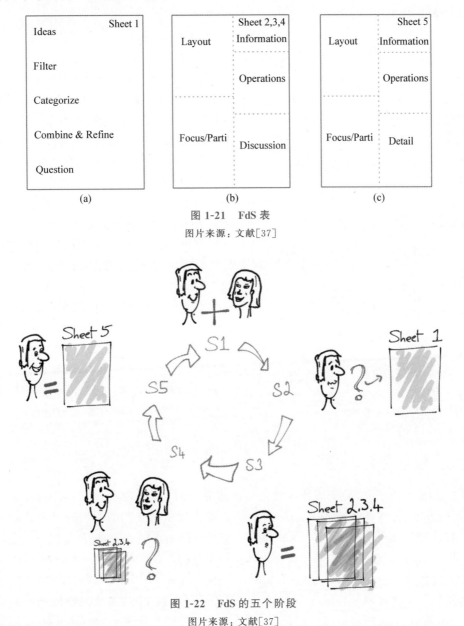

图 1-21 FdS 表

图片来源：文献[37]

图 1-22 FdS 的五个阶段

图片来源：文献[37]

4. 面向问题驱动可视化的沉浸式设计

技术驱动的可视化旨在创建"新的、更好的技术，而不必与特定的用户需求建立强大的联系"，与之相反，问题驱动的可视化的目标是"与真实用户一起工作，解决他们真实世界的问题"。也由此，问题驱动的可视化带来了知识结构和文化差异的挑战。一段时间以来，可视化领域一直在呼吁增加应用研究，实现这一目标的关键是打破可视化和其他领域之间的壁垒，Hall 等[38]倡导的沉浸式设计为问题驱动的可视化工作提供了另一种视角。沉浸式设计如同文化熏陶,设计者直接体验和参与不同于自己的社区、环境或语言。这种文化的浸入可以带来对目标场景的特征、相应的过程和挑战的更细致的理解,并增加对一个人在目标领域产生的假设和想法的意识。

"沉浸式设计"是一种问题驱动的可视化设计方法,可视化研究人员(或目标领域专家)参与到另一个领域的工作中,这样可视化设计、解决方案和知识就会从这些跨学科的经验和交互中涌现出来。从可视化的角度看,通过沉浸式设计意味着让自己沉浸在目标领域中,并以领域专家的方式参与数据和分析过程,以告知可视化过程和设计。从领域专家的角度看,这意味着将可视化作为一种设计和思考过程,以帮助探索和定义问题的方法或解决方案。这种方法是解决问题驱动的一种灵活的方法。Hall等认为沉浸式设计有以下几个关键特点。

- 公共的。研究人员进入彼此的领域,现有的社区有他们自己的角色和文化。
- 个人的。研究人员与其他领域密切相关,受其影响,并亲自参与其中。
- 活跃的。研究者积极参与其他领域,参与领域活动,而不仅仅是观察活动。
- 棘手的。该方法的过程和结果来源于可视化与目标领域的跨学科交互。

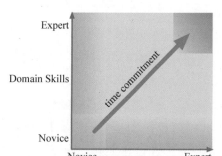

图 1-23   沉浸式技能空间(见彩插)
图片来源:文献[38]

沉浸式设计的一个关键特征是,研究人员通过跨学科经验转换和丰富其知识与技能,如图 1-23 所示。每个学科都表示为一个轴。合作者在他们自己的"家庭"学科(可视化或目标领域)的专业知识可能有所不同,如从"新手"到"专家"的这些轴所示。可视化研究人员(和领域专家)在专业知识方面存在差异,如研究生与高级研究人员。可视化专家通常在目标领域拥有最少的知识或专业知识,反之亦然。这些边界情况由红色和蓝色矩形表示。

1.5.2   数据可视系统评测

正如其他实证研究,关于信息可视化实证研究也面临许多挑战[39]。例如,在实证研究中很难选择正确的关注点并提出正确的问题;很难根据所感兴趣的问题选择合适的方法以及确保程序和数据收集方面足够严格,等等。鉴于这些情况,正确地进行数据分析仍然很困难,尤其是如何将一组新的结果与以前的研究和现有理论联系起来。具体而言,信息可视化的实证研究涉及人机交互(Human-Computer Interaction,HCI)实证研究、感知心理学实证研究和认知推理实证研究。HCI与实证研究的关系显而易见,许多感兴趣的任务都是界面交互任务,如缩放、过滤和访问数据细节[40]。这些交互任务提供了对可视化表示及其底层数据集的访问,这些任务的各方面通常与系统的可用性有关。除可用性问题外,感知和可理解性问题在评估表征编码的适当性和视觉信息的可读性方面也很重要[41]。此外,在信息可视化中,存在各种各样的认知推理任务,这些任务因数据类型和特征而异,从低级的详细任务到复杂的高级任务。其中一些任务没有明确定义,尤其是那些对数据有新见解的任务,并且可能更难进行经验测试。最后,还有一个核心问题是,给定的信息可视化能否成功,关键在于它能否揭示或促进对数据的洞察[42-43]。通常,信息处理和分析任务复杂且定义不清,如发现意外且通常是长期的或持续的情况。洞察的具体内容可能因人而异,因此很难定义,也很难衡量。本节将围绕可视分析介绍一些相关的定量和定性的分析方法。

1. 系统可用性评价

系统可用性量表(System Usability Scale,SUS)由 Brooke 于 1996 年开发[44],作为一个权宜有效的调查量表,允许可用性从业者快速而轻松地评估给定产品或服务的可用性。最初的 SUS 工具由 10 个陈述组成(见表 1-1),按照 5 分的一致性强度评分表评分。SUS 的最终分数在 0~100,分数越高表示可用性越好。因为这些陈述在正面和负面之间交替,所以在给调查打分时必须小心。在实践中,大家发现受试人员经常会对第 8 个陈述中的"cumbersome"感到困惑,因此很多人会把该词替换成"awkward",也有不少人把"system"换成"product",最终就得到了表 1-1 右边的版本[45]。

表 1-1　原始的 SUS 陈述(左)和修改后版本(右)

原始的 SUS 表格	修改后的 SUS 表格
我认为我会频繁使用该系统	我认为我会频繁使用该产品
我发现该系统没必要如此复杂	我发现该产品没必要如此复杂
我认为该系统易于使用	我认为该产品易于使用
我认为我需要技术人员的支持才能使用该系统	我认为我需要技术人员的支持才能使用该产品
我发现系统的各项功能整合得很好	我发现产品的各项功能整合得很好
我认为该系统存在很多不一致的地方	我认为该产品存在很多不一致的地方
我可以想象大部分人能很快学会使用该系统	我可以想象大部分人能很快学会使用该产品
我发现该系统用起来非常麻烦	我发现该产品用起来非常麻烦
我觉得使用这个系统非常自信	我觉得使用这个产品非常自信
在开始使用该系统前,我需要学习很多东西	在开始使用这个产品前,我需要学习很多东西

表格来源:文献[45]

尽管还有许多其他优秀的替代方案(见表 1-1),但 SUS 有几个特性,使其成为一般可用性从业者的良好选择。首先最主要的一点是,该调查与技术无关,因此足够灵活,可以评估各种接口技术,从交互式语音应答(IVR)系统和新型硬件平台,到更传统的计算机接口和网站。其次,该调查相对快速,便于研究参与者和管理人员使用。再次,这项调查提供了一个单一的评分量表,从项目经理到计算机程序员,这些人通常参与产品和服务的开发,在人为因素和可用性方面可能经验很少或根本没有经验。最后,这项调查是非专有的,因此也是一种成本效益高的工具。

2. 扎根理论

扎根理论(Grounded Theory,GT)最早由 Glaser 和 Strauss[46]提出,此后不断发展和演化。广义上来说,它是一种迭代数据收集和分析的方法。它大量使用编码过程,但它不仅仅是一种编码方式。重要的是,它不同于强调可靠性、有效性和实例计数的协议分析和内容分析等方法。GT 的本质是探索性的概念和理论发展。它涉及理论观点和主观理解之间的相互作用,同时要求与数据"匹配"。

表 1-2   主要的可用性调研方法

名　　称	缩写	开发者	长度/道	可用性	界面	可靠性
情景后问卷	ASQ	IBM	3	非私有	任意	0.93
计算机系统可用性问卷	CSUQ	IBM	19	非私有	基于计算机	0.95
后系统可用性问卷	PSSUQ	IBM	19	非私有	基于计算机	0.96
软件可用性测量目录	SUMI	HFRG	50	私有	软件	0.89
系统可用性量表	SUS	DEC	10	非私有	任意	0.85
实用性、满意度和易用性	USE	Lund	30	非私有	任意	未报道
网站分析和测量目录	WAMMI	HFRG	20	私有	基于网页	0.96

表格来源：文献[45]

　　GT 的具体过程在文献[47]中已有详细描述。GT 将涉及就一个主题采访样本人群，记录采访内容，对部分记录进行编码，并将这些代码相互关联。编码是识别和命名重要文本块的过程。例如，我们可以将前面的句子标记为"编码"，并将此段落标记为"GT 方法"。这种抽象便于对跨文本或文本内不同部分乃至不同访谈内容进行分析。应在访谈之间进行分析和编码，以便对问题进行调整，以指导未来的数据收集。变化包括访谈和分析在多大程度上交织，以及编码过程的具体情况（例如，并非每个人都会进行开放式、轴向和选择性编码——这大致转换为标记代码、相互关联代码以及分别选择主代码）。此外，持更具建构主义立场的分析师强调使用分析工具，如编写理论备忘录、定义代码和将代码整合到更广泛的类别。"建构主义"的立场强调对语境进行描述，而不是发现对语境的描述，这将更加"客观主义"。

　　3. 主题分析法

　　主题分析是一种识别、分析和报告数据中模式（主题）的方法。它最低限度地组织和详细描述数据集，尽管已经被广泛使用，但对于什么是主题分析以及如何进行主题分析并不存在明确的一致意见。它可以被视为一种没有深刻烙印的方法，因为它似乎不像其他方法那样作为"已命名"的分析而存在。从这个意义上讲，通常没有明确将其称为分析方法，但实际上，我们认为许多分析基本上是主题性的，尽管被称为其他东西（如 DA，甚至是内容分析[48]）甚至根本没有被确定为任何特定方法（如数据"受到常见重复主题的定性分析"[49]）。根据文献[50]，主题分析的过程可以分为如表 1-3 所示的6 个阶段。

表 1-3   主题分析的 6 个阶段

阶　　段	过　程　描　述
熟悉自己的数据	转录数据、读取和再次读取数据、必要时记录初始想法
生成初始编码	系统化地编码数据的感兴趣特征、收集与每个编码 i 相关的数据
寻找主题	将编码整理成主题，搜集与每个潜在主题相关的所有数据
审查主题	检查主题是否与提取的编码内容（Level1）乃至整个数据集（Level2）相关，生成该分析的主题地图

续表

阶　　段	过　程　描　述
定义和命名主题	完善每个主题的描述、分析的整体故事,生成每个主题的清晰定义和名称
生成报告	选择生动、令人信服的例子;分析所选择的内容,将分析与研究问题相关联,最终生成该分析的学术报告

表格来源:文献[45]

参考资料

数 据 基 础

◈ 2.1 概 述

在文献[1]中,Tamara Munzner 对可被可视化的抽象类型进行了总结,归纳了四种基本的数据集类型:表(tables)、网络(networks)、域(fields)和几何图形(geometry);其他可能的数据集包括集群、集合和列表。这些数据集由 5 种基本数据类型的不同组合组成:项、属性、链接、位置和网格。对于这些数据集类型,完整的数据集可能是可直接获得的静态文件形式,也可能是以流的形式逐步处理的动态数据。属性的类型可以是分类的,也可以是顺序的,进一步可以按次序和数量区分。属性的排序方向可以是顺序的、发散的或循环的。

对数据而言,语义和类型是相当重要的两个属性,也是其可视化的基础。可视化设计的许多方面,都是由可以使用的数据种类驱动的。能提供什么样的数据?可以从数据中找出哪些信息,是否包括那些必须明确了解的含义?可以使用哪些高级概念将数据集分割成普通的和重要的部分?

假如有如下数据:

24　　170　　64　　31　　78　　295

这六个数字的序列是什么意思?如果没有关于数据类型的更多信息,你不可能知道这个问题的答案。它可能表示一个人的年龄、身高、体重、腰围、胸围和脚长,也可能表示三维空间中两个点的坐标,分别为(24,170,64)和(31,295,78),还可能是大学里不同课程的选课人数。可能情况太多了,根本无法一一列举。因此,如果没有足够的关于数据类型的信息,我们是不可能确定一串数据的含义的,也无法判断可以对其进行怎样的操作,将其可视化更是无从说起。

同样,再看下面一组数据:

Salmon　　S　　17　　Atlantic

这些数字和单词可能有很多含义。也许它表示某个居住在大西洋城(Atlantic)的萨蒙先生(Salmon)的年龄(17)和衣服尺寸(S),也可能表示今天捕捞的小尾(S)大西洋(Atlantic)三文鱼(见图 2-1)的数量(17)和梨树已经生长到令人满意的地步(S 代表 satisfactory),还可能表示在某个城市的巴兹尔点附近,梨溪有限公司的除雪服务已经清除了17 厘米的积雪(S 代表 snow)。可以看到,仅凭

图 2-1　大西洋三文鱼

图片来源:维基百科

借一个单词,我们并没有办法确定 Salmon 和 Atlantic 的具体含义。它们可能是动物名,也可能是人名,还可能是地名,甚至公司名。因此,我们必须明确知道每个数据的语义,才能确定整组数据的含义,最终才能实现数据的可视化。

总的来说,要想对数据进行可视化,至少要知道两个信息:数据的语义和类型。数据的语义,通俗地讲就是数据在现实世界中的意思。例如,一个单词是代表一个人的名字,还是一个公司名字的缩写形式? 或者是一个城市? 一个水果? 一个数字是代表一个月中的某一天,一个人的年龄,一次身高的测量值? 还是某个特定人的唯一的编码,某个社区的邮政编码,或者空间中的一个位置? 这些信息就是由数据的语义确定的。数据的类型,简单来说,就是数据的结构或数学解释。在数据级别,它是什么样的东西:一个项,一个链接,一个属性? 在数据集级别,这些数据类型如何组合成一个更大的结构:一个表、一棵树、一个样例值的域? 在属性级别,哪些数学运算对它有意义? 例如,如果一个数字表示苹果个数的计数,那么它的类型就是数量,并且将两个这样的数字相加是有意义的。而如果这个数字代表一个邮政编码,那么它的类型就是代码,而不是数量——它恰好只是一个数字,而不是其他文本类别的名称。将两个这样的数字相加是没有任何意义的。

表 2-1 显示了一个数据集的几行数据。确切的语义应该由数据集的创建者提供;这里提供了列的标题。在这种情况下,每个人都有一个唯一的身份标识,还有姓名、性别、年龄和爱好。

表 2-1　一个简单的示例表,每列标题提供了该属性语义

ID	姓　名	性　别	年　龄	爱　好
1	张三	男	18	读书
2	梅超风	女	7	乒乓球
3	王建国	男	12	篮球
4	李超群	男	33	游泳
5	黄蓉	女	5	旅游
6	陈倩	女	24	画画
7	陈巧巧	女	53	围棋

有时,仅通过观察数据文件的语法或者里面的变量名,就可以正确推断出数据的类型和语义,但一般情况下还必须提供对应的数据集,才能做出准确的解释。有时这种附加信息被称为元数据。数据和元数据之间的界限并不明确,尤其是考虑到数据的派生和转换时。因此,我们不必刻意区分它们,统称为数据即可。

◆ 2.2　数 据 类 型

2.2.1　基本数据类型

本书讨论的 5 种基本数据类型是项(Items)、属性(Attributes)、链接(Links)、位置(Positions)和网格(Grids)。

- 项是分离的单个独立实体,如简单表中的行或网络中的节点。另外,项也可以是人、股票、咖啡店、基因、城市等具体的事物。
- 属性是指数据的某种可以测量、观察或记录的性质。例如,属性可以是工资、价格、销售数量,也可以是蛋白质的表达水平或者温度。
- 链接用来表示项之间的关系,一般用于网络中。
- 位置是一个空间数据,即在二维(2D)或三维(3D)空间中指定一个坐标。例如,一个位置可以是表示地球表面的一个地点的经纬度对,也可以是指定医疗扫描仪测量的空间区域内的一个坐标的 3 个数。
- 网格则是根据单元之间的几何和拓扑关系,制定了对连续数据采样的策略。

2.2.2　数据集类型

数据集是指待分析的信息的集合。4 种基本数据集类型分别是表、网络、域和几何图形,其他将项组合在一起的方法还包括集群(Clusters)、集合(Sets)和列表(Lists)等。在现实世界中,这些基本类型的复杂组合是很常见的。这些数据集类型是由项、属性、链接、位置和网格这 5 种基本数据类型组合而成的(见表 2-2)。

表 2-2　数据集类型及其组成

表	网　络	域	几 何 图 形	集群、集合、列表
项	项(节点)	网格	项	项
属性	链接	位置	位置	
	属性	属性		

图 2-2 详细展示了 4 种基本数据集类型的内部结构。表中有按项和属性索引的单元格,无论是简单的情况还是更复杂的多维情况。在网络中,项通常被称为节点,并且与链接相连;树是网络的一种特殊情况。基于单元格所包含属性的空间位置,连续的域具有网格,而空间几何图形则只有位置信息。

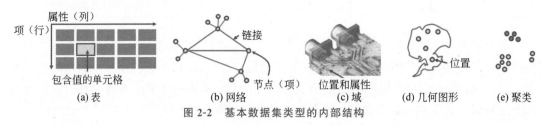

图 2-2　基本数据集类型的内部结构

1. 表

许多数据集以由行和列组成的表的形式出现,这是任何使用过电子表格程序的人都熟悉的形式。对一个简单的平面表而言,每行都代表一个数据项,而每列都是数据集的一个属性。表中的每个单元格都由行和列——一个项和属性的组合唯一确定,并包含该组合的值。图 2-3 展示了订单表中的部分示例,其中属性包括订单号、订单日期、优先级、数量、总价、发货日期和目的地。而多维表具有更复杂的结构,使用多个键来索引一个单元格。

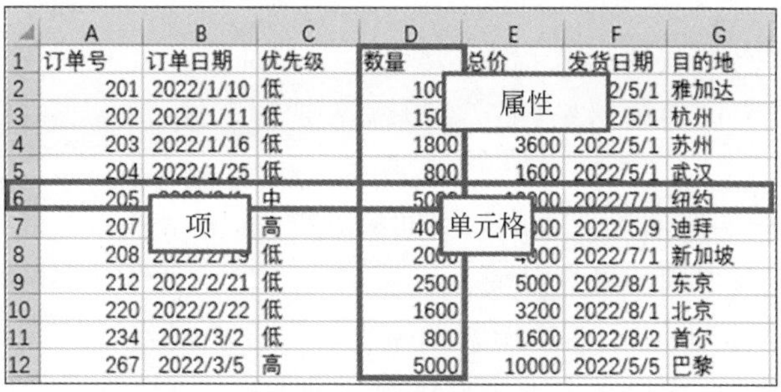

图 2-3　订单表示例

2. 网络

网络这种数据集类型非常适用于两个或多个项之间存在某种关系的数据。网络中的项通常被称为节点。链接表示两个项之间的关系。例如,在一个社交网络中,每个节点代表一个人,而链接则表示两个人之间的交情;在一个基因相互作用网络中,节点代表基因,它们之间的链接表示它们已经被观察到具有相互作用;在一个计算机网络中,节点代表计算机,链接则表示在两台计算机之间可以直接传递信息,也就是说它们之间通过网线或者无线连接相连。

网络节点可以具有关联的属性,就像表中的项一样。另外,链接也可以具有关联的属性,这些属性可能与节点的属性部分或者完全不相交。

具有层次结构的网络更具体地被称为树。与一般网络相比,树中没有圈,即每个子节点只有一个双亲节点指向它。树的一个例子是公司的组织结构图,表示公司的直接上下级关系。还有一个例子是生物学中表示物种之间的分类,其中人类和猴子节点的双亲节点都是灵长类动物。

3. 域

域数据集类型也包含与单元格相关联的属性值。域中的每个单元格都包含来自连续域的测量值或计算值:理论上可以测量无限多个值,因此始终可以在任意两个现有值之间获得一个新的测量值。温度、压强、速度、力和密度等连续量都可以在现实世界中测量或在软件中模拟。数学函数也可能是连续的。

例如,考虑一个表示人体医学扫描的域数据集,其中包含许多样本点上组织密度的测量值,规律地分布在一个三维空间中。低分辨率扫描将包括 262 144 个细胞,提供关于一个每个方向有 64 个箱子(bins)的三维空间的信息。每个细胞都与三维空间中的一个特定区域相关联。观察到的细胞网格越精细,密度的测量值就越准确。反之,由一个粗糙的细胞网格中获得的密度测量值的误差必然是较大的。

连续数据需要仔细处理,包括考虑如何进行采样,测量的频率应该设为多少,以及如何以易于理解的方式表示采样点之间的插值? 在测量值之间适当地插值能从符合测量值的任意角度出发重建数据的新视图。在信号处理和统计等领域,这些一般的数学问题正在被研究,而可视化域需要广泛地解决这些问题。

相比于连续型数据,上面讨论的表和网络类型是离散型数据的一个例子,其中存在有限数量的单个项,而它们之间的插值并不是一个有意义的概念。因此,我们需要寻找新的数学框架。而在这种情况下,图论和组合学等领域提供了相关的理论。

1）空间域

连续数据通常以空间域的形式出现，其中空间域的单元结构是基于空间位置的采样。大多数包含固有空间数据的数据集，都产生于需要理解数据各方面空间结构的情况下，尤其是对图形数据而言。

例如，对于使用医学成像仪器生成的空间域数据集，使用者的目的可能是定位一个可以通过独特的形状或密度识别的可疑肿瘤。可视化编码的一个可行方法是显示一些在空间上看起来像人体 X 光图像的东西，并使用颜色编码突出可疑的肿瘤。另一个例子是在一个真实或模拟的环境中测量飞机机翼上各点流过的空气的温度和压强，其目的是比较空气在机翼不同区域的流动形式。一种可行的可视化编码方式是使用机翼的几何形状作为空间基底，并使用不同大小的箭头表示不同的温度和压强。

拥有空间域数据的用户可能面临的工作限制了在设计可视化编码模式时对空间使用的许多选择。许多对于抽象数据的选择，由于数据集没有提供关于空间位置的信息，在这种情况下是不合适的。

总之，数据集应该具有空间域类型还是非空间表类型这个问题，对模式设计具有广泛而深远的影响。从历史上看，基于这种分化，可视化产生了不同的专业化的领域。在科学可视化这个子领域，就涉及用数据集给出空间位置的情况。科学可视化的一个核心问题就是在信号处理的数学框架内合理地处理连续数据。而在信息可视化这个子领域，则涉及由设计者决定在可视化编码中空间的使用情况。信息可视化的一个中心问题是确定所选择的模式是否适合数据和工作的结合，从而促进来自人机交互与设计方法的使用。

2）网格类型

当域包含以严格规范的间隔采样创建的数据时，如前面的示例，单元格将形成一个统一的网格。在这种情况下，不需要根据网格在空间中的位置精确存储其几何图形，也不需要根据每个单元格与其相邻单元格的连接情况精确存储网格的拓扑结构。在更复杂的例子中，还需要存储关于底层网格的不同数量的几何和拓扑信息。直线网格支持非均匀采样，能够高效地存储在某些区域复杂度高而在其他区域复杂度低的信息，但代价是存储关于每一行的几何位置的一些信息。结构化网格支持曲线形状，其中需要指定每个单元格的几何位置。最后，非结构化网格提供了最大的灵活性，但除要求精确存储空间位置信息外，还必须包括单元格间如何连接的拓扑信息。

4. 几何图形

几何数据集类型包括具有明确空间位置的项的形状的信息。这些项可能是点、一维直线或曲线，也可能是二维曲面或平面，或者三维空间。

几何数据集本质上是空间的，就像空间域一样，它们通常产生于需要理解形状的情况下。空间数据一般包括在多个尺度上的层次结构。有时这种结构本质上是由数据集提供的，有时也可以从原始数据中得到一个层次结构。

与其他三种基本数据集类型相比，几何图形数据集并不一定具有属性。可视化中的许多设计问题与如何编码属性有关。只有当纯粹的几何数据以一种需要考虑设计选择的方式派生或转换时，它在可视化的背景下才是令人感兴趣的。从空间域中导出轮廓是一个经典的例子。另一个经典的例子是，根据原始地理数据以适当的细节级别生成图形，例如森林、城市或国家的边界线，或者道路的走向曲线。而如何从场景的几何描述中生成图像，则属于另一个领域：计算机图形学。虽然可视化运用了计算机图形学中的算法，但它与该领域的研究重心并不相同。对于一个可视化设计师而言，简单地展示一个几何图形数据集并不是一件有趣的事。

几何数据有时会单独展示，特别是当理解图形是主要任务时。而在其他情况下，它往往作为附加信息的背景而存在，从而方便人们理解信息。

5. 其他数据集类型

除上面介绍的表类型外，还有许多其他方法可以将多个项组合在一起，例如集合、列表和集群。集合指的是一组无序的项。相对地，列表是具有指定顺序的一组项。而集群是指一个基于相似属性的分组，也就是说，一个集群中的项彼此之间的相似程度比它们与另一个集群中的项的相似程度要高。

在基本网络类型的基础上也有更复杂的结构。路径（path）是指网络上一组有序的部分，这部分由连接节点的链接组成。复合网络（compound network）是指一个带有关联树的网络：网络中的所有节点都是树的叶子，树中的内部节点为这些叶子节点提供一个不同于它们之间的网络链接的层次结构。

许多其他种类的数据，要么适用于前面提到的类型，要么在转换创建派生属性之后满足这些类型的适用条件。而复杂组合和混合组合，即完整的数据集包含多个基本类型的组合，在实际应用中很常见。

上面介绍的基本类型是描述分析实例中哪些部分与数据相关的起点，也就是数据抽象。在简单的情况下，可以仅使用这组术语描述数据抽象。而在复杂的情况下，可能还需要额外的描述。如果是这种情况，那应该花更多精力在将特定领域的术语翻译为尽可能通用的词汇这件事上。

6. 数据集可用性

对于任何数据集类型，数据集的可用性可以是静态的，也可以是动态的。可视化的默认方法假设整个数据集是一个静态文件，并且是一次性可用的。然而，有些数据集是动态流，其中的数据集信息在可视化会话的过程中会不断变化。一种动态的变化是添加新的项或删除旧的项，另一种是修改现有项的值。

可用性上的这种区别贯穿所有基本数据集类型：任何基本数据集类型都可以是静态的，也可以是动态的。针对流式数据的设计增加了可视化过程的许多方面的复杂度，而如果能提前确定完整的数据集的可用性，这些方面就会变得简单。

◇ 2.3　属性类型

图 2-4 所示为属性类型。属性类型主要分为用于分类的和用于排序的两种。在用于排序的类型中，又进一步分为定性比较的和定量的两种。有序数据的排序方向可能是从最小值到最大值，也可能从范围中间的零点向两个方向发散，或者这些值还可能在一个循环中缠绕。此外，属性也可能具有层次结构。

2.3.1　用于分类的属性类型

用于分类的数据和用于排序的数据有很多差异。用于分类的数据类型，如最喜欢的水

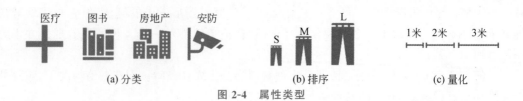

图 2-4　属性类型

果或蔬菜的名称,它没有隐式的顺序,但通常有层次结构。分类只能区分两个东西是相同的(都是苹果)还是不同的(一个是苹果,另一个是香蕉)。当然,任何的外部排序都可以强加在用于分类的数据上。例如,水果可以根据其名称或价格按字母顺序排序——但只有在有相关辅助信息的情况下才能做到。这些排序并不是属性本身就带有的性质,这与用于排序的类型的定性或定量的数据是不同的。此外,用于分类的属性还有许多其他例子,如电影类型、文件类型和城市名称等。

2.3.2　用于排序的属性类型:定性与定量

所有用于排序的数据都有内在的排序性质,这是其与用于分类的数据最本质的区别。这种数据类型还可以根据定性与定量进一步细分。

对于定性数据,如衬衫尺码,我们不能对其做严谨的算术,但有一个定义良好的大小顺序。例如,"大"减去"中"不是一个有意义的概念,但我们知道中介于小和大之间。排名也是一种定性数据,如评分前十的电影列表或图书清单。

定量数据是用于排序的数据的另一个子集。顾名思义,定量数据是一种支持算术比较的量级测量方法。例如,68 英寸减去 42 英寸的数量是一个有意义的概念,而 26 英寸的答案也可以计算出来。定量数据的其他例子包括身高、体重、温度、股票价格、程序中的呼叫函数数量,以及一天中在咖啡店出售的饮料数量,等等。此外,整数和实数都是定量数据。

1. 顺序与发散

用于排序的数据可以是顺序的,其中有一个从最小值到最大值的范围;也可以是发散的,它可以被解构为两个排序方向相反的序列,相交于一个共同的零点。例如,当测量从海平面到珠穆朗玛峰的最高点时,海拔数据集是顺序的。水深数据集也是顺序的,最高点是海平面,最低点是海底。而一个完整的海拔数据集将是发散的,陆地上的山脉的值上升,海底山谷的值下降,海平面则是连接两个顺序数据集的共同零点。

2. 循环

用于排序的数据也有可能是循环的,其中的值会绕回一个起点,而不会一直持续增加(减少)下去。例如,许多的时间测量都是循环的,包括一天中的某一小时、一周中的某一天和一年中的某个月份等。

2.3.3　具有层次结构的属性

在一个属性内部或多个属性之间可能存在层次结构。在十年中收集的公司的每日股票价格是时间序列数据集的一个例子,其中一个属性是时间。在这种情况下,时间可以分层次聚合,从几天到几周,几个月,几年。在多个不同时间尺度上可能会有有趣的模式,如工作日与周末的非常强的每周变化,或者更微妙的年度模式显示出夏季与冬季的季节变化。

2.4 语　　义

知道一个属性的类型并不能告诉我们它的语义,因为这两个问题是平行的:一个并不能指示另一个。考虑属性语义的不同方法已经在许多研究这些语义的领域提出。下面的分类主要集中于键与值的语义,以及空间的连续数据与非空间的离散数据等相关问题,以与风格设计、选择、分析的框架相匹配。另一个需要考虑的因素是,属性是否有时效性。

2.4.1　键与值的语义

"键"属性是用于查找"值"属性的索引,即我们可以通过键查找到对应的值。键与值之间的差别在表数据集类型和域数据集类型中是非常重要的。

1. 平面表

一个简单的平面表只有一个键,表中每个项对应表中的一行,以及任意数量的值属性。在这种情况下,键可能是完全隐式的,即它只是行的索引;但也可能是显式的,即它作为一个属性包含在表中。如果是这样,那么在该属性中不能有任何重复的值。在表中,键可以是用于分类的属性或用于排序的定性比较属性,但定量属性通常不适合作为键,因为没有什么可以阻止它们对多个项具有相同的值。

例如,表 2-1 中,姓名是一个用于分类的属性,它一开始看起来可能是一个合理的键,但由于最后一行与第一行的两个人有相同的姓名,所以它不是一个合适的选择。性别显然不是一个键,有很多不同男性和女性。不同的人可以取同样的姓名,有相同的年龄和爱好,所以这几个属性也都不能作为键。而这个表中的第一个属性,即 ID,显然具有唯一性,用它作为键再合适不过。键属性可以是用于排序的,也可以是用于分类的。例如,如果各行输入表中的顺序具有时间信息,那么键可以是用于排序的。而如果各行简单地作为唯一代码处理,则键是用于分类的。

图 2-5 展示了图 2-3 中的顺序表,并为其中每个属性都根据其类型着色。表中没有显式键,即所有属性都无法作为键:即使是订单号属性,也有重复项,因为订单号相同的订单由多个具有不同容器大小属性的项组成,所以它不作为唯一的标识符。此表是一个使用表中的行号作为隐式键的示例。

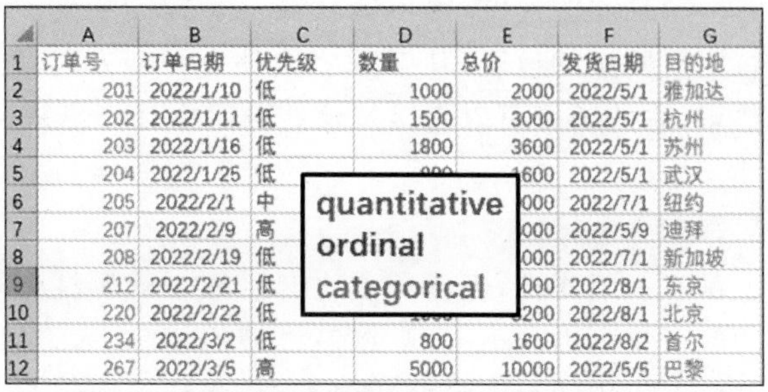

图 2-5　具有按其类型着色的属性列的订单表

2. 多维表

更复杂的情况是多维表,需要多个键来查找一个项。对每个项而言,其键的组合都必须是唯一的。即使单个键属性可能包含重复项,多个键的组合也必须是唯一的。例如,有一张来自生物学领域的多维表,其中一个键是基因,而另一个键是时间,因此每个细胞中的值是一个基因在特定时间的活动水平。

有时,关于哪些属性是键,哪些属性是值的信息可能并不为人所知;在许多情况下,确定哪些属性是独立的键和哪些属性是依赖这些键的值就是可视化过程的目标,而不是其起点。在这种情况下,使用可视化进行分析的成功结果可能是将一个平面表重新定义为一个在语义上更有意义的多维表。

3. 域

域和表有本质上的不同,因为域用来表示连续数据,而表则用来表示离散数据,但键和值仍然是域的中心问题。(在空间域数据中,相同的基本思想常常使用不同词汇表达,例如使用术语自变量而不使用键,使用因变量而不使用值。)

域由系统采样的方式而形成,因此每个网格单元对应一个连续域的独立区间。在空间域中,空间位置是一个定量键,这一点与表中的键往往是用于分类的或定性比较的不同。域和表之间最大的不同是,域中的有效值对应一个采样范围,而不是记录数据的确切点。

域的典型特征与键的数量和值的数量有关。域的多元结构取决于值的数量,而其多维结构则取决于键的数量。标准的多维情况是在二维或三维空间中进行静态测量而形成的二维或三维域,以及在测量是随时间变化的情况下,有三个键或四个键的域。一个域可以既是多维的,又是多元的,只要它同时包含多个键和多个值。根据多元结构,域可以分为标量域、向量域和张量域三类。标量域每个单元格有一个属性,向量域每个单元格有两个或两个以上属性,张量域每个单元格有多个属性。

4. 标量域

标量域是单变元的,在空间中的每个点上都只有一个单值。三维标量域的一个例子是上面提到的随时间变化的医学扫描。另一个例子是三维空间中每个点的温度。根据几何直觉,标量域中的每个点都有一个单值。空间中的一个点可以有几个不同的值与之关联,如果这些值之间没有潜在的联系,那么它们就只属于多个独立的标量域。

5. 向量域

向量域是多变元的,在每个点上都有一个包含多个属性值的列表。根据几何直觉,向量域中的每个点都有其方向和大小,就像一个可以指向任意方向,也可以是任意长度的箭头。箭头的长度可能意味着一个运动的速度,也可能代表一个力的强度。三维向量域的一个具体例子是室内空气在特定时间点的速度,其中每个项都有一个方向和速度。域的维度决定了速度向量中分量的数量,它的长度可以直接从这些分量中计算出来,只使用标准的欧几里得距离公式即可。

6. 张量域

张量域在每个点上都有一组属性,表示一个比向量域中的属性列表更加复杂的多元数学结构。一个物理上的例子是压力(stress)。在三维域的情况下,它可以用 9 个数字定义,它们代表在三个正交方向上作用的力。根据几何直觉,张量域中每个点的完整信息不能仅用一个箭头表示,而是需要一个更复杂的形状,如椭球体。

7. 域的语义

以上 3 种空间域的分类需要属性语义的知识,并且不能仅根据类型信息就做出判断。

如果只给出一个域,它的每个点都有多个测量值,并且没有进一步的信息,就没有确定的方法知道它的结构。例如,9 个值可以代表很多东西——9 个相互独立的标量域,或多个向量域和标量域的混合,或单个张量域等。

2.4.2 时间的语义

时间属性是指任何一种与时间相关的信息。关于时间的数据处理起来很复杂,因为我们使用丰富的层次结构表示时间,并且需要处理其周期结构带来的潜在问题。时间的层次是多尺度的:其范围从纳秒到几小时到几十年到几千年不等。即使是我们经常挂在嘴边的时刻(几点)和日期(几月几日),也是指定时间尺度的方式之一。时间分析的任务通常需要在已知的尺度上或在某些未知的尺度上,发现或验证时间的周期性。此外,时间尺度并不完全符合一个严格的层次结构;例如,一个月通常不能完整地分为几周。因此,在处理时间数据时,即使是转换和聚合这样最一般的可视化问题,往往也会变得特别复杂。但我们必须知道的一个重要点是,即使数据集的语义涉及随时间的变化,也有许多方法可以对数据进行可视化编码——其中一种是以动画的形式展示它随着时间推移的变化。

时间属性既可以具有值语义,也可以具有键语义。具有依赖的值语义的时间属性的例子有各个朝代的持续时间以及事件发生的日期等。在空间域和抽象表中,时间可以是一个独立的键。例如,一次随时间变化的医学扫描可以用独立的 x、y、z、t 键分别表示空间位置和时间,然后用依赖这四个键的组合的密度值属性查找位置和时间。时间键属性通常被认为是用于排序的定量类型的属性,尽管事件之间的持续时间并无交集,也可以将其视为定性比较的数据。

当时间是键属性(之一),而不是值属性时,数据集具有随时间变化的语义。与其他关于语义的判断一样,时间是否具有键语义或值语义这个问题需要知道关于数据集性质的外部信息,而不能仅根据数据集的类型信息就得出结论。一个具有随时间变化的语义的数据集的例子是一个使用传感器创建的网络,该网络通过每秒进行新的测量追踪兽群中每个动物的位置。由于每只动物在每个时间点都会有新的位置数据,所以时间属性是一个独立的键,而且很可能是理解该数据集的一个核心方面。相对地,包含过去一年所有比赛信息的赛马数据集可能具有作为值的时间属性,如比赛开始时间和每匹马跑的时间。这些属性确实可用于表示时间信息,但该数据集并不具有随时间变化的语义。

时间数据的一种常见情况发生在时间序列数据集中。顾名思义,时间序列就是成对的时间值的有序序列。这些数据集是表的一种特例,其中时间是键。这些成对的时间值通常情况下根据统一的时间间隔分布,但也有例外。典型的时间序列分析任务包括在多个时间尺度上寻找趋势、相关性和变化,如每小时、每天、每周以及每季度。

动态(dynamic)这个词经常用来指两种截然不同的东西中的一个。如上面所讨论的,有的人使用它表示数据集具有随时间变化的语义,即时间在数据集中是一个键。而另一些人则使用它表示数据集具有流类型,而不是一个可以一次性完全加载的不变的静态文件。在后面这种情况下,项和属性可以被添加或删除,并且它们的值在可视化工具运行会话期间可能会发生改变。因此,读者应根据上下文仔细区分到底是哪种情况。

◆ 2.5   数据预处理

2.5.1   数据清洗

数据可能有噪声、属性值不正确等情况。由于各种各样的原因,使用的数据采集仪器可能存在故障。例如,数据输入时可能出现人为或计算机错误;数据传输中也可能出现错误;可能存在技术限制(协调同步数据传输和消耗的缓冲区大小有限);不正确的数据也可能产生命名约定或数据代码不一致的结果。

数据清洗算法通过填充缺失值、平滑噪声数据、识别或删除异常值以及解决不一致性来"清理"数据。脏数据可能导致分析过程混乱。许多数据分析过程在处理不完整或有噪声的数据时并不总是健壮的。因此,数据清洗往往是不可或缺的。

可以通过很多方法解决数据缺失的问题[2],最简单的做法就是直接舍弃包含缺失值的数据样本,然而,这可能会在学习过程中产生偏差,重要信息可能会被丢弃。另一种做法就是对数据的概率函数进行建模,并考虑导致丢失的机制。通过使用最大似然法,对近似概率模型进行采样,以填充缺失值[3],这种统计方法也可用于识别异常值。对噪声进行处理主要有两种方法:第一种方法是使用数据抛光法校正噪声,特别是当噪声影响实例的标记时。甚至部分噪声校正也被认为是有益的[4],但这是一项困难的任务,通常仅限于少量噪声。第二种方法是使用噪声滤波器,它可以识别和去除训练数据中的噪声实例,并且不需要修改数据挖掘技术。

2.5.2   数据集成

数据集成方法将多个来源的数据合并到一个连贯的数据存储中,就像在数据仓库中一样。这些源可能包括多个数据库、数据立方体或平面文件。在数据集成过程中,有许多问题需要考虑:模式集成很棘手;如何"匹配"来自多个数据源的真实世界实体?这被称为实体识别问题。例如,数据分析师或计算机如何确保一个数据库中的客户 id 和另一个数据库中的客户编号指的是同一实体?数据库和数据仓库通常都有元数据,即关于数据的数据。此类元数据用于帮助避免模式集成中的错误;冗余是另一个重要问题。如果某个属性是从另一个表(如年收入)派生的,则该属性可能是多余的。属性或维度命名的不一致也会导致结果数据集中的冗余。

2.5.3   数据转换

在数据转换中,数据被转换或合并成适当的形式进行分析。数据转换涉及以下内容。

- 在标准化中,属性数据被缩放到一个小的指定范围内,如-1.0 到 1.0,或 0 到 1.0。
- 通过平滑去除数据中的噪声。这些技术包括分箱、聚类和回归。
- 对数据应用汇总或聚合操作。通常用于构建数据立方体,以便在多维度上分析数据。
- 在数据的泛化过程中,通过使用概念层次结构,低级或"原始"(原始)数据被高级概念取代。例如,分类属性被推广到城市或县的更高级别概念。类似地,数字属性的值可以映射到更高级别的概念,如年龄到年轻、中年或老年。

2.5.4 数据规约

对大量数据进行复杂的数据分析和挖掘可能需要很长时间,这使得此类分析不切实际或不可行。数据规约技术有助于分析数据集的简化表示,而不损害原始数据的完整性,同时产生定性知识。数据缩减的概念通常被理解为减少体积或减少维度(属性数)。有许多方法有助于分析减少的数据量或维度,既有线性的(因子分析[5]或主成分分析[6]),也有非线性的(局部线性嵌入[7]和等距特征映射[8])。某些基于分区的方法对数据元组进行分区。也就是说,在简化的数据集上进行挖掘应该更有效,同时产生相同(或几乎相同)的分析结果。主要策略包括:

- 在数据立方体聚合中,对数据应用聚合操作以构建数据立方体。
- 在降维过程中,可以检测并删除不相关、弱相关或冗余的属性或维度。
- 在数据压缩中,编码机制用于减少数据集的大小。常见的数据压缩方法有小波变换和主成分分析。
- 数量规约——数据由替代的、较小的数据表示法替换或估计,如参数模型(仅存储模型参数,而非实际数据,如回归和对数线性模型),或非参数方法,如聚类、采样和直方图的使用。
- 离散化和概念层次生成——属性的原始数据值被范围或更高的概念级别所取代。概念层次结构允许在多个抽象层次上挖掘数据,是数据挖掘的强大工具。

参考资料

多模态数据可视化

◇ 3.1 概　　述

在许多领域,关于某种现象或某个系统的信息可以通过不同类型的设备、测量技术、实验设置以及不同的源获取。对应地,由于这些现象或系统本身蕴含的丰富特性,我们也很难用单一模态的数据完全描述它们。另外,随着互联网及YouTube、Pandora 和 Instagram 等在线媒体平台的飞速发展,用户和服务提供商生成了大量的多媒体数据,这些异构、多模态的数据对处理和分析技术提出了新的挑战。总之,多模态数据的产生和存在有其必然性,而对它们的分析处理则是广泛存在和迫切需要的。

◇ 3.2 文本和文档可视化

随着在线社交媒介的流行以及信息获取和存储技术的进步,各种各样的文本数据(如网页、博客、出版物以及电子化的报纸和历史文档等)呈爆炸性增长。对海量文档数据进行扫描、理解、编辑和浏览,从而高效地从中获取有用信息和知识的需求日益迫切。在此背景下,致力于将文本信息(词、句、文档和它们之间的关系)转换为可视形式,从而方便用户更好地理解文本信息的文档可视化技术也受到广泛关注。文档可视化是一类可以转换文本的信息可视化技术,将单词、句子、文档及其关系等信息转换为可视化形式,使用户能够更好地理解文本文档,并在面对大量可用的文本文档时减少他们的工作量。与其他信息可视化技术(如高维数据可视化,专注于处理多维数据和社交网络可视化,专注于可视化的人之间的关系网络在节点链接图的表示形式)相比,文档可视化更强调可视化文本文档信息。Kostiantyn Kucher 和 Andreas Kerren[1] 所设计开发的 Text Visualization Browser 极大地方便了感兴趣的读者了解整个领域的概况,找到各种类别下的相关工作。浏览器的主界面(见图 3-1)展示了一系列表示各种可视化技术的缩略图、过滤器空间、发表年份滑动条以及分类的单选按钮等。用户点击缩略图后,相应的细节如类别、参考文献和 BibTeX 文件链接等展示在一个对话框里。他们还建立了一个文本可视化技术的分类体系,如图 3-2 所示,可视分析任务类别描述了由相关技术支撑的高阶分析任务。这些任务对用户希望利用文本可视化技术达到的主要分析目标至关重要,主要包括:文本总结/主题分析/实体抽取、话语分析、情绪分析、事件分析、趋势分析/模式分析、词典/句法分析、关系/联系分析、翻译/文本对齐分析;可视化任务类别包含由文本可视化技术支撑的底层表示和交互任务,主要有:感兴趣部分、聚类/分类、比较、概览、监控、漫游/探索、不确定性跟踪;域类别描述了技术所针对的文本领域,常见的有:在线社交媒体、通信、专利、综述/报告、文学/诗歌、科技论文、编辑媒体等。数据类别主要包含各种数据(如文档、语料库和流)以及它们的属性(如地理空间、时间序列和网络)。可视化类别主要是具体的可视化方法和表示,如线图、像素/矩阵、节点-链接、云、图表、文本、图标以及对齐方式或布局(如径向、线性/平行,度量相关)等。

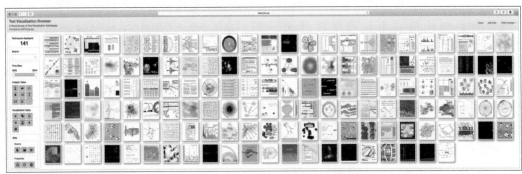

图 3-1　文本可视化综述的 Web 界面

图片来源:文献[1]

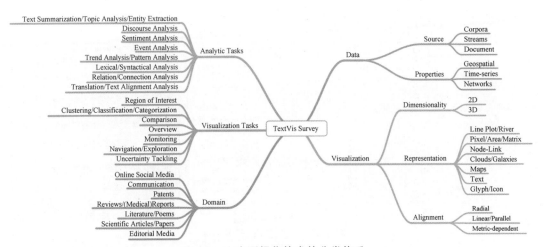

图 3-2　文本可视化技术的分类体系

图片来源:文献[1]

3.2.1　文档相似性可视化

在文档层次上衡量内容相似性是总结文档集的最传统的可视化技术之一。这些技术一般将文档表示为低维(2D 或 3D)平面上的点,然后用每对点之间的距离表示对应文档之间的相似性[2]。距离越小,越相似。相关方法大致可以分为基于投影和基于语义两种。

基于投影的方法通过降维对文档进行可视化:首先将文档表示为词袋,并用一个 N 维特征向量进行描述。为了计算该特征向量,通常会基于词频-逆文档频率(Term Frequency

Inverse Document Frequency，TF-IDF)[3]等指标挑选一个最大限度上区分每个文档、包含最多信息量的词集。具体的投影方法又可进一步细分为线性和非线性。线性投影的代表性方法有主成分分析（Principal Component Analysis，PCA)[4]和线性判别式分析（Linear Discriminant Analysis，LDA)[5]等。尽管线性方法计算效率很高，但它们无法捕获非线性的相似性。因此，许多非线性投影技术得到了发展和广泛研究。现有的方法可进一步分为基于距离的技术和基于概率公式的技术。关于这些技术的更详细信息，将在后续高维数据可视化的章节中进一步介绍。

基于语义的方法将文档相似性表示为从文本数据抽取得到的潜在主题。尽管大部分方法都受到主题建模技术如概率隐语义分析（Probabilistic Latent Semantic Analysis，PLSA)、隐狄利克雷分布（Latent Dirichlet Allocation，LDA)、球状主题模型（Spherical Topic Model，SAM)以及非负矩阵分解（Non-Negative Matrix Factorization，NMF)等的启发，但是这些主题建模技术并不是专为可视化设计的，呈现的结果往往难以解读。基于语义的方法对可视表示进行了改进，概率隐语义可视化（Probabilistic Latent Semantic Visualization，PLSV)方法[5]将隐主题和文档嵌入一个欧氏空间，嵌入距离代表了文档之间在共享主题上的相似度，引领了这方面的研究。

最后，也有不少关于文本对齐的可视化研究[6]。对齐是指在两个或多个数据对象之间发现相似和发散的模式。它是一种在许多领域广泛应用的基本技术，其中之一是生物信息学，其中 DNA、RNA 和蛋白质序列对齐以检测相似区域，这些区域可能被认为是结构或功能关系的证据。如图 3-3 所示，典型的文本对齐应用场景主要有 3 个。

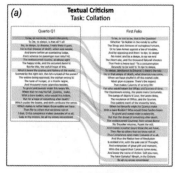 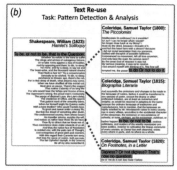 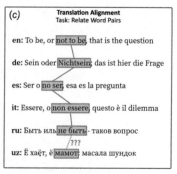

(a) 文本校勘　　　　　　　(b) 文本重用　　　　　　　(c) 翻译对齐

图 3-3　文本对齐的三种场景

图片来源：文献[6]

- 第一个场景是文本校勘中的排序任务，旨在调查不同版本文本之间的变化。最早文本校勘（手动）的方法是温布尔登校勘法（Wimbledon method)，即用一根手指同步跟踪两行文本以检测差异；20 世纪 40 年代后期，Himan 发明了光学校勘法，用频闪灯和镜子检测两个文档的差异。计算机和文字数字化出现后，整个过程变得简单了许多。Needleman-Wunsch 算法是较早用于文本对齐以找到最佳匹配的算法，采用了动态规划方法。
- 第二个场景是关于在文本集合中发现和分析重复使用的文本段落。这种文本内容的口头或书面复制被称为文本重用。有意的文本重复使用以直接引用和短语的形式出现,如各种名言警句。在这种背景下,文本对齐的一个突出应用是剽窃检测,它将未被承认、重复使用段落文本与参考文档数据库进行比较。文本会被无意地重复使用,如在文件范例、电子邮件标题、新闻机构文本的重复、习语的使用、战斗口号等方面。与第一个场景相比,在分析文本集之前,并不知道是否存在不同版本的文本片段。算法是为解决检测释义、文本跨语言重复使用或抄袭想法等各种问题而定制的。

- 第三个场景是翻译对齐,这是机器翻译系统中的一项基本任务。文本片段在单词、句子或段落级别上与它们的翻译对齐。这种算法产生的翻译队列表,可以在未来的机器或人类翻译中重复使用,或创建动态字典和翻译记忆。对齐挑战与不同语言中的词汇表有关,不仅包括难以对齐的形态学或句法现象,而且包括相关的句子有时只传达相同意思的总体目标。

尽管为这三种场景开发解决方案的驱动力不同,但发现和分析文本对齐的方法部分相似。文本对齐可视化在所有场景中都是不可缺少的,这些目标用户通常具有人文、社会和政治科学等非技术领域的背景,以理解自动派生的模式。在具体流程中,文本对齐是对两个或多个文本进行比较的过程,其目的是提取相似的模式并将它们联系起来,或识别文本之间的差异。文本对齐过程的输入源通常是以并行格式组织的文本文件。研究人员基于哥德堡模型定义了一个文本版本自动对齐的基线模型,广泛应用于数字人文领域。尽管该模型的重点是文本变体,但它可以很好地推广到上述其他文本对齐场景中。如图 3-4 所示,令 T_1, $T_2, \cdots, T_n$ 是一组要对齐的单语言或多语言文本文档,整个模型分为三个步骤:在预处理阶段,$T_1, T_2, \cdots, T_n$ 被分割成片段以更好地度量相似性。通常,文本 T_i 被分割成单词,形成文本单元 $\{t_{i1}, t_{i2}, \cdots, t_{im}\}$,并计算相似性,然后进行对齐和可视化。文本单元可以是章节、段落、句子、行或单个单词。

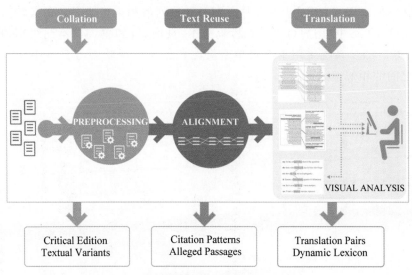

图 3-4　三种场景文本对齐的可视化分析

图片来源:文献[6]

此外,文本单元可能会采用分层结构,以支持在不同的层次结构级别上对齐文本。最后,对文本进行规范化,以减少对齐错误,具体可能包括将片段转换为小写字符、删除标点和符号、屏蔽停用词等;第二步是对齐,整个过程可以看作一个黑盒,获取所有文档 $T_1, T_2, \cdots, T_n$ 的文本单元并返回一个对齐的单元列表。通常会采用诸如 Needleman-Wunsch 或 Smith-Waterman 之类的动态规划算法,结合分数函数和改进标准一起执行对齐,有时也会用隐马尔可夫模型甚至人工的方式;对齐过程将输出代表相关文本单元的元组集,而对齐可视化解决方案则有助于精确传达 $T_1, T_2, \cdots, T_n$ 如何关联的具体情况。可视分析为领域学者提供了对齐模式的可视描述,使他们能够分析比较文本之间的相似性和差异。可视分析一般还支持学术性反馈,即自动对齐情况可以被检查,并根据学者的知识进行修改。采用什么样的可视化技术通常根据文本对齐可视分析任务的需求决定。常见的可视化方式有以下几种。

- 序列对齐热图。传达不同源文本之间对齐模式的总结概述。如图 3-5 所示,语料库 $T_1, T_2, \cdots, T_n$ 中的每个文本 T_i 都用一系列彩色矩形表示。每个矩形代表一个文本单元,通常是一个句子、段落、章节,甚至是一个更大的文本片段。文本单元按文本中显示的顺序排列,对齐的文本单元放置在同一垂直轴上。只有一个单元格的垂直轴表示,不存在与对应文本单元匹配的其他文本,而序列 i 中的

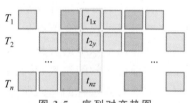

图 3-5　序列对齐热图

图片来源:文献[6]

空格表示对应的文本 T_i 不包含与其他文本的文本单元匹配的变体。序列对齐热图一般用于在不同文本变体之间漫游,从而支持校勘任务。作为一种文本抽象,序列对齐热图使得文字、句子和段落级别的对齐模式变得易于感知,但是需要与基于文本的表示相结合才能阅读对齐的片段。此外,该可视表示对于变化比较少的文本效果不错,但对于转置片段则会导致列数和空格增多。在文献[13]描述的系统 TexTile 中,用户可以动态检查文本、页面、行和单词等不同级别的序列差异(见图 3-6)。系统采用了五级单变量配色方案以反映参考文本中变量与其平行段之间的相似性或距离。

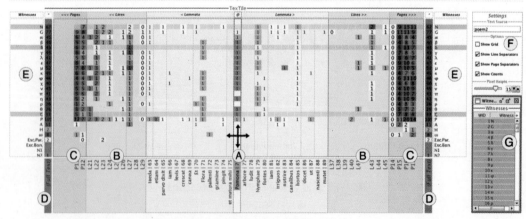

图 3-6　TexTile 借助序列对齐热图帮助用户更好地考察不同层次文本的差异

图片来源:文献[7]

• 网格热图。展示语料库两个文本之间的对齐模式，以方便对它们的文本变化类型进行判断。如图 3-7 所示，二维网格的每个单元表示语料库 $T_1,T_2,\cdots,T_n$ 中的任意两个文本 T_i 和 T_j 的两个并列文本单元 t_{ix} 和 t_{jy}。单元的大小可以是一致的，也可以采用矩形反映对应文本单元的长度。它们的颜色通常用于标记 t_{ix} 和 t_{jy} 之间关系的某种特点，如对

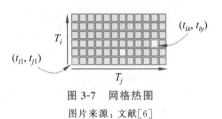

图 3-7　网格热图

图片来源：文献[6]

齐类型或匹配分数等。单击单元可以查看并设置文本单元的细节。网格热图可用于不同的文本层次，Janicke 等[8]设计的 Text Re-use Browser 采用点阵图突出重复或系统性文本重用的模式。如图 3-8 所示，一个点代表一对相似的句子，点的颜色反映了匹配分值。文本重用网格为整个文档集合提供对齐信息。一个单元格代表一对经过处理的文档，颜色决定了出现文本重用模式的频率和类型。

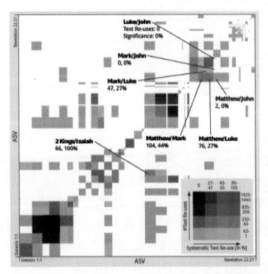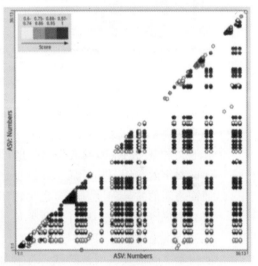

图 3-8　Text Re-use Browser 用网格热图突出重复或系统性文本重用的模式

图片来源：文献[8]

• 对齐条形码。GuttenPlag[6]采用条形码对每页存在的抄袭文本进行高亮显示，而对齐条形码则通过进一步显示对齐模式揭示相关文档的关系，而不是仅简单地可视化文本是如何被重用的。如图 3-9 所示，对齐条形码通常仅限于展示两段文本之间的对齐模式。在实际应用中，对齐条形码一般作为校勘或翻译场景中并列视图的可视化补充，引导用户到连续对齐或转置段落的感兴趣模式，图 3-10 展示了这种应用的一个

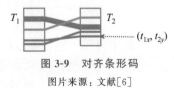

图 3-9　对齐条形码

图片来源：文献[6]

例子，它也可以应用在文本重用模式的分析上。对齐条形码是对文本对齐的抽象，特别适合长文本，但需要借助链接的文本表示以加快知识发现过程。对齐条形码只限于两个文本变体的比较，尤其是行、句子或者段落层次。Patrick Riehmann 等[9]将对齐条形码用于可视化文字剽窃，使得所有被剽窃部分清晰可见。

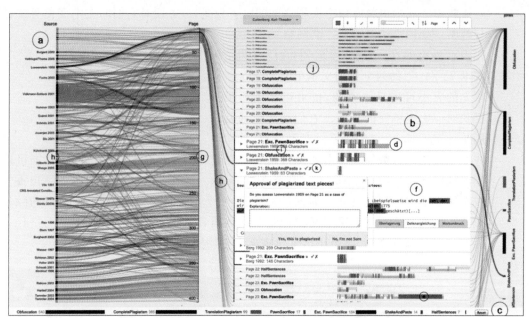

图 3-10   对齐条形码用于可视化剽窃

图片来源：文献[9]

- 面向文字的热图。聚焦于叠加在对齐信息上的奇异文本，所聚焦的文本 T_i 来自语料库 $T_1, T_2, \cdots, T_n$ 并放大。词语会被加上一个带颜色的背景表示它们在语料库中其他文本出现的频率或变化的强度，采用单色相颜色图区分高、低频率（见图 3-11）。面向文字的热图可用于展示多种证词中的文本变化，通过不同的饱和度展示与基础证词之间的差异程度，同样，也可用于展示文本片段被重用的频率（见图 3-12）。面向文字热图的输出一般针对所聚焦的单独文本，与其他文本版本的差异被总结并投影到所聚焦文本上，因此与其他文本之间的关系只能通过更详细的视图展示，而其他版本之间的关系则被隐藏。尽管如此，面向文字的热图仍提供了关于词语、段落层次上很好的可视化，所聚焦的文本也很容易跟踪。

图 3-11   面向文字的热图

图片来源：文献[6]

- 并排视图。显示不同层次对齐文本的最常用技术，采用一个矩形区域并排显示文本的不同对齐版本 $T_1, T_2, \cdots, T_n$，在文本比较长时通常结合导航栏和对齐条形码帮助导航对齐单元（见图 3-13）。通常会对词语或其背景进行着色，以表示匹配情况或者不同版本之间的差异。并排视图常常用于文本校勘[10]（见图 3-14），且限于两个文本版本。并排视图的主要限制来自屏幕的宽度，使得其一般只适用于较少的文本变种。此外，由于用户的眼睛需要在并行的文本之间不停切换，以确认发生变化的位置，这容易导致注意力分散。但是，并排视图特别适合阅读大段文本变种，也方便查看不同文本层次上的变化。

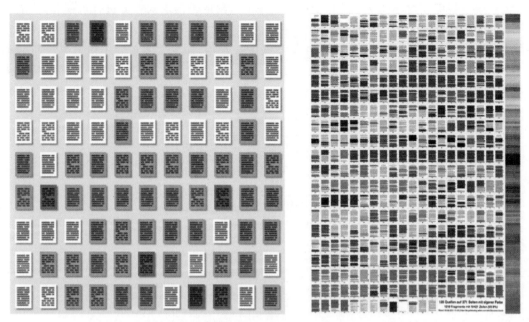

图 3-12　面向文字的热图（剽窃位置用不同饱和度的红色高亮显示）

图片来源：文献[6]

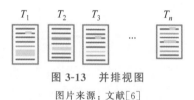

图 3-13　并排视图

图片来源：文献[6]

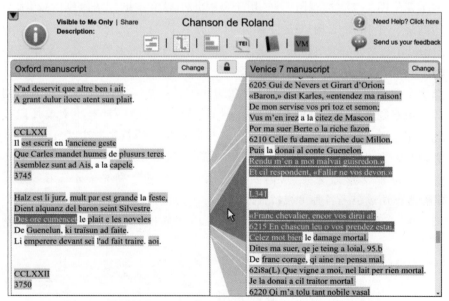

图 3-14　并排视图用于两个不同版本文件的 Juxta Commons 对齐

图片来源：文献[10]

- 表格视图。对小的文字片段如句子或小的段落的词语层次差异进行可视化,用表格的形式表示,每一行代表不同的对齐文本单元 t_{1x}, t_{2y}, …, t_{nz},每一列为对齐的符号。通常,每一列会根据相似性或差异进行着色,如果文本单元不包含某个符号的不同版本,则该表格单元为空(见图 3-15)。表格视图广泛用于可视化词语层次上的文本变化。如图 3-16 所示,在文献[11]中,CollateX 将 6 个文本变种转换为表格视图。

图 3-15　表格视图

图片来源:文献[6]

W1	At	the	first		God	made	the	heaven	and	the	earth	.
W2	In	the	beginning		God	created	the	heavens	and	the	earth	.
W3	In	the	beginning	,when	God	created	the	universe,				
W4	In	the	beginning	of God's preparing			the	heavens	and	the	earth	--
W5	In	the	beginning		God	created	the	sky	and	the	earth	
W6	In	the	beginning		God	created		heaven	and		earth	

图 3-16　用于圣经的 6 个不同英文译本的表格可视化

图片来源:文献[11]

- 文本变化图。与表格视图一样,用于可视化小段文本的词语级别的变化,只不过采用的是一个图的结构以支持额外的对齐特征的可视化(见图 3-17)。Desmond Schmidt 和 Robert Colomb[12] 提出的第一个基于图的多版本文字文本差异可视化的 Variant Graph 为一个有向循环图,用节点表示待对齐的词语或符号,用边表示任意文本变种中的一对连续符号。每条边代表了一个版本,每个文本变种则对应图上的一条路径。在这些可视化技术中,文本变化图是唯一针对小文本片段校勘的沟通。相比于表格视图,变化图通过合并相同或相似的符号减少了冗余信息,使得其更容易突出不同变种之间的分支或相似部分,从而方便创建不同的校勘版本。其缺点在于每个变种无法突出,需要通过用户交互进行高亮显示。在文献[13]中,TRAViz 通过引入各种可视特征改善变种图的可读性(见图 3-18)。最后,与表格视图一样,文本变化图目前只适合词语层次,长到短的、变化比较少的文字片段。

图 3-17　文本变化图

图片来源:文献[6]

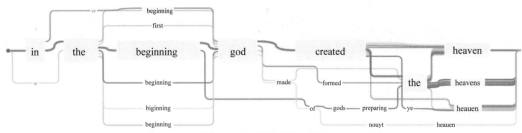

图 3-18　展示 6 个不同英文译本的 TRAViz 图

图片来源：文献[13]

3.2.2　文档内容可视呈现

大型文件集合，如研究论文语料库和新闻订阅的数量正高速增长。许多文档中包含用于描述事实、方法或讲故事的文本和图像。对于用户来说，快速获得关于文件集合的概述往往非常关键。为了解决这个问题，人们通常会以不同的方式表示文档。让用户只阅读文本的一部分，并专注于文档的相关部分，这有效地允许用户区分文档的相关性。虽然这种表示可以有效地浏览搜索结果，但它不能对文档甚至整个文档集合进行快速概述。我们浏览一个大型的文档数据库时，通常会问的一个问题是"这个文档是关于什么的"。文档内容的可视表达是文本可视化领域最重要的任务之一。各种可视化技术被提出，用来从不同的角度以不同的详细程度展示文档的内容，如对单个文档进行总结，显示单词和主题、检测事件和创建故事情节。

1. 单个文档总结

现有方法主要从两方面对一个文档进行总结：内容，如词语和图片；特征如句子长度和动词数量等。

当今时代，电子文档已经成为最普遍的数字媒体形式之一。许多电子文档蕴含着丰富的数据，它们本身就是一个复杂的数据库，不仅有文本，还有表格、照片和插图等各种其他信息。然而，大多数传统的文档格式——即便是数据丰富的文档格式——仍然是为打印而设计的，这意味着它们本质上是静态的，并没有为电子阅读进行优化。传统文档格式的这种静态布局阻碍了人们对其内容的深入理解，因为需要频繁切换到文档的不同部分来访问不同的内容。鉴于此，Badam 等[14]提出了弹性文档（Elastic Documents）的概念。他们的方法通过解析文档文本、结构和嵌入式数据表，并使用文本中的单词与表中数据之间的显式或隐式关系，根据用户的焦点和兴趣动态生成上下文可视化，建立文本和表格之间的紧密耦合关系，为用户提供了一种改善电子文档阅读体验的适应性方法。具体地，首先通过三个步骤完成文档的处理：①对文档表格进行解析，从表格头部抽取数据属性；②进行可视化；③从文本中提取词语并与表格进行匹配，建立词语和表格之间的联系。在界面和交互方面，系统将不同类型的内容从文档中分离，分别放置在 3 个不同的视图：一个文本视图（见图 3-19（a））、一个生成可视化的图表面板（见图 3-19（c））以及可被最小化的表格视图（见图 3-19（b））。文本视图占据屏幕大部分区域以方便阅读文档内容，表格和图表面板提供结构化的数据以支撑文字内容。图表面板上的内容随用户在文本中的选择而变化，用户可以在界面的右上角设置和过滤搜索项。系统提供了两种方式建立文档内容之间的联系（见图 3-20）。

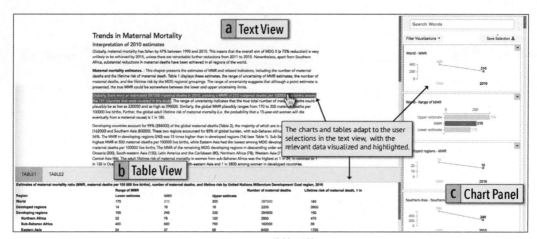

图 3-19   弹性文档

图片来源：文献[14]

- 通过滚动动作间接地指定文本中当前关注的区域，或高亮显示文字片段。
- 指定当前关注的数据属性以表达对文档表格特定属性的兴趣。

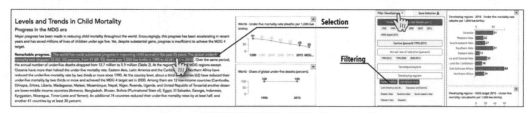

图 3-20   弹性文档系统提供的两种交互方式

图片来源：文献[14]

在现实图书馆中，读者可以根据兴趣浏览书架上的书，随意打开那些名字看起来相关的书，查看它的目录，扫掠若干页，决定是否深入阅读。在数字图书馆（或传统图书馆的目录搜索）中，我们具备将可能位于物理库的几个区域的文档合并成一个可能感兴趣的单一列表的能力，但其体验却往往较为乏味：用户可以看到标题、作者的列表，也许还有书的封面图片；在功能稍丰富的界面中，可以预览页面和浏览目录，甚至打开整本电子书，但却只能缓慢地通过页面浏览文本，因为界面通常被设计为一次呈现一两页（以阻止复制）。Collins 等[15]提出的 DocuBurst 将词汇频率与词汇数据库中人类创建的结构相结合，创建一个同时体现文档内容和语义内容的可视化。DocuBurst 采用一个径向的空间填充布局并在其上叠加单词出现的频率，从而提供对所感兴趣文档的不同粒度总结。系统支持几何和语义缩放，用户可以选择性地聚焦于特定的词语、访问源文件。如图 3-21 所示，在执行了以"pl"开头的单词的搜索查询后，对于匹配的节点用金黄色字体突出显示。

Strobelt 等[16]设计了一个能够将文档转换为卡片的系统，卡片上通过文档中提取的关键词和关键图对文档内容进行总结（见图 3-22）。这种表达借鉴了卡牌游戏 Top Trumps 的理念，将富有表现力的图片与保留下来的关键文本信息相结合，提供对物体的直观概述。Stoffel 等[17]提出了一种基于关键词的扭曲生成文档缩略图的技术，能够生成页面级的文档 Focus＋Context 表示。尤其对于文档的每个页面，重要的词会放大显示，而其余的则缩小

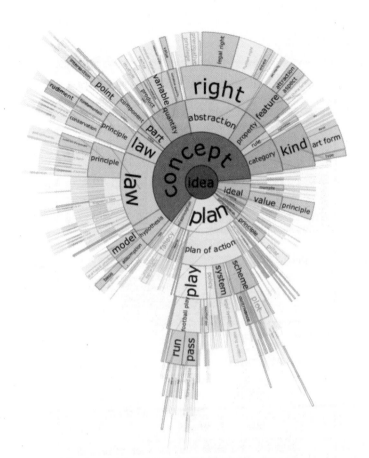

图 3-21　以⟨idea⟩为根构建科学教科书 DocuBurst

图片来源：文献[15]

作为背景，从而在不丢失每个页面关键信息的前提下将整个页面压缩成一个小的缩略图。也有一些研究者提出所谓的文档指纹可视化技术。这种技术通过一个热度图从不同角度捕捉文档的重要特征。热度图的每个单元代表一个文字块，其颜色为该文字块的特征值。以图 3-23 为例，图 3-23(a)和图 3-23(b)分别对词语 Harry 和 Hagrid 进行高亮显示，图 3-23(c)为 Harry 和/或 Hagrid 同时显示，图 3-23(d)为它们的共现行，图 3-23(e)对共现行进行冗余色彩编码，最后，图 3-23(f)展示了内部块状结构增强的共现行。

　　上述大部分工作立足于通过文档的词频、共现和句子结构等内在属性提供文档内容概览，缺乏关于领域相关知识的概念性概览，这在一些特定的文献如研究论文和技术报告中非常重要。Zhang 等[18]提出了 ConceptScope 来弥补这个不足，该技术利用领域本体表示文档中的概念关系并通过泡沫树状图进行可视化。他们结合了来自自然语言处理、本体查询和信息可视化等多个领域的技术，对文档进行解析并将查询组合成参考本体、自动生成概念的合适表示以反映其在领域本体的层次以及在文档中出现的位置。在可视化和交互设计上，他们选择 Görtler 等提出的泡沫树状图作为主要的可视化方式（见图 3-24），保留了原始的布局算法，对可视编码和交互策略进行改进以适应他们的设计需求。

　　Goffin 等[19]的工作则从一个比较独特的视角研究了嵌入文本中大小与文字接近的图

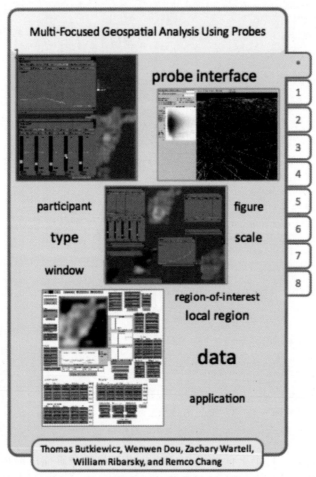

图 3-22　文档卡有助于在一个紧凑的视图中显示文档的重要关键术语和图像

图片来源：文献[16]

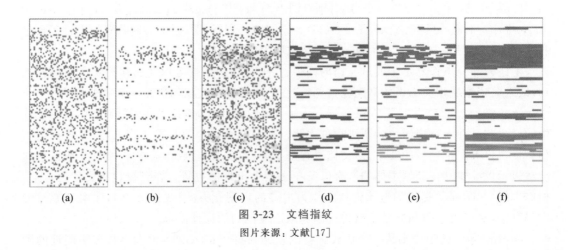

图 3-23　文档指纹

图片来源：文献[17]

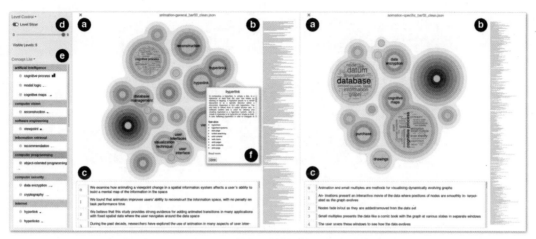

图 3-24　ConceptScope 界面,呈现两篇研究论文的讨论动画

图片来源:文献[18]

形的广泛应用。他们侧重考察作者如何使用这些图形强调特定文本元素并呈现数据。这种文字大小的图形能够支持多种形式的书面表达,并可用于各种不同的媒体。这些图形有的是数据驱动的,被称为火花线(sparklines),微可视化,或字尺度可视化,有的则不是。作为文本的图形补充,这种文字大小的图形可用来强调文档的特定元素(如单词或句子),或提供额外信息。它们还可以实现数据点的可视化比较,传递文本元素之间的复杂关系,或者简单地突出文本中的值,以帮助理解。相比于更大的图形和可视化形式,这种文字大小的图形让读者能够专注于文本,因为它们直接放置在文本中,而不是旁边。因此,他们有可能深远地改变书面文档的形式和含义,而设计和插入这种文字大小的图形需要审慎地编辑、修辞和设计决策。

2. 词层次的文档内容呈现

直接展示文档的关键词是表示文档内容的最直接方法。在这方面,已有的相关研究主要致力于解决 3 个问题:①如何优雅地可视表示每个词语并清晰地呈现文字内容;②如何总结和表示诸如"A 是 B"和"B 的 A"这样的语义关系;③如何揭示词语层级的范式,如重复和同时出现等。

TagCloud[21]是词语可视化最直观和最常用的技术之一。它以云的形式展示总结输入文本数据内容的词袋,字体大小揭示每个词语的重要性,每个词语紧凑而不重叠地排在一起。不同的排列策略得到不同的 TagClouds。Wordle[20]通过精确计算词语边界并随即将词语插入由螺旋线引导的空白空间,提供了一种生成优雅的词排列的方法(见图 3-25)。除静态的方法外,动态的词云[22]也被用于展示流文本中文字内容随时间的变化情况。最后,尽管被广泛采用,但 TagCloud 方法没法解释词语之间的关系,因为这些词语一般都随机放置。不少研究通过引入树或者图解决这个问题,WordTree[23]采用一个语义树总结文本数据,所有语句根据共享的单词进行聚类,并划分不同的分支。PhraseNet[24]采用节点-链路图,图节点代表关键词,链路表示关键词之间的关系,这种关系由用户提供的正则表达式决定。

随着 Web 2.0 和互联网技术的发展,在基于 Web 的数据共享平台上产生的信息越来越多,如何为这些大量的文本数据提供赏心悦目的摘要成为信息可视化领域的一个重要研究

图 3-25　平面设计师设计和使用的文字大小图形的样本

图片来源：文献[20]

课题。词云是一种基于文本的视觉表示，它通过使用不同的字体大小和颜色显示单词的流行程度和重要性。词云既可用于辅助网站导航，也可用于广告，在单词标签上附上相关的或广告项目的超链接。因而，词云可以作为吸引和帮助人们导航信息的视觉工具，此外，词云还可以在对应的数据源随时间变化时相应地变化。为了对词云的时间趋势进行编码，以往的研究引入了平行词云或用趋势曲线组合词云。Chi 等[25]在此基础上，将时变文本文档与其相应的形状序列相结合，生成一个可变形的词云，即以形状序列排列的时变词云，其中可视化词标签和词云形状随时间变化。该方法的核心包括从多个关键形状生成平滑形状序列和根据各种约束条件将文字标签排列为相应形状的算法。为了提供对字标签布局的灵活控制，他们采用了刚体动力学技术。每个单词标签都被视为一个具有一定质量的刚体。给定在边界、时间相干性和词标签分布上的一组约束条件，动力学可以将一个时变的词云排列成一个特定的形状序列。最后，他们还将位置约束和方向约束引入动态学，以提供对词云的灵活控制。图 3-26 说明了所提出的可变形词云生成，其中包括 3 个主要步骤：数据预处理、形状序列生成和词云运动生成。在预处理阶段，进行文档分析，从输入的文本文档中提取重要的单词。由于方法关注的是可变形的单词云的生成，而不是分析单词和语义符号，因此，在文本文档标记为一组单词后，只根据每个单词的出现频率提取重要单词。在形状序列生成

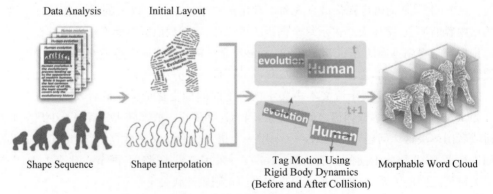

图 3-26　可变形词云工作流

图片来源：文献[25]

过程中,为用户提供了一个具有特征点选择功能的简单界面,以定义两个关键形状边界之间的映射。然后通过线性插值生成中间形状边界。最后,进行刚体动力学研究,在各约束条件下将提取的单词排列成相应的形状。

3. 主题可视化

随着主题分析技术的快速发展,主题可视化已经成为近年来文本可视化领域一个很有意义的方向。与单词级可视化相比,展示主题有助于捕获数据的更多语义,使生成的文本可视化结果更容易理解。越来越多的可视化技术被提出并用于:①总结和探索静态主题信息;②说明主题随时间推移的动态变化;③帮助进行主题比较;④说明事件和故事情节。

早在主题建模技术出现前,就有一些可视化的系统被开发用于展示和探索文本中抽取的静态主题,如 Topic Island[26]。随着主题分析技术的发展,这个方向的研究被迅速推动。研究者尝试了许多不同的方法来表示主题分析的结果。值得一提的是,Cao 等的几个工作(FacetAtlas[27]等)将文本信息通过一系列的分析方法分解为所谓的“多面实体-关系数据模型”,通过最终的可视化结果展示静态主题和它们之间的多角度关系。

随着文本数据的高速增长,从大型语料库中提取有意义的信息变得越来越困难。关键词是用来描述文档核心思想的紧凑表示,关键词提取和分析是解决该问题的一种常见方法,但识别文本中的重要词并有效地表示这些词的多面属性并不容易。传统的基于主题建模的关键词分析算法涉及超参数,而调参则需要足够的先验知识。此外,关键词之间的相互关系往往难以获得。在文献[28]中,Tu 等利用从基于转换器的语言模型中提取的注意力分数捕捉单词关系,他们提出了一种领域驱动的注意调优方法,引导注意力学习特定领域的单词关系。如图 3-27 所示,该领域驱动的注意力词网络由两个模块组成:一个预先训练的基于变压器的语言模型和一个分类层。预先训练好的模型会根据提供的文本序列生成语句嵌入和标记嵌入。分类层(classification layer)计算属于每个预设标签的句子嵌入的概率。他们使用交叉熵作为损失函数。通过这种监督训练,嵌入(embeddings)被引导向正确的标签类。这些嵌入是基于中间的结果,即注意力图。基于该注意图,他们构建了一个关键词网络并提出一种基于注意力的单词影响力算法来计算每个单词在网络中的影响力。最后,他们设计并实现了一个交互的关键词可视化分析系统 KeywordMap,通过多个相互协调的视图提供对关键词及其关系的多层次分析(见图 3-28)。

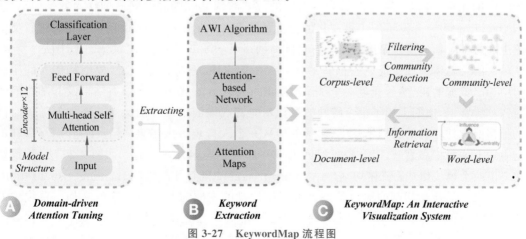

图 3-27 KeywordMap 流程图

图片来源:文献[28]

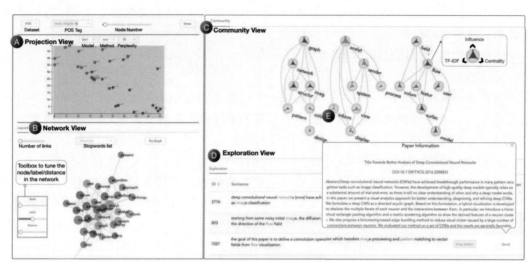

图 3-28　KeywordMap 界面设计

图片来源：文献[28]

- 投影视图：呈现通过微调模型嵌入的关键词的整体结构，微调模型可以是 BERT 或 XLNet，取决于用户选择。
- 网络视图：以节点-链路图的方式展示关键词网络，揭示其局部结构。
- 社区视图：识别关联密切的关键词，帮助理解子领域或子主题。
- 探索视图：探索原始论文的文本和句子，用户在社区视图选中感兴趣的关键词后，包含该关键词的句子将会被检索并在探索视图中更新。

捕获主题动态演化是文本可视化领域的另一个热点研究方向。早期的工作 ThemeRiver[29] 演示了关键词随时间变化的频率，将一组关键词可视化为厚度随时间变化的条带（stripe），条带厚度为相应关键词改变的频率。在许多大数据应用中，对具有许多层次性、演变中的主题进行调研和探索是一个非常重要的操作。借助这种演变的层次性主题，我们可以从海量的流新闻和微博内容中检测和跟踪新出现的事件。文本流挖掘的相关研究已经取得令人兴奋的进展，如从文本流中学习主题等，然而一个基本问题仍然存在：我们如何才能有效地呈现有趣的主题，并以一种可理解和可管理的方式跟踪它们随着时间的推移而发生的演变？基于此，Liu 等[30]开发了一个可视化的分析系统 TopicStream，以帮助用户探索和理解文本流中的层次主题演变。系统基于动态贝叶斯网络（Dynamic Bayesian Network，DBN）模型，从传入的主题树中逐步提取一棵新的树。在主题流中，系统使用 DBN 模型从传入的主题树中导出裁剪的树，然后通过一个基于时间的可视化方式显示层次聚类结果及其随时间的对齐。特别地，他们采用了一个特殊的沉积功能直观地演示传入的文本文档如何随着时间的推移聚合到现有的文档档案中，包括文档从一个入口点进入场景，接近主题时暂停，在特定主题上的累积和衰减，以及随着时间的推移而与主题聚合在一起。如图 3-29 所示，系统主要由两个模块组成：流树切割（streaming tree cut）和流可视化（streaming visualization）（见图 3-29）。流树切割的输入是一组带有树切割的主题树和一组传入的文档。系统中的主题树基于 Wang 等[31]开发的进化树聚类方法。该方法的基本思想是通过贝叶斯在线过滤过程平衡树的适应度和树之间的平滑性。系统根据用户选择的焦点节点（s）推导出树的切割。此模块最初重新到达的文档使用进化树聚类模型,然后通过开发的流树切割算法,从新的主题树中得到一个树切割,最后将流树切割输入可视化模块。作者使用视觉沉积的功能揭示新到达的文档与占主导地位的可视化中心的合并过程。圆排列算法也被提出用于表示每个主题条带内的文档簇的关系,包括它们的相似性和时间关系。

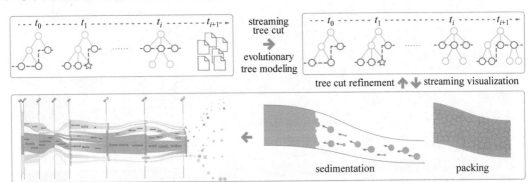

图 3-29　TopicStream 系统由流树切割和流可视化两个模块组成

图片来源:文献[30]

4. 事件和故事线呈现

在文档集合中查找主题通常是一个聚类的过程,具有相似内容的文档被聚集在一起共同构成一个主题。相比之下,事件分析更关注以时间和空间为主要属性的不同类型信息。一个事件通常被认为是在一个给定的时空中被观察者感知到的具有开始和结尾的某种现象。人类天生就有能够感知并理解现实世界中由离散、有序事件构成的活动,赋予它们一定的含义。因此,当可视化事件时,研究人员更关注如何理解事件的 4 个 W:谁(Who)、什么(What)、什么时候(When)以及在哪里(Where)。

许多结构化或半结构化的数据都显式地包含事件信息,如警察局的犯罪事件、事故的记录、病历以及顾客的支付记录等。对于这些数据集,可视化的主要目标是提供可视总结并支持高效查询。例如,早期的工作 LifeLines 就提供了允许用户探索病人医疗记录细节的通用可视化方法,其后续版本 LifeLine2[32] 进一步强化了可视化功能,引入了对齐、排序和过滤 3 个通用操作。PatternFinder[33] 致力于帮助用户可视地查询和发现医疗数据中的时序事件模式。LifeFlow[34] 和 OutFlow[35] 将多个事件序列聚类为树或图进行可视展示,并提供可高度缩放的概览。

在实际生活中,人们习惯将许多活动分割成不同时间尺度上的事件。小的事件组合在一起构成了大规模复杂的事件,如话剧中的一幕。此外,许多事件也可能拥有很多同样的元素,如同样的参与者和地点等。Burch 等[37] 采用水平朝向的树形布局表示事件序列沿时间轴的层次关系。Andre 等[38] 提出的 Continuum 将层次性的事件和它们的关系可视地组织起来。也有不少研究试图提取和探索非结构化文本数据(如新闻和微博)中的事件。由于这些数据中隐含的事件信息往往是潜藏的,因此需要借助文本挖掘的技术(如主题检测和跟踪)对事件进行提取。例如,EventRiver[36] 就采用了基于事件的文本分析技术。如图 3-30 所示,每个事件被表示为漂浮在时间之河上的泡泡,其形状代表了所对应事件的强度和持续时间,其颜色和垂直位置则揭示了不同事件之间的关系。Cloudlines[39] 致力于在有限的屏幕空间里有效地呈现大规模动态事件数据的时间表示,通过引入一种渐增的时序可视化技术并结合交互的扭曲操作,使得在呈现当前事件的同时也能提供过往背景信息和任意尺度上的相关模式。

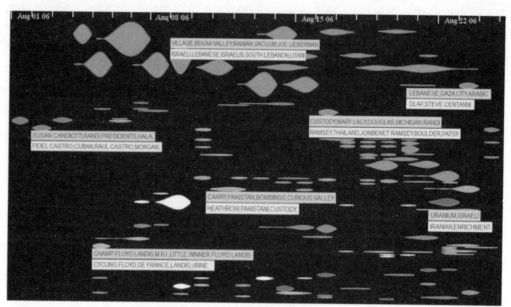

图 3-30　关于 CNN 新闻的 EventRiver
图片来源：文献[36]

　　故事线可视化是近年来的热点。不同于事件和主题，故事线可视化更聚焦于实体（而非事件）及它们之间的关系。如图 3-31 所示，在一个典型的故事线可视化系统里，X 轴代表时间，每个实体则表示为水平延伸的一条线，实体之间的关系可能会随时间而改变，用线条之间的距离进行编码[40]。还有一些研究将故事线可视化推广到流数据，这样用户也可以对动态数据进行跟踪和推理。在 Yuzuru Tanahashi 等[41]的系统中，载入的流数据首先通过数据管理模块以确定每组载入的数据是合并到已有的组里还是作为新的组，对于前者，则集成到已有的布局上，而后者则通过一个贪婪算法生成其布局。最后，系统对所有的故事线进行调整以改善整体布局，减少线条的偏移和交叉。

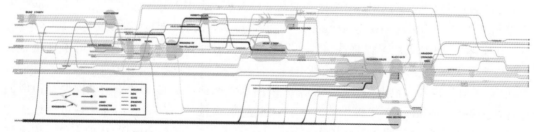

图 3-31　电影 *The Lord of the Rings* 的故事线可视化
图片来源：文献[40]

3.2.3　文本情感可视分析

　　许多可视化技术试图展示给定的流媒体文本语料库（如新闻语料库、Twitter 流）中蕴含的情绪随着时间推移的变化。一种简单、直接的思路是在时间序列图中显示情绪动态，通过时间序列曲线显示整个数据集在不同的时间点计算出的情绪得分的变化。然而,这种简单的可视化方法过于抽象,无法显示情绪变化背后的原因等详细信息。因此,许多研究尝试从不同的角度解读情绪动态。在 Jian Zhao 等[42]提出的 PEARL 系统可以从一个人发布的Tweets 分析其情感或情绪画像的变化,并通过一个复合的带子(belt)呈现出来。带子包含了一系列情感频谱,不同的颜色区分不同的情感,厚度的改变则代表每种对应情感成分随时间的变化(见图 3-32)。Christian Rohrdantz 等[43]提出的可视分析系统能根据文本中抽取的特征检测情绪、数据密度和上下文一致性的变化,从而帮助用户检测文本流中的感兴趣部分。Changbo Wang 等[44]提出的 SentiView 则结合了高级的情感分析技术和可视化设计方法以帮助分析网络上关于公共话题的公众情绪的变化。也有一些研究一群人的情绪发散(意见冲突)现象,文献[45]提出的 SocialHelix 能检测和跟踪社交媒体中发生的主题和事件,并了解何时、为什么会出现分歧,以及它们在不同社会群体中是如何演变的。

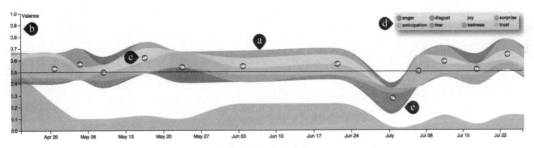

图 3-32　PEARL 系统根据某人的 Tweets 揭示的情感特征

图片来源:文献[42]

在应用方面,许多技术用于根据评价数据反映消费者的情绪。Daniela Oelke 等[46]的工作根据消费者的评论或打分判断他们的意见是积极的还是消极的,并通过一个热度显示评论数及总结的情绪等可视分析结果。Yingcai Wu 等[47]设计的 OpinionSeer 系统采用主观逻辑方法对用户关于酒店客房的评价数据进行分析,得到的结果呈现在一个由消费者年龄、出生国家等背景信息所环绕的三角形中。

此外,大量数字通信渠道,尤其是社交媒体的普及正日益影响着世界政治,并重塑着生活的各个领域。对决策者、研究人员和一般公众来讲,迅速理解相应数据中发生的现象并做出反应非常重要且有意义。尤其是这些社交媒介文本数据中存在着各种主观表达(如情绪、意见和情感等),值得深入分析。然而,社交媒体每天产生的数据量可以从数亿到数百万条信息不等,对文本的人工分析以及分析结果的人工检查难以匹配社交媒体产生的数据量。Kostiantyn Kucher 等[48]的工作描述的可视分析系统 StanceVisPrime 能在话语/句子层面上对情绪极性和多个非排他性立场类别进行分类;对多个粒度层次上的各种情绪和立场类别的数据系列进行可视化分析,包括系列之间的值和相似性;支持对相应文本文档集的远程和近距离阅读,并增加多标签分类结果,包括导出用户处理和注释的文档列表。StanceVisPrime 的可视化分析工作流如图 3-33 所示,用户将从聚合的时间数据开始,识别和选择有趣的时间范围,检索和研究相应的文档集,然后专注于单个文档。感兴趣的用户还应该能导出过滤和注释的文档集,以便进一步离线调查。用户在工作流中将完成如下任务。

· 调查来自多个感兴趣的目标的多个数据源/领域的社交媒体数据的时间趋势。

- 调查有关情绪和立场数据系列的时间趋势。
- 调查多个数据序列随时间变化的相似性。
- 检索目标/域集的指定时间范围内的基础文档。
- 总结有关文本内容和情绪、立场的文件集。
- 仔细阅读归类文本文件。
- 输出文件清单，以供进一步离线调查。

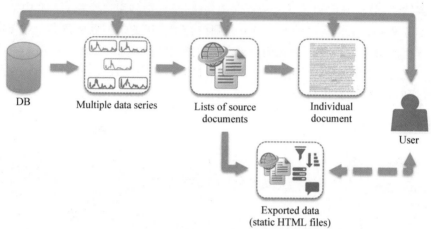

图 3-33　StanceVisPrime 的可视化分析工作流

图片来源：文献[48]

在界面设计上，用户登录后就可以看到图 3-34 中的（a～d）的面板，然后通过一个对话框选择待分析数据。图 3-34 中，表格（a）列出每个目标/域对应的颜色；（b）为数据序列相似性视图；（c）为文档计数图；（d）为带有数据序列值的条形图；（e）为文档列表视图。系统还给出相应数据序列的缩略名称和火花线图。在界面的其他部分还使用了分类标签，从而省去针对多个数据序列的复杂图示。载入数据后，用户就可以继续进行数据序列的探索。

3.2.4　文档探索技术

文档集变得庞大后，如何有效地在其中探索数据以找到有用的信息或洞悉其数据模式构成了一个比较大的挑战，为此许多可视化系统被提出来支持大文本语料库的高效探索。许多研究都致力于发明或改进文本数据挖掘技术上，其中很大一部分是基于查询的系统，通过建立全文索引让用户可以根据他们所关注的兴趣点查询检索数据。

早期的许多工作采用一种基于变形的方法辅助文本数据的探索。Document Lens[49] 提供了一种 Focus＋Context 的设计方式，其灵感来自放大镜。所关注的内容在视域中心详细展示，周围则环绕文本数据的整体概况。同样的思路也被用于可视化文档集，例如，Data Moutain[50] 就基于前瞻投影实现了类似的 Focus＋Context 的方式：感兴趣的文档在中间以较大尺寸显示，包含更多的细节信息；其他文档则在后面以较小尺寸显示（见图 3-35）。

基于文档的相似性进行探索也是早期用得比较多的一种策略。InfoSky[51] 和 ForceSPIRE[52] 等系统基于文档相似性提供了一个概览对整个文档集进行总结，辅以多个协调的视图以展示文档的各种细节，如关键词、主题等。用户可以在相似性视图中通过放大和移动等各种操作进行交互，查看不同层次的细节信息。

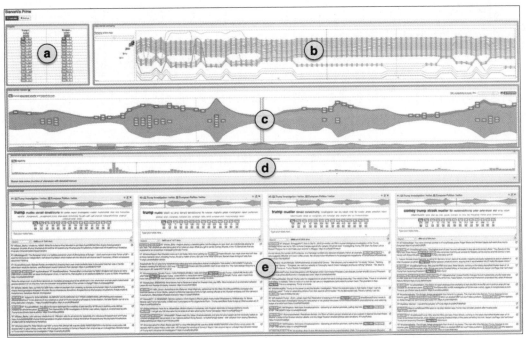

图 3-34　StanceVisPrime 中的用户界面

图片来源：文献[48]

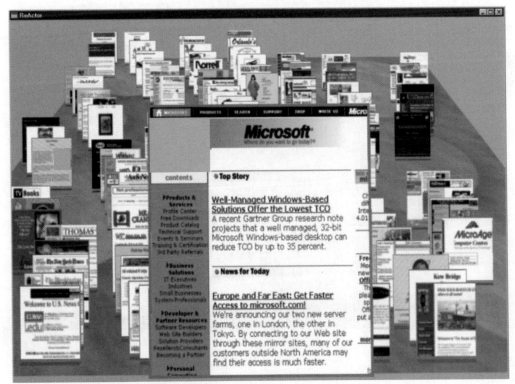

图 3-35　基于 Focus＋Context 的文档集可视化

图片来源：文献[50]

对于特别大的文档集,层次化的策略则是一种比较容易想到的思路。Paulovich 和 Minghim[53]设计的 HiPP 系统通过一个层次化的圆填充算法对文档进行布局优化,每个圆圈代表一个文档。最后,全文搜索和查询也在文本可视化的早期被用于支持文档的浏览,不是简单地对查询得到的结果进行排序显示,而是将搜索结果转换为某种可视的表示以展示文档之间内容的关系。在这个过程中,各种图布局和投影方法被广泛用于表达搜索和查询得到的结果之间的相互关系。

◇ 3.3 图像可视化

随着数码相机和图片分享网站等的蓬勃发展,对大规模在线图像集的浏览和搜索的需求也日益迫切。对大规模数据的交互式可视化在许多应用中都扮演着重要的角色,从个人相册、医疗、安全到遥感等。图像的可视化也是过去这些年研究的热点。

一些研究采用散点图来辅助图像分析[54],首先将集合中的每张图像表示为一个特征向量并定义图像两两之间的距离,这样整个图像集合、对应的特征向量,以及它们之间的距离就定义了一个信息空间;随后,该信息空间被投影到可视空间,整个图像集合对应可视空间中的一个点集;用户可以交互地选取它的子集进行显示(见图 3-36)。

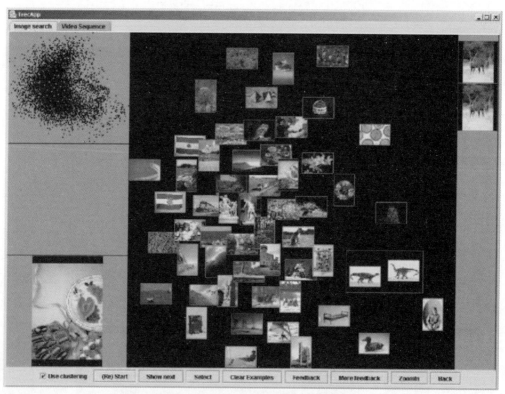

图 3-36　基于散点图的图像集可视化

图片来源:文献[54]

另一些研究提出了基于树的方法。在文献[55]中,Han 等提出一种将图像集合可视化为任意布局形状,并能根据用户指定语义信息或可视关联改变图像排列的方法。他们首先采用一种基于属性的树建构方法将图像集根据用户定义属性组织成一棵树。在此基础上，图像可以自适应地根据其语义或视觉关联放置在最终可视化布局的合适位置。最后，通过一个两步的可视优化机制进一步优化图像布局（见图 3-37）。

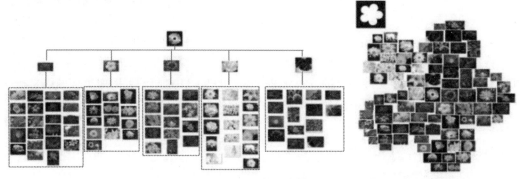

图 3-37　基于树的图像集可视化

图片来源：文献[55]

还有一些研究采用节点-链接图的方式[56]对图像和文本集进行可视分析。首先计算图像之间的相似性、文本之间的距离，以及图像和文本之间的关联来构造一个复合图，对图像和文本之间的潜在关系进行编码。然后，通过一种渐进的方式呈现集合的概览、节点比较以及可视推荐（见图 3-38）。文献[57]采用 Hasse 图展示社交照片之间的关系，首先通过照片

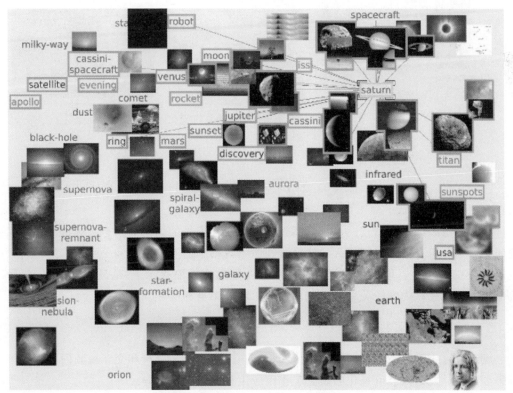

图 3-38　基于节点-链接图的图像集可视化

图片来源：文献[56]

内容的传播(也可以结合其他方法如人脸识别、情景信息传播等)建立基于人名的照片索引，然后基于 Galois 子层次和 Hasse 图进行照片的渐增组织和可视化。

Xiao Xie 等[58]提出了一种基于语义的大规模图像集可视化方法。整个系统主要由语义信息抽取器和可视化布局生成器两部分组成(见图 3-39)：语义信息提取器采用基于卷积神经网络的图像标题生成技术，为图像生成描述性标题，并将其转换为语义关键字。布局生成器采用一种新的共嵌入模型将图像和相关的语义关键字投影到同一个二维空间，随后进一步将投影的二维空间转换为图像的星系可视化，其中语义关键词和图像在视觉上编码为恒星和行星。系统自然支持多尺度可视化和导航，用户可以立即看到图像集合的语义概述，并深入查看特定图像组的详细信息。用户可以通过将他们的领域知识集成到共同嵌入过程中，迭代地优化视觉布局。

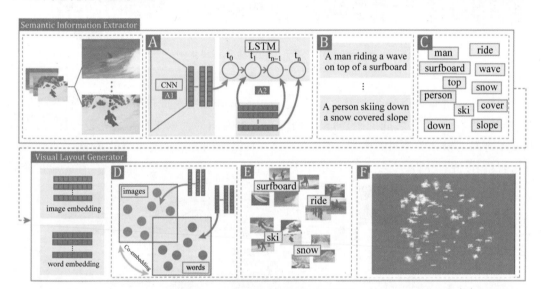

图 3-39　基于语义的图像集可视化

图片来源：文献[58]

3.4　视频可视化

视频资源的爆炸式增长凸显了对高效分析和交互工具的迫切需求。大规模动态视频数据的交互式分析有助于人们深入了解隐藏在原始数据中的潜在模式和关系。传统的视频可视化和分析技术主要集中在底层特征提取和视频内容压缩表示上，缺乏即时的交互反馈。很少有人关注视频内容的关系可视化以及多尺度的浏览和交互。

3.4.1　视频内容可视分析

视频可视化能帮助用户理解视频内容，如何有效地表示、分析和交互视频内容对视频分析非常重要。视频内容可视化的研究工作因应用和表达方式而异。

一些研究使用单独的视频帧分析视频事件[59-60]。文献[59]介绍了一种用于分析动态刺激下的视线追踪数据和显著性模型的可视分析方法。该工作致力于分析显著性模型与人类观察者的不同表现,以识别普通观察行为的特点,包括注意同步的时间序列和具有强烈注意焦点的对象。他们将时空立方体可视化与聚类相结合,可以在静态三维表示中分析动态刺激、对应的眼睛凝视以及显著性模型中的注意图(见图 3-40)。Zhang 等[60] 提出一种能够勾勒人体在运动过程中形成的扫描三维结构的表示方法 3D motion sculptures,将之用于可视化复杂的人体运动。

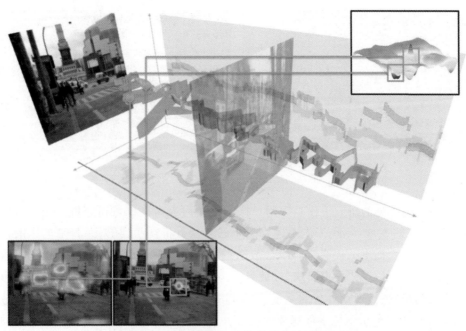

图 3-40　基于时空立方体的显著性可视分析

图片来源:文献[59]

另一些则使用抽象的可视化来分析内容[61],将时间轴进行折叠,使得模式相似的时间点更为接近,从而更直观地可视化时序数据演化过程中的模式(见图 3-41)。这里的模式可以是缓慢有规律地推进,大的、突发的改变或反转回之前的状态等。这些模式在很多领域如协同文本编辑、动态网络分析以及视频分析中都是关注点,模式之间的相似性则取决于具体的数据集。

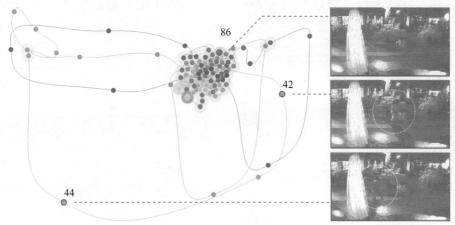

图 3-41　基于 time curve 的监控视频可视分析

图片来源:文献[61]

　　还有一些工作集成了计算机视觉技术,并将低级视觉特征映射到更高级的语义。这类工作主要侧重于将可视化技术应用于现实世界场景,例如,监控视频或体育视频用于帮助人们有效地浏览和分析视频。如图 3-42 所示针对足球比赛的案例中,首先采用视觉的技术从输入视频中提取轨迹数据,再结合轨迹和运动分析技术推演各个区域的团队活动相关指标、事件和球员的行为等,从而帮助专业人士更好地对比赛的各方面进行分析。

图 3-42　结合视频和移动数据的运动分析

图片来源:文献[62]

　　最后,另一类常见的研究工作是为用户探索视频内容而设计可视分析界面。由于可视化领域中讲故事的发展,一些工作通过讲故事的方法分析视频内容,尤其是电影的视频内容。StoryCurves[63]提出一种交流非线性叙事的可视化技术,按照叙事顺序和时间顺序从一系列事件中构建了一条"故事曲线"。此外,Kuno Kurzhals 等[64]提出了一种对电影内容(包括人物和场景)进行视觉分析的系统。Yaohua Pan 等[65]提出了一种交互式视频分析工具 InSocialNet,用于分析角色事件视频的内容。系统借助人脸和表情识别的技术自动和动态地从角色事件视频中构建社交网络。通过后端对社交网络的分析,InSocialNet 允许用户研究输入视频中的角色、他们之间的相互关系、社会角色,以及各种事件等(见图 3-43)。

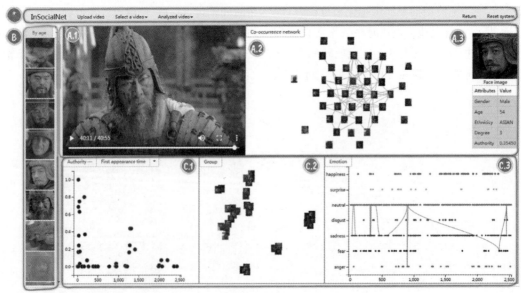

图 3-43　基于社交网络关系的角色事件视频分析

图片来源:文献[65]

3.4.2 视频情感可视分析

很多研究都表明情感在满足用户在电影和电视剧体验中的需求方面起着至关重要的作用：根据参与者和环境的不同，强烈甚至消极的情绪可能是令人愉悦的；情感影响并反映电影内容的发展和观众的情绪；情感一般对应电影的高潮部分，可以帮助用户快速掌握剧情和情节，并决定是否观看整个内容；此外，用户很多时候希望根据自身兴趣探索情节的情感细节，把握电影中的情感趋势；最后，也有一些研究人员注意到一个帮助理解情感内容的系统对有些用户来说是很有意义的。然而，目前仍很少有分析系统能够让用户理解情感内容。由于单个片段的内容可以通过许多不同的方式感知，因此视频片段的语义往往是比较模糊的。内容感知有两个不同的基本层次：认知层次和感知（或情感）层次[66]。理解情感内容是视频分析的一个重要维度。随着情感计算的发展，视频情感分析的相关工作不断增加。Shangfei Wang 和 Qiang Ji 将视频情感内容分析分为两种方法：直接法和内隐法[67]。大多数直接方法都集中在使用计算机视觉方法分析情感特征。他们从视频帧中提取了一系列特征，并学习了与情绪相关的特征[68]。考虑到视频中的多模态内容，许多研究还创建了用于视频情感分析的多模态分析框架[69]。然而，这些研究主要集中在分析和表达视频情感的底层特征上，在视频情感可视化方面投入的精力较少。文献[70]提出一种新的嵌入框架 Seemo，允许将人类情绪映射到向量空间表示，从而方便用户更好地量化和"看见"情感。系统借助一个简单高效的前馈神经网络，将情绪和对应的表情映射到同样的向量空间，在这个过程中考虑情绪-情境的关联。

音乐是一系列复杂的音符排列，当在正确的时间播放时，会产生和谐和有旋律的歌曲。然而，弄清楚音乐作品的结构和模式并非易事，这需要音乐理论和时间方面的知识。即使对经验丰富的音乐家来说，构建音乐作品的心理模型也是一项耗时的活动。通过阅读分数或聆听作品的表演，数据都需要被序列化地分析。

◇ 3.5 音频可视化

3.5.1 面向音乐作品的可视分析

有很大一部分可视化方法是针对代表不同音乐产品的音乐作品而设计的。无论是为了方便音乐家重现音乐而以书面形式保存的乐谱（musical scores）还是录制的音乐（music sound），都带有表演者的印记，与标准乐谱存在细微差异。

在具体存储格式上，数字音乐作品的数据格式是多种多样的。虽然 MusicXML 是共享乐谱的标准，但音乐声音可以以各种音频文件格式存储，如 MP3 或 WAV 等。同时，音乐声音和乐谱也可以存储为 MIDI 文件，MIDI 是一种标准化格式，用于交换事件信息和音乐数据，如音高、音量、颤音、立体声的左右平移和节奏，并将其编码为电子乐器的控制信号。MIDI 文件可以通过电子乐器自动生成（所有信息都被编码和保存），或者在（商业）作曲软件的帮助下进行数字合成等。因此，MIDI 文件不同于存储音乐信息的其他文件，因为它包含了以数字方式保存并稍后再次播放的声音记录。而其他文件格式则将信息保存为指令，这些指令被重定向到一个电子仪器上，然后用于"重放"，从而重现原始的声音。因此，MIDI 可以存储这两种音乐作品，这取决于文件的生成方式（录制的输入并转换回 MIDI 记谱格式，或作曲输入）。尽管在某些情况下，作者并不坦率地告诉所使用的数据格式，但我们仍然可以假设 MIDI 文件格式是最常用的格式。

1. 乐谱

一直以来，乐谱都是传递、记录和教学音乐作品的主要方式之一。此外，乐谱中也包含着如何阅读和演奏乐器的知识，音乐家能够借此重新诠释一首乐曲。虽然这种传统的乐曲乐谱本身已经是可视化的类型，但仍存在各种替代乐谱的表示。

首先是乐谱的概览。提供对整个乐谱的概览不仅有助于专业人员分析音乐的片段，也有助于新手更好地理解乐谱。在文献[71]中，Matthias Miller 等描述了一个用于设计和可视化音乐符号概览的流程，借助信息可视化的一些准则帮助用户完成音乐学习任务。为了区别于古典记谱方法，代表性的乐谱是在它们的时间上下文中显现出来的，并结合颜色、形状和放置的组合甚至是复杂的字形增强视觉效果。还有一些工作[72-73]结合借用其他视觉效果增强传统的记谱，如通过彩色相似度矩阵显示重复通道和多条音轨之间的相似度，通过鱼眼视图按需显示上下文信息和注释，或者采用框图和热图等进一步可视化。通常，传统的记分符号被转换成所谓的"钢琴滚动符号（piano roll notation）"。每个音符的音高、时刻和长度分别映射到 y 轴位置，v 轴位置和长度。另外，还可以使用颜色来编码信息。图 3-44（左）显示了一个典型的作曲软件中简单实现的钢琴卷（piano roll）。图 3-44（右）展示了 Ciuha 等[73]的工作如何通过颜色和饱和度来可视化和声中的和谐与不和谐的部分。还有一些工作[74]致力于可视化音高（pitch）在不同时间步中的分布，而不是简单地将单个音符可视化。图 3-45 展示了巴赫 C 大调《序曲》的可视化效果：纵轴的零位置是 C 大调（pitch）；更高的音调（pitch）被放置在颜色图的顶部，从红色到黄色渐变，而低音调则位于颜色图底部，从蓝色到黄色渐变；播放时间更长的音符具有更大的宽度；同时开始的音色会重叠在一起。此外，乐谱概览（score overviews）还可以进一步帮助用户学习或教授音乐作品[75]。考虑到使用乐谱而非演奏数据更有助于改善对音乐的理解，而非改善演奏系统针对那些难以理解乐谱标记的业余爱好者提供了不同的乐谱视图，如揭示乐谱的低级特征的 3D 彩色球体。

图 3-44　一款典型的作曲软件 Liquid Notes（左）和音乐可视化（右）
图片来源：文献[70]

文献[72]描述的 MoshViz 框架允许用户可视化音乐片段中的结构和模式，同时提供关于特定乐器的和声、稳定性和复杂性的可视化信息。MoshViz 创建了音乐数据的高层次模型，并突出了感兴趣的方面，使得能够进行细节和概览解释，从而帮助用户理解音乐结构以及其调和旋律模式。该乐曲被描绘为一个整体，用户可以选择具体的时间框架以进一步探索。该系统依赖两种不同的视图，即概览视图和详细视图，它们通过链接和刷新策略来协

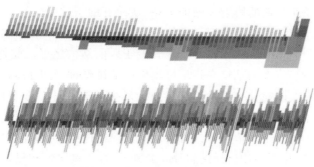

图 3-45　巴赫 C 大调《序曲》的视觉化

图片来源：文献[70]

调。图 3-46 展示了原型工具的主窗口，由概览和详细视图表示组成。详细视图描绘了演奏的单个音符。整个布局是钢琴滚动隐喻的延伸，丰富了附加信息，如每个时间度量的基和弦、时间特征、节奏，以及每个音符的影响和音符。该框架用来支持分析每个音符在音乐片段的特定部分中所扮演的角色。通过上述整个流程，可以将整首歌曲可视化。在该视图下，注释被浓缩成时间签名措施和颜色反映相应时间帧中音符密度和音高的变化。附加信息，诸如音符序列的复杂性、重复水平和间隔变化等，也在概览中通过热图描绘。这两个视图包含一组视觉特性，以帮助用户识别和探索感兴趣的方面。用户可以在视觉上将概览和细节视图中所示的信息关联到容易识别模式、高或低复杂度区域、节奏和和谐的变化以及其他感兴趣的领域。可视化侧重于分析在 MIDI 文件的轨道（或轨道组合）中对应于单个仪器的指令。

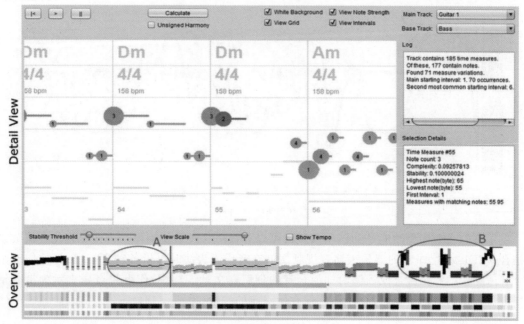

图 3-46　原型工具的主窗口

图片来源：文献[72]

作为集音乐概览、稳定性与和谐可视化于一身的 MoshViz 可视化框架，它不仅提供了歌曲的详细和概览表示，还可以表示旋律与和谐元素，帮助使用者快速掌握音符序列的音乐特性与音符序列对整个乐曲的影响之间的关系,从而有助于歌曲的解读和分析。该框架的开发也得到专业音乐家的建议和验证。虽然现有的方法仅使用声音的响度或音调估计其影响,但该方法考虑了拍子强度,从而将每个声音置于乐曲结构之下。此外,该框架中提出的用于检测和可视化不稳定性的策略在音乐可视化中是新颖的,突出显示不稳定部分,这些部分不能仅考虑和谐性。除能够在涉及研究和分析某些音乐片段的任务上支持用户外,还可用于帮助识别仅基于视觉表现决定要研究的片段,而无须听整个歌曲。然而,MoshViz 框架也存在一些限制。虽然这种情况不太可能发生,但当两种不同的旋律具有相似的特征时,可能产生类似的概览,从而导致错误的解释。此外,计算不稳定性和复杂性也值得关注。由于复杂性和不稳定性的概念是比较主观的,并且可能在不同的用户之间变化,因此可能存在以各种方式解释相同的视觉表示。用来估计这些值的一些方法也说明了在西方音乐中通常如何感知和谐和稳定性。例如,一些乐曲在传统的“弱”节拍(同步)上施加力量,但是由于这样的节拍是不太常见的,因此对不稳定性的估计仍会按照原来的方式进行。不过,这些概念用户可以通过根据个人观点改变的参数进行控制。

除单纯对乐谱可视化外,也有研究者试图帮助用户更好地理解音乐片段的结构、对潜在的特征模式、重复、动态、音调以及和谐性等进行高亮显示。不少研究工作[76]设计了针对一首歌曲的静态表示,还有一些工作则提供了有关整首歌播放过程的动画。如图 3-47 所示,在文献[76]中,交响乐的语义结构被抽象为宏观层交互、微观主题变化,以及层和主题的宏观-微观关系。随后,音乐的语义关系可以通过一种类似于常见的编织技术的方式,以层编织和主题织物的方式呈现。

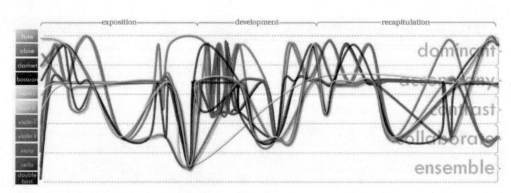

图 3-47　《莫扎特交响曲》第 40 号第一乐章的层编织

图片来源:文献[76]

乐谱的一个主要功能是让器乐演奏者可以对音乐片段重新阐释。一些可视化方法尝试结合 MIDI 文件、录制的器乐表演音视频文件在音乐家表演时提供各种支持,加深他们对某个音乐片段的和弦推进或表演时如何合音的理解。文献[77]中,作者将音乐表示为沿着钢琴键盘行走的运动角色,每个角色就像在玩对应的按键(见图 3-48)。

2. 乐音

不少工作研究如何利用音乐表演中提取的音频特征等进行可视化。他们所用的数据一般来自音频文件、通过麦克风等记录的声音信息等。

对表演过程的可视分析既可以帮助归类描述音乐家的表演风格,还可以帮助用户改进他们的表演,最后表演音频本身还可以被编辑或操纵。

图 3-48　用人物代表每个声音来可视化一部音乐作品

图片来源：文献[77]

音乐的一个重要的作用在于能唤起某种情绪或者进行情感的交流。而这种情感可以通过合适的图像进行传递。Zhang 等[78]设计的系统可以借助图像分析的技术从音乐视频内容中推理出其内在情绪，然后将音乐视频与提取的情绪在二维"情感空间"对齐。

3.5.2　面向音乐集的可视分析

一个音乐集既可以是一个专辑，也可以是一个播放列表。类似于文档集的分析，音乐集分析涉及的问题一般是伴随音乐数据急剧增加后带来的分类、识别、标记和检索等需求。大规模音乐集的可视化一般都是基于音乐数据的各种各样的特征，这尤其受到那些希望从新的角度（而非简单的文件列表）展示他们的音乐收藏的用户的欢迎。

尽管构成集合的音乐片段通常已经在文件系统中分层排列好了，但由于可以支持查看包含数千首歌曲的音乐集内容，可视化技术有助于提供更全面的概述。此外，交互式的可视化界面还很好地支持各种任务，从用户驱动的播放列表创建到自动的音乐推荐[79]。集合的乐曲也可以基于它们的特征而环状排列。这种方式既可以针对感兴趣的歌曲，将其他歌曲基于音频特征及其与目标歌曲的相似性被映射到圆形布局中；或者呈现音乐播放器的音乐集流派分布；或者基于不同艺术家歌曲的音频特征将它们映射到环形彩虹的不同颜色上（见图 3-49）。此外，也有一些在三维空间排列乐曲的图示符。但是，更多的时候，乐曲被表示为二维空间的气泡或小的缩略图，距离越近表示乐曲之间越相似。

音乐种类是我们选择所喜爱的音乐的重要元数据。有些工作[80]致力于通过交互式概览的方式表达不同的音乐种类、子类别以及它们之间的关系，允许播放选定种类的音频片段以鼓励可视的探索。图 3-50 展示了通过可缩放的树状图展示不同的音乐种类。

对于那些对听过的内容有比较强的求知欲的人来说，了解一首歌的流行情况是一个非常有意义的功能。考虑到收听历史与时间的强相关性，时间线自然就成了可视化的一种比较好的选择。Baur 和 Butz 的方法[81]将每首歌表示为一个缩略图，将听过的歌依次连接成一张图并叠加在时间线上。

最后，许多音乐作品在流派、情绪、乐谱特征乃至声音模式上都存在一定相似性，因此也有很多人研究如何检测音乐的这些相似模式并进行对齐。Gasser 等[82]研究了针对两个音乐片段的对齐可视化。如图 3-51 所示，他们将音频信号并排放置，关联的声音模式用线条连接起来。文献[83]提出了一个更为严格的相似性，通过提取歌曲之间的重复内容以发现剽窃的歌曲。

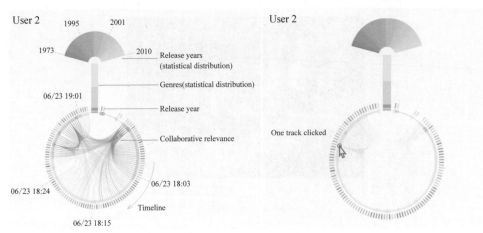

图 3-49　用户音乐播放历史的可视化

图片来源：文献[79]

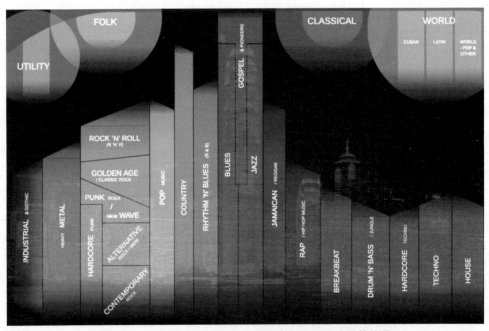

图 3-50　一种用自上而下方法创建的音乐流派地图的摘录

图片来源：文献[80]

3.5.3　面向音乐家的可视分析

除了音乐作品，音乐学也关注与音乐有关的人。他们不仅包括作曲家、乐器演奏家和歌手，还有乐器制作者、音乐教师和音乐出版者等。此外，各种传记信息也为相关可视化奠定了基础，这包括与其他音乐家或与音乐有关的物品，如音乐作品和乐器、个人信息、职业知识、专业或相关机构等相关信息，这些信息通常以文本形式提供。

我们可以对音乐家进行探索式分析，遵循 Shneiderman 提出的信息探索口诀（information seeking mantra）[84] 对履历资料进行可视概览，通过放大和过滤等操作分析感兴趣模式，探

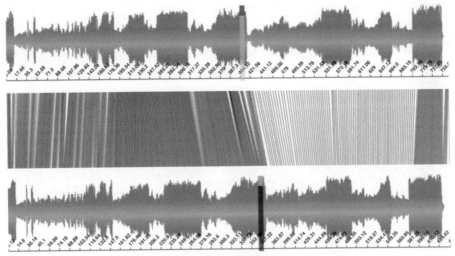

图 3-51　音乐对齐可视化

图片来源：文献[82]

索具有相似特征的艺术家聚类,检测离群情况。借助图形可视化技术,还可以展示履历数据库中人与人之间的关系,揭示群体社会结构等。LinkedProject 项目[85]将关系较为密切的 20 个爵士乐音乐家放在一个椭圆上,采用重心画法进行网络布局设计,对节点根据其重要性进行缩放,以凸显有影响力的音乐家;在时间线上布置社交网络还可以帮助检测音乐家的音乐知识如何随时间传递。Stefan Jänicke 等[86]采用一个水平的时间轴,再通过一个一维空间的力引导策略将节点垂直放置。Khulusi 等[87]根据音乐家的生涯将他们放在一条时间轴上,并将相关的音乐家连接在一起。根据音乐家所属的机构或他们的具体职业进行分组,方便对音乐家之间的潜在关系进行假设。系统还提供了不同的缩放级别,让用户能够集中于过滤数据集中的一个、几十个或所有音乐家。

类似地,我们还可以比较不同音乐家之间的相似性,通过设计合适的可视化界面,从而在向业余爱好者推荐音乐时方便他们进行直观的探索。可以通过众包的信息确定音乐家之间的相似性,如亚马逊销售数据或 Spotify 列表历史等。Stefan Jänicke 等[88]设计的可视分析系统让音乐学家可以根据音乐家的个人特征(如工作地点、音乐职业)进行剖析。选择感兴趣的音乐家后,系统基于 8 个相似性度量确定与数据库中所有其他音乐家的相似性。选择的音乐家和最相似音乐家的传记细节可以通过流图、社交网络图和相关工作地点地图进行对比分析(见图 3-52)。

3.5.4　面向乐器的可视分析

除音乐作品和相关的音乐家外,演奏的乐器也是音乐学家感兴趣的焦点,因此前面介绍的一些工作也涉及乐器的可视化。

一些工作研究了乐器结构的可视分析,乐器的三维可视表示被频繁用于传达其结构特征,尤其对于一些非常古老或稀缺的乐器,其数字复制可以在不损伤原件的情况下提供对乐器构造和生产过程的探索性分析。其中,对乐器的 CT 扫描用得比较多,而激光或 X 射线扫描以及基于乐器照片的重建则相对较少使用。作为一种无损方法,CT 扫描生成的三维数据可以揭示乐器的内部结构,因为不同的材质属性会导致不同的测量密度值。

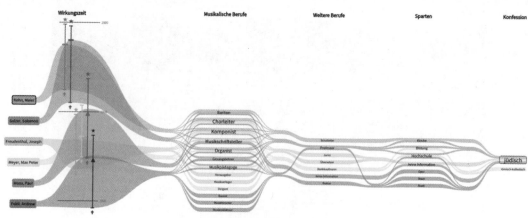

图 3-52　对音乐家的可视剖析

图片来源：文献[88]

　　了解如何操作不同的乐器是音乐学的一个必修项目。Anders Askenfeld 和 Erik V Jansson 的工作[89]引领了这方面的研究，他们展示了在声音生成过程中人触摸小提琴的弦和音锤的物理效果。尽管就文档整理的需要而言，提供非交互的图表呈现结果就可以了，但是复杂的可视化和交互技术有助于理解乐器的功能，而富有吸引力的呈现方式则让人对这些信息更感兴趣。还有一些工作研究了 AR/VR 环境下的数字乐器的观察和交互方式。通过手势捕获，我们可以在虚拟的三维乐器上演奏，用户可以与不同颜色的矩形交互，每个矩形编码不同的、可播放的声音频谱。还有一些工作试图研究乐器的动力学，Florent Berthaut 等[90]通过传感器记录演奏乐器时的动作，并生成三维形状的虚拟动画。图 3-53 显示了合成器的功能，根据按下或调节旋钮，控制器下方显示屏上的动画显示了所代表的机械部件的运动，以及它们如何相互作用以产生声音。

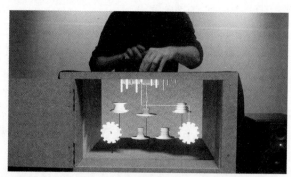

图 3-53　Berthaut 等开发的 Rouages 对电子乐器的按键和控制器的相互作用进行可视化

图片来源：文献[90]

参考资料

第 4 章

时空数据可视分析

◆ 4.1 概　　述

大数据时代,传感网、物联网和媒体/自媒体、社交网络等信息通信技术日新月异,使得描述与记录人类社会、计算机世界和物质世界复杂事物的时空数据迅猛增长,时空数据规模越来越庞大,数据语义越来越丰富,因而催生了科学研究的第四范式——数据密集型科学。如何从海量、高维、动态的多模态时空大数据中挖掘有价值的、潜在的、复杂时空语义关联,综合感知时空大数据反映的发展态势,进行科学合理的探索推理预测成为地理信息科学迫切需要解决的关键问题。可视分析综合人脑感知、假设、推理的优势与计算机对海量数据高速、准确计算的能力,变"信息过载"问题为机遇,已经成为当下大数据分析的研究热点。

目前对时空数据的研究主要集中在四方面:①通过可视化手段观察时空数据的空间分布;②将时空数据的序列关系构建为空间中的分布;③通过可视化手段演示时空数据动态变化的过程;④通过可视化手段展现多目标的时空运动追踪。

时空数据可视化属于可视化研究领域中具有重要影响的一个子领域,该研究涉及对复杂时空数据进行有效的特征提取和数据展示的工作。时空数据的可视化涉及的数据往往与生活息息相关,包括城市、交通、气象、海洋和日常记录到的包含时序性与空间位置的信息,与之相关的可视化任务同时也会涉及数据的可视分析、可视化表达、仿真以及智能计算。近年来,随着大数据技术的飞速发展,以及人工智能技术的兴起,特别是计算机视觉的技术绽放,时空数据的可视化也迎来全新的发展机遇。时空数据的主要特点是数据规模大、数据维度多,并且时间属性与空间属性同时制约着数据之间的关联,这需要研究者能对数据在不同维度进行清晰的分析并获得客观的结论。可视化作为一种直观的表达形式,特别善于从复杂的数据关系中直接展现数据特征,这一特点使时空数据的可视化一直作为前沿的研究热点。

时空数据的另一大特点在于它往往来自现实生活中的某些场景,应当符合一些现实规律,如果数据分析和可视化方法有缺陷,观察者将会显著察觉到异常。这样的特点对研究者提出了很高的要求,使得时空数据可视化不能像高度抽象的信息数据可视化那样以纯粹的视觉优化设计算法,但是如果局限于数据的物理意义,又会因为原始数据的规模、维度、采集方式等带来诸多限制条件,以至于无法有效地可视化有价值的信息。在可视化的角度,视觉的展现主要是空间的分布可视化,但是简单的位置信息可视化反馈的信息非常有限。而以数据挖掘或是数据分析的方法转换数据形式,很容易因为约束条件的增多导致建模困难。从数据的角度,经典方法涉及的回归和分类往往需要建立在有监督方法的基础上。然而,时空数据由于数据规模大,维度复杂,影响因素众多,造成非常难以得到规则化的标记数据集来辅助相关研究。近年来,机器学习与深度学习的快速发展,推动计算机视觉特别是图像领域有了巨大进步,但是,如何在时空可视化问题中合理应用图形、图像、视觉甚至是人工智能的知识,将用户关心的信息以直观的空间形式表达是一个具有挑战性的问题。

时空数据可视化是大数据可视化中的重要分支,该技术通过对时空数据的解析和挖掘,将复杂的高维数据以直观的可视化形式呈现,帮助用户理解深层的数据特性。自然世界中的万物变化和人类的日常活动,都与时空数据相关,因此时空数据可视化的研究一直是可视化领域及数据科学领域的研究热点。对时空数据深度挖掘需要尽可能真实还原数据中的重要特征,使用户准确感知空间、时间以及动态的变化是此类研究的重要任务。

◈ 4.2 空间标量场可视化

所谓标量场,可以理解为一个函数 $f: D \rightarrow R$,对于空间中的每个点,返回某种单一的变量值。该函数既可以定义在一个连续的域(通常是某个数学问题的解,或对采样数据的插值)上,也可以定义在特定的一些点(笛卡儿网格)上。标量场也可以随时间变化,即时变标量场。常见的标量场包括温度场、压力场、势场等。标量场可以是一维的、二维的、三维的表面,也可以是三维体上的,乃至更高维的。

- 一维空间标量场指空间中沿某一条路径采样得到的标量场数据。例如,对土层钻探时获取的土壤颗粒度数值、沿某个经度的气压数值(见图 4-1(a))、燃烧炉沿内壁的温度分布等。一维空间标量场数据通常可表达为一维函数,其定义域是空间路径位置或空间坐标的参数化变量,值域是不同的物理属性,如温度、湿度、气压、波长、亮度和电压漂移等。

- 二维空间标量场可视为定义在某二维区域上的一个标量函数,通常用规整或非规整网格表示该二维平面区域,在网格点或网格拓扑单元上附有标量数据。二维空间标量场广泛存在于各种科学仿真和应用中,如二维地形图和医学诊断的 X 光片(见图 4-1(b))等。

- 三维空间标量场也称为三维体数据场,指记录三维物理空间的物理、化学等属性及其演化规律的数据场,一般通过特定采集设备(医学断层扫描设备获取的 CT、MRI 或 PET 影像见图 4-1(c))或计算机模拟(气象飓风模拟产生的温度、气压和湿度分布等)获取。

标量场可视化是指通过图形的方式揭示标量场对象空间分布的内在关系。由于很多科学测量或者模拟数据都是以标量场的形式出现的,因此对标量场的可视化是科学可视化研究的核心课题之一。常见的标量场可视化方法包括颜色映射(color mapping)、轮廓法(contouring)以及高度图(height plot)。

- 颜色映射的方法将每一标量数值与一种颜色相对应,可以通过建立一张以标量数值作为索引的颜色对照表的方式实现。对照表存储一组颜色,并指定最大、最小标量

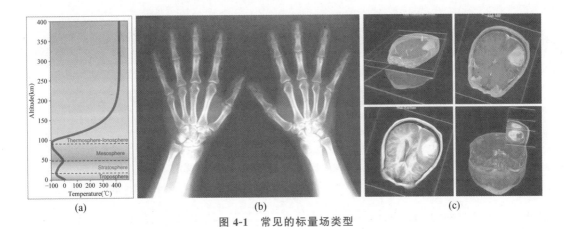

(a)   (b)   (c)

图 4-1 常见的标量场类型

范围。超过此范围的标量值一般被截断为最大、最小值。更普遍的建立颜色对应关系的方法称为传递函数,它可以是任何将标量数值映射到特定颜色的表达方式。对于颜色映射的可视化,选择合适的对应颜色非常重要,不合理的颜色方案将无法帮助解释标量场的特征,甚至产生错误的信息。

- 轮廓法是将标量场中数值等于某一指定阈值的点连接起来的可视化方法。轮廓法可以视为颜色映射的一个延伸。当我们观察一个根据数据值着色的曲面时,眼睛通常会根据颜色的相似度分割成不同区域。地图上的等高线、天气预报图中的等温线都是典型的二维标量场的轮廓可视化的例子。多条等值轮廓线(或等值轮廓面)在标量场上分布的稀疏程度表示了相应标量场变化的快慢。二维标量场的轮廓线可以通过移动正方形(marching square)的方法获得。三维标量场的轮廓可视化即等值面的提取和绘制,相应地可以通过移动立方体(marching cubes)的方法获得。

- 高度图,也称标高图(elevation plot)或地毯图(carpet plot)。顾名思义,根据二维标量场数值的大小,将表面的高度在原几何面的法线方向做相应的提升。这样,表面的高低起伏对应二维标量场数值的大小和变化。

经过多年的努力,对标量场可视化的研究已经从最初的关注效率问题,到更加注重对其内容的分析和交互处理上。如何可视化标量场中的不确定信息、选择高效合理的传递函数、比较多个标量场、处理 TB 乃至 PB 量级的标量场数据等都是具有高度挑战性的课题。在文献[1]中,研究人员针对因数据获取、数值精度和采样而导致测量或仿真数据存在噪声和其他瑕疵的问题,提出一种基于全局能量优化的拓扑去噪方法。如图 4-2 所示,他们的方法能够在进行标量场滤波过程中通过对极小值的移除或保留进行显式控制,最终生成光滑且拓扑上干净的结果。

Jonas Lukasczyk 等[2]研究对标量数据进行局部的拓扑简化。给定一个标量场 f 和所选定要保留的极值,他们所提出的局部化拓扑简化(localized topological simplification,LTS)方法将生成一个跟标量场接近且只包含选定极值的函数 g。相比于已有的一些全局性的方法,LTS 方法只会单独处理需要被简化的区域,同时还能利用共享内存并行性以较高的并行效率同步简化所有区域,极大地改善了探索不同简化参数及其对后续拓扑分析影响时的交互性。

如图 4-3 所示为该方法对计算流体动力学仿真中涡流进行处理生成的基于拓扑的特征

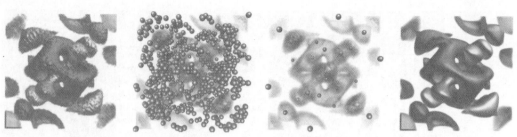

图4-2 考虑拓扑信息的标量场去噪。从左到右：包含噪声的输入标量场、输入数据中的所有
极大极小值、被选中的高于某个噪声水平的极值、只包含选定极值的过滤标量场

图片来源：文献[1]

表征。对于分辨率为 512^3 的标量场，传统的方法移除 21k 中的 20k 极值耗时 165s，而 LTS 仅需要 7s。文献[3]对各种基于拓扑算子，如持续图（persistent diagrams）、合并树（merge trees）、轮廓树（contour trees）、Reeb 图和 Morse-Smale 复形的向量场比较的研究进行了综述，围绕 3 种不同类型数据（单个场、时变场和场集）及相关的可视任务（对称检测、周期性检测、关键事件和特征检测，特征跟踪、聚类以及结构统计学等）对各种方法进行分类总结。

此外，多个空间上重合的标量场组成一个多变量场也是常见的情况，如医学中 CT、MRI、PET 等多模式成像，科学模拟计算每个网格点上可能有多个不同的标量变量。对多变量标量场的可视化非常值得探索和研究。最新的工作还包括引入信息可视化的方法，分析处理标量场数据的可视化。文献[4]研究了高维标量函数的可视探索，结合拓扑和几何的方法对离散采样的高维标量场进行交互式的可视分析。他们的方法采用了一个采样点云的近似 Morese-Smale 复形逼近对参数空间进行分割，对 Morese-Smale 复形的每个区域进行回归得到参数空间中一条关于系统参数和对应输出关系的曲线。该曲线可视为对高维输入空间的 Morese-Smale 复形的简化集合表示，随后该曲线通过降维嵌入二维空间进行可视化。图4-4 展示了该方法用于若干二维向量场的可视分析，底部的每条曲线对应二维域上的一个单调区域，对顶部函数的 Morese-Smale 复形的每个分割区域进行几何意义上的总结。

removing **20k** of **21k** maxima
in a 512^3 scalar field
takes **7s** with **LTS**
and **165s** with a
state-of-the-art approach

图4-3 标量场的局部化拓扑简化

图片来源：文献[2]

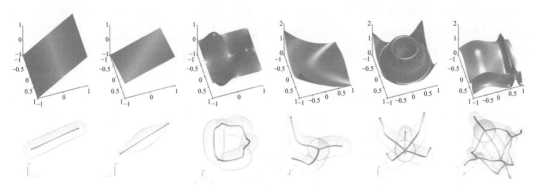

图 4-4 高维标量函数的可视探索
图片来源：文献[4]

4.3 空间向量场可视化

向量场可视化广泛应用于汽车工业到医疗等行业。借助向量可视化，用户能够更好地考察和分析流动现象的一些关键特征和特性。尽管对于二维情况的流可视化基本上已经得到较好的解决，但对于更高维度的流可视化（见表面和三维体的流场）仍然有许多需要解决的问题。向量场可视化技术可分为四大类：直接、基于特征、基于纹理和基于几何的方法[5]。下面简要介绍这四个类别。

- 直接方法。直接技术是直观显示流场的最简单解决方案，例如，在每个采样点放置箭头图示符，以描述底层向量场，或将颜色映射到速度幅值。直接技术能以较少的计算成本使流可视化变得普遍和直观。然而，直接技术可能会受到视觉连贯性不足的影响。当应用于三维流数据时，它们通常会受到视觉复杂性和遮挡的影响。

- 基于特征方法。这些技术提取用户感兴趣的数据子集。该过程在可视化之前执行，因此可视化基于这些提取的子集，而不是整个数据集。这可能使可视化更加高效。然而，特征提取的复杂性和计算成本可能很高。

- 基于纹理方法。根据向量场的局部属性，对已知纹理（噪图）进行扭曲，然后进行渲染以可视化向量场。这类技术提供了大量细节的稠密和连贯的可视化，甚至能捕捉复杂流动区域，如漩涡、源和壑等的流动特征。虽然基于纹理的算法可以提供有效的流可视化，但在实现三维流数据时，它们也会受到视觉复杂性和遮挡的影响。

- 基于几何的方法。为了得到向量场的一致表示，需要借助基于积分的几何方法。一个典型的例子是定义一组种子点，然后计算这些点在流中的轨迹（如流线），最后根据这些轨迹绘制生成的几何对象。然而，如果采用糟糕的种子策略，可能导致视觉混乱和遮挡。

4.3.1 直接的可视化方法

在曲面向量场可视化方面，针对计算流体动力学（computational fluid dynamics，CFPD）中非结构化、自适应分辨率边界网格上的向量场可视化，Zhenmin Peng 和 Robert S. Laramee[6]提出一种简单、快速的曲面图示符放置算法：首先将向量场投影到图像平面上，向量场被编码为一张彩色编码的速度图像；接着通过一张用户定义的、均匀重采样网格对图示符放置的空间分辨率进行定义。用于定义轮廓放置的空间分辨率，在每个单元格的中心生成一个图示符；随后，通过滤波进行重建和渲染得到流的各种表示。在这个过程中对速度或精度进行针对性优化，通过对深度缓存数据进行边缘检测处理几何不连续性；再往下，根据每个重采样单元的重采样向量场值重建图示符并将之投影到图像平面上；最后，渲染所有可选增强效果，如几何体的着色图。除缩放、翻译和旋转等其他用户交互外，他们还应用多分辨率技术突显用户感兴趣区域的细节，参见图 4-5。

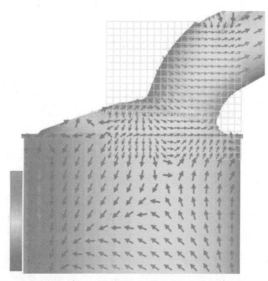

图 4-5 低分辨率和高分辨率图示符的多分辨率可视化，用于可视化燃气发动机模拟表面的流动
图片来源：文献[6]

而对于三维体流场，规整网格相对比较简单，主要挑战在于非规整网格，一般的做法是在物理空间或参数空间进行重采样[7]。如果对物理空间进行采样，通过线性插值得到每个采样点处的向量信息，然后计算该点的物理坐标，最后对指定方向图示符从后向前进行投影。然而，尽管这样做可以保证采样均匀分布，但重采样的计算成本很高，因此可以考虑在参数空间重采样后，将参数化坐标映射到物理坐标网格点。通过参数空间重采样，可以有效地实现任意三维曲面上的向量场可视化。从最终的效果（见图 4-6）看，两种方法在视觉上并没有太大的差异，仅在聚类的程度上有些许不同。

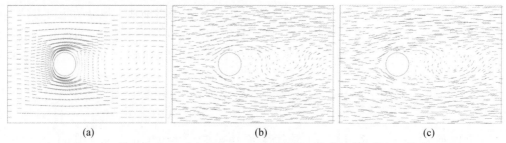

(a)　　　　　　　　　　(b)　　　　　　　　　　(c)

图 4-6 基于物理（b）或参数空间（c）重采样的三维非规整向量场可视化
图片来源：文献[7]

4.3.2　向量场聚类与可视化

Alexandru Telea 等[8]提出一种基于层次聚类的向量场简化方法,以推荐的方式自动放置一定数量的图示符来可视化向量场。这是同类算法中的第一个,在同一幅图像中生成全局和详细信息。在聚类算法方面,他们采用了自下而上的方式,根据向量场之间的相似性度量选择两个候选聚类进行。他们还定义了一个基于局部向量大小和方向的误差度量,定义了如何将两个现有聚类合并为一个新聚类。该算法会自动显示简化的流程,用户也可以使用一些聚类参数进一步改善聚类结果,如改变聚类的细节层次。Bjoern Hecke 等[9]提出另一种层次化的离散向量场可视化方法,通过聚类方法将原始向量场分割成一系列不相交的簇。他们采用自上而下的方式:首先将原始向量场数据中的点作为一个单独的聚类,然后使用加权最佳拟合平面将空间划分为凸区域(子簇)进行聚类分割。每个区域都有一个误差度量,用于衡量原始离散向量场和简化向量场之间的差异。当误差满足用户定义的阈值时就可以终止分割聚类的递归过程。

在具体的聚类算法研究方面,Harald Garcke 等[10]提出一种面向曲面和三维体空间的多尺度聚类方法,其灵感来自著名的物理相分离聚类模型——卡恩-希利亚德模型。为了有效地分类和增强聚类集中的相关性,这种新的基于相位分离的连续聚类方法将聚类问题描述为扩散问题,而不是合并或分裂问题。在第一阶段,聚类由演化函数隐式处理,这个过程考虑两个重要的能量贡献:聚类的成核和聚类的连续粗化;接着算法根据基础物理数据和演化函数,结合流场的位置和方向,提取并分类流场段;然后,采用骨架化方法突出细化聚类集的基本特征;最后,采用各种几何表示以直观的方式渲染高亮显示的骨架。Michael Griebel 等[11]提出一种基于代数多重网格的向量场聚类方法。流场中的每个样本由一个张量刚度矩阵表示,该矩阵对流场的局部特性进行编码。代数多重网格技术对这些张量矩阵进行运算,以构造对流动结构进行编码的向量场层次结构。该方法是无几何约束的,并在二维和三维向量场上进行了演示,参见图 4-7。

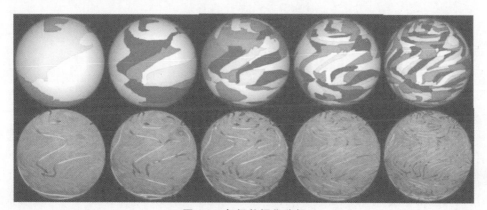

图 4-7　气候数据集分解

图片来源:文献[11]

4.3.3　基于几何的可视化方法

在曲面向量场可视化方面,Jarke J. Van Wijk 提出一系列基于表面粒子的方法[12-13],通过向表面添加有限小尺寸的无质量粒子(面)并可视化其行为,增强了流表面和流带的基本几何结构。通过各种改进措施(用于减少锯齿边缘和频闪伪影的着色模型、用于避免空间和时间伪影的高斯滤波,以及用于提高计算效率的扫描转换算法),实现以合理的计算成本获得高质量的图像和动画。

Xiaoyang Mao 等[14]提出一种图像引导流线放置技术,将 Turk 和 Banks[15]的 2D 图像引导流线布局方法扩展到 3D 曲线网格曲面:首先,将三维曲线曲面上的向量映射到计算空间。其次,使用扩展的 Turk 和 Banks 的 2D 算法生成具有所需密度分布的流线。最后,在计算空间中生成的流线被映射回 3D 曲面。Benjamin Spencer 等[16]将 Bruno Jobard 和 Wilfrid Lefer 的二维方法[17]推广到曲面,提出一种基于图像的曲面等距流线自动生成算法,用于可视化曲面上的向量场。向量场首先被投影到图像平面上进行流线播种和积分。接着,根据用户指定的网格对图像进行分割、依次尝试在每个单元的中心生成流线。如果种子的 z 深度不为零且没有流线比阈值 d_{sep} 更靠近种子点,就开始追踪形成一条新流线。他们还采用了一种基于向量场的播种方法——只要沿基丁网格的流线曲线的长廊有一个种子点以固定间隔存在,并且没有流线距离种子点的距离比 d_{sep} 更近,就会从该种子点追踪一条新流线,并将其推送到队列上。此过程将重复,直到队列为空。图 4-8 展示了该方法对燃气发动机仿真的内部流体进行可视化的效果。

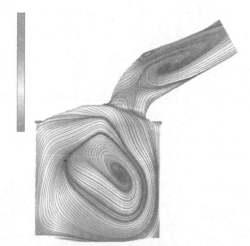

图 4-8　燃气发动机仿真的内部流体可视化

图片来源:文献[16]

为了显示局部变形,包括法向应变、剪切应变和刚体旋转,Will Schroeder 等[18]提出一种叫作"流多边形"的三维向量可视化方法。流多边形实际上是一组与局部向量垂直的规则多边形。通过沿流线追踪流多边形就能得到揭示流场属性的流管,通过多边形的形状和半径描述向量场的应变、平移和旋转等属性。Jeff P M Hultquist[19]介绍了一种高效的流曲面构造方法。与播种很多流线相比,流曲面具有多种优势:深度感知得到增强,视觉复杂性也降低了,这样就可以通过改善切平面的采样密度实现对流场快速、有效地探索(见图 4-9)。

在流曲面构造过程中,他们通过自适应调整采样密度控制流曲面前沿的扩展,从而可以准确地对高散度区域进行采样。流曲面可以通过对相邻流线之间应用贪婪的三角形平铺方法进行构造。

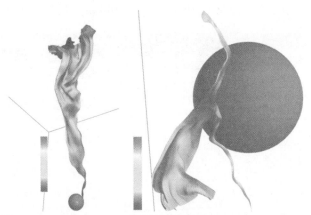

图 4-9　烟雾的流曲面可视化(左)，右边展示了烟雾从球体离开并在与球体相交时分裂

图片来源：文献[19]

为了可视化对流体进行粒子追踪时涉及的一些不同数值算法产生的不确定性，Suresh K Lodha 等[20]提出一个名为 UFLOW(Uncertainty Flow)的系统，以可视化和研究流体流动中的这种不确定性。首先，确定流体流动不确定性的可能来源，他们关注的重点是追踪流体流动中的流线所涉及的不同数值算法；其次，通过应用不确定性图示符(见图 4-10(c)和图 4-10(f))、包络动画(见图 4-10(a))、优先级排序、视点跟踪和散度耙(见图 4-10(e))等可视化技术突显用户应用不同集成方法时产生的不确定性。

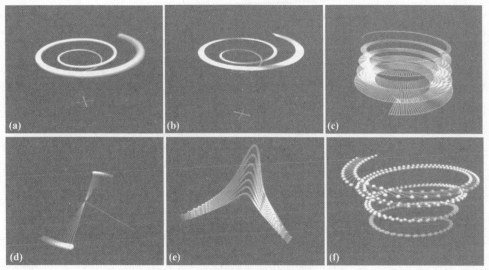

图 4-10　用于流体流动不确定性可视化一些方式

图片来源：文献[20]

为了满足分析可视化流或向量数据集的差异对比较性的可视化工具的需求，Vivek Verma 和 Alex Pang[21]提出一种方法来比较单独的流线和流带或密集的流线场。作为 UFLOW 的扩展，该方法也可以以逐对的方式可视化同一数据集应用不同流线积分方法的结果，以及对同一种子点应用不同积分方法生成流线的差异进行可视化。最后，它还能比较流线密集场之间的差异，以直观地呈现向量场之间差异的全局视图。此外，根据用户的不同

需求,可以使用叠加或新的简化表示可视化 StreamRibbon 的差异,如图 4-11 所示。

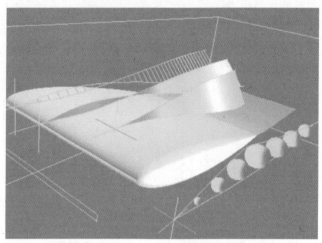

图 4-11 不同湍流模拟的两个数据集流线,使用线条轮廓、条形包络和球体轮廓以凸显差异

图片来源:文献[21]

Garth C 等[22]提出一种在时变向量场中精确计算积分曲面的新算法,该算法从非正常向量场生成精确的积分曲面。与之前在曲面计算技术方面的工作不同,这种方法将积分曲面计算分离为曲面逼近与图形表示生成两个阶段,以解决之前工作的局限性。根据这种解耦,第一步使用迭代细化近似一系列时间线,并生成一个完整的曲面骨架。第二步基于骨架计算条件良好的三角化表示。该方法适用于大时变数据集(见图 4-12)。

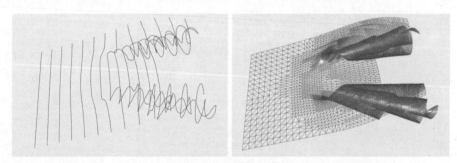

图 4-12 通过连续时间线逼近计算积分曲面(Detal Wing 数据集)

图片来源:文献[22]

受真实世界中流体实验启发,Wolfram von Funck 等[23]提出一种利用半透明条纹表面可视化烟雾曲面的新方法。这是首次采用半透明条纹表面以交互方式显示随时间变化的流场。为了避免昂贵的自适应重划分问题,他们将三角形的不透明度与其面积、形状和曲率耦合,使用具有固定拓扑和连接性的三角形网格渲染烟雾,以支持直观和交互的探索(见图 4-13)。

4.3.4 基于纹理的可视化方法

Willem C. deLeeuw 和 Jarke J. van Wijk[24]在 van Wijk 的斑点噪声工作[25]的基础上提出一种用于表面向量场可视化的增强斑点噪声方法(见图 4-14)。这种增强的方法比原来的方法有几处改进。为了更好地显示高曲率的向量场,首先根据局部速度场特征,采用斑

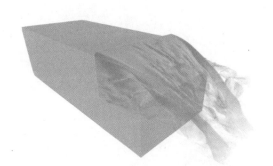

图 4-13　烟雾曲面可视化

图片来源：文献[23]

点混合将斑点变形为曲线形状。该点的变形基于流曲面进行。其次,通过实施斑点滤波,可以解决产生带有粗低频成分的斑点噪声图像的问题,并计算出更均匀的纹理。最后,通过图形硬件快速渲染斑点噪声图像,从而以交互速度渲染可视化。

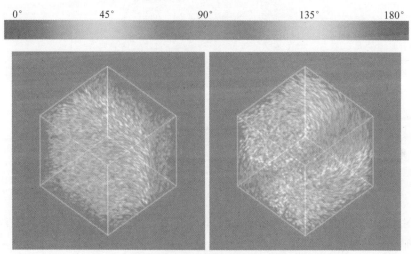

图 4-14　基于增强斑点噪声的曲面向量场可视化

图片来源：文献[24]

　　Henrik Battke 等[26]将 Detlev Stalling 等[27]提出的快速线积分卷积（Line Integral Convolution,LIC）方法从二维空间推广到曲面向量场的可视化。从任意曲面的三角形近似开始,然后根据局部欧几里得坐标计算每个三角形的局部 LIC 纹理,最后一步是通过沿相邻三角形的流线生成平滑纹理曲面（见图 4-15）。

　　Robert S Laramee 等[28]将二维拉格朗日-欧拉平流和基于图像的流动可视化（Image Based Flow Visualization,IBFV）[29]相结合,提出一种生成表面非稳定流密集表示的方法（见图 4-16）,解决了非稳定曲面可视化的高计算量问题,尤其是对于 CFD 数据集中的大型复杂边界网格表面。该方法首先将曲面的向量场投影到图像平面,并生成存储投影向量场的彩色编码速度图像;接着根据路径的离散欧拉逼近,对用于平推纹理的网格（类似于 IBFV 方法）进行扭曲;然后根据网格扭曲对一张噪声纹理进行扭曲并贴到网格上,在图像空间中注入并混合噪声,在这一过程结合边缘检测考虑几何不连续性;最后,渲染所有可选图像,如几何的着色版本。

图 4-15　基于线积分卷积的曲面向量场可视化

图片来源：文献[26]

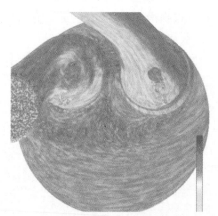

图 4-16　基于纹理的流动可视化应用于 221K 多边形进气口网格的表面

图片来源：文献[28]

　　Rezk-Salama 等[30]提出一种基于 3D 纹理映射的直接体绘制方法（见图 4-17），用于以交互式动画方式可视化向量场。从概念上讲，这种方法是对原始 LIC 的三维扩展。通过使用用户控制的传递函数等交互方法，他们的方法支持对向量场内部结构的交互探索。为了以合理的计算成本改善三维流场的感知，他们尝试了两种生成动画的 3D-LIC 方法：为时变颜色表动画预计算一个特殊的 3D-LIC 纹理；根据预先计算的、用户指定的体对 3D-LIC 体进行交互剪裁。

图 4-17　基于 3D-LIC 的表面向量场可视化

图片来源：文献[30]

　　为了解决密集呈现（如杂乱）引起的感知问题，Anders Helgeland 等[31]提出一种基于纹理的交互式三维非稳定流可视化方法（见图 4-18）。他们采用一种稀疏的表示，首先将一组粒子均匀分布在整个区域中，然后通过计算迹线沿着时变场追踪这些粒子。在这一过程中通过粒子平流策略在时间变化中保持相干粒子密度。方向信息会在每个时间输出到 3D 纹理中进行可视化。这样,动画显示粒子的平流,而每一帧显示瞬时向量场。

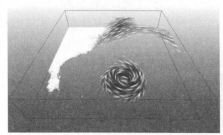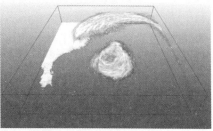

图 4-18　基于纹理的交互式非稳定向量场可视化

图片来源：文献[31]

◆ 4.4　空间张量场可视化

许多领域如医学成像、工业制造和高维数据分析都涉及张量场,用于描述复杂的物理过程,如材料中的应力分布、地震期间的作用力或生物组织的重塑等。虽然张量可以在数学上精确地刻画如此复杂的信息,但对张量的语义解释则具有比较大的挑战。因而,张量场的可视化具有非常重要的意义,典型的方法包括使用图示符、色图、线条和等值面等。然而,大规模仿真产生的大量复杂数据在用户和数据之间增加了另一层障碍,迫切需要更先进的可视方法。Chiara Hergl 等[32]的综述回顾了近年来该领域的进展,对不同类型方法进行了介绍和总结。

4.4.1　张量图示符

图示符可能是大部分应用领域中张量可视化的最常见方式。它们用于将选定位置的单个张量以及不同张量的组合进行可视化,通常会与其他可视化方法相结合。

许多应用通常采用图示符可视化应力和应变张量。椭圆和椭球则是最常用的图示符类型,分别用于二维和三维,尽管它们存在比较强的局限性,如感知问题以及无法区分正、负张量。也有一些研究尝试对其进行适当改变,以克服这些局限性,如 Thomas Schultz 和 Gordon Kindlmann[33] 提出的超二次图示符,该方法适用于大部分对称二阶张量。Mohak Patel 和 David H. Laidlaw[34] 评价了一些用于应力张量可视化的图示符,包括原始的超二次图示符以及对其进行不同着色以增强主方向的视觉感知。他们还尝试将超二次图示符和偏移流线相结合(见图 4-19)。

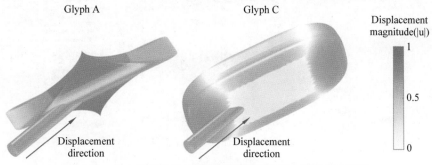

图 4-19　结合超二次图示符和偏移流线的应力张量场可视化

图片来源：文献[34]

　　具体来说,结构力学的仿真通常会生成稠密的应变和应力场。应力可视化不仅可用于分析仿真结果,还可用于分析仿真过程本身,如对不同的步进机制进行评测。Rouven Mohr 等[35]研究了如何识别变化比较大的区域以更好地展示数据的内在质量和算法的数值行为,在比较过程中叠加区分正负应力的椭球图示符。地质力学中的应力张量通常是通过矩张量反演提取的,并通过绘制立体(下半球)投影在圆盘上的主应力来可视化[36]。同样,在生物力学中,图示符也用于表示应力和应变。为了可视化剪切导致的变形以及软组织中的残留应力张量,Wu 等定义了一种二维图示符并将其显示在人体皮肤上以展示小圆切口的效果。图示符对主方向、预期组织行为和沿剪切表面法向的残留应力分量大小进行了编码(见图4-20)。

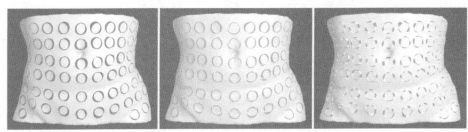

图 4-20　人体残留应力张量可视化

图片来源:文献[36]

　　方向张量是另一种经常用图示符可视化的张量。方向张量描述了每个无限小面积上双向单位向量的分布和频率,通常用于描述材料的微观各向异性结构。Valentin Zobel 等[37]将应力和方向张量结合起来,构建了一个新的图示符,以揭示纤维增强聚合物组件中的故障。他们采用超二次曲面显示纤维方向张量,通过颜色区分非临界、临界和致命区域,并与基于应力的圆锥体结合在一起,将他们对齐以提供关于给定区域的故障指示。Johannes Weissenböck 等[38]引入了一个用于将 X-CT 数据与其他 X-CT 数据或纤维增强聚合物模拟进行比较的交互式框架。他们计算了纤维方向张量的 3 个相似性度量:方向角度、主方向之间夹角和逐分量的张量相似性。如图 4-21 所示,它们被可视化为热图来显示相关性,而叠加的超二次图示符则用于详细比较。

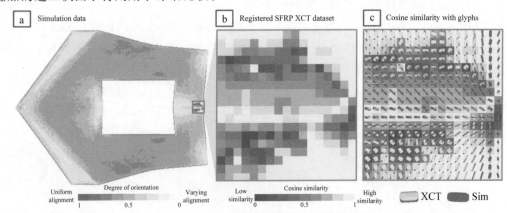

图 4-21　X-CT 数据及其仿真结果的比较

图片来源:文献[38]

最后,在分析张量场集合时,不确定性是一个重要的因素,并进一步增加了复杂性。Tim Gerrits 等[39]的工作将不确定性张量可视化为一组均值张量和协方差张量。他们采用标准的图示符表示平均张量,用半透明凸包将不确定性编码为一个沿方向根据其大小偏移的曲面(见图 4-22)。这些图示符有助于找到所有处理过的场的不同区域。

图 4-22　用于模糊平均张量的不确定性图示符

图片来源:文献[39]

4.4.2　基于几何的方法

尽管像图示符这样的局部方法提供了有关单个张量的详细信息,然而,局部方法很容易受到认知过载、视觉混乱和遮挡的影响。除此之外,它们无法提供张量场结构的更连续视角。因此,不少研究尝试用基于几何体的方法编码更多关于场的全局属性信息。

Robert Dickinson[40]引入了张量线的概念,也称为主应力线或纤维轨迹。它们遵循特征向量方向,可以视为流线在二阶张量场的推广。对于每个特征向量场,都有一系列张量线。由于特征向量不指向某个方向,所以术语向前和向后没有语义意义。因此,它们通常从种子点开始来回整合。在结构力学中,应力张量线可以表示主要的载荷路径,并被用于引导机械部件的几何优化[41]。此外,张量线也被应用于生物力。在方向分布或扩散张量情境下,它们被解释为材料的主要纤维或结构方向,尤其是在心肌组织可视化的背景下,它们被用来可视化肌纤维结构[42](见图 4-23)。

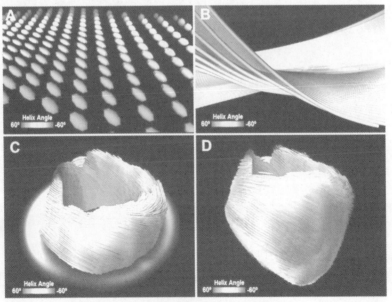

图 4-23　基于张量线的心肌组织可视化

图片来源:文献[41]

Junpeng Wang 等[43]提出了针对二维和三维应力张量场的全局共轭网格的概念。如图 4-24 所示,他们采用了遵循主应力的梁单元。此外,还通过颜色对压缩或张力的大小进行编码。梁单元的大小根据各向异性进行缩放。

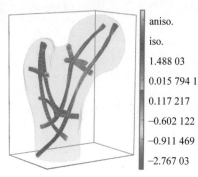

图 4-24　三维股骨中应力可视化

图片来源:文献[43]

不少研究[44-45]提出了所谓的纤维表面,即等值面在二维、三维或 n 维共结构域的扩展。与等值面一样,它们显示了域内出现特定等值的区域,然而,考虑到同时显示的来自密码域中不同属性的等值组合(见图 4-25),如果分割范围,则它们共享分离域的属性。

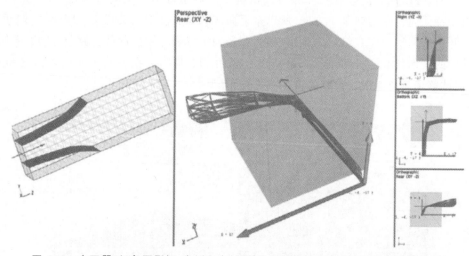

图 4-25　交互器(红色阴影框,右侧和中间面板)和网格的交点定义了在域中渲染的纤维表面,网格从域(左侧)转移到不变空间(中部和右侧)

图片来源:文献[44]

4.4.3　基于纹理的方法

基于纹理的方法能提供有关切片、曲面上的张量场的概述。大多数此类方法都是基于向量场的经典线积分卷积方法,将之扩展到张量场。此外,它们通常与基于几何的方法相结合。

Andrea Kratz 等[46]将张量 LIC、画刷和连接操作结合,提出一种可视化截面主应力的方法,采用 LIC 显示力路径(见图 4-26)。借助该工具,工程师将内肋引入之前定义的设计空间。这些微小的调整提高了整体刚度和耐用性,还减少了材料的使用。

图 4-26　杠杆制动器的 LIC,为工程师进行应力对齐加劲肋提供可视引导

图片来源:文献[47]

也有一些研究引入了光子分布。Xiaoqiang Zheng 和 Alex Pang[48]提出一种根据张量场变形的平行光线的可视化方法。他们提出了所谓的光子分布,借助一个棱镜从一条光线中产生不同波长的光线。最后,他们引入镜头模拟,它能对给定的图像从不同的角度显示投影和变形的版本。Miichael Bußler 等[49]提出一种类似的方法并用于现实世界的偏振分析,把张量场和光进一步联系起来。他们将光弹性集成到光线投射算法中,这样入射光在张量场会发生折射。光弹性基于应力光学定律,为可视化应力分布提供了一种可能性,尤其是周围存在材料不连续性时。虽然真实实验仅限于透明材料,但提出的可视化方法可以通过假设半透明外壳提供任意区域内的应力分布(见图 4-27)。

图 4-27　将光弹性光线投射应用于杠杆制动器,模拟偏光镜分析

图片来源:文献[49]

4.4.4　基于拓扑的方法

根据 Christian Heine 等[50]的观点,"基于拓扑的可视化使用拓扑概念来描述、减少或组织数据,以便在可视化中使用。典型的拓扑概念有拓扑空间、胞复合体、同伦等价、同调、连通性、商空间等。典型的可视化用途包括突显数据子集、提供结构概述,或引导交互式探索"。

在二维对称情况下,拓扑学定义了均匀张量线行为区域中的区域分割。分割是由一个拓扑骨架给出的,该骨架由退化点和分隔线构成。退化点是两个特征值相同的点。除检测退化点外,对特征的解释也是一个经常提到的问题。Yue Zhang 等[51]首先展示了如何在工程应用中分析张量拓扑。在他们的工作中,应用了一些模拟来发现应力张量的张量特性和退化点之间的相关性。

　　而在三维对称情况下,存在由特征值的多重性定义的不同类型退化特征。如果两个特征值相等而第三个特征值不同,则该点为双退化点,如果所有特征值相同,则该点称为三退化点(别名孤立点)。Xiaoqiang Zheng 等[52]首先研究了三维张量场拓扑。他们证明了双退化点通常形成直线。这些线的提取在数值上具有挑战性,并已被确定为主要问题之一。Jonathan Palacios 等[53]引入了特征曲面,作为退化线的补充。这些曲面是中性曲面,用于分离线性和平面张量,以及无迹曲面,用于分离具有正轨迹和负轨迹的张量。对三维张量场拓扑的一个重要贡献是 Yue Zhang 等[54]关于线性张量场的研究,这是处理更一般场的先决条件。他们证明,在结构稳定的条件下,至少有一条,最多有四条退化曲线,终止于无穷远。在后续工作中,他们还估计了退化曲线上的最大过渡点数量,其中传感器行为从线性切换到平面。此外,还证明了退化环的存在性和同类型退化环的交集。Lawrence Roy 等[55]针对退化线的健壮提取问题提出一种基于退化曲线和中性曲面的新参数化算法,使得计算更加稳健和高效。这种提取方法是基于三维线性张量场的退化点与椭圆不同同胚,中性点与带手柄的真实映射空间不同同胚的事实。为了证明这些优势,他们将技术应用于固体力学的模拟数据。Botong Qu 等[56]在 Palacios 等[53]工作的基础上,结合他们的方法开发了一种无缝提取模面(Mode Surfaces)的新方法。这些曲面是退化曲线和中性曲面的推广。该方法的核心是其新颖的拓扑分析。它们适用于固体机械的应力张量场,以优化其压力特性(见图 4-28)。

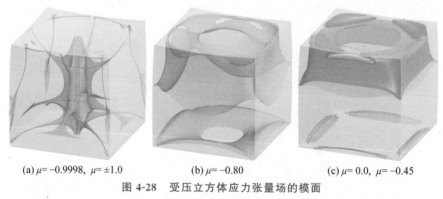

(a) $\mu = -0.9998$, $\mu = \pm 1.0$　　　(b) $\mu = -0.80$　　　(c) $\mu = 0.0$, $\mu = -0.45$

图 4-28　受压立方体应力张量场的模面

图片来源:文献[56]

　　拓扑简化是拓扑分析在实际应用中的一个关键特性。Bei Wang 和 Ingrid Hotz[57]提出一个关于场外小扰动退化点稳定性的度量。测量基于稳健性概念和井群理论。通过将这一概念推广到二维对称二阶张量场,为基于层次结构的张量场拓扑简化奠定了基础。在后续的工作[58]中,他们扩展了这项工作,提出一种计算流水线,用于生成退化点的层次集(见图 4-29),表明它们在场扰动下消除的可能性。

　　流形上的线场是一个光滑的映射(见图 4-30),它为除有限个点以外的所有点指定一条切线。这些场模拟了许多物理性质,如流体流动中的速度和温度梯度,弹性中的应力和动量通量。Novello 等在二维线场拓扑的研究上开辟了一个新的视角。基于 Forman 关于离散向量场的概念,他们引入了离散线场分解的拓扑方法,还引入了关键元素的拓扑一致性消除。由于线场与特征向量场有很强的关系,这也为张量场拓扑开辟了新的可能性。

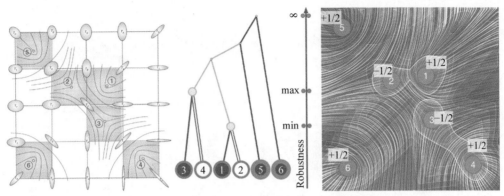

图 4-29　由 6 个退化点混合生成的张量场及其可视化

图片来源：文献[58]

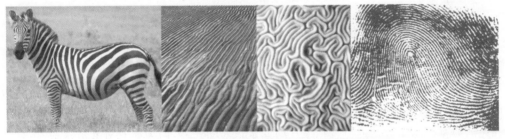

图 4-30　常见的二维线场

图片来源：文献[58]

对于非对称张量场，其结构比对称张量场更为灵活，理论也不太成熟。通常，非对称张量在对称和非对称部分分解，然后分别处理。另一种方法是考虑二维、非对称张量作为一个整体，并将其特征域分解为两部分：实部，张量有两个实特征值和切变支配；张量具有一对复共轭特征值和旋转支配的复杂部分。与对称情况不同，实部的特征向量不一定相互正交。在复域中不存在实特征向量，然而，特征向量的连续扩展被引入。Xiaoqiang Zheng 和 Alex Pang[59] 的对偶特征向量就是一个例子，它们用于定义不对称张量场复杂部分的拓扑结构。Darrel Palke 等[60] 定义了张量的重新参数化，由此产生了特征值流形和特征向量流形的概念。这种参数化的一个很好的特点是，它携带了张量分量的物理意义，因此可直接用于有效的可视化。其中一个例子是 Cornelia Auer 等[61] 对张量场的演示性可视化。基于张量参数化，Zhongzang Lin 等[62] 定义了二维非对称张量场的两个拓扑图：特征向量图和特征值图。这些图是基于特征值和特征向量的划分得到的张量类型的区域分割歧管特征向量图，考虑了形成四种区域的两个区别特征，这些区域分为实区域或复杂区域，以及顺时针或逆时针旋转流。特征值图使用 5 种类型的区域：正各向同性缩放、负各向同性缩放、逆时针旋转、顺时针旋转和各向异性拉伸。图的节点由生成的特征区域构成，边描述了它们的邻接关系。Fariba Khan 等[55] 基于这些特征值和特征向量图的概念，为曲面上的非对称张量场提供了一种新的多尺度拓扑分析框架。图 4-31 显示了柴油发动机的特征值图。

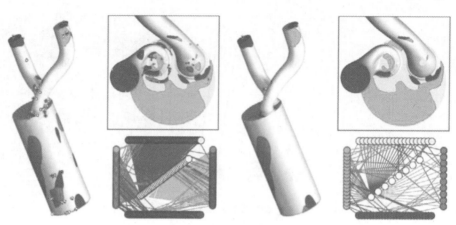

图 4-31　柴油机-梯度张量的特征值图（左），简化后的特征值图（右）

图片来源：文献[55]

◇ 4.5　时空轨迹可视化

　　许多应用和研究领域都涉及大规模复杂时空数据集，这些数据集一般又可以解释为连通的、有属性的线或图，如电信或电网等基础设施数据、分子或 DNA 串等生物信息、时空事件和运动数据。这类数据的可视化是一项要求很高的任务，因为需要对复杂数据（大量数据属性）、结构信息（数据项之间的连接）以及时间方面的描述（即随时间的变化）等进行渲染。其中，运动数据的分析和可视化是一个主要的类别，尤其是运动轨迹（通常结合地理信息）的可视化是一个关键功能。这包括运动的空间和时间方面的表示，以及描述复杂属性轨迹的附加数据属性。根据来源不同，可以将运动轨迹分为 4 大类。

- 人的移动。很早以前，人们就开始以空间轨迹的形式，被动或主动地记录他们在现实世界中的运动。旅行者用 GPS 轨迹记录他们的旅行路线，以便记忆和分享。自行车手和慢跑者记录他们的运动轨迹，以便进行运动分析。在 Flickr 中，一系列带有地理标记的照片可以形成一个空间轨迹，因为每张照片都有一个位置标签和一个时间戳，对应照片拍摄的时间和地点。类似地，当按时间顺序排序时，基于位置的社交网络中用户的"标签"可以被视为一条轨迹。携带手机的用户无意中生成许多空间轨迹，这些轨迹由一系列具有相应转换时间的基站 ID 表示。此外，信用卡的交易记录还表明持卡人的空间轨迹，因为每笔交易都包含一个时间戳和一个商户 ID，表示交易发生的位置。

- 运输工具的移动。我们日常生活中出现了大量配备 GPS 的车辆（如出租车、公交车、船只和飞机）。这使它们能够以特定频率报告带有时间戳的位置。此类报告形成了大量空间轨迹，可用于资源分配、交通分析和改善交通网络等。

- 动物的移动。生物学家会收集老虎和鸟类等动物的运动轨迹，以研究动物的迁徙痕迹、行为和生存状况。

- 自然现象的移动。气象学家、环境学家、气候学家和海洋学家忙于收集飓风、龙卷风和洋流等自然现象的轨迹。这些轨迹捕捉了环境和气候的变化，帮助科学家应对自然灾害,保护我们生活的自然环境。

空间、时间和属性这 3 部分带来了丰富的信息,使轨迹分析成为一项有益的任务。然而,不同数据方面和分析任务的复杂相互作用,为轨迹属性数据的交互探索提供适当的支持也是一项挑战。传统上,轨迹被可视化为时空立方体内地图上的线条[63-64]。三维空间中的运动轨迹需要对高度或深度进行标示,如通过改变线段的外观或使用三维空间显示[65-66]。同时显示多条轨迹通常会导致严重的过度绘制和视觉混乱。为了解决这个问题,可以使用离散[67]或连续[68]方法对轨迹进行聚合。其他方法如边捆绑[69],尽管可以提高显示可读性,但会引入失真和瑕疵。最后,也可以通过过滤操作临时隐藏部分选定的数据。

4.5.1　交通轨迹可视分析

1. 地面交通轨迹分析

在应用方面,对交通工具轨迹的可视分析是一个较为常见的场景。随着城市里各种先进传感技术和计算基础设施的部署,大量的人、车的轨迹数据被运输管理部门、公司和研究人员收集。对这些轨迹数据进行分析对交通状况改善、市政决策等具有重要的意义。Xiaoke Huang 等[69]将图建模和可视分析技术结合在一起,对出租车轨迹数据进行可视分析以研究城市移动数据。他们创建了一个图结构来存储和显示出租车轨迹数据记录的真实交通信息,在此基础上应用图分割算法生成每个区域的图以支持交互的、多尺度的可视分析。通过图的向心性指标(如 PageRank 值和介数中心性)刻画不同城市区域的时变重要性,并将它们通过 3 个相互协调的视图(分别是节点-链路视图、地图、时间信息图)呈现出来。用户可以交互地考察街道的重要性以发现和评估城市交通模式。Shamal AL-Dohuki 等[70]设计了一种直观的、基于语义的出租车轨迹数据管理和可视化的高效工具。出租车轨迹数据首先通过一个文本化过程转换成文本,在这个过程中 GPS 位置信息被转换成一系列街道名称和上下车地点、速度被转换成一些用户定义的描述项;随后,构建这些出租车文档数据的索引可以通过一个文本搜索引擎进行基于语义的查询;最后,语义标签和对结果的总结被集成到可视分析系统以帮助用户迅速和方便地研究出租车轨迹数据(见图 4-32)。

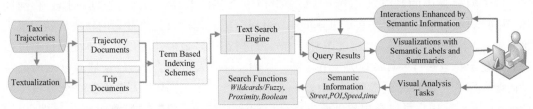

图 4-32　基于语义的出租车轨迹数据处理、搜索和可视化流程

图片来源:文献[71]

Huan Liu 等[71]首先采用 BiGram 主题模型对文本化后的轨迹数据进行分析,以利用轨迹中的方向信息;随后通过一个改进的 Apriori 算法抽取高频子轨迹,用于代表每个主题;最后通过一个包含多个连接视图的可视分析系统帮助用户交互地探索主题、子轨迹和路程。

2. 空中交通轨迹分析

此外,飞行器轨迹分析也是大家较为关注的话题。尽管空中交通管制(Air Traffic Control,ATC)主要关注监控和管理空中交通的持续状况,但它涉及对过去状况的分析和对未来的规划,即通过修改航线或调整规则实现。在这种情况下,对飞机运动的分析可以成为分析和理解过去事件、评估当前事件以及最终得出未来结论的重要工具。具体而言,典型的场景有如下几个。

- 飞行路径分析:通过调查运动在时间和空间上的分布,可以确定交通量较高和较低的区域。由此,可以推导出经常使用的通用航线。轨迹可以根据这些飞行路线进行分类。
- 分类:通过对航线的比较,可以识别不同航班之间的相似性和差异性。通过将它们与其他航班属性(如出发和到达航班或不同的飞机类型)关联,可以实现航班分类。
- 模式发现:进一步的目标是识别典型和不典型的运动行为(即检测异常值),并在可能的情况下将其与空间或时间环境相关联。在这种情况下,聚类方法可用于对轨迹进行分类。
- 遵守安全规定:通过使用额外的数据,如飞行路线、空中交通部门或安全规定,可以识别违反这些规定的飞行交通,目标是找出此类违规行为的原因或情况,并在可能的情况下比较有关航空安全违规行为的行政或监管行动的后果。
- 路线方案比较:对于空中交通规划,一项要求是比较备选方案。例如,改变航线的结果,或改变新机场设计的结果,可以通过模拟和比较产生的运动轨迹来检验。

文献[65]提出一种三维空中交通轨迹的交互式可视化和分析方法。如图 4-33 所示,他们采用了一种实时动画可视技术以有效呈现嵌入在三维虚拟环境中的大规模复杂运动轨迹,支持三维轨迹可视化(包括用于可视化静/动态属性的可配置映射,以及用于生成二维密度图的聚合技术)。为了满足交互可视化和探索的需要,整个可视化流程的所有阶段都是基于 GPU 技术实现的,包括过滤、映射和渲染,使得交互式时空过滤、属性到视觉属性的可配置映射,以及大型数据集的实时呈现成为可能。

Natalia Andrienko 等[72]系统性地研究了航班变化的可视分析。他们构建了一个一般的概念性框架用于对轨迹进行比较分析,同时还涉及了一套由三个阶段构成的分析流程:①寻找一对轨迹中的对应点;②计算每个对应点之间的差异;③结合空间、时间、移动物体、轨迹结构、时空背景等对差异的分布进行可视分析。他们首先将计划的轨迹转换为极坐标表示;接下来可以通过一张密度图对所有轨迹进行总结;最后还可以设置不同的透明度以更好地显示跨越热点区域的航迹。在文献[73]中,研究人员结合 ATC 领域专家提出的各种问题介绍了一系列用于 ATC 决策支持的可视分析方法,这些方法集成在一个可视工具 FromDady 中。用户可以在用户界面中将可用的输入数据变量"连接"到可视化属性,以构建定制化的分析。系统采用 Alpha 混合渲染飞行轨迹,色彩鲜艳的区域对应航班密集覆盖的区域。用户也可以进行一些简单的查询,如找出一天内从(在)罗伊斯机场起飞(或着陆)的跨大西洋航班。如图 4-33(a)所示,用户先构建一个视图,其 x 坐标为每个雷达点迹时间,y 为飞行 ID。视图中每个航班为一条水平线,所有水平线构成的 S 形曲线揭示了当天空中交通的动态变化。可以看到,从早上 5 点航班开始增加,晚上 10 点之后减少。曲线的宽度代表了航班的平均航行时间(大概 2.5 小时,飞机飞过整个法国的时间);与此同时,我们可以看到一些长的水平线。我们可以选中它们并绘制在俯视图上(见图 4-33(b))。可以从图中看到 8 字形的轨迹,放大之后,我们发现它们对应绕着特定区域飞行的军用飞机。风是飞机交通规划和控制的重要因素。

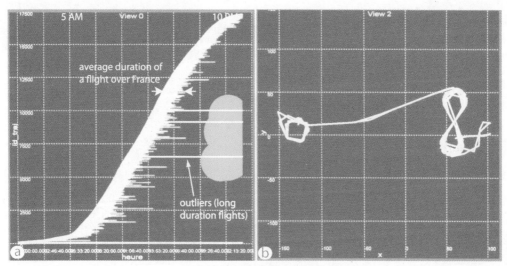

图 4-33　发现长时飞行 1
图片来源：文献[73]

ATC 运营商和分析人员对天气的影响（如风暴和强风流）特别关注。对这些影响的分析在很多场合都很有用，例如，在给定的时刻，观察恶劣天气如何干扰飞行路线；检测空域扇区过载；观察不同时间（天）的天气如何影响同一地理位置；分析风在不同飞行高度对不同类型飞机的影响。要回答上述所有问题，就需要有一个准确的数据量来编码整个感兴趣的时空域内的风速和方向。考虑到飞机飞行的空间和时间范围非常大，而气象站的稀疏分布以及天气模拟的相对不精确性，这一点很难做到。而将数据挖掘和可视化技术结合起来，融合密集飞机轨迹中的信息（来自真实的 ATC 地面雷达系统）则可以达到这一目标。

图 4-34（a）显示了 2006 年 7 月 5 日，在罗伊斯地区上空飞行时使用 FromDady 生成的所谓风视图，纵轴为飞机相对地面速度的大小，横轴为相对地面速度方向跟朝北方向的夹角（计算方法参见图 4-34（b））。图 4-34（a）中顶部稠密的区域代表占多数的高速飞机（商业航班），中部和底部较为稀疏的区域为低速飞机（可能是训练或休闲飞行）。可以从 FromDady的界面通过画刷选择一个给定空间范围、滑块选择感兴趣的时间范围（见图 4-34（b））的飞行器速度数据通过最小二乘的方式估算风速。图 4-35（b）显示了对应法国西南部的选择，其中包含很少的爬升或下降轨迹。这类区域是风力估算最健壮的区域，因为它们包含大部分对估算具有显著意义的高速、巡航的航班。用户还可以用黄色（低）到紫色（高）的色图按高度给轨迹着色，并用线条连接轨迹上的连续点（见图 4-35（a））。

现在，与图 4-35（a）中的散点图相比，三个速度带更清晰可见。我们还发现，海拔高度与速度有很好的相关性。通过这种方式，可以轻易计算和显示数据集中多个位置的风参数（见图 4-35（b）中黄色矩形区域）。还可以将估算结果与 Meteo France 提供的"地面真实"数据进行比较：首先，将每个选定的位置周围的区域进一步细分为更小单元。接着在每个单元内进行估算。图 4-35（d）显示了带有箭头符号的结果，箭头符号由风速着色。空单元格表示数据点太少，无法通过自动或手动拟合可靠估计风数据的位置。图 4-35（e）显示了 Meteo France 测量的相应风值。可见，该估计对高海拔（数据点太少）和低海拔（飞机速度太低和/

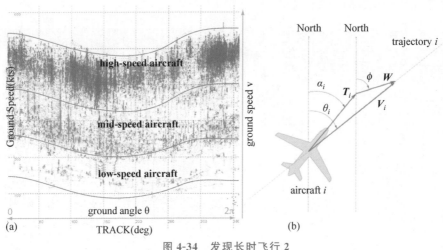

图 4-34　发现长时飞行 2

图片来源：文献[73]

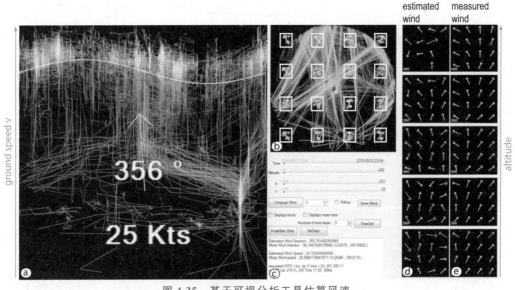

图 4-35　基于可视分析工具估算风速

图片来源：文献[73]

或上升或下降太多）不可靠。然而，对于中等高度，该估计与实际测量值吻合得很好。文献[75]也广泛采用密度图的技术以展示基于点的观测数据，避免比较小的时空区域内因为显示的轨迹太多而给人混乱的感觉。

如图 4-36 所示，密度图可用于探测静止轨迹，即飞机轨迹一天内连续"循环"在同一小空间区域的情况。图 4-36(a)显示了数据集俯视视角下的密度图，根据密度 ρ 用由蓝到红的色图映射为不同颜色。很容易识别地图上对应密集区域的红色斑点。这些机场对应法国的主要机场，如图中的罗西-奥利机场。我们还发现图像中有两个圆形。通过构造（密度图），这些区域只可能是飞机在同一个小空间区域上定期循环的区域。密度图还可用于评估未知数据集的质量，这是评估分析有效性的关键。例如，考虑雷达位置：ATC 雷达以恒定的流速率发送数据(每架飞机每 4～8 分钟一个雷达位置)。当使用这些位置可视化飞机轨迹或计算风参数时,我们想知道雷达数据是否完整,或者说数据流是否可能中断。可以使用可视化,将时间映射到 x,将航班 ID 映射到 y。但是,如果数据流间隙很小(分钟),由于屏幕分辨率有限,我们不会在绘制的水平线中看到中断。放大存在这种间隙的区域是一个解决方案,但前提是我们知道间隙实际上在哪里,这就变成一个鸡生蛋、蛋生鸡的问题。图 4-36(b)展示了图 4-36(a)切换为阴影密度图后的效果。值得一提的是,对于具有恒定采样频率的连续数据流(例如,每 4 分钟一个点),我们能够获得绘制点的恒定空间密度。这将在着色密度图中形成平坦的高原状区域。相比之下,采样频率下降的区域将在密度图中产生尖锐的间隙(山谷)。这种山谷通过基于梯度的着色进一步增强。在图 4-36(b)中,我们看到两个这样的山谷。由于这些是垂直的,它们表明雷达无法在同一时刻获取所有考虑的飞机的位置数据。其次,这些山谷很薄,表明数据故障是短暂的(在这个例子中,只有几分钟)。密度图也可用于检测异常空中交通情况。如图 4-37 顶部所示,系统综合采用了动画和连接视图的方式,五个插图显示了一天中五个选定时刻的瞬时飞行密度。对于每个这样的视图,我们将瞬时飞行密度标准化,以便用户可以在相应时刻 t 轻松区分低密度和高密度区域。

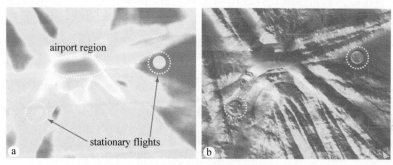

图 4-36　使用颜色映射估计静止轨迹(a)和对应的着色(b)
图片来源:文献[73]

将底部的平均密度图与瞬时密度视图关联,可以发现一个显著的异常值:大约凌晨 1 点,我们看到瞬时飞行密度的峰值(见图 4-37,最左边的插图)。播放动画时,我们看到这个峰值持续了大约两小时。这表明许多飞机在这个时间点附近飞过同一地点。同时,平均密度图显示,目前只有很少的航班。因此,峰值显然是异常事件。进一步分析飞行 ID,发现峰值是由 12 架飞机造成的。它们在比利时和法国边境逗留了大约两小时,由于恶劣的天气条件而无法降落。其中一些飞机在不同高度执行椭圆周期轨迹(ATC 词汇中称为叠加)等待两小时,直到能够着陆。

最后,密度图还可用于飞行安全分析。空中交通管制员活动的一个重要部分是通过向飞行员提供许可(航向、速度或高度指令)保持飞机之间的安全距离。空中交通提前计划:公司向监管机构申请飞行计划,然后将其转换为强制飞行路线。为此,ATC 管制员每年分析所谓的安全网警报。当飞机飞到安全距离以下时,就会触发这些警报。这种警报很常见,因为飞机越来越多地在密集区域飞行,所以计划无法提前解决所有可能的安全警报。可视化给定时间段内记录的警报可以帮助 ATC 管制员发现意外和有用的信息。FromDady 系统也采用了许多基于图的可视技术,如通过图捆绑对数据进行聚合以简化视图。最后,研究人员也采用了各种动画技术,如 Focus+Context 探索、动态绑定和流可视化以更好地支撑

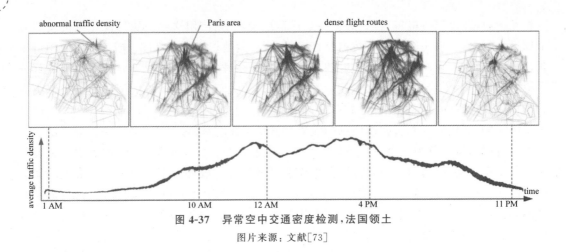

图 4-37　异常空中交通密度检测，法国领土

图片来源：文献[73]

空中交通的可视分析。如图 4-38(a)所示，尽管捆绑方法有助于发现航班导致的机场之间的连接模式，但仍存在一些问题。在通过捆绑将几个空间上不同的轨迹进行分组后，就会产生空间扭曲（再也看不到最初出现在轨迹中的地理信息）和细节丢失（无法单独检查每条轨迹，如飞行高度或飞行 ID）等现象，而借助 Focus＋Context 的探索方式，我们可以局部地解决这些问题：对给定的可视化进行局部变形或扭曲，这样，隐藏的信息变得更加可见，但原始可视化所隐含的整体结构得以保留。

图 4-38(c)～(d)展示了在不同高度范围对同一关注区域进行的三次此类探索的图像。可以看到，与图 4-38(a)相比，关注区域的杂乱情况改善了很多，因为所有不在感兴趣的高度范围内的边都已被挤出镜头。这使我们能够准确地回答一个问题，即在给定的空间区域中是否存在具有特定高度的航班——或者更简单地说，它允许我们在一个捆绑中"挖掘"以探究其内容。类似的流程可用于诸如找出给定空间区域内具有特定飞机 ID 或速度的航班等其他场合。

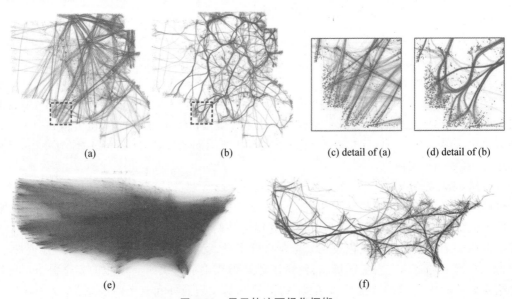

图 4-38　用于轨迹可视化捆绑

(a)未绑定的曲线轨迹集　(b)～(e)使用不同方法捆绑

图片来源：文献[73]

　　前面的例子主要涉及对一组给定飞行轨迹的分析。当轨迹事先已知时,例如在评估过去记录的数据时,这种情况是有效的。然而,在 ATC 环境中,人们还希望分析监控系统中"实时"的数据——也称为流式数据。在可视化时,对这种数据的捆绑操作也相应地必须是动态的(见图 4-39)。最后,上述的可视分析主要集中在数据集的中间和粗的层次。

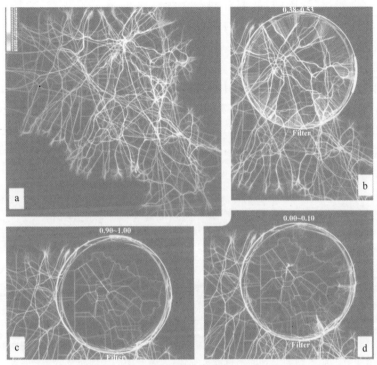

图 4-39　对捆绑航线的 Focus＋Context 探索

图片来源:文献[75]

　　然而,抛开这些探索层次,ATC 数据集本质上是由关于飞机瞬时位置的底层信息构成的。将这些细粒度信息可视化可以在局部加深对飞行模式的理解。传统的 ATC 系统通过在屏幕上实时显示飞机的实际位置来实现这一点,使用标志符号映射位置、速度、航向、高度和飞机 ID。虽然这在小尺度的空间区域很有效,但在更大的地理和/或时间尺度上很快会变得嘈杂。为了在获得细粒度信息的同时仍能保持视觉可伸缩性,FromDady 再次在动画模式下使用基于图像的技术。作为可视化的背景,系统使用 alpha 混合以灰色显示所考虑的数据集中的整个轨迹:首先,系统使用一个小的高斯滤波器将轨迹模糊化,从而将轨迹推离可视化焦点;其次,指定一个以当前时刻 t 为中心、范围为 $[t-\Delta t, t+\Delta t]$ 的滑动时间窗口,从输入数据集中选择落入该窗口的所有数据点,得到若干轨迹片段;接下来,为每一片段构造一个以 t 为中心的高斯滤波器 $\Psi(t)$,该滤波器在时间窗口宽度 2Δ 内将衰减到一个非常小的值;最后,通过将 Ψ 乘以一个单边高斯滤波器 ψ(其宽度为轨迹上两个连续位置的距离)的锯状轮廓构建一个应用于该轨迹段的透明度纹理。从产生的效果里可以看到同对应航班一样方向沿着轨迹移动的长脉冲(长度为 2Δ),这些航班则由一系列短箭头状脉冲(长度为 δ)构成,见图 4-40 中的插图。短箭头状脉冲用于指示飞机的运动方向,而长脉冲确保时空的连续性,帮助我们更好地跟踪沿着轨迹移动的飞机。调整几个可视化参数可以帮助突出不同的方面。例如,在图 4-40(a)中,作者设置了 $\Delta = \delta$,即仅将瞬时平面位置绘制为定向箭头。对应蓝红色图上的不同颜色表示飞行高度。这种视图特别适合用户在一个小的空间区域内跟踪单个飞行器。在图 4-40(b)中,我们将 Δ 设置为大约两小时。短脉冲的长度有效地指示了飞机的速度(长脉冲表明飞机移动得更快)。例如,在插图中,我们看到一个细粒度的蓝色轨迹段,对应在大部分为飞行速度快(长脉冲)和高(绿色)飞行器的区域内的一架飞行速度慢、高度低的异常飞行器。这里介绍的技术与另一种基于图像的流场可视化技术(IBFV)在概念上较为相似。给定一个二维向量场,IBFV 构造出与流局部相切并随流移动的纹理脉冲。动画是向用户传达流动印象的关键元素。我们的技术也通过设置纹理动画展示飞机的运动。然而,两种技术还是有很多不一样的地方:当 IBFV 生成随机噪声 2D 纹理时,我们使用常规(训练脉冲)1D 纹理;更重要的是,IBFV 假设在所考虑的空间域中的每个点上,都有一个单一方向的输入向量场来可视化。而在这里这是不可能的,因为可能有多个飞机在同一个 2D 屏幕点朝不同方向飞行(例如,飞机在不同高度相互交叉)。

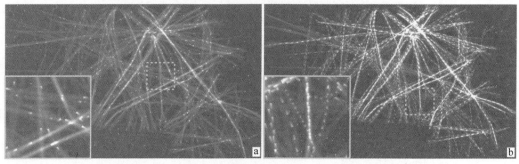

图 4-40　基于动画纹理的飞机流可视化(为期一周的法国航空公司数据集)

图片来源:文献[73]

4.5.2　运动轨迹可视分析

另一种常见的轨迹是各种体育运动的轨迹数据。对运动轨迹的可视分析已经被提出用于各种常见的运动,如网球[74]、棒球[75]和足球[76]等,既有二维的方式,也有三维的方式。

二维方法一般采用俯视图,方便分析人员更好地观察运动员在地面的移动情况。Janetzko 等[76]提出了一个能从不同的细节层次分析高频足球位置数据的系统,允许用户交互地探索和分析移动特征和运动事件。系统支持从单个玩家、多个玩家或基于事件等不同的视角进行分析,借助特征分析技术以半自动方式选择和处理跟任务紧密相关的显著特征,最终以合适的方式呈现给分析员,系统原型如图 4-41 所示。Yingcai Wu 等[77]设计的 ForVizor 系统能帮助分析员更深入地了解足球比赛中的队形变化。他们通过一个称为队形流的崭新设计对队形变化的模式进行呈现,揭示队形在空间上连续流动,使得用户可以更好地跟踪特定区域玩家的变化,并进行深入分析。图 4-42 中,(A)和(B)显示了对抗矩阵,鼠标指针停在上面将显示具体的对抗信息,如(H)所示。(C)显示了关于整场比赛的统计信息,(D)为第一个进球前的统计信息,(E)、(F)和(G)为第二个进球的统计信息,底下的信息显示了整场比赛 5 个进球的相关情况。

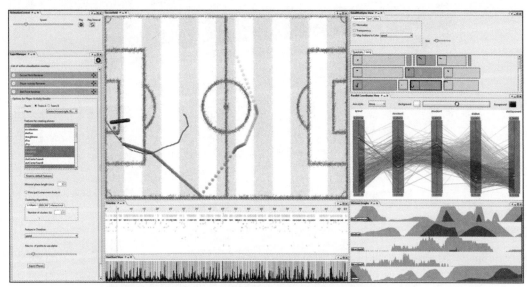

图 4-41   特征驱动的足球数据可视分析

图片来源：文献[77]

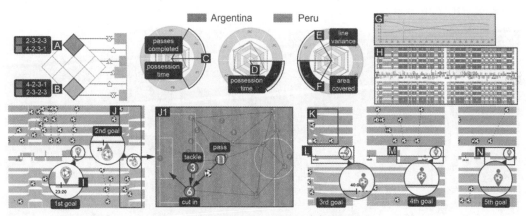

图 4-42   对足球中队形时空变化的可视分析

图片来源：文献[77]

尽管上述二维方法展示了其在分析运动员数据上的有效性，但是对于球的轨迹，由于涉及高度，它们就不太适合了。因此，也有一些研究在三维空间进行分析。随着 3D 跟踪系统越来越多地在各种体育场馆部署，Carlos Dietrich 等[78]提出了 Baseball4D 对这种高分辨率的时变运动员和球的跟踪数据流进行可视分析。如图 4-43 左边所示，用户可以通过拖曳比赛的时间线来探索该比赛，借助各种可视元素考察静态或动态的统计信息。用户还可以通过过滤功能同时分析多个比赛，用户可以考察特定击球员时的外野手位置（见图 4-43 右上），或者特定外野手在一个比赛中的移动情况（见图 4-43 右下）。

然而，这些三维的系统是为传统的桌面环境设计的。随着虚拟现实技术在近年来的流行，一些研究者尝试设计沉浸式的可视分析系统，以充分利用虚拟现实环境的一些优点如三维立体成像和真实感模拟。借助 Shuainan Ye 等[79]设计的沉浸式可视分析系统

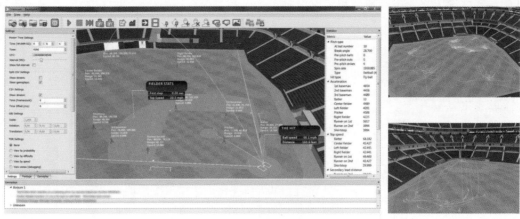

图 4-43　棒球比赛重现与可视化

图片来源：文献[78]

ShuttleSpace，羽毛球教练可以从运动员的角度分析轨迹数据。如图 4-44 所示，轨迹被呈现在一个完全尺寸的模拟羽毛球场地上（见图 4-44（a）），用户视域两边的两个半圆图分别显示轨迹的使用率和赢球率；而在右上角（见图 4-44（b）），两个基于网格的可视方法展示了使用率和赢球率在垂直方向上的分布情况；最后，用户还可以通过右下角（见图 4-44（c））的网格对两类轨迹的使用率和赢球率进行比较。

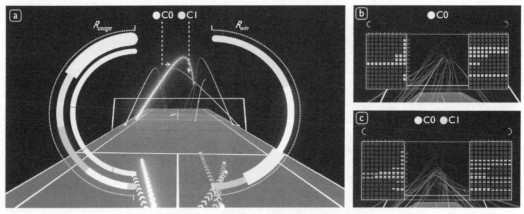

图 4-44　沉浸式羽毛球移动轨迹分析

图片来源：文献[79]

在后续的研究中，他们[80]进一步研发了一个沉浸式的羽毛球战术分析系统。在图 4-45 中，用户可以首先获取关于羽毛球员谌龙常用战术的概览（见图 4-45（a）），该概览展示了聚合后的轨迹和每一组轨迹的统计信息（使用率和赢球率）。用户可以通过菜单选择一个特定的比赛场景，概览也会相应更新。用户还可以进一步考察每个战术组（见图 4-45（c））、每个战术（见图 4-45（d））乃至所选定战术的每个原始轨迹（见图 4-45（e））。

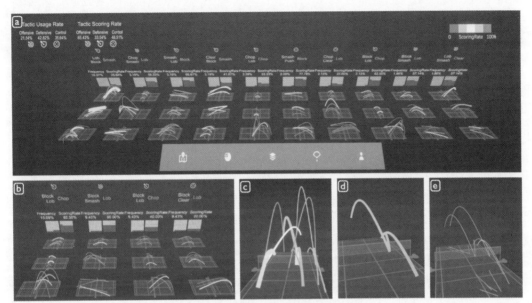

图 4-45　沉浸式羽毛球战术可视探索

图片来源：文献[80]

参考资料

第5章

图和层次数据可视化

万物之间相互存在着各种各样的联系,这种联系可以是简单的,也可以是复杂的;可以是无向的,也可以是双向的;可以是加权的,也可以是不加权的;可以是确定的,也可以是不确定的。事物之间的这种联系可以用一张图表示。我们在日常生活中可以碰到各种各样的图结构,如生物科学中的蛋白质-蛋白质交互网络、社会科学的关系网、语言学中的词共现网络,以及我们生活中无处不在的通信网络等。在各种由图表示的关系中,有一种特殊的关系——层次关系。层次化数据广泛存在于生活的各个领域,族谱、分类、拓扑、公司员工、文件系统、文本文章、源代码和人口数据等都是具有内在层次结构的典型例子,可以通过具有父子关系的树表示它们的结构关系。即便是不存在潜在的层次化结构的数据,如标量数据和大型语料库,也可以通过聚类构建层次结构,从而获得关于数据的概览,方便人们理解这些数据。

对图和层次数据的分析,有助于我们洞悉社会、语言和不同通信模式的内在结构,尤其数据之间的联系可能蕴含比数据本身更丰富的信息。对图和层次数据的可视化是信息可视化领域一个非常重要的研究方向。本章将介绍图数据的可视化方法,我们将层次化数据作为图的一种特殊种类融入进来介绍。

◆ 5.1 背 景 知 识

图是计算机科学领域最重要的数据模型之一,许多问题都可以建模为一个图的结构,如理论计算机科学中的自动机、管道和道路的流网络、数字化和非数字化的社交网络、计算机网络、公司和金融事务网络、社区中流行病的传播、实验中的相关或受控变量等。如图 5-1 所示,对图的分析有赖对他们的可视表达,图可视化研究致力于开发有效的图布局和可视映射。而对大尺度图形的可视化又常常需要借助有效的交互技术,尤其如果图太大或太复杂,就不能在一个静态视图里可视化。很多时候,仅交互本身并不足以完成特定的分析

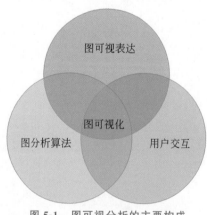

图 5-1　图可视分析的主要构成

图片来源:文献[1]

任务,因此我们还需要借助一些算法如机器学习或图分析的支持[1]。

5.1.1　图的定义和分类

一个图 $G=(V,E)$ 通常由顶点集合 V 和连接顶点的边集合 E 构成,图的顶点和边上又可以附加各种属性,如它们的类型、大小以及其他与应用相关的信息。图可以分为有向的和无向的:有向图的边是有序的,即 $e_{12}(v_1,v_2)\neq e_{21}(v_2,v_1)$;而无向图的边是无序的,即 $e_{12}(v_1,v_2)=e_{21}(v_2,v_1)$。同时包含有向边和无向边的图称为混合图。图中的一条长度为 s 的路径(path)由一系列连接在一起的顶点构成,即 $\mathrm{path}_G(a_1,a_s)=a_1,a_2,\cdots,a_s$,其中,$a_i\in V$ 且 $(a_i,a_{i+1})\in E$。树是一种无环无向连接图。在图理论中,当一个有向图的边是加权时,则称为网络。还有一类我们称之为复合图。一个复合图 $C(G,T)$ 由共享同样顶点集的图 $G=(V,E_G)$ 和树 $T=(V,E_T,r)$ 构成:

$$\forall e=(v_1,v_2)\in E_G,v_1\notin \mathrm{path}_T(r,v_2)\,\mathrm{and}\,v_2\notin \mathrm{path}_T(r,v_1)$$

复合图可以通过对图顶点自下而上连续聚类得到。这个聚类操作通常会为每个聚类创建一个父节点,也称为元节点。元节点属性可以通过所聚类原始节点定义,元节点之间的连接边也通过聚类得到,称为元边,它们的属性也类似地从原始边计算得到。最后,图可能会随着时间演化,形成所谓的动态图,动态图的节点和边的属性甚至图结构本身都可能随时间改变。图 5-2 总结了这里介绍的图分类。

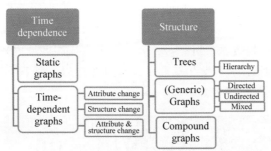

图 5-2　图分类:基于时间依赖关系(左)和图结构(右)

图片来源:文献[1]

5.1.2　图的预处理

对于规模太大、太复杂的图,人们理解起来会觉得有很大挑战,即便存在一些高级的顶点和边的放置算法(布局)。对可视化而言,图的预处理主要是对图进行简化,在减少图规模的同时维持其主要结构。此外,也可以对图属性进行预处理以突出图中的感兴趣部分。主要的图缩减方法有两类:图过滤和图聚类,下面分别介绍。

1. 图过滤

可以通过两类方法进行图的过滤:随机过滤从原始图中随机选择过滤的边和顶点;而确定性方法则依据特定算法选取拟移除的顶点和边,选取的依据可以是顶点/边的属性、拓扑信息或其他图属性等。

2. 图聚类

图聚类方法将顶点和边合并为单一顶点和边以减少图的规模,并揭示不同顶点组之间的关系。可以通过多次的图聚类构造一个层次图。图聚类的方式有很多种,可以通过预定义的顶点层次、顶点属性或根据顶点聚类等。

◇ 5.2 图的可视表示

可视化是对图进行探索性分析的主要方式,其任务包括设计合适的可视表示类型、如何将各种图形元素高效地放置在屏幕上,以及如何对各种属性进行有效映射,最终实现较好的可读性。在计算机生成的图可视化中,通常会考虑一些审美要求,这些审美要求通常定义为布局算法中的一个目标函数。

5.2.1 静态图的可视表示

1. 树

如前所述,层次结构在现实世界中非常常见,可用于记录日常生活和业务流程中生成的各种关系数据。而树状结构则是表示层次结构最直接的方式,因此在可视化领域也得到广泛的采用,Treevis.net[2]提供了超过300种关于树在线可视化技术的介绍,这足以说明树可视化在数据分析中所发挥的关键作用。关于树可视化的技术,大致可分为3类。

(1)空间填充技术。试图利用整个屏幕区域显示层次结构,基于节点位置而非连接表示节点关系,通常用于可视化对数据集的层次剖分,区域大小用于编码节点的可量化属性,还可以用颜色和高度表示额外的数据属性。基于所采用的放置策略又可以进一步分为圈地、近邻和交叉3类。圈地方法(见图5-3(a))在父节点所圈区域内递归地布局其子节点,近邻方法(见图5-3(b))通过将子节点放置在父节点旁边以体现它们之间的关系,交叉方法(见图5-3(c))将子节点跨过父节点放置。

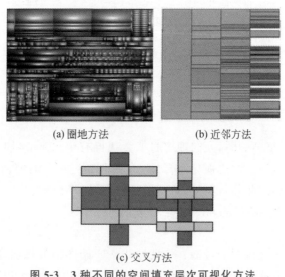

(a) 圈地方法　　　　　　(b) 近邻方法

(c) 交叉方法

图5-3　3种不同的空间填充层次可视化方法

图片来源:文献[1]

(2)节点-链路方法。采用链路揭示不同数据项之间的关系(见图5-4)。通过设计不同的标准来优化布局。图绘制领域的研究人员提出了各种各样的布局算法,二维的有分层、径向、气球布局,三维的如 Cone tree、Phyllotrees 等。

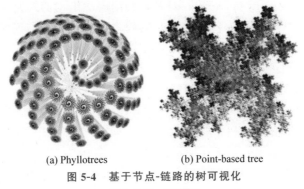

(a) Phyllotrees　　　　　(b) Point-based tree

图 5-4　基于节点-链路的树可视化

图片来源:文献[1]

(3) 混合方法。顾名思义,结合节点-链路和圈地的方法,用 Treemap 表示一部分层次结构,其他的用节点-链路图表示(见图 5-5)。主要优点是既能以一种灵活且空间利用率高的方式表示层次结构,又能清晰地表达数据结构的关系,强调其内容。

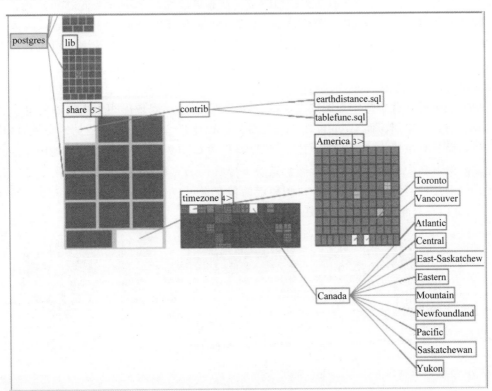

图 5-5　混合的树可视化

图片来源:文献[3]

层次多变量数据可视化。尽管在多元数据和层次数据的可视化方面已经非常深入和成功,但对于层次多元数据的可视化,即每个节点上有多个属性的树,却研究甚少。层次多元数据广泛存在于各个领域,如生物学中的组学数据、人口普查中的统计数据、层级组织的商

业数据等,其特殊性需要专门的可视化技术进行有效分析。在来自生物信息学领域的
Functree2[4]的启发下,Zheng 和 Sadlo[5]对具有共同层次结构的多元定量特征的可视化进
行了系统设计研究。对任务进行深入分析后,他们将设计空间缩小到多变量可视化和层次
可视化的组合,并将需求按照可泛化性进行优先级排序。

- 静态表示:适用于(印刷)出版物。
- 避免遮挡:将表示限制为 2D。
- 简单解释:显式视觉映射。
- 可读性:清晰的多变量和分层属性。
- 内部节点上的任意数据:不仅是聚合。

在可视化分层数据时,由于视觉空间是有限的,层次结构的紧凑性和可读性之间总是要
进行权衡的。非常紧凑的可视化,如树状图(见图 5-6(a)),尽管实现了高信息密度,但通常
会使读取数据的层次结构[6-7]变得困难,导致需求 4 不被满足。而非常低紧凑性的层次可视
化,如节点链接图,可能受益于层次结构[8]的可读性增加,但占用了太多的可视化空间[9],限
制了可视化多元属性的可用空间数量,从而导致降低多变量属性的可读性。因此,在选择层
次可视化概念时,往往需要平衡层次结构的紧凑性和可读性。此外,有些层次可视化技术可
能会发生遮挡,如 Beamtrees[10]或 Cheops[11]就不满足需求 2。Zheng 和 Sadlo 认为冰柱图
(见图 5-6(c))、旭日图(见图 5-6(d))和圆形树状图(见图 5-6(e))是集成多元可视化概念的
潜在候选方法,因为它们在可读性和紧凑性方面取得了较好平衡。对于多变量可视化,候选
概念需要利用层次结构的紧凑性和可读性之间的权衡所留下的视觉空间。像平行坐标、散
点图矩阵和维度堆叠将很难与层次方法结合,因为它们已经表现出相当高的视觉复杂性并
且需要相当大的空间。而 Glyphs 作为一类多元可视化概念,使用小而独立的视觉对象,在
可读性方面具有主要优势。根据上述 5 个需求,许多 Glyphs 概念都不能很好地用于多元可
视化。因为对多变量属性使用条形图会进一步分解段的宽度,这在层次可视化中已经趋于
太薄。这促使他们将堆叠条形图和饼图锁定为多变量可视化概念,它们足够紧凑且易于阅
读,是与分层可视化技术结合的较好选择。

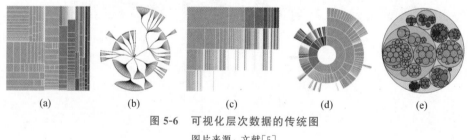

(a)　　　　(b)　　　　　　(c)　　　　　(d)　　　　　　(e)

图 5-6　可视化层次数据的传统图

图片来源:文献[5]

在具体设计上,文献[5]将堆叠条形图融入旭日图/冰柱图中,旭日图/冰柱图的每一部
分都包含一个堆叠条形图。为了防止表示中的不对称并避免将数量映射到角宽度,这不是
一个好的定量视觉变量,他们将堆积条形图定向在径向(旭日图)或垂直(冰柱图)方向,即,
值沿线段的(径向)长度方向被编码。直接应用传统的堆叠条形图(见图 5-7(a))将很难比较
兄弟之间的属性(堆叠条形图的单个条形之间),这促使他们尝试对齐堆叠的部分。图 5-7(b)
试图通过标准化每个条形来实现,这种标准化简化了不同条形之间的属性比较,但它使定量

解释变得复杂。第二种(也是首选的)方法是分别对齐每个属性(见图5-7(c)～(e))。第一个设计(见图5-7(c))可以很好地使用单个堆叠条形图。但是,如果将其整合到旭日图/冰柱图中,它就不能很好地工作,因为还需要(白色)区域来分离节点,以及层次结构的级别(对应图5-7(d)中的白色圆圈),这会导致视觉干扰。因此,文献[5]在堆叠条形图中尝试了另一种"填充"颜色,例如黑色(见图5-7(d)),但这在视觉上打乱了堆叠的信息,使其更难被视为一个多元实体。除此之外,填充颜色可能被误解为一个附加属性。所有这些都促使他们使用低饱和颜色填充(见图5-7(e))作为集成方法的解决方案。

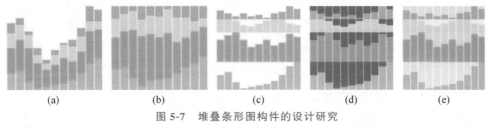

图 5-7　堆叠条形图构件的设计研究

图片来源:文献[5]

传统的旭日图和冰柱图都只能使用(角)宽度显示内部节点处子级值的总和。而文献[5]将垂直方向的堆叠条放入冰柱图(见图5-8(a)),并将径向方向放入旭日图(见图5-8(c))。这意味着与传统的旭日图形相比,定量信息被映射到线段的径向长度,而不是角宽度。对于冰柱图,它被映射到线段的长度而不是宽度。通过这种新映射,任何多变量数据都可以显示在内部节点上。他们还允许自由选择线段的(角)宽度,提出了选择(角)宽度的两个策略:等兄弟策略和等叶策略。等兄弟策略取父节点的(角度)宽度,并将其平均分配给其子节点的(角度)宽度,如图5-8(c)和图5-8(g)中的旭日图,以及图5-8(a)和图5-8(e)中的冰柱图所示。等叶策略将整个全局(角度)宽度(在旭日图中为2π,在冰柱图中为整个可视化宽度)平均分配给层次结构的所有叶段。该策略应用于旭日图(见图5-8(d)和图5-8(h))及冰柱图(见图5-8(b)和图5-8(f))。等叶策略成功地避免了"薄叶"问题,增加了紧凑度,使叶片的识别和读取更加容易。这两种策略可以很好地表达层次多元数据的层次方面和多元方面。

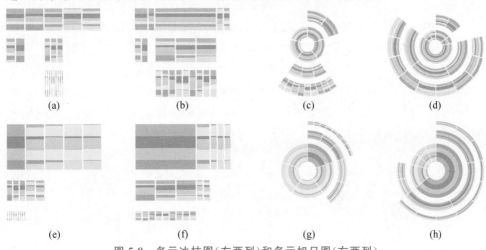

图 5-8　多元冰柱图(左两列)和多元旭日图(右两列)

图片来源:文献[5]

作为一种增加层次结构紧凑性的设计方案,文献[5]还考虑了气泡树状图(见图 5-9(a)和图 5-9(b))[12],它使用紧凑的填充曲线反映层次结构,而不是圆形树状图中使用的圆形。在气泡树状图中,内部节点的包装曲线的平滑度可以通过参数进行调整,提供从凸壳到凹壳的形状。气泡树状图的紧凑性可以实现更大的叶子表示,如多元循环树状图 MCT(见图 5-9(d))和多元气泡树状图 MBT(见图 5-9 (e))之间的比较所示。考虑到传统饼图(见图 5-10(a))有一些局限性,例如,在传统的饼图中,每个量化属性都映射到磁盘的一个扇区,磁盘的面积取决于所有属性值的总和。但是,如果属性具有不同的单位,那这种表示就不太合适。饼图的替代优化方案为极坐标区域图(也称夜莺玫瑰图)。极坐标区域图不是将数量映射到具有不同角度的扇区,而是将每个数量映射到角度相等但半径不同的扇区,如图 5-10(b)所示。文献[5]使用圆形指南扩展了极坐标区域图,以支持与其最大值的定量比较(见图 5-10(c)),这适用于所有属性具有相同单位或具有不同单位的属性已标准化的情况。极坐标区域图可以很方便地比较层次之间的关系。

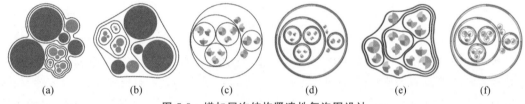

(a)　　　(b)　　　(c)　　　(d)　　　(e)　　　(f)

图 5-9　增加层次结构紧凑性气泡图设计

图片来源:文献[5]

文献[5]使用 omics 数据集评估了其提出的方法,omics 数据集被 Functree2 可视化关注。该数据集由 NCBI 基因标识符丰度的 7 个样本组成,各自的层次关系在 KEGG 数据库中预定义。树的每一层对应功能类别,从上到下依次是生物类别、生物过程和 KEGG 通路。文献[5]在两个主要的分析任务中将其与 Functree2 进行比较和探索。在 Functree2 中比较节点之间的样本值很困难,因为堆叠的条形图不是对齐的,因此,在 Functree2 中提供了交互功能,可以选择一个属性并将其值映射到圆圈区域,以便在节点之间进行比较,如图 5-11(a)所示。相反,文献[5]允许在一个静态表示中同时比较所有属性(见图 5-11(b)~(e))。在 Functree2 中,如果想了解 KEGG 通路中的值如何与上层中的值相关,例如生物过程或生物类别,可以选择一个叶子节点,并借助高亮显示的路径检查相应的上层节点(见图 5-11)。另外,在 Functree2 的静态视图中,在没有交互的情况下定位较低级别的主要节点(例如,定位图 5-11(a)中的节点 a、b、c)不太容易。由于 Functree2 是基于径向树的,因此视觉阅读由于扩展的视觉转换而变得复杂。当树具有多个级别时,这种基于选择的突出显示非常有用。然而,在图 5-11(b)~(e)中,可以直接找到这种关系。

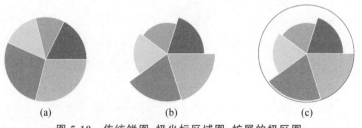

(a)　　　　　　(b)　　　　　　(c)

图 5-10　传统饼图、极坐标区域图、扩展的极区图

图片来源:文献[5]

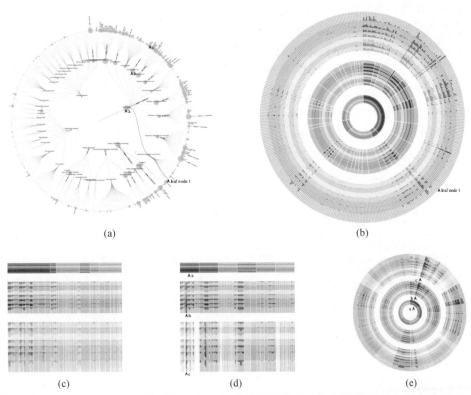

图 5-11　(a) Functree2 与文献[5]的((b),(e)) MSB 和((c),(d)) MIP 进行比较,皆使用 omics 数据集进行演示。等兄弟(角)宽度((d),(e))和等叶(角)宽度((b),(c))的布局策略

图片来源:文献[5]

图 5-12 显示了使用 MBT 和 MCT 的相同数据。图 5-12(a)展示了 MBT 在可视化叶片特性方面的优势,图 5-12(b)显示了这些多变量如何在 MCT 的内部节点上成比例地变化。从图 5-11(b)和图 5-12(b)中可以看出 MCT 的紧凑性相当低。

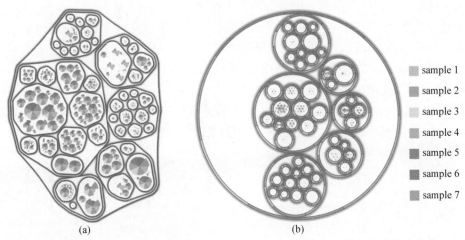

图 5-12　用 MBT(a)和 MCT(b)可视化的 omics 数据集,内部节点显示其子节点的多变量平均值

图片来源:文献[5]

紧凑性和可读性的权衡是层次数据可视化中的一个重要挑战：如果树状图非常紧凑，底层结构就很难把握，因为紧凑性没有为分组线索或其他视觉特征留下空间。Bubble Treemap[12] 在紧凑性和可读性之间提供了一个很好的折中方法。它们在布局中分配额外的空间，以几何方式将确定的和不确定的信息编码在一起，类似于错误条。层次结构的叶节点被编码为圆形，并被基于圆弧的可参数化轮廓所包围。兄弟子层次结构的轮廓使用一个力指向模型进行包装，并被另一个可参数化的轮廓包围。这个过程递归地继续，直到遍历整棵树。这种方式可以将额外的组级信息（如不确定性）编码到轮廓的视觉表示中。

Bubble Treemap 提出一种新型的圆形树状图，其为额外的视觉变量分配额外的空间。在这个扩展的视觉设计空间中，将层次结构的数据及其不确定性编码到一个组合图中。Bubble Treemap 引入了一种分层和基于力的圆形填充算法来计算气泡树状图，其中每个节点都是使用嵌套的轮廓弧可视化的。气泡树地图不需要任何颜色或阴影，这提供了额外的设计选择。Bubble Treemap 利用标准误差和基于蒙特卡罗的统计模型，将不确定性可视化作为树状图的一个应用来探索，讨论了不确定性如何在层次结构中传播。

具体地，Bubble Treemap 利用 Wang 等[13] 的方法创建初始填充，如图 5-13 所示，为了合理地利用展示空间，使用压缩边缘的方式提高空间的利用率。在轮廓和集合成员方面，树状图通过将子节点的区域聚合到父节点的区域来隐式编码层次结构。Bubble Treemap 采取类似做法：所有的子节点都被代表当前节点的轮廓包围。因此，其与描述空间嵌入对象的集合成员关系的方法有相似之处。例如，Bubble Sets 使用移动方块（移动方块算法的 2D 版本）绘制嵌入对象的轮廓，而 Bubble Treemap 使用的是弧线；在不确定表达方面，以叶子的附加属性值和聚合模型的形式给定具有不确定性的值层次结构（见图 5-14(a) 和图 5-14(b)），Bubble Treemap 通过从层次结构的每一层提取特征来构建

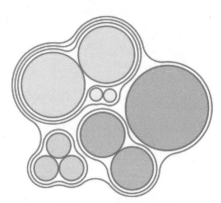

图 5-13　Bubble Treemap
图片来源：文献[12]

一个气泡树状图，然后将这些特征分别映射到圆上，并分析定义叶片和内部节点的基于圆弧的轮廓。如图 5-14(c) 所示，为了实现紧凑的布局，Bubble Treemap 实现了一个力导向的模型。Bubble Treemap 从组织在层次结构（见图 5-14(a)）中的测量分布开始。通常只知道叶子结构的情况。通过应用合适的不确定性模型，Bubble Treemap 将底层分布的特征传播到根（见图 5-14(b)）。然后，Bubble Treemap 使用圆弧和基于力的模型（见图 5-14(c)）计算树状图布局。最后，Bubble Treemap 在层次的每一层（见图 5-14(d)）周围画叶圆和内节点轮廓。

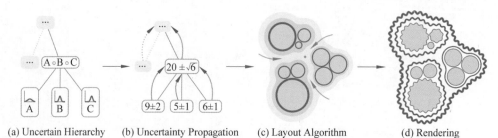

(a) Uncertain Hierarchy　　(b) Uncertainty Propagation　　(c) Layout Algorithm　　(d) Rendering

图 5-14　构建 Bubble Treemap 过程用于展示数据不确定性

图片来源：文献[12]

多个层次数据的可视化。现有的大多数树可视化方法一次只能对一个层次数据集进行可视化,在进行两个以上层次数据集之间的比较时仍然存在困难,特别是当每个节点都具有多维属性时。针对这个问题,Yu Dong 等[14]提出了 PansyTree,借助树的方式可视化层次结构的合并。

他们设计了一个名为 Pansy 的独特图标来表示结构中的每个合并节点,每个 Pansy 图标使用颜色区分不同的数据集。它在花中心提出一个视觉提示来计算当前节点中合并属性的总量。另外,定义垂直向上为起点,3 个数据集依次顺时针排列。每片花瓣的角度 0°～120°为红色,120°～240°为蓝色,240°～360°为黄色。同样,在每个特定的颜色中,属性值也是顺时针排列的。将 3 个节点的数据合并为一个节点,按顺时针方向排列各自的属性。花瓣高度代表正值的大小,不同颜色的花瓣排列顺序相同。花瓣高度等于 0 表示属性值为 0,同时引入带有灰色的 sepal 区分合并层次结构中是否存在属性值为 0 的节点数据。此外,自然界中的每种植物都有生命周期。

当花朵盛开时,它的花瓣逐渐生长。图 5-15 显示了从种子到盛开的花的生命周期。生命周期分为生长、早熟和成熟期 3 个阶段。PansyTree 利用花瓣的高度编码属性信息,利用花瓣的开花过程描述生长模式。考虑到在合并后的结构中,层次结构显示的实际需求比相同层次的位置需求更迫切,采用强制布局分配每个节点的位置,通过调整节点之间的排斥系数避免节点之间的重叠,从而形成一个整体的拓扑树结构。为了在强制布局中显示层次结构和节点之间的关系,进一步定义根及其子节点之间的链接为"主干",其他的为"分支"。设置带有动画链接的视觉提示,称为"动画光标",以显示关系的紧密程度。

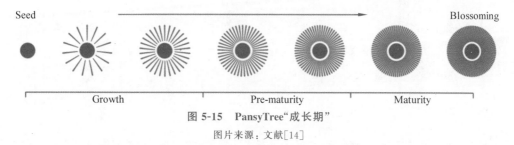

图 5-15　PansyTree"成长期"

图片来源:文献[14]

在交互方面,为了帮助用户进行层次比较,PansyTree 设计了 3 种交互技术作为辅助工具:一是结构提示突出显示。当动画链接重叠或速度相似时,力导向布局的随机性和不确定性可能导致用户难以理解层次结构。因此,PansyTree 设置了结构提示,以突出所选Pansy、它的祖先和后代的属性和关系;二是筛选层次结构的条件排列。对于数百个节点的合并树,需要针对用户通常关心的特殊组设置不同的条件排列过滤器,否则其他颜色的合并节点会分散他们的注意力。为了方便这样的过滤器,PansyTree 添加了一个用于交互的草图,它通过选择 3 种颜色提供几个组合的可视化输出;三是折叠/展开节点以显示详细信息。当整体层次结构有相对较大的深度和宽度时,屏幕大小将影响用户体验。因此,PansyTree在初始状态下,根据合并树的平均宽度对一定深度的层次结构进行折叠或展开,以保证结构平衡。

图 5-16 是一个基于 PansyTree 的原型系统。该系统包含一个合并数据集(D)的主视图和一个悬停在桌面上的选定面板(E),其中顶部显示每个大学计算的每个层级的节点数量。

在底部,此面板提供了一个草稿 Pansy 筛选器,用于在 3 个合并数据集中选择任意组合。它合并了 2017 年中国高考成绩的 3 个数据集。A、B、C 分别可视化 3 所大学的入学分数,A代表武汉大学,B 代表中山大学,C 代表南开大学。中心根树代表这 3 所大学的学科等级分类结构。树上的花代表每个学科的入学分数,花瓣代表中国不同省份的分数。在图 5-16中,每个节点的最大花瓣数为 87 个(29 个省乘以 3 所大学),所以在每个节点上用 0~90 个花瓣描述整个过程,并将其划分为 6 个阶段,间隔 15 个花瓣。同时,定义 0~30 个花瓣数为生长期,30~60 个花瓣数为早熟期,60~90 个花瓣数为成熟期。

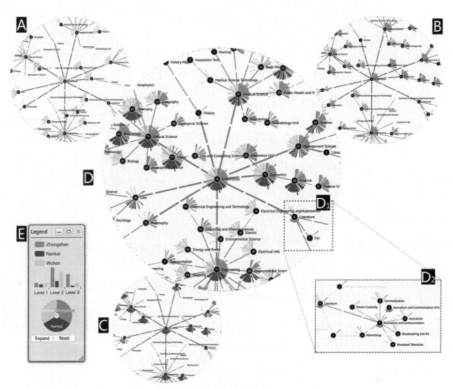

图 5-16　PansyTree 合并了 2017 年中国高考成绩的 3 个数据集

图片来源:文献[14]

分支比较。通过观察不同阶段的节点数和花瓣数,比较自然科学和工程学的分支。每个自然科学学科节点的花瓣数在生长期为 11 个,在早熟期为 3 个,在成熟期为 3 个,一共17 个;工程学科共有 31 个节点,其中生长期节点 24 个,早熟期节点 5 个,成熟期节点 2 个。由此,可以总结出:工程学科的分类更详细,并且与工程学科相关的学科因分支的繁荣程度而比自然科学更受欢迎。

叶节点比较。从点击新闻与传播学科节点开始,如图 5-16(D₂)所示,系统将展开所有的叶节点,这些叶节点以 3 所大学下面的详细单元的形式出现。不难发现,该分支中没有蓝色,这意味着该分支中没有属性值,但仍然属于文学、新闻与传播、新闻与传播单元的萼片。换句话说,这意味着 2017 年南开大学没有任何一个省份的分数,但它有上述的分类。也可以很容易地发现,有两个节点分别命名为新闻单元和通信单元,它们同时归纳了中山大学和武汉大学的分数数据和层次结构。为了验证此发现,访问 3 所大学的官方网站,发现中山大学和武汉大学将新闻传播学科分成了两个单元,而南开大学没有将其分开。这个案例说明了 PansyTree 不仅可以帮助用户比较分层数据集,还可以揭示分层的细节和属性。

2. 有向图和无向图

对于一般的图,可以通过 3 种方式进行可视化:基于节点-链接、基于矩阵和两者混合(见图 5-17)。节点-链接方法的优点在于直观、紧凑,以及更适合路径跟踪任务,对小的、稀疏的图更有效。矩阵表示由于从根本上就不存在边的交叉或顶点重叠问题,因此更适合稠密的图。当采用合适的节点排序的时候,矩阵表示可以方便地揭示图中的稠密子结构。但是,矩阵表示在屏幕空间有限时,仍然会遇到伸缩性问题,尤其对于非常大的图。

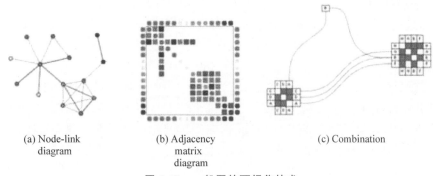

(a) Node-link
diagram

(b) Adjacency
matrix
diagram

(c) Combination

图 5-17 一般图的可视化技术

图片来源:文献[1]

对于节点-链接表示来说,最大的挑战在于如何对其进行合理布局(确定节点位置)以改善图的可读性及审美。典型的要求包括节点不能重叠、边交叉最少、边长度尽可能均匀,以及图的子结构易于辨识等。这些问题在图绘制领域得到广泛研究,并可以根据节点放置的类型分为如下几类。

- 基于力的方法。模拟力学定律,在节点之间增加排斥力,在边的端点之间增加吸引力。研究人员尝试了不同的力的定义以实现不同特性的布局。
- 基于约束的方法。对基于力的方法进行扩展,对节点施加各种约束,如水平和垂直对齐、避免节点重叠、边方向或者成组节点闭包等。
- 多尺度方法。通过层次分割将图分为一些更简单的嵌套子图,由粗到细逐层进行布局,通常比传统基于力的方法要快得多。
- 分层布局。也称层次化布局,将图的节点放在相互平行的水平层次上,主要用于有向图。一般都基于 Sugiyama 方法[15],分为移除循环、确定节点所在层、减少边交叉,以及确定节点坐标 4 个步骤。这类方法通常效率比较高,可以在几秒内生成几千个节点的布局。
- 非标准布局。前几种方法的结合或者其他思路。一种做法是将节点从高维空间投影到二维空间,尽管效率很高,但布局的质量很容易受网格结构的影响。

对这些布局方法的比较分析表明,基于力的布局方法在各种任务的表现中比垂直的或分层的布局方法要好,也更受用户欢迎。除布局外,遮挡和可读性也是非常重要的因素,它们可以通过边绑定(edge bundling)算法或移除重叠节点等方式得到改善。对于多连通分量的图来说,可以先单独计算每个连通分量的布局,然后再通过打包(packing)等方法将它们放在一起,保证它们不重叠的同时又最大化空间利用率。

矩阵表示对一个给定图的邻接矩阵进行可视化,边属性编码在矩阵单元里,既可用于有向图,也能用于无向图。其优点在于能避免边重叠的问题,且对大规模、稠密图的可读性比较强。缺点在于用户很难对图中的路径进行跟踪,而且他们可能不熟悉这种矩阵表示。在矩阵表示中,行/列的排序非常重要,直观的排序能很好地揭示图中的聚类等模式。尽管矩阵表示特别适合大规模的图,但是由于在行/列上一般采用线性,因此也会存在扩展性的问题。

将节点-链接表示和矩阵表示结合在一起可以充分利用它们的优点,克服其局限性。常见的结合方式有以下 3 种。

- 多同步视图。将矩阵视图和节点-链接视图联系起来,展示同样的数据,在用户探索时同步更新。用户可以针对当前任务随时切换到合适的视图。
- 矩阵叠加链接。代表性的例子如 MatLink[16] 在矩阵的边缘添加连接节点的链接,对矩阵可视化进行增强。采用链接高亮路径的同时,矩阵表示的优点也保留下来。
- 部分矩阵和部分节点-链接表示。NodeTrix 等[17] 将两种表示结合在一个视图中,用节点-链接图显示网络的整体结构,邻接矩阵显示各个区域。此外,对于分层的图(有向无环图),可以通过所谓的 quilts 表示[18],将节点组织成矩阵形式,通过垂直边进行连接,以生成关于图的一个清晰的展示。

3. 复合图

对复合图可视化的研究相对就比较少了,主要有 3 类。

(1) 节点-链接图可视化方法。代表性的工作有 TugGraph[19] 和 GrouseFlocks[20],用节点-链接图表示底层的层次关系,再用泡泡表示其他各种层次关系。这类方法的优点在于直观,但对于存在很多连接的大规模图,会容易导致过于拥挤(见图 5-18(a))。可以通过边绑定在一定程度上解决边的重叠问题,也可以只显示合并节点之间的连接。

(2) 基于树状图的方法。在节点之间存在很多链路时往往会导致严重的边重叠(见图 5-18(b)),因此通常会引入边绑定操作来改善可读性。此外,一维树状图也是一种选择[21](见图 5-18(d))。

(3) 带连接的矩阵视图。类似于 MatLink[16](见图 5-18(e)),将一般节点关系的可视化方法与基于树的层次节点关系可视化方法相结合,尽管非常清晰,但可能比较难以理解节点之间的复合关系。

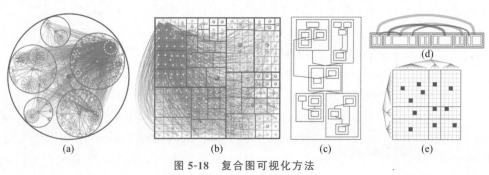

图 5-18 复合图可视化方法

图片来源:文献[22]

5.2.2　动态图的可视表示

对于图中包含的随时间变化的元素,我们可以采用两种可视呈现方式:动画或静态表示。动画是传递数据随时间改变的一种自然的方式,但是,其有效性往往受限于人的感知能力。通常用户只能记住数据中比较大的改变,因此需要对图中改变进行高亮以更有效地揭示连续时刻的差异。在需要对数据变化进行深入分析时,静态表示则更适合,但是,结合时间维度的静态视图往往更复杂。

1. 树

对于只有数据属性发生改变的动态树,我们可以通过在叶节点增加时序信息或者通过采用所谓的时间线树来呈现。文献[23]以嵌套的流图[24]为基础,提出一种新颖的可视化工具 SplitStreams,用于在静态可视化中表示与时间相关的、层次结构的数据。

(a)　　　　　　　(b)　　　　　　　(c)

图 5-19　3 种不同层次结构的表示

图片来源:文献[23]

SplitStreams 在可视化分割流中引入边界,以便在任何给定的时间点清楚地表示层次结构。如图 5-19 所示,层次结构如果仅由流的嵌套编码,可视化的流数不能确定(见图 5-19(a)中,这里是 3 条或者是 5 条);当出现层次结构变化时,二维控制提供了对嵌套结构的直观理解,但对边界定义比较模糊(见图 5-19(b));通过引入 ThemeRiver[25],SplitStreams 不仅可以重现这些现有的可视化技术,而且可以进一步强调每个时间点的层次结构,而不完全依赖颜色编码表示节点的深度(见图 5-19(c))。在随着时间的推移可视化层次结构时,可以以并列的方式显示每个时间步的静态树表示,如为每个时间步计算一个树状图,并按时间顺序显示所有这些树状图。由于 SplitStreams 只关注一维的树状图,它将每个节点绘制为一个矩形,将节点的所有子节点堆叠在一起,并将它们嵌套在父元素中,如图 5-20(a)所示。但是,在显示每个时间步的静态层次结构时,主要问题是,从一个步骤到另一个步骤的变化并不明显。此外,一些层次变化根本无法区分,如移动操作和删除、添加组合的操作。嵌套流图 5-20(b)通过直接可视化层次变化来解决这个问题,可以很容易地将节点的移动与删除和添加操作区分开。值的比较现在由连接线指导,而不仅依赖高度的比较,但颜色的可区分深浅的数量限制了可以显示的层次结构级别。此外,当一个节点改变它的层次结构级别时,不能确定这个节点应该被分配什么颜色。最重要的是,聚焦的节点不再可见。SplitStreams 结合树状图和嵌套流的优点,同时减少这两种方法的缺点,直接可视化随时间推移的层次变化,同时仍然在所有时间步骤中传递节点嵌套。在每个节点绘制树状图,并将所有节点的宽度设置为一个固定值(见图 5-20(a))。然后通过流将树状图之间的节点连接起来,得到一个类似于嵌套流的可视化效果,但在树状图区域中有水平线,如图 5-20(b)。最后,在每个时间点拆分图,在每个树状图的中心,将每个流从拆分位置移开一定的距离,应用到每个节点的边界是基于其层次级别的,这重新引入了嵌套结构的表示(见图 5-20(c)),可以直观地表述整个时间序列中的变化。

(a) 树状图　　　　　　　　(b) 嵌套流图　　　　　　　(c) 静态可视化

图 5-20　结合树状图和嵌套流图的静态可视化

图片来源:文献[23]

SplitStreams 可以很清晰地展示时间序列上的变化。图 5-21 展示了 2005—2012 年泌尿道医学术语的变化,主要分支为尿道、输尿管、肾脏和膀胱。与嵌套流图相比,SplitStreams 将这些类别区分得更清楚。针对不同年份划分界限,对年份数据中发现的变化进行特别的表示。两个突出显示的分支(橙色)代表肾小球,一个嵌套在肾元内部,另一个嵌套在肾皮质内部。在 2006 年,添加了几个节点,并且在这几年中对两个分支都应用了相同的结构变化。2012 年,新的肾小球滤过屏障被引入肾皮质和肾元的肾小球中。然而,肾小球基底膜和足细胞这两类仅被定义为肾皮质屏障的子级。这种差异很可能是数据上的错误,应该在分类法的下次修订中修复。添加拆分有助于突出分层变化的发生,并识别所涉及节点的深度。用户在 SplitStreams 中可简单方便地对可视化数据库进行勘正。

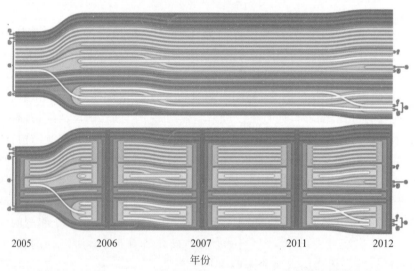

2005　　　　　2006　　　　　2007　　　　　2011　　　　　2012
年份

图 5-21　SplitStreams 可视化 2005—2012 年泌尿道医学术语的变化

图片来源:文献[23]

图 5-22 显示了 2006—2017 年消化生理学医学术语的演变。2007 年,在根节点(a)引入了两个类过程和现象。这个层次结构保持了一年,直到现象再次被移除(b),它们的子节点移动到根节点(c)。2017 年,过程类也被删除了,它的所有子节点在接收新 ID 时移动到根节点(d)。从图 5-22 中可以看到一些节点被删除和添加,而不是作为一个连续的流出现。这一发现可能表明数据中缺少 ID 更改,或者数据处理管道中出现了错误。

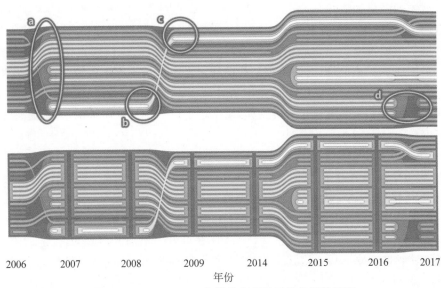

图 5-22　2006—2017 年消化生理学医学术语的演变

图片来源：文献[23]

当动态数据的结构发生改变时，就需要一些动态的视图。通过 Wiebke Köpp 和 Tino Weinkauf 提出的 Temporal Treemaps[26]可以清晰地了解时间序列过程的细节，全面掌握这个文件夹变化的过程。它优化了一系列树的布局，并使用缓冲渲染的适应性来渲染它。它支持树的拓扑更改，如在所有层次结构级别上的合并和分割。图 5-23 所示的示例显示了文件系统层次结构演进的 5 个时间步骤，大致类似于本书的代码库，其中顶部显示文件夹和文件合并、分割、出现和消失，底部显示在单个布局中这些进化的树，同时注意合并/分割和分层嵌套。

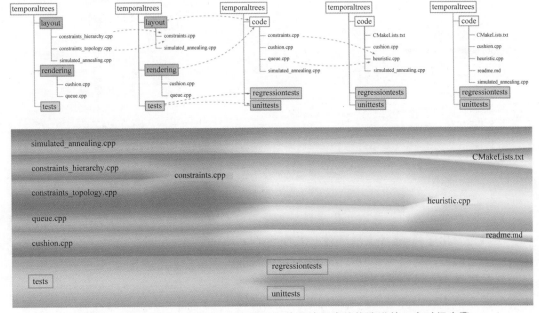

图 5-23　使用 Temporal Treemaps 展示文件系统层次结构演进的 5 个时间步骤

图片来源：文献[26]

社会群体的形成和演化是动态层次结构的一个典型例子。社会群体的大小各不相同，可以只有两个成员，也可以有数百万个成员。无论大小如何，大多数物种的群体成员都倾向通过相互竞争形成等级。它们形成的等级被称为优势等级。这些层次结构很重要，因为它们定义了小组成员的角色，而这些角色又帮助领域专家了解小组的决策过程、知识和疾病的传播以及其他现象。社会群体的形成是由群体成员之间的相互作用所决定的，PeckVis[27]为社会科学家提供了一个可视化分析工具，用于理解群体中层次阶级的形成，是一个群体内部动态的信息。

PeckVis 采用六大模块可视化小群落之间层次结构的形成，如图 5-24 所示。State Summary 为每个状态和状态变量计算两个重要指标：类出现频率（COF）和类稳定因子（CSF），以进行比较。COF 衡量一个物种中跨组状态的发生，CSF 衡量在 N-link 类中发生的状态相对于其他状态的稳定性。用户在 State Summary 选中的 State 值会在右端着色标记。组内的交互可以用交互矩阵概括。PeckVis 在堆叠条形图和邻接矩阵上使用气球图表示交互矩阵。领域专家更喜欢这种表示方式，而不是传统的邻接矩阵和用于大型网络的热图表示方式，因为专家认为圆的大小比颜色强度更容易比较（尽管这可能会随着网络大小的增长而改变）。气球图表行表示参与者，列表示接受者。另外，还有一个不相交的行和列，表示每一列和每一行的总数。这类图表可以很好地反映交互者之间的整体频率大小。数据分析方法产生了丰富的结果集，但它们可能会让用户无法查看，尤其是在处理大量组合交互时。为了有效地将这些信息传达给用户，PeckVis 扩展了现有的可视化技术，提出等级序列可视化和交互可视化。

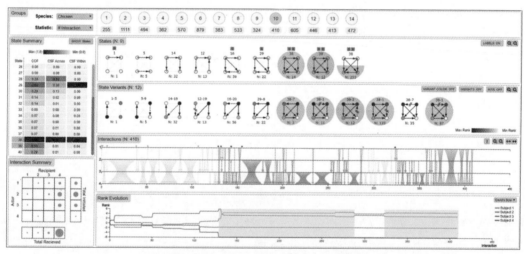

图 5-24 使用 PeckVis 可视化小团体

图片来源：文献[27]

- 等级序列可视化。状态变化序列。部分领域专家习惯用手绘有向节点-链接图表示状态变化序列，这种表示只对主体的当前层次结构和身份进行编码。PeckVis 使用额外的可视编码更新节点-链接表示，以表示主体的当前和最终等级、最新链接和反向链接。此外，PeckVis 用每个状态的 ID、变量和它所表示的交互总数标记每个状态。单个状态变量的示例如图 5-25 所示。主题的当前和最终等级分别用颜色和节点位置进行编码,这允许用户在最终层次结构的上下文中查看当前层次结构。在PeckVis 的设计中,最终排名从左到右、从上到下依次递减,因此在图 5-25 中,顶部的两个节点表示最终排名为 1(左)和 2(右)的个体,底部的节点表示排名为 3(左)和 4(右)的个体。节点用连续的红色刻度表示当前等级。当前状态结束时,等级最高的主题被分配为暗红色,等级最低的主题被分配为浅红色。这种编码允许用户很容易地跟踪群组成员等级的演变,并识别等级发生变化的状态。例如,在图 5-25 中,可以看到在显示的第一个状态中,最终排名第 3 位的主题(以节点位置显示)在第一个状态中排名最高(以节点颜色显示)。在接下来的 6 个状态中,排名第二的主题最终取代了排名最高的主题。在剩下的状态中,排名第一的主题最终战胜了其他所有主题,并与排名第二的主题竞争。随着状态空间的增大,用户可以通过比较节点颜色直观地观察到等级和等级间距离的变化。

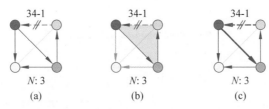

图 5-25 基本形式(a)的状态变量表示,其中节点位置表示对象的最终等级(从左到右和从上到下依次递减),节点颜色表示瞬时等级,链接表示关系,虚线链接表示新关系,"//"标记表示反转。用户可以切换周期的亮点(b)和交互计数的边缘加权(c)

图片来源:文献[27]

- 交互可视化。状态变化序列显示了不同的层次结构,以及它们形成的顺序。然而,它们并没有显示自己是如何形成的,也就是说,是什么交互顺序导致了给定的层次结构。这个信息可以通过检查交互序列获得。PeckVis 使用两种视觉表征协助专家探索被试人员之间的交互。第一个是音乐符号,它是原始交互数据的视觉编码,第二个是气球图,它提供了一个组中所有交互的概述。交互模块中的音乐符号是由 Ivan D Chase[28] 开发的,用于社会科学家查看原始的交互数据。图表用水平线或轴线表示一组中的每个主题。对于每一次交互,从参与者的水平线到接受者的线都有一个箭头。箭头的颜色是根据分配给参与者的颜色着色的。PeckVis 进一步发展了 Chase[28] 的音乐记谱法,如图 5-26 所示。PeckVis 通过使用边缘捆绑来强调爆发,并且该方法用顶部轴上方的标记指出新状态变量形成的位置。标记之间距离较大的标记少,表明这个群体及其形成的层次结构是稳定的。

PeckVis 可以对不同群体进行比较,发现不同群体在等级形成的类型、等级竞争的数量、交互的数量,以及它们是如何发生的等方面的共性和差异。PeckVis 通过第二个仪表板支持此类分析,该仪表板使用各种可视化表示的小倍数显示。此外,仪表板在左侧面板中包含一组工具和 MDS 图,有助于选择相似或不同的组。图 5-27 显示了一个带有状态序列的小倍数显示的仪表板示例,其中左侧有两个面板:一个摘要面板和它下面的 MDS 图。在这里,使用 MDS 图,用户选择了 4 个相似的组(1、12、13 和 8),突出显示在中心,一个异常组(组 5)突出显示在图的左上角。MDS 图上方的摘要面板显示了所有选定组的公共状态子

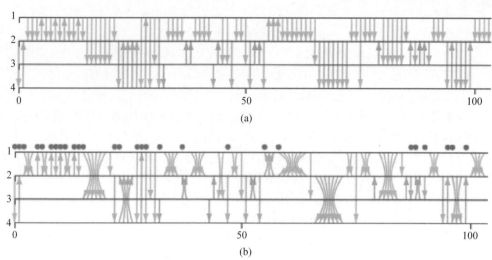

图 5-26 PeckVis 对言乐标记法的改进

图片来源：文献[27]

序列列表。用户可以更改它以显示 COF 和 CSF 热图。右侧面板包含用户选择的可视表示的小倍数显示，在这种情况下，用户选择了状态序列。为了研究序列之间的相似性，用户选择列表中的子序列，然后在小倍数显示中突出显示相应的状态。

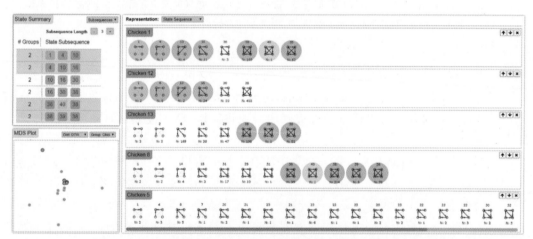

图 5-27 PeckVis 界面，用于比较一个物种的多个群体之间的优势等级

图片来源：文献[27]

2. 有向图和无向图

在只有数据属性发生改变时，静态图的可视技术可以与每个时间相关数据项的可视化结合（如颜色表图）。这种方式的优点在于已经有大量的图布局方法可供参考。

结构发生改变时，就需要采用时间依赖的图布局。在一个动态的图可视化中，保持布局稳定是非常重要的。稳定的图布局能够保持用户的意境地图（mental map），让用户可以更好地跟踪屏幕上的变化，从而更好地分析图上发生的改变。

基于谱图小波理论的动态网络可视分析方法[29]可以对网络节点上定义的信号进行自动分析，使网络属性的健壮检测成为可能。具体来说，使用图形小波变换的快速近似推导一组小波系数,然后使用这些小波系数识别大型网络上的活动模式,包括它们的时间递归。这些系数自然地对信号的空间和时间变化进行编码,从而实现高效、有意义的表示。这种方法允许探索网络的结构演化及其模式随时间的变化(见图 5-28),场景和涉及真实动态网络的比较证明了此方法的有效性。

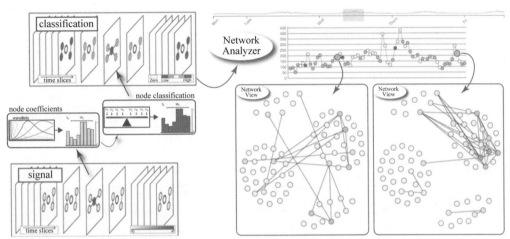

图 5-28　利用谱图小波理论对动态网络的时间演化进行可视化总结

图片来源:文献[29]

该工作将信息从原始格式转换为动态网络模型,计算信号和边缘权值,对小波系数和节点分类进行逼近,并将结果保存为适用于可视化界面的格式。近似处理减少了时间复杂度,预处理大大减少。与网络节点相关的信号值、边的权重是影响分析的重要因素。如果信号考虑到节点的内在特征,就可以理解这种特性是如何在空间上或时间上分布在网络结构上的;如果信号是从网络拓扑计算出来的,就可以探索网络的动态变化。边的权重决定了图小波变换对节点之间的每个连接的考虑程度。值越大,连接越强,对系数的影响越大。边的权值等于零意味着这条边在网络中不存在。边的信息被编码在图的拉普拉斯图中。除连接代表不同实体的节点的边外,文献[29]的动态网络模型还包括在顺序时间片中代表同一实体的节点之间的边,即时间边。这些边的权值也可用来控制时间变化对结果系数的影响。

节点分类。对图的每个节点采用小波频率从低到高的包含相应系数的特征向量进行分类。每个尺度独立归一化,除以标准差,然后应用对数尺度,再除以最大系数的对数。这种变换使每个系数在[0,1]范围,同时使分类对原始信号的振幅不那么敏感。为了减少噪声的影响,将每个时间片中的孤立节点分配给一个特定的类,记为零类。然后使用机械扭矩的简单类比将其他节点分成 5 类。考虑一个固定在中间但允许自由旋转的水平杆。特征向量的每个系数对应杆上某一点上的一个力,考虑 8 个系数。作用于杆端的力对扭矩的影响大于靠近固定点的力。由此产生的扭矩表明力是倾向于向左还是向右旋转杆,即特征向量的频率主要是低还是高。然后使用扭矩对每个节点进行分类,通过简单地除以最大可能扭矩,将值标准化为区间[−1,1]。这种分类导致一种直接的解释,比直接解释系数容易得多。

文献[29]提出的可视化旨在提供分析资源,以识别网络动态中的模式,并显示这些模式如何随时间演变。其可视化由 4 个链接视图组成:网络分析器、时间切片视图、节点排名和节点时间序列,如图 5-29 所示。

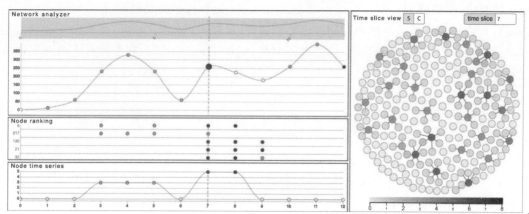

图 5-29　可视化包括 4 个链接组件：网络分析器、时间切片视图、节点排名和节点时间序列

图片来源：文献[29]

- 网络分析器。此面板通过时间序列描述网络随时间变化而表现的一般行为。每个时间片表示一个圆，其垂直位置由该时间片内所有节点的信号值之和给出。圆的颜色对应时间片中节点较多的节点类的颜色，相对于考虑所有时间片的该类的最大节点数，该方案突出了网络分类的差异，引导用户改变模式。例如，如果在给定的时间片中，红色类有一个节点，浅蓝色类有 8 个节点，并且这些类中的最大节点数始终分别为 1 个和 10 个，那么这个时间片的圆被涂成红色，以表示红色节点存在的可能性较大。

- 时间切片视图。该面板的主要目的是直观地表示给定时间片上节点的关系。使用 Fruchterman-Reingold 力定向算法定位节点。用户可以在信号和节点分类可视化之间进行选择。通过将鼠标指针放置在节点上，其连接节点和连接它们的边将高亮显示。此外，还显示了其他信息，如节点标识和类别。

- 节点排名。节点排名面板显示了根据相关性排序的节点，从而充当了相关节点的可视化索引，使用户可以快速识别最相关更改的节点和时间片。对于动态网络的可视化来说，这是一个新的重要特性，它弥补了对整个网络的探索和对特定节点的探索之间的差距，减少了寻找相关信息所需的直接检查的数量。此外，可以对节点的相关性和相似性使用不同的定义，从而增加该方法的潜在用例。由于相关性是依赖应用的，所以采用一种简单的机制对节点进行排序，其中相关性与较高的频率相关。因此，如果一个节点被分类为橙色或红色，则认为它在时间片中是相关的，并且根据在给定时间范围内被认为相关的时间片总数对节点进行排序。考虑到整个合成网络，如图 5-29 左中所示，最相关的实体对应标识为数字 6 的节点，该节点在 4 个时间片中被分类为红色/橙色。事实上，这个节点参与了第一个时间切片的大事件，靠近事件的边界，导致频率更高，并且是后来一个小事件的中心。通过单击节点排名中的节点标签，顺序会发生变化，以根据节点与选定节点的相似性组织节点。相似性定义为两个显示的相关向量之间的交集。考虑到合成网络，该选项将快速显示类似于节点 6 的节点，因此这些节点是小事件的中心节点。

- 节点时间序列。一旦在一个面板中选择了一个实体，相应的时间序列就会被描绘出点的高度表示信号值，颜色表示每个时间切片中的节点分类，如图 5-29 左下角所示。组成视觉分析工具的面板是交互式和链接的,允许用户在多个波中探索信息。网络分析器指导用户完成网络的时间演化,包括一致的网络状态。节点时间序列和时间切片视图相结合,允许探索每个节点的信号和分类。节点排名面板总结哪些实体更突出,并允许识别随着时间推移具有相似相关性的实体。此外,这些面板支持的图形小波变换的使用创建了一个性能超过当前最先进水平的可视化工具,允许用户高效地探索和发现要点信息和模式,而无须太多的交互和脑力劳动。

　　文献[29]实现了两个不同的真实动态网络的可视化:第一个数据集包含一段时间内的高中生交互信息,第二个数据集包含有关纽约市出租车行程的地理参考信息。作者采用JavaScript 实现原型可视化界面,用 Python 脚本将信息从其原始格式转换为动态网络模型,计算信号和边缘权重,执行小波系数和节点分类的近似,并将结果保存为适合可视化界面的格式。

- 高中学生数据库来源于法国一所学校的 180 名高中学生 9 天内联系的网络图。使用网络分析器开始探索,它显示了学生联系的总数,如图 5-30 所示,包括估计小波系数的近似机制,小波系数与网络的节点数量有线性复杂度。通过利用小波系数,该方法准确地表达了每个时间片中每个节点的行为。根据节点变化自动标记颜色,方便使用者快速掌握整体信息,使用网络分析器结果进一步得到细节信息。如图 5-31所示,相比之前时间序列变化较大的点会被标注为不同的颜色。

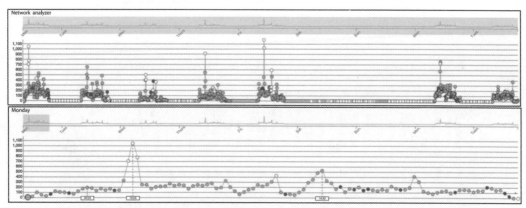

图 5-30　高中数据集的网络分析器,顶部显示整个数据集,底部仅显示星期一(放大视图)

图片来源:文献[29]

- 第二个数据集包含 2009 年 12 月在曼哈顿的出租车行程信息。每个出租车区域表示一个节点,对应的信号对应该区域上的出租车载车数量。重点观察曼哈顿和附近的 3 个机场。如果两个区域之间有行程,则将边放置在两个区域之间,每条边的权值为两个涉及区域之间在每个方向上的最大行数。每个时间片对应 10 分钟,总共有 4464 个时间片。得到的动态网络有 5 078 722 条边,不包括时间边。图 5-32显示了在该数据集上提供的可视化分析界面。左边的网络分析器显示,节点以浅蓝色分类为主,表明出租车上车分布平稳。但是,有几个红色分类的时间片,呈周期性模式,这意味着与相邻时间片和区域的出租车接送数量存在显著差异。选择第一个,对应 12 月 5 日 02:00,时间切片视图(右边)发生变化,显示红色分类的两个节点,分别对应"Lower East Side"和"East Village"。

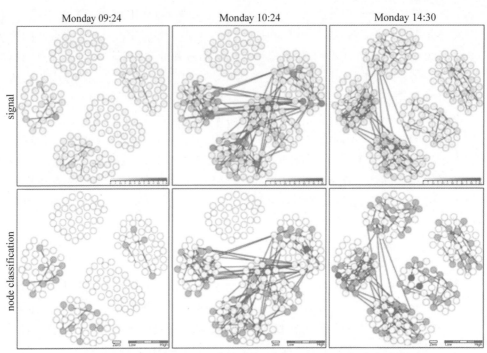

图 5-31　周一 09：24、10：24、14：30 3 个时间片的信号和节点分类

图片来源：文献[29]

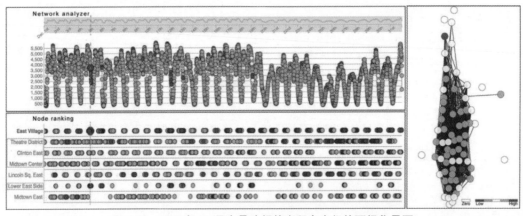

图 5-32　2009 年 12 月在曼哈顿的出租车出行的可视化界面

图片来源：文献[29]

　　社交网络分析已成为研究社会信息流和人际关系的重要方法。社会学家、心理学家和人类学家主要关注社会网络的两方面：量化一大群人之间关系的社会中心分析，以及研究特定个体（称为自我）和与自我相关的人（称为改变者）之间动态关系的自我中心分析。后一种类型的网络通常被称为个人网络或自我网络，表明一个人是如何与外部社会联系在一起的。了解这些网络是如何随着时间的推移而演变的，可以为各种领域提供见解。例如，通过分析自我网络可以更好地理解不同在线社交空间中的不同交际行为；医学专家发现，一个人的健康状况与许多自我网络相关的因素（如朋友的程度）密切相关。管理、商业智能和信息

安全方面的分析师可以通过识别社交网络中最具影响力的人以及他们在很长一段时间内如何影响他人做出更明智的决定。虽然已经存在许多动态图可视化方法,但它们主要关注的是跟踪整个图的变化,而不是自我网络的特征。一些试图从自我中心观点出发的方法仅是将自我改变关系图形化,而忽略了连接强度和相互关系,使得一些与改变有关的问题无法得到回答,如对改变社区的洞察。交互式可视化系统 egoSlider[30] 可用于探索、比较和分析自我网络的演化,可以解决此类问题。

egoSlider 允许用户在 3 个不同的尺度上探索和分析动态的自我网络数据:用数据概览(Data Overview)分析所有人的自我网络的整体模式,以摘要时间轴视图(Summary Timeline View)分析感兴趣个体的自我网络的异同,以更改时间轴视图(Alter Timeline View)分析多角度个人自我网络历史的详细信息。整个系统主要由 3 个模块组成:数据存储与预处理模块、数据分析模块和可视化分析模块。数据存储与预处理模块从原始数据集(如引文网络、通信网络和在线社交网络)提取自我网络结构。egoSlider 使用 MongoDB 作为数据存储软件,因为它可以提供高度灵活和可定制的数据模式。数据分析模块对所提取的自我网络进行数据过滤,并对其进行必要的数值特征表征,以度量图的相似度。因此,它可以使用典型的计算和可视化方法,如多维尺度变换(MDS),揭示整个数据集的分布,并检测自我网络进化趋势的共同模式。可视化分析模块集成了 3 个主要视图,即前端可视化,以平滑的交互支持不同层次的分析任务。如图 5-33 所示,egoSlider 界面主要由 4 个 UI 组件组成:①一个数据概览面板,显示许多人的自我网络进化历史的整个数据集的整体模式;②一个详细的视图画布,显示选定个人的自我网络的摘要时间线视图及其完全扩展的按需更改时间线视图;③一个控制面板,通过交互式搜索在表格中显示来自数据集的所有 ego;④顶部的工具栏,用户可以在其中选择数据集以可视化并切换概览面板和控制面板。

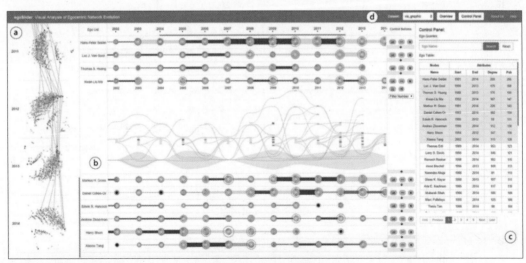

图 5-33 egoSlider 界面

图片来源:文献[30]

文献[30]通过 DBLP 协作网络分析展示了 egoSlider 的优点。DBLP 是计算机领域内对研究的成果以作者为核心的一个计算机类英文文献的集成数据库系统,按年代列出了作者的科研成果,包括国际期刊和会议等公开发表的论文。在 DBLP 数据集中,从信息可视化、计算机图形学、计算机视觉和人机交互领域的 31 个会议和期刊中选择了 52 038 篇论文,然后确定了 64 892 位作者,提取了 1975—2014 年他们的自我网络进化历史。两个作者之间的联系强度定义为他们一年内合作的数量。根据出版号定义一个人的出版业绩。如图 5-34 所示,egoSlider 首先切换数据概览获得关于整个数据集的大图。从所有作者的自我网络的 MDS 图中,观察到随着时间的推移有不同的聚类模式。2008—2014 年出现了一个巨大的星系团,一个小得多的星系团,以及几个离群值(见图 5-34(b))。随着往前移动,不同簇的大小趋于均衡,显示出三组或四组,其中一组略大(见图 5-34(a))。这可能表明,现在大多数作者都以类似的模式进行合作。然后,egoSlider 根据出版号从控制面板的数据表中选择排名前 10 的作者。在 2004—2014 年,它们的自我网络(红色部分)在一个大集群中分布相似,但在较早的时间更分散。另一个有趣的事实是,Edwin Hancock 的自我网络与一般人略有不同(或相差甚远)。如图 5-35 所示,egoSlider 揭示了所有研究者的自我网络的一般模式(如集群和离群值)。通过查看图 5-35(b)基于时间线的可视化中的快照字形和过渡字形,可以了解一个人的自我网络特征的整体变化(如改变数字和密度)。自我网络中变化的详细结构(如不同的连接组件)及其与自我的时间关系信息在图 5-35(c)扩展的时间线视图中进一步可视化。例如,可以看到 Harry Shum 的自我网络从 2001—2005 年(从圆的大小看)显著增长,同时他的合作者在 2004 年(当他成为 MSRA 的总经理)之后从多个连接的组件聚合为一个。他的 3 个长期合作伙伴也可以确定。

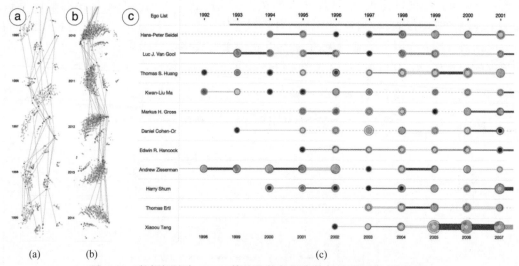

(a)　　　(b)　　　　　　　　　　　　　　(c)

图 5-34　数据概述中 DBLP 协作网络数据集的部分可视化(见彩插)

图片来源:文献[30]

3. 复合图

对于随时间变化的复合图的可视化就更少了,一般都采用动画或静态数据表示。Gautam Kumar 等[31]针对节点-链接图的动画提出一种特殊的布局方法,采用透明的气泡表示层次化分组的节点(见图 5-36(a))。Michael Burch 和 Stephan Diehl[32] 提出的 TimeRadarTrees 采用径向的树形布局可视化层次数据,用一系列圆圈表示结构的时域变化(见图 5-36(b))。

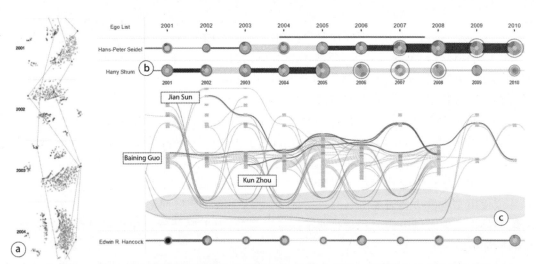

图 5-35　基于 DBLP 协作网络数据探索计算机图形学、视觉和可视化领域学者的自我网络进化历史

图片来源：文献[30]

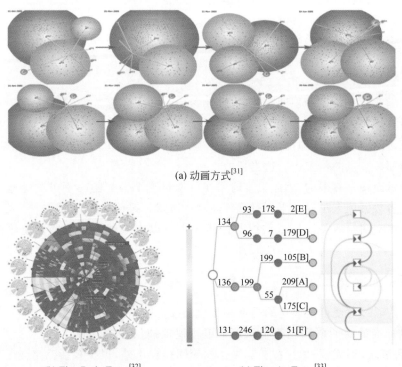

(a) 动画方式[31]

(b) TimeRadarTrees[32]　　　　　(c) TimeArcTrees[33]

图 5-36　复合图的动态可视化

◇ 5.3　图可视化中的交互

好的交互可以帮助用户更好地解决与图的探索相关的任务。这些任务可能是拓扑相关的,也可能是属性相关的。对于一个具体的任务,我们可以结合多种不同的交互方式。一些典型的交互方式,如缩放、平移、画笔和连接等,广泛用于各种图可视化情境。也有不少专用的交互技术被提出用于图的漫游和探索。

交互和探索紧密相连。尽管有一些图形分析系统如 Pajek 等[34]主张通过在图形上链接复杂操作而不显示中间结果的方式支持探索性图形分析,然而 Christopher Ahlberg 等[35]认为交互(尤其是动态查询)是真正的探索行为所必需的。主要原因在于认知方面:探索需要在短期记忆内驻留若干假说,而短期记忆的容量非常有限。规划不带反馈的复杂操作或使用文本语法会消耗所有的短期记忆,导致无法单凭短期记忆进行探索。因此,提供对高频操作能即时反馈的交互是有助于探索任务的,而那些低频操作仍然可以通过更复杂的机制完成。

可以从不同的角度(如任务、用户意图或者用户动作等)对交互进行分类,这些角度本身也是相关联的。对可视化而言,Stuart K. Card 等[36]提出的信息可视化参考模型的阶段和用户动作是一个比较好的依据。该参考模型可以分为数据、可视形态和视图 3 个阶段。分类考虑的因素主要包括用户的动作是否影响数据、数据的可视展示或者视图。数据、可视化和视图操作都可用于交互的数据探索和漫游。

5.3.1　视图交互

平移和缩放是最常见的视图交互,方便用户向不同方向漫游、改变视图的缩放倍数。也有一些针对具体情况的应用,如节点-链接图定制的平移操作。文献[37]允许用户沿选定节点的特定边漫游,从而更好地探索图的结构。该操作还能与边上的自动缩放相结合,对当前选定节点的邻接节点的位置进行适当扭曲。

由于显示面积是有限的,因此很多时候在可视化整个数据集时不可避免地导致严重的过度绘图或者数据项太小以至于不可读等问题。魔术透镜(Magic Lens)[38-39]及其他改变表示或分配更多空间给所关注区域数据的扭曲技术可以有效地改善所感兴趣数据的可读性(见图 5-37)。

5.3.2　可视抽象交互

这类方法通过改变可视表达的类型和参数来改变数据的可视表达。大部分图形可视化系统都提供标准的对话框和相关组件用于更改视觉抽象参数,如布局技术及其各种参数。目前,除通过滑块、列表框、单选按钮和复选框等间接操作外,很少有系统允许交互操作布局参数。很多可视化系统大量采用了这种间接操控组件,占用屏幕相当面积的同时还迫使用户通过阅读和理解标签寻找对应的小组件,整个过程相当漫长和乏味,因此一些研究工作致力于提供更直接的改变参数的机制。

一些研究尝试改变参数的可视表达,如高亮特定的项、画刷和联系工具,基于语义的缩放等。文献[41]采用了热盒和套索对节点及其邻域进行高亮显示。如前所述,多个相互协

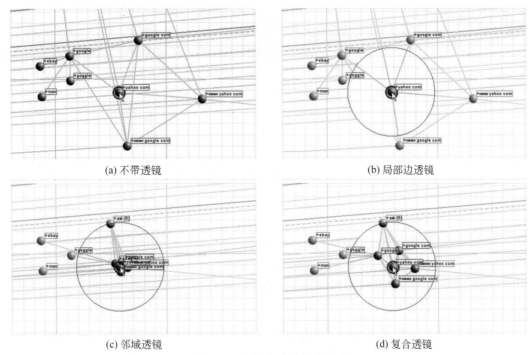

(a) 不带透镜　　　　　　　　　　　　　　(b) 局部边透镜

(c) 邻域透镜　　　　　　　　　　　　　　(d) 复合透镜

图 5-37　不同方式的魔术透镜

图片来源：文献[40]

调的视图有助于从不同的角度展示数据，而将这些不同视图联系在一起，即对一个视图的改变可以自动迁移到其他视图，则是一个基本的要求。文献[42]将矩阵视图和层次化视图耦合以揭示数据的重要信息。语义缩放将缩放与不断增加的细节结合起来。尤其图聚合操作可用于在大型图上获得更粗略的视图。语义缩放[43]通过向下挖掘原始数据的较低层次聚合来提高细节层次。

还有一些研究则通过改变可视机制，主要是通过改变布局或可视映射，来改变可视化的类型。在节点-链接图中，布局的改变（调整）会影响屏幕上数据项的位置。在具体做法上，既可以通过自动重算新布局更改布局类型，也可以手动移动节点，还可以通过调整布局参数（包括自动重新调整布局）。文献[41]提出一种便于选择节点和子图并做布局更改的方法，文献[44]则提出对布局约束的交互调整方法，文献[45]针对矩阵表示提出了用户驱动的重排序。

5.3.3　数据交互

数据级的交互会影响对待显示数据的选择，也可能改变数据值和结构。有些操作可以交互完成，但更通用的图形分析系统会提供更复杂的机制，包括脚本语言或强大的宏工具，以执行更复杂的操作。

对数据进行过滤会影响要显示的数据部分。具体的过滤方法分为 3 种路径：自顶向下方法从整个图开始，根据特定标准或人工选择确定数据集中待可视化的部分。它的缺点是需要一开始展示整个图，这在图的布局方面可能需要消耗比较多的计算时间，也可能导致遮挡。它的优点在于可以一开始就获得关于整个图的概览，然后专注于感兴趣的部分；自底向上方法[46]从一个选定的节点开始,基于图结构或某个兴趣度函数,按需逐步显示更多的节点或连接。它的优点在于只需要可视化数据集的最感兴趣部分,缺点在于需要确定起始点、定义感兴趣度函数;由内向外方法[47]结合了前述这两种方法的优点,从一个粗糙的图开始,通过隐藏可见节点或显示额外的节点交互地降低或提升图的粗糙水平。

还有一些方法通过直接对数据值进行操作来改变数据集的可视化,尤其是图的聚集情况等。具体地,用户可以通过可视界面交互地删除或增加节点或边,而这些编辑操作会触发对图布局的调整,同时又保持布局的风格和拓扑。由于对图的编辑会影响图的结构属性,尤其这些变化可能影响特定类型的子图(所谓的基序),因此,一些文献[48]提出对这种结构变化的自动识别和高亮显示的方法。用户还可以通过按需增加或移除聚集节点交互地改变图的聚集情况[19-20]。

◇ 5.4 图 分 析

图分析算法对图可视分析过程的各个阶段都是有益的,相关的技术可以帮助在可视化前减小图规模、搜索感兴趣的图结构、确定相似或不相似的部分以生成比较视图。

5.4.1 图结构分析

许多用户任务都涉及图中实体之间关系的分析以及对整个图结构的评估。这些任务可以通过将图的算法分析和交互式可视化相结合得到有效的支撑。算法可以帮助计算节点/边缘属性,识别图中的聚类等,其结果则可以交互地可视化。

在网络中,一些节点由于其在网络中的位置而发挥特定的作用。例如,可以在网络中识别和可视化所谓的中心和机构,从而更快地对图进行分析[49]。节点和边的重要性通过衍生量(即网络度量)衡量,如基于中心度的度量和排名度量。网络度量指标可以帮助分析师探索网络。具体地,可以通过度量值对节点或边进行颜色编码,或者在多个链接视图(如列表、散点图或平行坐标)中显示度量和网络;也可以交互选择感兴趣的指标,并根据这些指标筛选/突出显示节点[50]。

除关注单个节点外,还可以分析两个节点之间的关系,通常是通过计算突出显示实体之间的最短路径。进行这种分析前通常会先交互选择两个感兴趣的实体[33]。

在许多应用中,特定类型的子结构(如基序)起着重要作用。例如,在社交网络中,派系识别高度连接的社区,或生物网络中的前馈基序(三角形形式的子结构,其中有从节点 a 到 B、a 到 C 和 B 到 C 的定向边)指示网络的功能属性。为了支持子结构分析,可以在网络中计算和可视化这些基序[48]。用户可以交互选择结构类型,以满足各种分析任务的需要。

用户定义或数据驱动的图形聚合可以揭示图形中实体组之间的关系。分组可以基于分类节点属性,也可以基于预定义的节点层次结构[19]。它也可以是用户指定的[20],基于节点属性的聚类结果,或者取决于图的结构属性[48]。

在时间依赖的图中,节点的作用会随着时间的推移而改变,因此,有人提出了对所选节点的拓扑特性(如介数中心性)进行分析和可视化[51]。此外,在分析用户定义的更改(在 what-if 场景中)时,可以分析并突出显示节点或边删除/添加对局部子结构的影响[48]。

5.4.2 图比较

检查多个图之间的相似性和差异是一项特别重要的分析任务,尤其对结构方面特别关注的应用。通常,结构差异是重点。这种差异可以通过两个图中相同的节点标签识别,或者通过图匹配算法识别。匹配后,使用可视化探索差异。具体的分析又是多种多样的。

- 一对一节点比较。图比较中最常见的任务可能是将一个图中的各个节点与第二个图中的各个节点进行匹配。VisLink 可视化方法[52] 即为支持这项任务而开发的。它在 3D 中的不同平面上显示这两个图形,并在相应节点之间绘制匹配链接(见图 5-38)。对于层次结构的比较,文献[53]中提出一种类似的方法,该方法基于在显示器的相反部分绘制两个层次结构,并链接它们的叶节点。在这两种情况下,匹配链接的可见性都可以通过边缘绑定来提高。
- 一对多节点比较。一对多节点比较涉及一个图中的一个节点与另一个图中的多个节点的对应关系。Di Giacomo 等[54]开发了一个系统,该系统可以可视化这些一对多连接,且连接重叠程度较低。

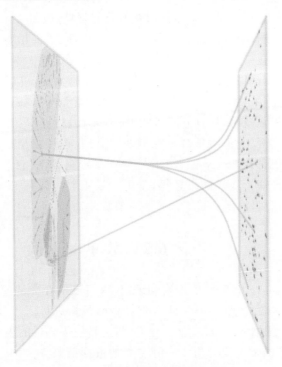

图 5-38　一对一节点比较方法[52]

参考资料

高维数据可视分析

◆ 6.1 概　　述

随着可用计算资源和传感设备数量的不断增加,收集和生成各种大型复杂数据集的能力持续增强。在科学、天文学、化学、工程、经济学和生物学等多个领域,高维数据集变得非常普遍。如何从非常大的、复杂且高维的数据集中获得有用的信息,从而做出决策,是一个非常活跃的研究领域,吸引了来自不同研究领域的许多研究人员。与此同时,高维数据的广泛可用性、不断增长的规模和复杂性为它们的有效可视化带来新的挑战和机遇。

可视化是分析和处理大量高维数据的重要方法,可以简化许多数据分析任务,如寻找数据维度集的相关性、聚类、采样或标记等。在过去的 30 年中引入了大量的数据可视化技术,如直方图、x-y 图、线形图、散点图、流程图、时间线、气泡图、Venn 图、饼图等,它们对于数据探索非常有用,但仅限于相对较小和低维的数据集。作为扩展,树状图、平行坐标图、热图、星形坐标图、自组织映射和切尔诺夫脸谱图可用于处理大规模高维数据,但远远还不够。现有工具要么过于简单,无法深入了解数据属性,要么过于烦琐或计算成本高昂。

◆ 6.2 数　据　变　换

受限于显示设备和我们的视觉系统,我们很难直接显示和快速识别维度大于二维或三维的数据结构,因此就需要对高维数据进行适当处理,如降维、回归、子空间聚类、特征抽取、采样或抽象化等,将之转换为合适的表示。

其中,降维是可视分析中一种主要的数据抽象方法,其目标是寻找高维数据在低维空间的表示以保持数据的相关结构,如离群值、聚类和底层流形等。降维技术,也称为投影,经常用于机器学习、数据科学和信息可视化中的多维数据探索。为了满足各种不同的需求,如显示高维数据结构的能力、距离或邻域保持、计算可扩展性、对数据噪声的处理和异常值的稳定性,以及实际的易用性等,各种各样的降维方法被提出。这些方法可以根据其数学表示、交互性、问题的稀疏性、保持局部几何细节的能力进行分类。在文献[1]中,Espadoto 等将它们分为 4 个组。

- 非线性局部方法,利用非线性函数并在降维过程中保持局部邻域关系。典型方法有局部线性嵌入(Locally Linear Embedding,LLE)[2]、拉普拉斯特征映射(Laplacian Eigenmaps,LE)[3]、局部仿射多维投影(Local Affine Multidimensional Projection,LAMP)[4]、t 分布随机邻域嵌入(t-distributed Stochastic Neighbor Embedding,t-SNE)[5]和均匀流形逼近和投影(Uniform Manifold Approximation and Projection,UMAP)[6]。它们通常也被认为是能捕获流形中集群的流形学习技术。

- 线性局部方法,利用线性函数并在降维过程中保持局部邻域关系。典型方法有保局部投影(Locality Preserving Projection,LPP)[7]、保邻域嵌入(Neighborhood Preserving Embedding,NPE)[8]和 t 分布随机邻域线性嵌入(t-distributed Stochastic Neighbor Linear Embedding,t-SNLE)[9]。它们分别是 LE、LLE 和 t-SNE 的线性版本。与非线性版本相比,它们保留了聚类分离的优点,但也受到线性投影的一些局限。

- 非线性全局方法,利用非线性函数保持所有数据点之间的成对距离。典型方法有最小二乘投影(Least Square Projection,LSP)[10]、多维尺度分析(Multidimensional Scaling,MDS)[11]和等距特征映射(Isometric Mapping,ISOMAP)[12]。

- 线性全局方法,利用线性函数保持所有数据点之间的成对距离。典型方法有主成分分析(Principle Component Analysis,PCA)[13]、因子分析(Factor Analysis,FA)[14]和非负矩阵分解(Nonnegative Matrix Factorization,NMF)[15]。

Fujiwara 等[16]提出一种渐增的降维方法,对已有的渐增 PCA 方法进行扩展,以适用于多维流数据的可视化。他们首先采用几何变换和动画的方法帮助可视化渐增结果时保持观察者的心象地图;此外,为了处理数据维度差异的问题,他们还采用了一种优化方法以估计数据的投影位置,并在可视化中展示结果的不确定性。如图 6-1 所示,没有施加几何变换的结果会导致明显的翻转和旋转,而本书的方法则在所有步骤中都较为稳定。

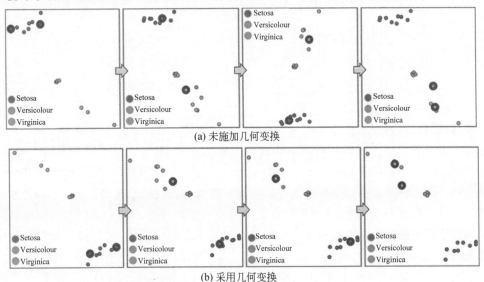

(a) 未施加几何变换

(b) 采用几何变换

图 6-1　不同渐增 PCA 结果的比较

图片来源：文献[16]

　　Xia 等[17]对各种降维方法在聚类可视分析的效果进行了系统性的实验研究(见图 6-2)，结果表明各方面并没有都表现出更好的降维技术，因此有必要针对具体的任务选择适当的技术以增强可视化聚类分析。具体来说：①在聚类识别中，除 LLE 外，如果具有相同的线性类型，则局部 DR 技术在聚类识别方面优于全局 DR 技术；在具备相同局部类型(除 LLE 外)情况下，非线性 DR 技术的性能优于线性 DR 技术；其中 t-SNE 和 UMAP 具有特别出色的性能。②在成员身份识别中，除 LLE，在具有相同线性类型情况下，局部 DR 技术的性能优于全局 DR 技术；如果非线性 DR 技术具有相同的局部类型(除 LLE 外)，则非线性 DR 技术的性能优于线性 DR 技术；t-SNE 和 UMAP 具有出色的性能。③在密度比较中，如果线性 DR 技术具有相同的局部类型(除 MDS 外)，则线性 DR 技术的性能优于非线性 DR 技术；t-SNLE 和 NPE 是首选技术。④在距离比较中，NMF 和 UMAP 是首选技术。实验结果揭示了较少关注的 DR 技术，如 NPE、t-SNLE。

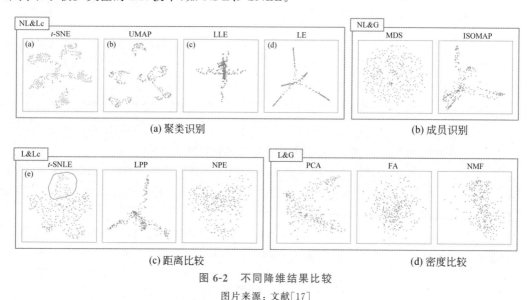

图 6-2　不同降维结果比较

图片来源：文献[17]

◆ 6.3　可视映射

　　可视映射对将数据转换阶段或原始数据集的分析结果转换为用于渲染的可视结构方面起着至关重要的作用。根据结构模式和视觉构成的差异，现有方法可以分为基于轴、图示符、面向像素、基于层次和动画。基于轴的方法包含与原始数据维度、投影维度或其组合相对应的轴。图示符方法将信息编码为小图形符号的大小、颜色、形状和排列。面向像素的方法将单个数据值编码为像素，并侧重以有意义的方式排列像素。基于层次的方法将多分辨率和树状数据中的嵌套关系可视化。动画方法包括一个时间元素，在可视元素的变化中传达信息。

　　常见的基于轴的方法有散点图矩阵(scatterplot matrices，SPLOMs)和平行坐标系(parallel coordinate plots，PCPs)。散点图矩阵或 SPLOM 是一组二元散点图，允许用户同时查看多个二元关系。SPLOM 的主要缺点之一是可伸缩性。二元散点图的数量相对于数据集的维度呈二次增长。许多研究尝试通过自动或半自动识别更有意义的散点图来提高 SPLOM 的可扩展性。最初由 John W.Tukey 提出的 Scagnostics 是一套用于识别 SPLOM 中有意义散点图的方法。Wilkinson 等[18]将这一概念扩展到包括 9 个度量以捕捉异常值、形状、趋势和密度等属性。此外,它们还利用图论方法提高了计算效率。Scagnostics 也被扩展到处理时间序列数据[19]。数据类别标签可以在识别有意义的图和选择有意义的排名顺序方面发挥重要作用。Sips 等[20]利用类一致性作为 2D 散点图的质量度量。类一致性度量由到类中心的距离或类空间分布的熵定义。SPLOM 只能直接表示二元关系,而平行坐标图(PCP)允许通过同时显示所有轴来显示突出多元关系的模式。对于给定的 n 维数据集,理论上有 $n!$ 种轴排列顺序。在不同的轴顺序下,可能呈现出截然不同的信息。因此,使用 PCP 的一个基本挑战是确定轴的适当顺序[21]。由于用户通常只能解释邻近轴之间的视觉模式,因此通过关注局部轴顺序,如连续维度三元组(一个轴及其近邻)或成对维度,可以大幅减少搜索空间。对于这些场景,找到显示所有维度三元组或成对维度组合所需的最小排列数是目标。Hurley 等[22]采用欧拉图论和哈密顿分解生成轴序排列,覆盖维度之间的所有二元模式。其他一些方法利用质量度量和子空间查找方法自动识别感兴趣的轴顺序。Tatu 等开发的 PCP 排名方法既适用于分类,也适用于未分类数据集。他们对未分类的数据使用 Hough 空间度量,而对分类的数据采用相似性度量和重叠度量。

使用常规图形显示高维数据是反直觉,基于此人们提出平行坐标作为更有效地探索多元数据的替代方法。然而,当数据是高维的且数千行重叠时,很难通过平行坐标提取相关信息。轴的顺序决定了对平行坐标信息的感知。因此,如果坐标顺序不正确,属性之间的信息将保持隐藏。Tilouche 等[23]提出一个重新排序坐标的通用框架。该框架一般涵盖大量的数据可视化目标,可灵活地包含许多常规的排序度量。他们提出了坐标排序二元优化问题,并朝着适合高维数据的计算高效贪婪方法进行了改进。实验证明了这些方法的有效性(见图 6-3)。

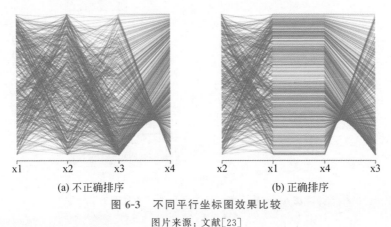

(a) 不正确排序　　　　　　　　　(b) 正确排序

图 6-3　不同平行坐标图效果比较

图片来源:文献[23]

星形坐标图[24]是轴对齐双变量散点图的推广。它的坐标轴表示仿射投影的单位基向量。用户可以通过修改轴的方向和长度改变投影。然而,由于没有对操作进行限制,星形坐标的仿射投影可能严重失真。Lehmann 等通过引入正交约束[25]对星形坐标进行扩展,该约束可以更好地保留投影中原始数据集的结构。Radviz[26]采用了与星形坐标类似的圆形模式。不同之处在于，Radviz 没有定义明确的投影矩阵。在 Radviz 中，沿圆的周长放置 n 维锚点，每个锚点代表 n 维数据集的一个维度。为每个点构建弹簧模型，其中弹簧的一端连接到维度锚，另一端连接到数据点，然后显示弹簧力之和等于零的点。DataMeadow[27] 引入了一种称为 DataRose 的径向可视编码，它被表示为一个径向而非线性排列的 PCP。

◆ 6.4 用户交互

文献[28]基于用户参与度和类型划分了 3 种交互方式（见图 6-4）：以计算为中心的方法、交互探索和模型操纵。

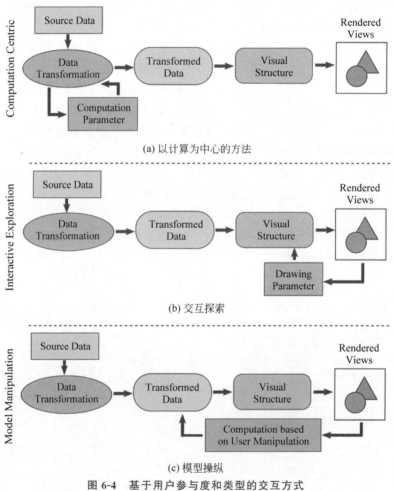

(a) 以计算为中心的方法

(b) 交互探索

(c) 模型操纵

图 6-4 基于用户参与度和类型的交互方式

图片来源：文献[28]

以计算为中心的方法只需要有限的用户输入，如设置初始参数。这些方法围绕着为定义良好的计算问题（如降维、子空间聚类、回归分析等）设计的算法。

交互探索方法以交互方式导航、查询和过滤现有模型，以实现更有效的视觉传达。Yuan 等[29] 提出两种新的视觉探索方法，以深入了解数据的数据方面和维度方面：一种是维度投影矩阵，作为散点图矩阵的扩展。在矩阵中，每一行或每一列表示一组维度，每个单元格显示具有相应维度的数据的维度投影(如 MDS);另一种是维度投影树,其中每个节点都是维度投影图或维度投影矩阵。节点通过链接连接,树中的每个子节点覆盖父节点维度的子集或父节点数据项的子集。当树节点可视化被探测的数据项的维度或子集的子空间时,矩阵节点允许子空间的不同组合之间的交叉比较。维度投影矩阵和维度投影树都可通过自动算法或通过用户交互手动构建。他们系统支持诸如向下钻取以探索不同级别的数据、合并或拆分子空间以调整矩阵,以及应用刷子选择数据集群等各种交互手段。该方法能够同时探索高维数据的数据相关性和维度相关性。Thiagarajan 等[30]将(多个)线性投影分解为轴对齐投影的稀疏集合,这些集合共同捕获原始线性投影的所有信息。特别是,他们采用基于 Dempster-Shafer 理论的工具正式定义给定轴对齐项目的相关性,以解释某些线性投影中显示的邻域关系。此外,他们引入了一种新的方法来发现一组不同的高质量线性投影,并表明,在实践中 k 个线性投影的信息通常是联合编码的 k 轴与绘图对齐。他们将这些想法集成到一个交互式可视化系统中,该系统允许用户共同浏览线性投影及其轴对齐的代表。Xie 等[31]提出一种可视化分析方法来探索子集模式。该方法的核心是子集嵌入网络(Subset Embedding Network,SEN),它将一组子集表示为统一格式的嵌入。我们将 SEN实现为具有独立损耗函数的多个子网。该设计能处理任意子集并捕获单个特征上的子集的相似性,从而实现精确的模式探索,在大多数情况下,模式探索是在少数特征上搜索具有相似值的子集。此外,每个子网是具有一个隐藏层的完全连接的神经网络,结构简单,训练效率高。他们将 SEN 集成到一个可视化系统中,实现了一个三步工作流。具体而言,分析员①将给定数据集划分为子集;②选择使用 SEN 创建的投影潜在空间中的部分;③确定所选子集内模式的存在。Amorim 等[32]提出一种逆线性仿射多维投影,称为 iLAMP,它支持一种新的多维数据交互探索技术。iLAMP 通过将低维信息映射到高维空间,与传统投影方法相反。这允许用户在探索数据到平面域的投影时推断多维数据集的实例。Xia 等通过LDSScanner 提供了一个支持高维数据集中低维结构的可视化识别的探索式界面(见图 6-5),并能够促进数据模型和配置的优化选择。其关键思想是从基于邻域图的潜在低维结构表示中提取一组全局和局部特征描述符,如点之间的成对测地距离和点方向局部切线空间(Local Tangent Spaces,LTS)之间的成对局部切线空间散度(Local Tangent SpaceDivergence,LTSD)。他们提出一种新的 LTSD-GD 视图,该视图通过分别使用一维多维缩放将 LTSD 和 GD 映射到 x 轴和 y 轴来构建。与保留点之间各种距离的传统降维方法不同,LTSD-GD 视图显示了逐点 LTS(x 轴)的分布和结构中 LTS 的变化(x 轴和 y 轴的组合)。最后,他们设计并实现了一套可视化工具,用于导航和推理高维数据集的内在结构。Borland 等[34]提出一套选择偏差跟踪和可视化技术,重点关注具有现有数据层次结构的医疗数据。这些技术包括:①基于树的队列起源和可视化,包括用户指定的基线队列,与所有其他队列进行比较,以及队列"漂移"的视觉编码,这表明选择偏差可能发生在何处;②一组可视化,包括一种新的基于冰柱图的可视化,详细比较基线和用户指定的焦点队列之间的每维度差异。他们将这些技术集成到一个医疗时间事件序列可视化分析工具中。Blumenschein 等[35]提出一种新的可视化分析技术(SMARTEXPLORE),可简化高维数据中的聚类、相关性和复杂模式的识别和理解。该技术被集成到基于交互式表格的可视化中,在整个分析过程中保持一致和熟悉的表示。可视化与模式匹配、子空间分析、重新排序和布局算法紧密耦合。为了增加分析师对所揭示模式的信任,SMARTEXPLORE 根据维度和数据属性自动选择和计算统计度量。

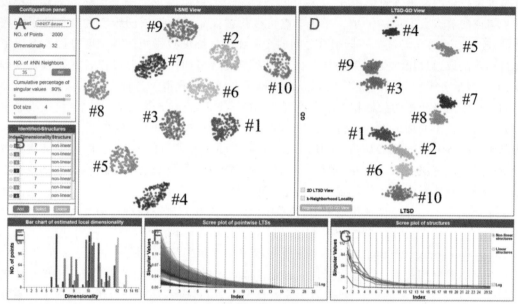

图 6-5　LDSScanner 的探索式界面

图片来源：文献[33]

模型操纵方法将用户操纵作为算法的一部分进行集成，并更新基础模型以反映用户输入，从而获得新的见解。以 Brown 等关于距离函数学习的工作[36]为例。初始嵌入是使用默认距离度量创建的。通过交互，根据专家用户的领域知识修改初始点布局。随后，系统调整基础距离模型以反映用户输入。Kim 等[37]介绍了一种控制轴对齐线性投影的方法，该方法将点拖动到 x 轴或 y 轴，以生成反映绑定到轴的数据属性组合的新线性投影。

参考资料

第 7 章

沉浸式可视分析

◆ 7.1 概　　述

科幻电影《头号玩家》使用虚拟现实将一个虚拟、缤纷的世界呈现在我们眼前。虽然电影中的虚拟世界是由电影技术构建出来的,但在现实生活中这种沉浸式技术在迅猛发展,那些常常出现在电影、小说中的沉浸式技术并非空穴来风。得益于价格相对低廉的沉浸式设备的出现,如 HTC Vive、Oculus Rift、Oculus Quest、Microsoft HoloLens 等,大众化的沉浸式体验开始呈现在我们面前。

沉浸式技术的发展为可视化研究带来许多机遇。沉浸式技术提供的交互界面具有沉浸感与参与感两种核心特性。其中,沉浸感包括用户在交互空间中产生的主观临场体验,以及呈现这种空间所需技术的客观特征;参与感则描述用户利用这种交互界面进行数据分析任务的专注程度。随着沉浸式技术的进步,如更加广阔的视野和具象化的交互设计,沉浸式技术逐步向为用户提供更加接近真实物理环境的虚拟交互空间迈进。最新的研究通过挖掘诸如视觉深度信息、触觉反馈等进一步利用用户的三维控制感与真实感,进而提升用户在处理各种任务时的效率。相比于传统桌面端的交互界面,沉浸式交互界面能利用人们的立体视觉展现数据,将数据表达空间从二维平面转向用户周围的三维空间;提供可移动性,从而让用户的物理工作环境不再限于固定的办公桌面;提供如手势等自然的交互方式,使交互更加直观;提供触觉、嗅觉等交互通道,让用户利用多通道自然而并行地与数据交互。越来越多的研究结果表明,真实感的三维交互界面在数据的探索、理解与分析中存在着巨大的潜力。

沉浸式可视分析成为近年的研究热点。沉浸式分析旨在"借助和开发新的交互技术,为数据分析应用创造更具吸引力和沉浸式的体验及无缝的工作流程"[1]或"使用参与式或具身的分析工具支持数据理解和决策"[2]。沉浸式可视化的研究包括设计与评估新颖的可视化展现与交互方式,以及创作这些可视化的工具设计与开发。一方面,这些设计能利用沉浸式的感知特性提升用户理解、探索与分析数据的效率;另一方面,设计工具不仅能让用户便捷地实现沉浸式可视化,还能降低其设计与使用的门槛,从而推进可视化的普及,让可视化叙事融入工作、传播和日常生活中。

在本节的后续内容中,7.2 节将会从视觉、听觉、触觉等感知角度,分析多感知沉浸式可视化;7.3 节将会列出面向沉浸式分析的多种交互方式,如触摸交互、实体交互、笔式交互等;7.4节将会对协作沉浸式分析进行定义与分类,系统地介绍5种协作沉浸式方法。

◇ 7.2   多感知沉浸式分析

我们生活在一个激发所有感官的世界里。当我们沿着走廊走的时候,随着走廊的结束和楼梯间的开始,我们的脚步声会发生变化。身处工作场所中,我们知道自己已经从一个地方移动到另一个地方。当我们走下每一步时,我们的脚在楼梯上的粗糙感会反馈我们正在走下楼梯,并帮助我们站直而不是在每一步跌倒。当我们走路时,我们感觉到肌肉压力的变化,当我们平衡脚步时,我们感觉到木制扶手的平滑。我们能听到同事在楼梯底部说话的声音,远早于看到他们。此外,我们很容易意识到,一位同事以前也走过同样的路,因为我们可以在空气中闻到他们的香水味。我们沉浸在这些环境中。我们可以看到、听到、触摸甚至闻到建筑的各方面。所有这些不同的感官线索都有助于我们了解自己在哪里,我们走的方向是正确的(下楼时对着同事说话),并且能够理解来自环境的数据(如仅通过听到他们的声音就能猜出楼下有多少同事)。换言之,我们沉浸在这个世界里。

我们希望在沉浸式分析中也能获得相同的体验。我们希望以这样一种方式沉浸在数据中,即我们能够感知潜在信息的所有细微差别:不仅可以直观地看到我们的数据,还可以听到、触摸和嗅到数据。此外,我们将能通过力量进行互动,通过手势进行选择,或者仅通过移动我们的身体进行缩放。利用我们所有的感官感知并与信息互动提供了新的可能性。可以构建更自然的界面,与我们身体的日常运动很好地匹配。我们有机会展示大量数据,并使用人类的隐喻,如正面和背面(有趣的方面在我们面前,而那些不那么有趣的项目被推到我们身后)。我们还可以囊括更多用户,并与他们一起执行协作任务。例如,有形对象可以与虚拟显示一起使用,其隐含的概念是,无论谁持有该对象,都可以对正在显示的数据说话并表达自己的观点。

7.2.1   视觉感知

视觉是我们感知环境的主要感官,它已经演化到允许我们从环境在眼睛上的基本二维投影快速构建环境中物体的三维模型。人们对三维的视觉感知来自各种深度提示。这些提示主要包括双目视差、遮挡和相对大小等,其对可视化有利弊两方面的影响。一方面,三维中的视角倾斜会使二维平面图形(如文字和图符)产生形变,用户难以识别;另一方面,人们能轻易识别三维物体的形态,因此科学可视化中常以此对三维形态数据进行分析。

视觉系统的存在使得使用丰富多样的视觉元素和视觉变量表示数据的不同方面成为可能。Bertin[3]确定了3种视觉元素:点、线和区域。Mazza进一步涵盖图形3D空间中的曲面和体积的概念[4]。而数据元素的属性可以通过应用于这些视觉元素的视觉变量传达。Bertin确定了7个视觉变量:位置、大小、颜色、不透明度、方向、纹理和形状。数字和动态计算机显示设备使得Bertin的初始视觉变量集可以进一步扩展涵盖容器、体积、坡度等[5],乃至各种运动变量(如闪烁频率、运动方向、节奏等)[6]。

具体地,点是可视化中的重要标记,其通常与位置视觉通道一起表示1~3个属性,如二维散点图。当存在大量数据点时,聚类的寻找与识别就成为数据探索的重要任务。Kraus

等[7]的研究表明,与二维屏幕相比,用户在虚拟现实环境下对三维散点图的聚类不仅具有更高的识别率,也更易于记忆。此外,为了在众多的点或物体中突出重要的个体,可视化系统需要提供额外的视觉提示,从而让视觉标记吸引用户注意。然而,传统的方式,如改变物体的颜色或闪烁等高亮方法,可能占用原有的视觉通道。Deadeye[8]巧妙地利用分裂呈现方法,将待高亮的标记只显示于其中一只眼中,以对双眼形成不同的刺激达到凸显的效果。该方法不仅不会占据视觉通道,同时高亮的识别效果不受原本视觉符号编码通道的影响。

此外,时空轨迹数据也广泛存在于各种应用场景中。GeoGate[9]将时空立方体置于桌面地图上方的增强现实空间中,并在其周围辅以立方体中的轨迹投影,从而降低用户对复杂轨迹观察的难度。Wagner Filho 等[10]在 VR 中将轨迹与桌面的地图联系在一起,并设计相应的手势操作,使用户能便捷地观察轨迹在时序上的变化,从而缓解人们理解与探索时空立方体中三维轨迹的困难。Yang 等[11]利用第 3 维度寻找起讫点流图的合理设计,通过对比不同流图可视化以及不同的参考空间,发现利用高度编码流大小属性,并且使用虚拟地球仪代替传统的平面地图作为对应的参考空间,在流量大小对比上具有更高的效率,从而验证了利用第 3 维度的合理编码降低视觉混乱的可行性。

点与边构成的图在信息可视化中有重要的应用,如展现个体之间的联系以及社群中的交往结构。传统的图布局受二维空间的局限,当点与边较多时容易存在较大的视觉混乱,影响用户对图数据的理解。Kwon 等[12]提出了利用三维空间中球面进行顶点的布局,并使用边绑定的方式将边置于球面外侧,让用户从球心进行观察,如图 7-1 所示。实验结果表明,基于球面的顶点布局不仅避免了边对点的遮挡,立体视觉以及更大的视野范围也有效地减轻了边之间的视觉混乱,提升了用户对大数量级图中复杂路径寻找任务的完成效率。然而,随着数据属性的增加,边不仅表示点的链接,还需要表示诸如流量和方向等属性。为了探寻边属性的可视化方法,Büschel 等[13]利用边的曲率(直线或曲线)、粗细以及图符(如虚线类型)等 6 类可视变量进行边属性的编码,这些编码方式都可用于有向图或无向图中的路径搜寻任务。然而,边的可视变量种类繁多,如何寻找适合于大尺度图的边属性可视化方法依然有待探索。

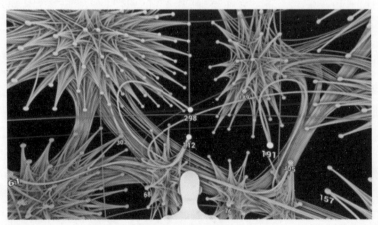

图 7-1　基于球面布局的沉浸式可视化
图片来源:文献[12]

最后,也有研究者尝试对其他传统的可视化图表进行三维的扩展,评估用户使用的效率以及解决现有的难点。针对二维热力图在对比时使用并列放置的方法难以对特定区域进行数值比较的问题,Kraus 等[14]设计了三维热力图的对比系统;利用颜色和高度的双重编码生成三维热力图,同时允许用户调整热力图的重叠程度交互地完成对比。实验结果表明,叠加三维热力图比传统热力图更有利于支持特定区域值比对、相似性区域搜寻等需要局部区域精确比较的任务。Ivanov 等[15]将二维人物图标扩展至三维化身,让用户处于化身所在的三维空间中,并赋予三维化身尺度变换的功能,以实现全局与细节的观察,从而展现与人物群体有关的数据故事。用户实验表明,利用化身的拟人特性,能加深用户对数据故事的情感理解。针对三维物理数据与二维抽象数据融合显示的问题,Chen 等[16]提出图 7-2 所示链接视图、嵌入视图和混合视图 3 种布局方法。

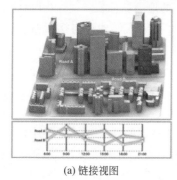 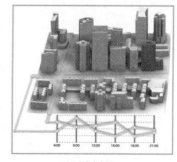

(a) 链接视图　　　　　　　　(b) 嵌入视图　　　　　　　　(c) 混合视图

图 7-2　面向沉浸式城市分析的布局方法

图片来源:文献[16]

7.2.2　听觉感知

和视觉一样,听觉也是一种高度沉浸感和重要的感觉,通常被认为是仅次于视觉的第二重要感觉。听觉感知通道能为用户提供丰富的信息,如以语音传递的语义信息和以立体声表达的空间几何信息。通过训练,人类可以对声音中的不同细微差别变得高度敏感,典型的例子是视力受损者和音乐家。通过专业培训,甚至可以将声音和听觉作为回声定位的一种形式:在环境中从空间上了解自己,并在没有视觉的情况下成功导航。

许多现有的数据听觉化处理都受到视觉领域的启发,例如 Franklin 和 Roberts 的饼图听觉化处理[17],Dingler 和 Brewster 的 AudioFeeds[18]将社交网络数据空间化为围绕用户的声音场景,或者 Saue 的[19]工作为大型空间数据集的超声处理提供了一个通用模型。现有声音识别的进一步示例包括多维数据的交互式声音识别,用户可以在收听时将数据参数更改为声音映射[20]。Flowers 等[21]的一项研究表明,用户通过视觉和声音映射解读散点图的效果显著。听觉化的一个重要应用是针对失明或部分视力的用户。例如,Brewster 和他的同事[22]探索了使用语音和非语音音频向视力受损的人呈现表格数据,而 Zhao 等[23]研究了地图和表格数据的呈现。然而,尽管已经有一些关于听觉变量感知的初步研究(如文献[21]),但关于如何构建用于数据分析的"听觉显示"的设计指南和实践仍然缺乏[24]。

7.2.3　触觉感知

触觉是我们的另一种重要感知方式。当我们移动肌肉时,便获得了对我们身体方向的理解(本体感觉)。当我们拿起杯子时,便可以(通过触摸)确定杯子是用什么材料制成的,里面的饮料有多热,以及我们需要多大的力量握住它。当我们拿起一件衬衫时,便会感觉到面料的特性、质地和丝质,并可能理解它的成分,也能感受到它的重量。所有这些感官输入帮助我们建立物体的心理模型,并对我们持有的衣服的质量进行推断。我们不仅通过视觉,而且通过触觉积极地了解世界。

可以通过很多不同的方式在沉浸式分析中有效地使用触觉。一个直接的方式是在物理世界移动某个人。比如可以将人放在房间中心的椅子上,当椅子在房间中移动时,用户在数据空间中移动。通过这种方式,用户可以感觉自己沉浸在数据的中心。其他一些方式如跑步机或步行平台,有助于感知步行运动,但让用户保持在静态位置。事实上,沉浸式可视化的一个挑战是,用户通常位于一个相对较小的空间中,这使得虚拟现实系统很难长距离跟踪用户,这对于模拟非常大的虚拟空间非常有用。重定向行走[25]是一种解决方案,在这种方案中,视觉模拟会欺骗用户,让他们相信自己是在直线上行走,而实际上他们是在一个圆圈里行走。触觉可穿戴设备,甚至全身触觉交互套装在沉浸式分析中也很有用,这种设备使用振动感应设备呈现触觉反应。我们还可以通过使用外骨骼装置感受一定的力量。此外,另一种在数据空间中提供沉浸感和分析功能的方式可能通过将振动、头戴式显示器与动态可触摸物体相结合来实现。Prouzeau 等[26]针对在三维海量散点图中寻找高低密度区域的困难,提出利用手柄设备提供的振动功能产生对散点区域密度的触觉反馈,从而提升用户对聚簇识别与对比的效率。如图 7-3 所示,该方法将散点图中的离散点转换为连续的密度体,并将手柄所在区域的密度大小映射为手柄振动的强度,使用户能通过握住手柄"触摸"散点空间,完成 C1、C2 和 C3 聚簇所在区域及其密度相对高低的判断。

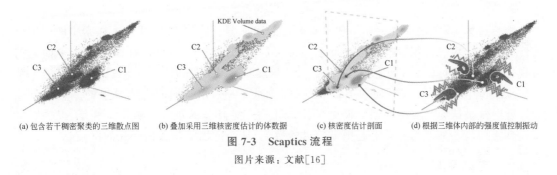

(a) 包含若干稠密聚类的三维散点图　　(b) 叠加采用三维核密度估计的体数据　　(c) 核密度估计剖面　　(d) 根据三维体内部的强度值控制振动

图 7-3　Scaptics 流程

图片来源:文献[16]

7.2.4　嗅觉和味觉感知

嗅觉和味觉是相互联系的。气味是一种化学反应,气味分子与鼻子中的嗅觉受体结合。我们的舌头可以分辨出 5 种不同的品质,而鼻子可以分辨出数百种不同的物质。嗅觉和味觉感受器结合在一起给我们带来味觉。气味是一种感知现象,它不仅取决于气味分子,还取决于环境和人[27]。气味与记忆密切相关,通过感知气味,我们可以回忆特定的情况或事件,气味也能唤起各种各样的情感。气味也会在潜意识中起作用,可能会影响我们选择伴侣的方式。身体也会利用气味检测危险,如烟雾或腐烂食物的气味。

在沉浸式分析中引入气味有助于让用户感受到更自然、更真实的虚拟世界。但气味如何用于显示数据呢?很容易想到的一点是,更强的气味可以用来表示数据集中更大的值,或者甜味或刺鼻的气味可以用来表示分类数据。然而,目前对嗅觉感知的维度还没有很好地认识。关于这方面的一些研究可以参考 Zarzo 和 Stanton 的综述[28]。ViScent[29]使用用户的嗅觉感知传递数据信息，作为视觉信息的自然补充，以增强用户对信息的理解与记忆。该方法类比于可视化中的可视化标记与视觉通道，提出了由嗅觉标记(如各种气味)以及嗅觉通道(如强度、空气流动速率与温度等)构成的数据映射设计空间，进而将数据映射为对应的气味属性，辅助视觉提升用户对数据的理解。

◇ 7.3 面向沉浸式分析的交互

正如能与环境互动对你"置身"环境的感觉至关重要一样，交互在沉浸式分析系统中也至关重要。在计算机诞生之初，与计算机的通信是以非常低带宽的模态进行的，如在纸带上穿孔的命令。在 20 世纪 60 年代早期，操作人员可以通过视频、键盘和光笔等方式与计算机通信，在系统内存中编辑程序和文档。第一个取得商业成功的图形用户界面出现在 20 世纪 80 年代初。从那时起，WIMP(窗口/图标/菜单/指针)交互模式成为标配。事实证明，它在工作场所，尤其是在可视分析软件方面取得了成功。事实上，大多数当前的可视分析应用程序仍然依赖经典的桌面界面。与此同时，对交互技术的创新一直在持续进行。后 WIMP 界面不再使用传统的菜单、工具栏和窗口，而是依赖触摸输入、手势、语音或有形交互。具体来说，自然用户界面(Natural User Interface，NUI)运动试图教会计算机在多个触摸屏上或在半空中响应人们的手势、眼神、姿态等，遵循"自然"交互的字面物理隐喻。

7.3.1 触摸交互

随着过去 20 年触摸传感显示技术和硬件的迅速普及，其在交互式数据探索中的应用也被广泛关注。由于二维触摸表面在操纵二维表示方面的直观性，人们在涉及二维平面数据可视化的领域进行了大量触摸交互探索[30]。与此同时，针对本质为三维数据集交互的一些工作也进行了探索[31]，既有面向单目的的(如文献[32])，也有面向立体显示的。触觉反馈的好处通常被认为是支持使用触摸交互，而非传统 PC 环境的重要理由。特别是，提供感觉反馈会给用户一种他们实际上在操纵项目的感觉，从而增加了与数据交互的沉浸感。

7.3.2 实体交互

作为触摸交互的替代方案，20 世纪 90 年代首次引入的实体交互[33]也被用于对数据探索过程进行控制。早期的研究更多地侧重于传统界面的实体控制和地理信息可视化。一些研究表明通过维护探索工具和数据物理表示之间的空间映射，实体交互对空间数据的探索，特别是三维空间中定义的数据是有用的。此外，还有不少研究尝试了与抽象数据的实体交互[34]。

与触摸交互相比，实体交互的优势在于被操纵对象的物理属性有助于更丰富地表达交互意图。然而，大多数实体界面都非常具体，灵活性不如全数字触摸界面。也有一些研究致力让实体交互更灵活[35]。

7.3.3 笔式交互

采用笔与计算机的交互实际上早于鼠标。Vannevar Bush 于 1945 年提出的机电文档探索机(Memex)概念被广泛认为是超链接(Web)的先驱,其特点就是使用手写笔进行注释[36]。Sutherland 开发的用于技术绘图的 SketchPad 系统[37] 则是围绕光笔构建计算机交互方式的早期代表。近年来,信息可视化领域越来越多研究人们如何通过在白板上绘制草图进行数据和复杂系统的交流。在一项对大型组织中的白板草图使用情况的研究中,Walny 等[38] 发现了白板被广泛用来手动创建非常复杂的信息可视化实例。

7.3.4　手势交互

手势是非语言交流的一种形式,通常伴随语言,有时甚至取代语言。例如,我们使用手势指向对象、说明概念或支持节奏。随着手势成为我们日常生活的一部分,手势交互让人感觉更自然和直观。而在可视化领域,采用手势交互的早期例子可以追溯到 Rekimoto 和 Green 提出的 Information Cube[39],对层次数据的立方体可视化。戴着数据手套的用户可以旋转可视化,从四面八方对其进行检查,并使用手势选择节点。Kirmizibayrak 等[40] 使用手势控制医学体积数据的可视化。他们的研究表明,手势在旋转任务中的表现优于鼠标交互。Benko 等研究了结合 2D 多点触控和 3D 手势交互的混合界面[41]。Kinect 或 Leap Motion 等新型且价格合理的深度传感摄像头的出现使得消费品中包含手势交互成为可能,同时也为研究人员提供为这种交互方式开发低成本原型的方法。然而,手势交互仍然存在一些挑战:手势交互通常被认为是不符合逻辑的,很容易导致疲劳(通常称为大猩猩手臂效应[42]);与触摸手势类似,自由手势也缺乏可发现性,通常需要学习和训练才能有效使用。另外,手势识别的准确性会影响用户的表现,而且还会受到用户处理识别错误的策略的负面影响。

7.3.5　凝视交互

凝视交互的主要优点是不依赖用户的手,因此常被用于面向残疾人的系统[43]。然而,凝视也可以被用作一种自然的互动技巧,以揭示一个人的注意力,或者只是让他们的双手自由地进行其他任务。Bolt 开发的 Gaze-Orchestrated Dynamic Windows[44] 是这方面研究的一个较早的例子。在该系统中,多个视频流显示在一个大屏幕上。通过观看特定视频,用户可以对其进行启动或停止播放操作。早期的眼球追踪设备很笨重,且需要用户保持静止。然而,移动眼球跟踪硬件的进步使得将其集成到商用 VR 头戴设备中成为可能,从而促进了其在沉浸式分析应用中的使用。

7.3.6　物理漫游

沉浸式分析的一个关键优势是能显示大量、跨越多个尺度的信息。这提供了一种通过物理或虚拟手段有效地漫游这些信息的机会。物理漫游利用人体具体化,通过身体运动(如头部旋转)直接在信息空间漫游,自然地控制视域。相比之下,虚拟漫游使用某种形式的间接交互控制来操纵视点,如操纵杆。物理漫游可以分为两个主要尺度:微观层面的物理漫游主要包括眼睛、头部和身体的高效旋转运动以在空间中旋转视域,还包括有限的平移运动,如倾斜。这些形式的物理漫游非常有效,并且在访问时间和提高对数据中空间关系的认知理解方面都优于虚拟漫游[45];宏观层面的物理漫游涉及空间运动中的平移。由于跟踪交互空间的范围或显示设备的物理尺寸,移动式(如行走)的物理导航通常受到限制。

◇ 7.4　协作沉浸式分析

尽管可视分析技术,尤其是沉浸式分析,极大地增强了人们对海量数据的分析、理解和处理能力,提升了不同应用领域任务执行的效率,然而,在沉浸式显示设备上进行有效演示只是理解复杂数据的一种方法。许多研究表明协作决策通常比单独解决问题更有效[46],但是如何有效地支持协作同时也是可视分析的重大挑战之一[47]。

7.4.1　定义与分类

对于协作沉浸式分析,目前尚未有被广为接受的定义,但是协作沉浸式分析与协作可视化有关。Isenberg 等[48]认为,所谓协作可视化指的是"多个人员共享使用计算机支持(交互式的)、数据可视表示,其共同目标是为联合信息处理活动做出贡献"。Marriott 等[49]在此基础上将协作沉浸式分析定义为:"由多个人员共享使用沉浸式交互和显示技术来支持协作分析推理和决策制定"。

协作沉浸式分析和协作可视化的主要区别是,协作沉浸式分析重点关注沉浸式交互和显示技术的使用。Hackathorn 和 Margolis[50]指出,沉浸式分析环境可以跨越大部分 Milgram 的虚拟-现实连续体[51]。协作沉浸式分析探索了诸如此类的混合现实技术如何在协作环境中使用。相比之下,协作可视化通常更关注共享可视化,因此协作沉浸式分析领域可视为更广泛的协作可视化领域的一个子集。图 7-4 给出了协作沉浸式可视分析、协作可视化和沉浸式可视分析的关系。

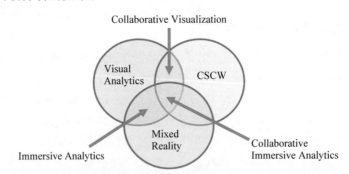

图 7-4　协作沉浸式可视分析、协作可视化和沉浸式可视分析的关系

图片来源:文献[49]

使用沉浸式分析技术,可以实现许多不同类型的协作[52]。例如,分析人员可以在 CAVE 或多显示环境中面对面地工作,从远程位置聚集到相同的共享 VR 环境中,或者在数据集中留下注释在不同的时间查看。像这样的协作场景可以根据它们在空间中发生的位置(分布于共同位置)和时间(同步与异步)进行分类(见图 7-5)。例如,在实验室空间中一起工作的人处于同步/共同位置状态,而那些随时间交换电子邮件的人则处于分布式/异步状态。

7.4.2　共位置同步协作

不少研究假设协作者身处同一物理空间,并同时一起工作。Marai 等描述了 3 个沉浸

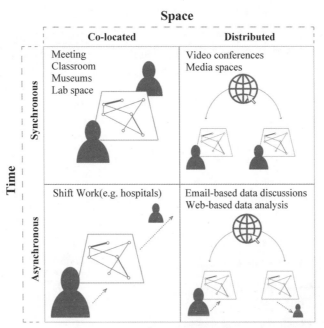

图 7-5　协作可视化的时空分类法

图片来源：文献[52]

式分析项目[53]（见图 7-6），其中一小群研究人员在 CAVE2 环境中面对面地一起使用沉浸式投影屏幕。在这种情况下，研究人员将自己的笔记本电脑带入 CAVE2，并能在他们的私人显示器上工作，同时使用共享的沉浸式显示器。其他环境包括交互式桌面上的共享可视化，人们站在桌面周围[54]；反应灵敏的墙面显示器，多个人可以同时与之互动[55]；面对面的协作可增强现实解决方案[56]。

图 7-6　研究团队在 CAVE2 中查看湖泊数据

图片来源：文献[53]

共位置同步协作有许多优点。协作者可以直接看到彼此，并同时一起工作，因此他们的同事可以很容易地看到他们对数据集所做的更改。这使得人们可以很容易地意识到他人的存在，从而提高沟通能力，并在专注于个人工作和小组工作之间移动。合作者还可以很容易地将他们自己的外部化工具（如计算机和笔记）带入会议中，并彼此共享它们，这有助于建立一个共同点。用于面对面协作的各种沉浸式技术也可能提供特殊的好处。例如,通过共位置的增强现实界面,每个用户都可以独立地查看共享数据集,该数据集可以根据他们的角色进行定制;对于环境工程师来说,虚拟地形模型可以覆盖传感器数据,但查看相同 AR 模型的城市设计师可能会看到交通信息覆盖在地形上;类似地,同时使用平板电脑作为交互式墙或桌子允许用户拥有自己的自定义私人视图并输入共享显示空间。

7.4.3　分布式同步协作

在许多情况下,协作分析任务都是由分布式团队执行的,因此也存在对支持远程同步协作的协作沉浸式分析技术的需求。Donalek 等[57]描述了如何使用 OpenSim 框架创建一个沉浸式协作可视化空间,这可以在 VR 头戴式显示器(VR HMD)中进行探索(见图 7-7)。类似地,高速网络可用来将远程协作者带入具有交互式墙壁或桌面显示器的环境中。例如,Hugin 框架[54]允许创建可视化系统,在该系统中,在一个位置的一个交互式表周围的一群人可以与一个远程位置的类似表周围的用户进行连接和协作。

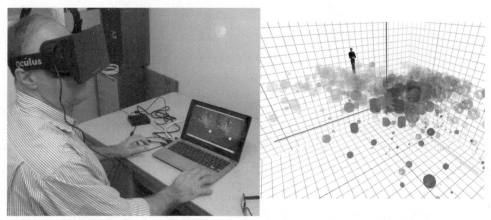

图 7-7　使用 VR 支持远程协作数据可视化

图片来源:文献[57]

同步远程协作工具的主要优点是能将远程人员连接起来一起工作。在某些情况下,这可以达到与面对面协作类似的效率。例如,在一项比较 CAVE(面对面)和 VR HMDs(远程)中协作视觉分析任务表现的研究中,研究人员发现在 HMD 条件下搜索与 CAVE 一样准确,并且完成得更快[58]。然而,围绕每个合作者的意识和表现,还需要解决一些有重要意义的挑战。例如,传统的视频会议不会产生与面对面互动相同的对话风格。这是因为视频会议不能充分传递在面对面的交流中至关重要且丰富的非语言信号,这就在参与者之间引入了一个沟通缝隙。在交互式墙和桌子中,远程协作者的存在通常被简化为指针图标或手的虚拟阴影。协作虚拟环境使用户沉浸在相同的虚拟空间中,即便如此,远程参与者仍可能会被简化为简单的视频特征[59]或化身,无法传达微妙的身体动作。

7.4.4　分布式异步协作

尽管大多数协作沉浸式分析都是关于同步协作的[60],然而,分布式异步协作可以在不同的时间和不同的地点捕获人们的输入,具有一些独特的优势。Benbunan-Fich 等发现,异步协作与面对面的同行相比,可以产生更广泛的讨论和更完整的小组讨论报告[61]。其他好处包括允许人们在任何时间提供一些信息或数据参与总的协作,他们可专注于自己认为最有必要解决的部分问题,并可以组合来自各种来源的信息。

一些研究试图通过简单的记录和回放信息等措施增加对 CAVE 的异步协作和沉浸式虚拟现实体验的支持。例如,Imai 提出的 V-Mail 系统[62]允许人们在 VR 中发送和查看异步消息。在这种情况下,用户可以记录一个语音信息,以及他们的虚拟化身的身体运动和手势,以便以后回放。在后续的扩展[63]中,系统又引入了一个用于将 3D 录制附加到对象上的 VR 注释器工具,以及一个用于记录在协作会话中发生的所有动作的 VR-VCR 流媒体记录器。Chen 等[64]开发了 ManyInsights(一个基于网络的工具),用于多维数据的异步协作分析(见图 7-8)。使用这个工具,人们可以从数据中记录他们自己的见解,并随着时间的推移阅读他人的见解。他们在一项评估中发现,这导致更多共享的见解产生,并能根据数据相似性对见解进行分组,是一种理解数据的十分强大的方法。

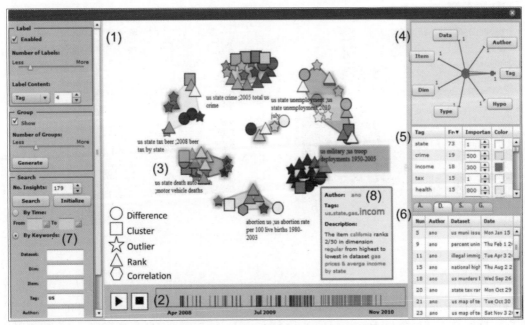

图 7-8　ManyInsights 用户界面

图片来源:文献[64]

7.4.5　共位置异步协作

关于这种协作方式的研究更少,但这种协作方式也有很多应用场景。Carter 等[65]描述了一个公共显示界面,用于显示电子邮件中令人感兴趣的共同主题以及电子邮件作者的当前位置,以鼓励同事之间进行更多的合作。公共显示屏的存在鼓励研究人员尝试使用异步的、共位置的可视化方法。Pousman 和 Stasko[66]提供了一个关于这些系统如何在公共环境中用于休闲信息可视化的良好概述,比如显示公交时刻表信息、社交网络、照片收藏等。

除具有分布式系统的优点外,共位置异步协作因协作者能查看同一物理空间而具有一些其他的优点。Viegas 和 Wattenberg[60]提到,这为可视化周围的物理环境提供了一些有趣的设计机会,比如提供笔和纸,让人们在显示屏周围添加自己的笔记。Heer 和 Agrawala[67] 指出了合作者能看到相同的协作空间的价值。其他研究人员则发现这种方式具有外部化工具的价值,以帮助人们创建和添加他们自己的见解[68]。总体而言,拥有一个共享可视化和外部对象的公共物理参考空间将显著帮助合作者实现共同点和共享的上下文理解。

7.4.6　混合存在协作

到目前为止,我们已经讨论了图 7-1 中对应每个象限的协作体验。然而,也可以创建将两个或多个象限连接在一起的体验,例如,混合存在组件(Mixed Presence Groupware,MPG)系统就是一个连接相同位置和分布式协作者的协作系统[69]。这种混合存在系统支持在同一位置和远程位置的人之间的同步协作,如 NICE 项目就支持一个在沉浸式 CAVE 中的团队与其他 VR 环境中的远程协作者之间的协作[70],并包含本地和远程参与者的交互式桌子[71]。图 7-9 显示了一个典型的混合存在桌面应用程序,其中远程用户由他们手臂的视频阴影表示。

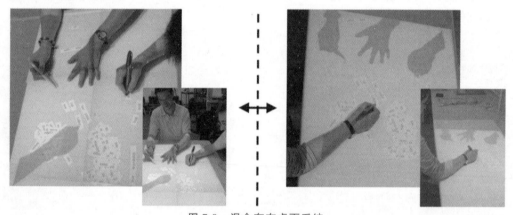

图 7-9　混合存在桌面系统

图片来源:文献[71]

混合存在系统结合了共位置和分布式同步协作方式的优势,允许分布式人员组一起工作,但也存在一些设计挑战。例如,如何让共位置和远程用户具有相同级别的相互意识;如何在本地用户空间中提供远程用户的某种表示;让用户与远程用户共享笔记、设备屏幕和其他本地物理制品也很困难。

参考资料

第8章

人工智能与可视分析

◆ 8.1 概　　述

近年来,深度学习快速发展,并因其在一些以前认为比较困难的问题上的亮眼表现而受到广泛关注。然而,这些深度学习模型的内部结构往往非常复杂且又是非线性的,如何对它们达到如此高性能现象下的底层决策过程进行解释具有很大的挑战性。此外,无论是监督还是半监督学习方法,训练数据的质量对这些模型的最终性能至关重要。然而,在当前的大数据时代,随着数据量的快速增长,保证数据质量变得更加困难。而对于各种机器学习模型来说,它们不仅需要大量的训练数据,还需要这些数据具有比较高的质量。

数据可视化致力于将数据映射为可视表达,从而洞悉数据本质、传达令人感兴趣的信息。然而,实现有效的可视化通常具有一定的挑战性,需要大量的人力且高度依赖图形设计、用户体验设计和数据分析等方面的专业知识。而借助机器学习等人工智能技术,可以减轻可视化领域对专家的依赖。通过从数据中自动学习知识,机器学习可以在没有明确人工干预的情况下完成任务,为解决可视化相关的问题带来帮助。

总之,随着以深度学习为代表的人工智能技术的突破性进展,人工智能与可视化的交叉研究成为当前可视化领域的研究热点。一方面,可视化与可视分析在改善人工智能的基础数据质量和可解释性方面发挥了巨大作用。另一方面,人工智能技术的进步为可视化与可视分析的发展提供了强有力的工具,极大地促进了可视化的设计、开发和评价。

◆ 8.2 面向人工智能的可视化

如文献[1]所述,我们可以将人工智能中的可视化与可视分析技术根据所处人工智能处理阶段、应用的对象和目的,归为如下 3 类。

- 数据质量改善。目的是为人工智能模型提供高质量数据基础,可视化的对象是各类基础数据。
- 特征工程。特征选择是另一个影响机器学习模型性能的重要因素。现有的提高特征质量的工作集中于表格或来自传统分析模型的文本数据。这些数据的特性是可解释的,这使得特征工程的过程很简单。然而,由深度神经网络提取的特征比手工制作的特征表现得更好。由于深度神经网络的黑盒特性，这些深度特征难以解释，给特征工程带来了挑战。

- 模型机理解释。目的是帮助专家理解、诊断和调试各类模型，增强机器学习的可解释性和改善模型性能。可视化的对象包括模型结构、模型参数、模型输入、模型输出和各类中间数据。

8.2.1　数据质量改善

训练数据的质量是监督和半监督学习成功的关键。数据中的错误会限制机器学习模型的性能。数据质量可以通过各种方式得到提高，如完成缺失的数据属性和纠正错误的数据标签。以前，这些任务主要通过手动或自动的方法进行。为了减轻专家的负担以及进一步改进自动方法的结果，越来越多的工作借助可视分析技术交互地提高数据质量。现有方法主要分为实例级改进和标签级改进。

在实例层面，许多可视化分析方法侧重检测和纠正数据中的异常，如缺失值和重复。近年来，一种数据异常，外分布（OoD）样本受到广泛关注。OoD 样本是没有被训练数据很好地覆盖的测试样本，这是模型性能下降的一个主要来源。为了解决这个问题，Chen 等[2]提出了 OoD 分析仪来检测和分析 OoD 样品，提出了一种结合高级和低级特征的集成 OoD 检测方法，以提高检测精度。利用检测结果的网格可视化（见图 8-1）探索上下文中的 OoD 样本，并解释它们存在的潜在原因。为了在探索过程中以交互式的速率生成网格布局，他们开发了一种基于霍尔定理的基于 KNN 的网格布局算法。

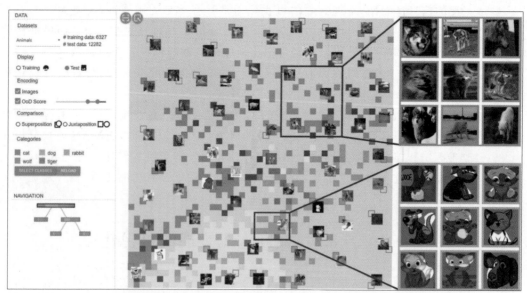

图 8-1　OoDAnalyzer，一种检测分布异常的样品并在上下文中解释它们的交互式方法

图片来源：文献[2]

在标签层面，尽管众包提供了一种经济有效的收集标签的方法，可以在短时间内获得一个被标记的数据集，但由于多个注释者的主观性不同以及其对专业知识和质量的控制有限，标签的可靠性不可避免地受到影响。Xiang 等[3]开发了由一个增量 t-SNE 和一个异常值偏差抽样支持，用于探索具有高稳定性和便于识别标签错误的大规模数据集的分层可视化，以

及一种适用于多个类和大规模的数据的可伸缩的数据校正算法,为可信项的选择提供了一个可视化的解决方案。他们将上述技术集成到一个可视化的分析工具 DataDebugger 中,为专家提供了一种实用的方法来迭代地调试和纠正训练数据中的标签错误。图 8-2 显示了 DataDebugger 的交互界面,其中一个具有层次可视化的项目视图(见图 8-2 (b))是核心。分层可视化允许用户在不同的级别上检查数据并识别问题。一个具有改进布局稳定性的增量 t-SNE,可以确保在不同级别之间平稳过渡。密度图用于反映可疑的误差比。所选项视图(见图 8-2 (c))和可信项视图(见图 8-2 (d))允许用户进行修正并生成一组可信项,即其标签已被专家验证的项。为了降低修正过程中的劳动力成本,他们使用可信项目进行调试(Debugging Using Trusted Items,DUTI)[4],允许将标签修正从少量的可信项传播到整个数据集。交互式可视化便于数据校正算法中所需的可信项的选择、校正和验证,而数据校正算法通过传播提高交互校正速度。这两个模块之间的合作,有利于对大数据集的有效探索和对标签误差的有效修正。

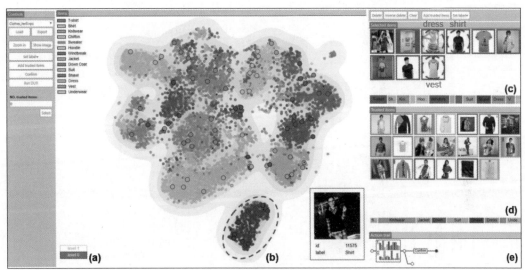

图 8-2　DataDebugger

图片来源:文献[2]

8.2.2　特征工程

提高特征质量的一个典型方法是选择对预测贡献最大的有用特征,即特征选择。一种常见的特征选择策略是选择一个特征子集,以最小化它们之间的冗余,并最大限度地提高它们与目标(如实例类)之间的相关性。Krause 等[5]对不同特征选择算法、交叉验证折叠(cross-validation folds)和分类模型(classification models)的特征进行排序。用户可以交互式地选择能达到最佳性能的特征和模型(见图 8-3)。

Xia 等[6]提出了 LDSScanner,这是一种探索性的可视化分析方法,支持在高维数据集中可视化识别低维结构,提供了选择适当模型、解释其结果和调整其配置所需的上下文信息,便于优化选择数据模型和配置,用于导航和推理一个高维数据集的内在结构(见图 8-4)。

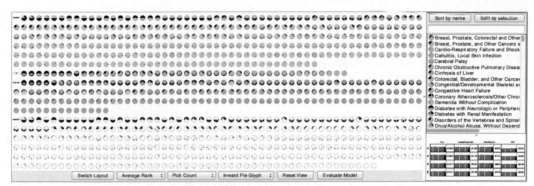

图 8-3　支持用户理解模型特征预测能力的可视分析工具 INFUSE

图片来源：文献[5]

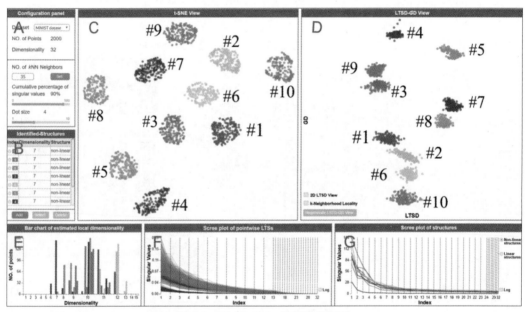

图 8-4　LDSScanner 的探索性界面

图片来源：文献[6]

8.2.3　模型机理解释

随着深度学习在计算机视觉、自然语言处理等领域的成功应用，各种机器学习模型也开始推广应用到一些高风险决策领域，如精准医疗、执法和金融投资等。但其决策的可解释性以及对其内部过程的控制正日益受到关注，尤其在发生一些跟人工智能有关的性别和种族歧视事件后，其可解释性遭到了质疑，成为可视化领域关注的一个重点。如图 8-5 所示，可解释的深度学习主要包括 3 个研究方向：模型理解、模型调试和模型优化/指导。模型理解，旨在解释模型预测背后的基本原理和深度学习模型的内部工作原理，并试图使这些复杂的模型至少有一部分可以被理解。模型调试，是在深度学习模型中识别和解决无法收敛或不能达到可接受的性能的缺陷的过程。模型优化/指导，是一种通过一组丰富的用户交互(除半监督学习和主动学习外)，将专业知识和技术交互地纳入深度学习模型改进和优化过程的方法。

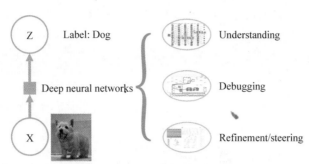

图 8-5　可解释的深度学习的概述

图片来源：文献[7]

可视化还可以帮助提升机器学习的透明度，增强人对大规模复杂机制的认知能力。

Pezzotti 等[8] 提出的 DeepEyes 渐进的可视分析系统（见图 8-6），结合了新的数据和以过滤器为中心的可视化技术，用于分析在训练期间的 DNN。他们提出的新的概述可视化——混淆直方图，可以识别 DNN 的稳定层，并进一步进行探索；一种新的、数据驱动的分析模型，基于输入空间的子区域的采样，可以在训练期间对 DNN 进行渐进式分析；一组现有的可视化已经被扩展或适应于我们的数据驱动方法，允许详细地分析：激活热图、输入图和过滤器图。通过观察模型的总体性能、每一层的性能、神经元的总体表现以及神经元之间的相似性，以删除退化的或不必要的层和神经元，帮助优化模型结构。

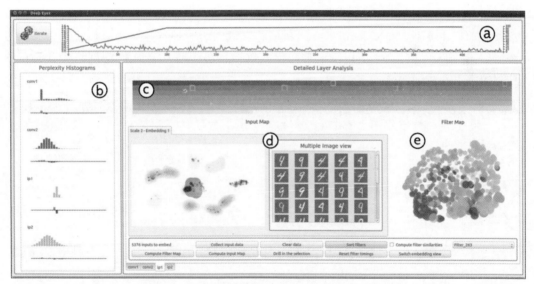

图 8-6　神经网络训练过程可视分析系统 DeepEyes

图片来源：文献[8]

Chau 等[9] 提出了 GAN Lab，用于生成对抗网络（GANs）的学习和实验。通过 GAN Lab，用户可以交互式地训练生成模型，可视化动态训练过程的中间结果。GAN Lab 紧密集成了一个 GAN 结构的模型概述图（见图 8-7），以及一个帮助用户解释子模型之间的相互作用的分层分布视图。GAN Lab 引入了新的交互式实验特性，用于学习复杂的深度学习模型，例如在多个抽象层次上的逐步训练，以理解复杂的训练动态。使用 TensorFlow.js 实现的 GAN Lab，无须安装也无须专门的硬件，任何人都可以通过网络浏览器访问。

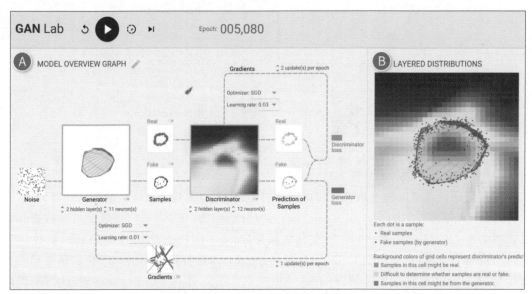

图 8-7　通过 GAN Lab，用户可以交互式地训练生成式对抗网络，并直观检查模型的训练过程

图片来源：文献[9]

Wang 等[10]提出 DQNViz 用于理解和诊断突破游戏的深度 Q 网络（见图 8-8）。该系统用 4 个细节层次揭示了一个 DQN 代理较大的经验空间：整体训练级、Epoch 级、事件级和片段级。在概述级别，DQNViz 用折线图和堆叠区域图表示训练过程中总体统计数据的变化。然后，在细节级别上，它使用段聚类和模式挖掘算法帮助专家识别 Q 网络中代理的事件序列中常见和可疑的模式。

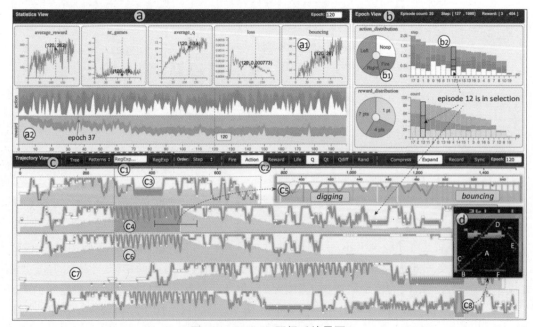

图 8-8　DQNViz 可视系统界面

图片来源：文献[10]

Wang 等[11]提出可视化分析系统 CNNPruner，帮助机器学习专家理解、诊断和完善 CNN 剪枝过程。CNNPruner 包含 4 个可视化组件（见图 8-9），它们一起工作，在迭代剪枝过程中揭示不同级别的模型细节。CNNPruner 中使用两个标准和 3 个指标估计剪枝前的过滤器的重要性，并评估剪枝后的剪枝模型的质量。预估计和后评估都有助于用户制订和完善他们的修剪计划。此外，CNNPruner 在一次剪枝迭代中彻底检查退化和改进的数据实例的能力，在解释和诊断剪枝模型方面起着至关重要的作用。

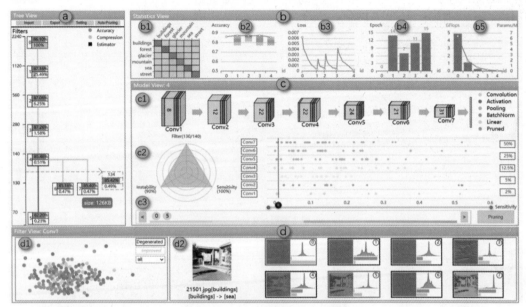

图 8-9　CNNPruner 系统界面

图片来源：文献[11]

Ma 等[12]提出一个可视化框架，用于在训练深度神经网络时对迁移学习过程进行多层次的探索（见图 8-10）。可视化框架运用多方面构思，解释现有模型中的知识在训练深度神经网络时，如何被迁移到新的学习任务中。基于全面的需求和任务分析，采用描述性可视化方法，从统计、实例、特征和模型的结构水平对模型行为进行性能度量和检查。

可视化还可以在模型的比较和选择方面提供帮助，通过比较用户定义的模型指标（如准确度和损失）并将它们汇总在交互式图表上进行性能比较，乃至从不同网络模型的每一层的内部表示执行图像重建，以比较不同的网络架构。Subhajit Das 等[13]提出一种允许用户检查和引导多个机器学习模型的技术，该技术从更广泛的学习算法和模型类型中对模型进行优化和采样。他们将这种技术结合到可视分析原型 BEAMES（见图 8-11）中，允许用户通过多模型优化执行回归任务。

可视分析方法也能在模型构建后帮助用户理解并从模型输出中获得见解。例如，用于解释大规模深度学习模型和结果的交互式可视化 ACTIVis 系统[14]，已被部署在 Facebook 的机器学习平台上，它将神经元如何被用户指定的实例或实例子集激活可视化，帮助用户理解模型如何得出预测。用户可以使用原始数据属性、转换的特征和输出结果自由定义子集，从多个角度检查模型。Yao Ming 等设计了 RNNVis 可视化和比较各种自然语言处理任务的不同的 RNN 模型[15]，该系统将自己定位为 TensorFlow 的自然扩展，使用多个 TensorFlow

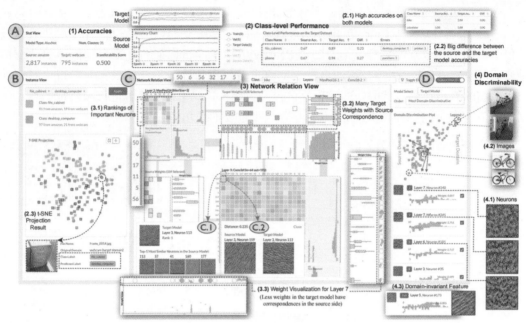

图 8-10　迁移学习可视化分析界面

图片来源：文献[12]

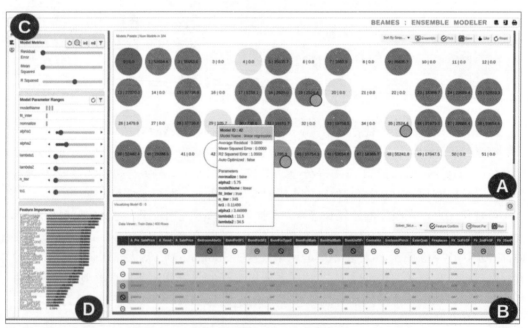

图 8-11　BEAMES 用户界面

图片来源：文献[13]

模型作为输入，然后系统分析训练后的模型，提取隐藏状态下的学习表示，并进一步可视化评估结果。用于对 RNN 中隐藏状态的动态可视化分析的 LSTMVis 系统，将模型训练从可视化中分离出来。该系统将一个必须单独训练的模型作为输入，并从模型中收集所需的信息，在以 Web 为基础的前端呈现交互式可视化（见图 8-12）。

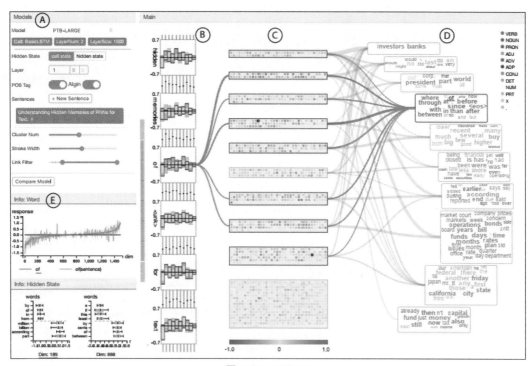

图 8-12 RNNVis

图片来源：文献[15]

可视化还有助于普通用户理解深度学习，帮助他们使用神经网络架构开发特定领域的应用程序、训练较小规模的模型，以及作为起点，在线下载预先训练的模型权重。Wang 等[16]提出一个为非专家学习和检查卷积神经网络（CNNs）的交互式可视化工具——CNN 解释器，解决了新手在学习 CNN 时所面临的关键挑战。CNN 解释器集成了一个模型概述，它总结了 CNN 的结构，以及按需的、动态的可视化解释视图，以帮助用户理解 CNN 的底层组件（见图 8-13）。通过跨抽象级别的平滑过渡，用户能检查低级数学运算和高级模型结构的相互作用。

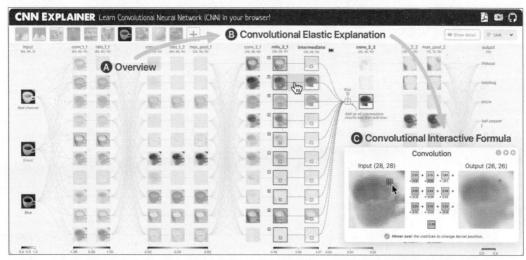

图 8-13 借助 CNN 解释器，学习者可以直观地检查卷积神经网络如何将输入图像转换为分类预测

图片来源：文献[16]

◈ 8.3 人工智能驱动的可视化

随着以机器学习为代表的人工智能技术在许多领域的成功应用,研究人员越来越多地将机器学习技术应用于可视化,以实现更好的可视化设计、开发和评估。在对机器学习方法的可视化应用进行回顾时,文献[17]将机器学习在可视化领域发挥的作用归纳为 7 方面:数据处理、数据映射、交流见解、风格迁移、交互、解读和用户画像。

8.3.1 数据处理

通过机器学习,我们可以将原始数据转换成更适合后续可视分析过程的形式,实现高效的可视化并增强人类感知。

Luo 等[18]将数据清理过程与可视化创建联系起来,并使用机器学习技术帮助用户在可视化创建后以交互方式清理数据。用户首先指定一个可视化,并使用未清理的数据创建它。然后,经过训练的模型检测错误,并为可视化基础数据生成清理选项。这些清理选项以是/否问题的形式提供给用户。根据用户的回答,清理底层数据,更新可视化。这种渐进式的数据清理能更灵活、更高效地创建可视化,因为在创建可视化之前不需要完全清理数据。

针对散点图的数据呈现,Wang 等[19]提出一种有监督的降维方法,在聚类分离中模拟人类的感知,成功地在 2D 投影中最大化视觉感知的聚类分离,如图 8-14 所示。

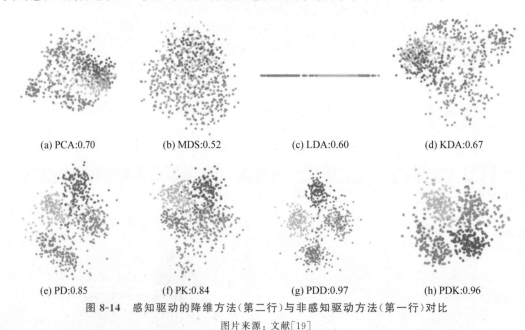

(a) PCA:0.70　　(b) MDS:0.52　　(c) LDA:0.60　　(d) KDA:0.67

(e) PD:0.85　　(f) PK:0.84　　(g) PDD:0.97　　(h) PDK:0.96

图 8-14 感知驱动的降维方法(第二行)与非感知驱动方法(第一行)对比

图片来源:文献[19]

8.3.2 数据映射

通过机器学习,我们可以将数据值以合适的方式映射到图形标记的视觉通道中,以帮助人们更好地理解和分析可视化数据。Victor Dibia 和 Cagatay Demiralp 提出的 Data2Vis[20]将 DataVis 映射过程形式化为从原始数据到可视化描述的序列间的转换,有效地减少了在选择数据属性、设计视觉表示和指定从数据值到图形标记的映射方面的手动工作。GenerativeMap[21]提出一种生成模型(见图 8-15),用于合成一系列密度图像,并显示两个给定密度图之间的动态演化,从而减轻存储中间结果带来的开销。

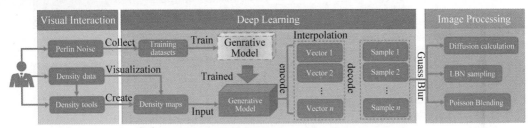

图 8-15　感知驱动的降维方法与非感知驱动方法对比

图片来源:文献[211]

8.3.3　交流见解

通过机器学习,我们可以将对数据的理解转换为合适的可视化形式,方便人们有效地交流。DataShot[22]能自动从表格数据中挖掘出见解,并通过信息图形将这些见解呈现给用户。Text-to-Viz[23]根据设计专家的讨论总结了信息图形的 4 个设计空间维度(布局、描述、图形和颜色),随后借助一个可视化生成器生成这 4 个维度的值向量来合成信息图形。

8.3.4　风格迁移

通过机器学习,我们可以将特定的可视化范例的风格(影响可视化外观,但又与具体数据无关的一些变量)用于生成新数据的可视化效果。Color Crafter[24]能模仿专业设计师的做法,自动生成高质量的颜色渐变。其颜色风格模拟是通过对专家设计的颜色渐变在色彩空间形成的路径进行建模实现的。

DeepDrawing[25]训练一个图的 LSTM 模型,能从图形绘制样本中学习一种特定的布局样式。该 LSTM 模型没有尝试绘制给定图形的不同布局,而是直接将新的输入数据映射到与训练样本具有类似布局样式的图形。

8.3.5　交互

通过机器学习,我们可以更好地推测用户的意图,从而帮助他们进行各种交互操作,如改变视图、可视映射或底层数据等。

为了便于在大规模 3D 点云中选择节点,LassoNet[26]使用深度学习模型,根据 2D 表面上绘制的套索、用户的视点和点云的特征对节点选择操作进行预测(见图 8-16)。

在 FlowSense 系统[27]中,用户可以通过自然语言命令进行可视化数据探索。虽然语言理解主要是通过 FlowSense 中的非机器方法(语义分析)完成的,但他们训练了一个监督学习模型来有效地解决语言命令中的句法歧义。

8.3.6　解读

机器学习模型可以像人一样对可视化结果进行解读,理解潜藏信息,在帮助设计者更好地理解用户的同时,也能支持对大量可视化结果的分析。

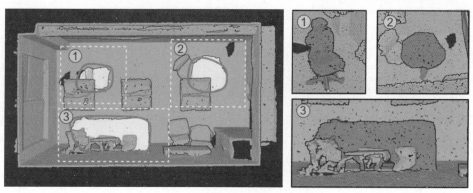

图 8-16　基于套索的点云拾取

图片来源：文献[26]

VisCode[28]训练了一个编码器-解码器网络,其中编码器将 QR 码嵌入位图可视化的背景,解码器从可视化中提取 QR 码。他们训练了一个 BASNet 以识别语义上重要的区域,并确保编码器不会影响人类对这些区域的感知。

Bylinskii 等[29]训练了一个深度学习模型来预测用户视觉注意力在信息图上的分布(见图 8-17)。在这种预测的指导下,设计师可以更好地安排布局,并确保信息图中强调最重要的内容。

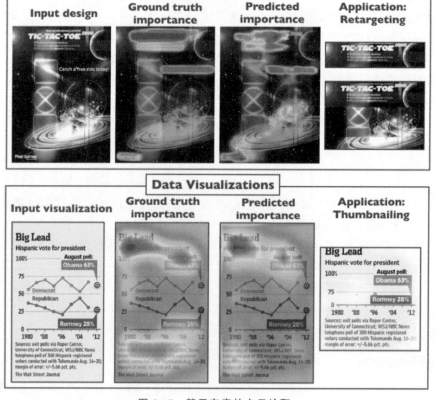

图 8-17　基于套索的点云拾取

图片来源：文献[29]

8.3.7　用户画像

通过机器学习,我们可以基于用户操作记录对其行为和特点进行建模,以加深对用户的理解。

Brown 等[30]将机器学习技术用于分析用户在寻找 Waldo 的可视探索过程中的鼠标操作。他们发现,机器学习模型可以准确预测用户的任务表现(即找到 Waldo 所用的时间)并揭示用户个性(如控制点、外向性和神经质)。

Gramazio 等[31]的研究展示了如何通过对鼠标操作的分类有效地推断癌症基因组学专家的可视分析任务。这种机器学习分类甚至可以将已有知识扩展到关于癌症基因组学可视化任务。

参考资料

第 二 部 分

设计思维简介

◆ 9.1 概　述

我们正处于一个科技高速发展的时代,全球科技创新进入空前密集活跃的时期。习近平总书记在 2021 年 5 月 28 日两院院士大会上的讲话指出,当前,新一轮科技革命和产业变革突飞猛进,科学研究范式正在发生深刻变革,学科交叉融合不断发展,科学技术和经济社会发展加速渗透融合。科技创新广度显著加大,宏观世界大致天体运行、星系演化、宇宙起源,微观世界小至基因编辑、粒子结构、量子调控,都是当今世界科技发展的最前沿。科技创新深度显著加深,深空探测成为科技竞争的制高点,深海、深地探测为人类认识自然不断拓展新的视野。科技创新速度显著加快,以信息技术、人工智能为代表的新兴科技快速发展,大大拓展了时间、空间和人们的认知范围,人类正在进入一个"人机物"三元融合的万物智能互联时代。生物科学基础研究和应用研究快速发展。科技创新力度显著加强,对生物大分子和基因的研究进入精准调控阶段,从认识生命、改造生命走向合成生命、设计生命,在给人类带来福祉的同时,也带来生命伦理的挑战。

创新是当代世界发展的竞争主旋律。党的十九大确立了到 2035 年跻身创新型国家前列的战略目标,党的十九届五中全会提出了坚持创新在我国现代化建设全局中的核心地位,把科技自立自强作为国家发展的战略支撑。立足新发展阶段、贯彻新发展理念、构建新发展格局、推动高质量发展,必须深入实施科教兴国战略、人才强国战略、创新驱动发展战略,完善国家创新体系,加快建设科技强国,实现高水平科技自立自强。

推进教育创新,培养具有创造力的学习者是当前教育领域关注的焦点。联合国教科文组织(UNESCO)发布的《全民教育全球检测报告》、美国的"21 世纪技能"、欧盟的"八大核心素养"、澳大利亚的《墨尔本宣言》、日本的"21 世纪型能力"以及中国的"中国学生发展核心素养",无一不重视学习者的创造和创新能力培养。设计是一种创造性的活动,在发展学生创新能力、高阶思维能力、协作能力方面具有重要作用[1-2]。其背后的核心思想——设计思维(Design Thinking,DT)逐步走入教育者视野[3]。

本章将介绍设计思维的基本概念、历史、应用和具体的实践,为后续基于设计思维的可视系统设计做好铺垫。

9.1.1　设计

"设计"是一个大家耳熟能详的词,在日常生活中我们经常听到各种各样的设计,如艺术设计、服装设计、产品设计、建筑设计、室内设计、工程设计等。不同的人对设计的看法也不一样。有人认为设计关乎美学,通过满足我们的感官带来快乐;有人认为设计是一种特定事件,把一种设想通过合理的规划、周密的计划、各种感觉形式传达出来的过程;也有人认为设计关乎产品,如 iPod、iPhone 和特斯拉电动汽车等;还有人认为设计关乎体验,能使自己达到某个存在状态,也会让更多的个体获得满足;我们说设计是一种方法,一套流程,通过这个流程实现创新,提出有创造力的解决方案或做出创新性产品。Tim Brown 认为,创新的过程应被看作由彼此重叠的空间构成的系统,而不是一串秩序井然的步骤。这些空间分别是:①灵感,即激发人们找寻解决方案的问题或机遇;②构思,即产生、发展和测试想法的过程;③实施,即把想法从项目工作室推向市场的路径[4]。而设计的流程正完美包含了上述 3 个空间,当设计团队改进想法并探索新方向时,设计项目也许会在这 3 个空间来回往复,之所以要经历这种反复的、非线性的过程,并不是因为设计思考者没有规划或缺乏训练,而是因为设计思维本质上是一个探索的过程。

设计是对人造事物的构想与规划[5],是一种创造性的活动,其目的是为物品、过程、服务以及它们在整个生命周期中构成的系统建立多方面的品质。因此,设计既是创新技术人性化的重要因素,也是经济文化交流的关键因素[6]。设计具有以下特点:①创造性,由无到有地创造出设计产物;②主观性,设计主体和设计对象的主观决定特性;③不确定性,设计信息和设计资源的不完备性等。这些特点使设计不能像科学那样在理性和方法学上被精确定义及充分发展,设计被认为是模糊、直觉和难以理解的,甚至是无理性的,但这并不意味着设计产生过程是无序的黑箱系统。设计产生的过程就是设计产物产生的思维过程,也称为设计思维。

9.1.2　思维

【思】——文字由"囟 xin ＋心",想着—考虑着—惦记着—构思—思路—思辨—思考。

【维】——系物的绳子—路—头绪—维系—连起来—连结—保护—保持—角落—隅。

了解什么是设计之后,再来谈谈思维。思,就是想;维,就是序;思维就是有次序地想一想,思索一下,思考一番,是指对事物进行分析、综合、判断、推理等认识活动的全过程。思维是建立在人们对现存事物的充分认识基础之上,经过大脑对这些现存事物的感性认识、理解、分析、总结等逻辑思考过程,从而对其本质属性做出内在的、联系的、间接的、概括的反映。

那么,思维的方式有哪些呢? 先看一个例子:

有一家公司新搬入一幢摩天大楼,不久就遇到一个难题。由于当初楼内安装的电梯过少,员工上下班时经常要等很长时间,为此怨声不断。于是公司老总把各部门负责人召集到一起,请大家出谋划策解决电梯不足的问题。经过一番讨论,大家提出 4 种解决方案:

(1) 提高电梯上下速度,或者在上下班高峰时段让电梯只在人多的楼层停。

(2) 各部门上下班时间错开,减少电梯同时使用概率。

(3) 在所有的电梯门口装上镜子。

（4）装一部新电梯。

如果是你，你会想到哪种方案？

这几种方案有什么不同？

如果想出的是第一、第二或第四种，那么你的思维方式是属于垂直型或传统型的，属于纵向思维。如果提出的是第三种，那么你的思维方式是水平型的，属于横向思维。纵向思维是一种常规的思考方式，是一种逻辑思维。它是直上直下的思考，解决问题严密但过于狭隘。横向思维是指接收和利用其他事物的功能、特征和性质的启发而产生新思想的思维方式，是一种提高创造力的系统性的手段。它能抛开思维定式，打开一片新的思维空间。还有一种思维方式叫作放射性思维，也叫作扩散思维或求异思维。它是对同一问题探求不同的甚至是奇异答案的思维过程和思维方法。它不受过去知识的束缚，不受已有经验的影响，从各个不同甚至是不合常规的角度思考问题。

1. 计算思维

我们也可以从其他角度对思维进行分类。钱学森在总结前人研究的基础上，创造性地将思维科学列为 11 大科学技术门类之一：自然科学、社会科学、数学科学、系统科学、思维科学、人体科学、行为科学、军事科学、地理科学、建筑科学、文学艺术[7]，并经过反复斟酌，将其中的思维科学分为三大类别：抽象思维学、形象思维学与创造性思维。2006 年，美国卡内基-梅隆大学的周以真教授首次提出计算思维的概念[8]。她认为计算思维是运用计算机科学的基础概念进行问题求解、系统设计，以及人类行为理解等涵盖计算机科学之广度的一系列思维活动。自此，计算思维迅速成为近年来的研究热点。朱亚宗从科技史与科技哲学的视野出发，并结合人类的科技创新实践活动考虑，将计算思维确定为人类科学思维的基本方式之一，即将计算思维与理论思维、实验思维并列为人类三大科学思维[9]。他认为目前自然科学领域公认有三大科学方法：理论方法、实验方法与计算方法[10]，每种科学方法都可分析为思想方法与操作方法两个层面，如果说其中思想方法层面大致可以认为是思维方法层面的话，则与三大科学方法相对应，便有三大科学思维，即理论思维、实验思维与计算思维。计算思维作为人类三大科学思维之一，虽然比理论思维与实验思维更晚受到关注和缺乏厚重的积累，但是，计算机与信息科技的迅猛发展以及计算科学技术本身的严密性和逻辑性，使计算思维研究完全可能快速发展并后来居上。

早在周以真之前就有很多人使用"计算思维"术语。而在 2006 年前的 20 多年里，计算机科学、心理学、符号学、哲学与宗教领域也开始更多地使用它。其中，Papert[11]、Gardner[12] 的成果最具价值。前者从计算机教育角度探索儿童在操作计算系统的过程中所发展起来的独特教育价值，后者则是借鉴计算机信息处理模式探索人类认知的模型化描述与认知思维的信息加工过程。二者的共同点是都认识到计算机科学发展过程中形成的重要思想与方法的价值。张进宝在邓宁的工作[13]基础上，与现有研究成果进行整合，综合各类文献将计算思维概念起源梳理成以下 3 个时期[14]。

（1）孕育期，在计算机科学寻求独立性的过程中萌发。在这个阶段，科学界并不认为计算机科学是一门独立学科，只是将其认定为数学的一部分，甚至认为计算机主要是作为人造的信息转换器而存在。自然地，计算思维最早也被孕育于数学中。早期的争论中，Newell、Perlis 和 Simon 三位先驱的观点为计算机科学找到自身独特的发展指明了方向，他们认为"计算机科学是研究计算机现象的学问"[15]。用于"设计机器指令以驱动计算问题解决过程"的算法思维所获得的发展,使得计算机科学与其他领域彻底区分开。编程成为人们解决问题的一种思想工具。此后,算法研究成为计算机科学的中心课题,编写程序与设计算法成为核心实践。这种认识成为"传统计算思维"的重要思想[13],今天依然影响着各国计算思维教育实践。到 20 世纪 80 年代中期,信息系统、系统集成等受到重视,工程思维此后深刻地影响着计算机科学的发展。尽管早期的开拓者声称算法思维是计算学科的核心,但后来的先驱们认识到计算过程(Computation)应该是该领域的核心,系统、架构与设计都是核心内容。D. E. Comer 等的报告就曾指出,计算学科是对信息描述与转换的算法过程进行系统研究的学科,并进一步阐释了对计算新的理解——计算是一个包含理论、抽象和设计的领域,从算法到架构、设计和网络,都是计算[16]。此后,计算机科学的应用领域迅猛发展,深刻影响了社会各个领域。后人在总结计算机科学所蕴含的核心技能时也不再只是从计算机科学的角度,而是进一步拓展到人类解决问题的生活经验的抽象化、形式化与自动化,形成了"新计算思维"的认识。

(2) 萌芽期,伴随计算机教育理念多元化而不断成长。与计算机科学发展寻求独立性面临的问题不同,计算机教育思潮一直处于不断变化中。20 世纪 50 年代中期,计算机科学教育依然将自己定位于数学教育的一个分支。20 世纪 70 年代后,计算机商业领域日渐活跃,学校课程设置转向商业需求,工程思维对该领域的从业者产生了深刻的影响。进入 20 世纪 80 年代后的 20 多年里,计算机科学教育的多元化更加突出。20 世纪 90 年代后,互联网的快速发展使得软件业人才需求激增,促成一个庞大的计算机学科群的形成。与此同时,学科分化已经到了十分严重的境地,探索学科培养中核心概念体系、关键方法与基本实践活动,成为必须认真面对的问题。Robert 等[17]总结出计算机学科发展的 3 种范式:根植于数学的"理论范式";植根于实验科学的"抽象范式";根植于工程学的"设计范式",体现了该领域形成的传统。其中的计算机科学大概念和方法也被纳入后来的计算思维体系中,被认为是该领域学习者必须具备的基本能力。计算机教育在对外输出学科价值的进程中,曾先后面向社会大众传播与推广"计算机素养""计算机工具论""多媒体文化""超媒体文化""网络文化""信息素养"以及"媒体和信息素养"的重要价值[18]。

(3) 成型期,通过科学界认可的"计算科学"宣告正式形成。从计算机诞生的历史看,最初科学家仅将计算机用作科学仪器。随着计算机在科学领域应用范围的不断扩展,从物理到数学、生物学、人文科学,各领域都产生了越来越多的新成就与变化。计算被看成一种新的科学范式,是对传统的理论范式和实验范式的补充,成为当今发展任何科学研究的先决条件[19],由此诞生出的计算科学(Computational Science),成为科学探究的第三支柱(President's Information Technology Advisory Council,2005)。伴随计算机科学的成功,计算思维走出计算机科学,获得科学界的高度重视,成为三大科学思维之一。为此,Denning[13]撰文称,"计算思维应该源于科学领域,而不是计算机科学"。在得到社会高度重视和科学界高度认可的情况下,计算思维犹如长期埋藏在土壤中的幼芽,伴随计算机科学的兴起破土而出,得到各方的广泛关注。

计算思维从孕育思想、萌芽成长,到正式获得社会认可,其内涵的界定一直是学术界不断争议的问题。2006 年之前少有人专门讨论计算思维的定义,之后则迅速增加,来自计算机科学、教育学和认知科学的学者先后加入讨论,但对计算思维概念的理解难以得到统一[20-21]。张进宝[14]从 3 个不同的视角进行了梳理:首先在计算学科的视角上,早期计算学科的学者对计算思维的理解,突出强调算法的重要性。这一时期所探讨的计算思维被称为"传统计算思维"[13],而"新计算思维"概念的领军者周以真将"计算思维"形象地描述成"像计算机科学家一样思考",成为一种超越计算机科学范畴的概念体系[22]。最初,她认为计算思维的核心是一种分析性思维,与数学思维解决问题的方式一脉相承[23]。随后,在吸收和借鉴其他学者的建议基础上,重新对计算思维做了更严密的定义,认为计算思维是在表述问题及其解决方案时所涉及的思维过程,确保解决方案的表征形式可被信息处理代理有效执行[24];而在普适化视角上,2006 年以后,许多学者认为计算思维是超越编程活动所形成的思维品质,具有广泛的适用性和人人受益的价值,对计算思维的理解在社会不同视角中进行拓展:将其定义为 21 世纪中叶人人都需要的基本技能、可以不用机器就能学习[23],或将其理解为人的一项关键能力[25]、是信息科学的学科核心素养等;最后,在认知发展视角因为无法清晰地阐释计算思维过程及其发展规律,来自各方的质疑迫切需要加强认知科学方面的研究。Hemmendinger[26]所说的计算机科学领域提出的多数计算思维方法,本质是问题解决的常见策略、数学与推理的一般化,以及对数学模型的应用"是否客观存在"? Gardner[12]认为"每个学科都有可能形成一些特有的方式理解世界,用这个学科的符号和风格进行交流就是在发展这一学科的思维",由此是否就可以认定计算思维的培养不可能短时间完成? 在尚未有充分证据和系统化的教育活动设计的情况下,仅凭目前为数不多的实验研究,任何人都无法形成有说服力的证据,因此迫切需要从认知角度对计算思维做深度的研究。

2. 设计思维

在设计领域,对设计是否存在独特的思维模式的认识有一个反复的过程。以 Simon 为代表的设计思维初期研究认为,设计是一般的问题解决过程,并建立了分析-综合-评估线性模型[27-28]。Cross[29]等认为设计学科是领域独立的[30],设计思维是设计者获得特殊知识和能力的方式。Speaks[31]将设计独特的思维模式称为设计智能。Lawson[32]首次明确提出"设计思维"这一概念,认为设计是一个特殊和高度发展的思维形式,是一种设计者学习后更擅长设计的技巧[33],设计思维试图通过描述而不是建模的方式表示设计进程中模糊的属性。世界著名设计公司 IDEO[34]将设计思维定义为"用设计者的感知和方法满足在技术和商业策略方面都可行的、能转换为顾客价值和市场机会的人类需求的规则",将其看作一种实现创新的新方式和新途径。

从狭义上来讲,设计思维是设计师根据被委托的设计项目调动各种相关资料及设计师头脑中的经验积累,综合自然的、技术的、社会的、文化的等诸种因素形成对未来作品的理解,并权衡各种制约因素而构想出设计方案的过程。而在广义上,设计思维是从最终用户出发,利用创造性思维,通过观察、探索、定义、头脑风暴、模型设计、讲故事等制定目标或方向,然后寻求实用的、富有创造性的解决方案。其主要目标是站在用户需求或者潜在需求的角度发现问题,然后解决问题。其本质在于将设计和思维紧密结合,使用设计师的思想,以人为本,站在最终用户的角度,挖掘问题的本质,重新定义问题的研究方向,发现客户的潜在需求,从而实现创新。设计思维与设计不同:设计是把一种计划、规划、设想通过某种形式传达出来的活动过程。而设计思维是一种思维模式,它不但考虑设计的产品、服务、流程或者其他战略蓝图本身,更重要的是"以人为本",站在对方的角度实现创新。设计思维体现了设计者探究设计挑战以及创造性解决设计难题而进行的一系列连续思考以及行动的过程。从过程视角看,设计思维包括三大核心环节:观察设计挑战、将想法和解决方案建立联系、反思并改进设计,并且设计思维具有以满足需求为基础、以行为为导向、以创新能力发展为目的的特点。

那么,为什么要设计思维呢?这要回到本章一开始指出的:创新是当代世界发展的竞争主旋律,培养具有创造力的学习者是当前教育领域关注的焦点。创新有不同的定义,目前大家倾向认为创新是一个多层次、多角度的社会实践活动,它包括创造、发明、革新、制造、导致、促使产生过去存在的知识、物质、物品或运用,而且这些新的、过去不存在的或没有发现的新知识和新事物是对社会发展有积极作用的。现代心理学和认知科学否定了创造力只是少数天才才具有的特性的传统观点,并指出创造力只是标准认知过程的一个普遍特征[22,35]。Kaufman 和 Beghetto 将创新分为 4 种模式[36]:

- 迷你创新(mini-c):是指个体主观的、内部的解释,聚焦于对经验、行动和事件给出新颖且有个人意义的解释。
- 日常创新(little-c):是指日常生活中提出的新颖、有效的问题解决方法。
- 专业创新(pro-c):是指超越日常创新但尚未达到杰出创新的状态。
- 杰出创新(big-c):是指在一个领域做出重大贡献或者发明创造。

与计算思维相比,设计思维恰恰在创新能力培养方面有其独有的优势。如果说计算思维要求我们像计算机科学家一样思考,即运用计算机科学的基础概念进行问题求解、系统设计,以及人类行为理解等涵盖计算机科学之广度的一系列思维活动,那么设计思维则是要求我们像工程师和设计师一样思考,即利用设计师的思维模式解决复杂的问题,获得创新解决方案的思维模式,它适用于任何一个需要解决问题的人,包括解决现有的和寻求现在还不存在的、新的产品、服务、流程和模式等问题。设计思维并非始于技术,而是试图为新技术寻找市场。设计思维始于人、人的渴望和需求,理解消费者,从中获得灵感,并以此作为起始点寻求突破式创新[37]。设计思维作为一个思维过程,强调形象和抽象[38]、发散与收敛[39]、分析与综合[37]、逻辑和直觉[40]的平衡。设计过程是一个形象思维和抽象思维之综合过程,其中涉及联想、直觉等思维过程,尤其是直觉,难以进行计算机模拟,却往往是创造性设计过程中所需要的[38]。设计思维强调寻找分析式思维和直觉创造性思维的平衡点,使它们达到动态的相互作用[41]。所谓分析式思维,是在严格的、连续不断的、重复的分析过程中找出规律,正如科学思维。而设计领域认为,没有任何好的产品是通过大量的市场调查创造出来的,好的产品是从一个好的设计师心中涌现出来的,不受任何机构、过程或者分析的影响,这个核心就是直觉式思维,是一种不究其原因的了解[41]。

◆ 9.2　设计思维的提出

在具体了解设计思维的发展历史前,先看一个简单的例子,图 9-1(a)的欧式古典风格的椅子,是典型的传统设计的产物,花样繁复、笨重、成本高。图 9-1(b)的叫 Eames 椅,源于第二次世界大战后的社会大环境,可以广泛使用,是家具史上第一个大规模生产的塑料椅子。它有一些更适应这个时代的优点:易组装、低成本、刚性和耐用性好、易于成型、外壳可以连接到不同的基座等。从这两把椅子可以看出一个设计的趋势,就是以人为本,满足用户真实需求,关注用户需求的本质。

(a) 欧式风格椅　　　　　　　(b) Eames椅

图 9-1　不同时期的椅子

20 世纪(或更早)的很多设计活动都可以被视为"设计思维"。在科学领域,把设计作为一种"思维方式"的观念可以追溯到诺贝尔奖获得者——经济学家 Simon 1969 年所著的《人工科学》一书。该书描述了人工科学与自然科学的差别,其中一个重要差别就是人工科学离不开人的设计,要将人工的与自然的进行融合,离不开人的思维,并最终提出将设计作为一种思维方式的概念[42]。而在工程设计方面,Robert McKim 于 1973 年出版的《视觉思维的体验》中也用到"设计思维"的概念。到 20 世纪 80—90 年代,Rolf Faste 在斯坦福大学任教时扩大了 McKim 的工作成果,把"设计思维"作为创意活动的一种方式进行了定义和推广。他在斯坦福大学做了"斯坦福联合设计项目"(D. School 的前身)并作为该项目的主管。1987 年,哈佛大学设计学院教授 Rowe 出版的《设计思维》首次使用了设计思维这个概念[43],为设计师和城市规划者提供了一套实用的解决问题的系统依据。自此,设计思维(Design Thinking)这个词被正式开始使用。1991 年,David Kelley 创立了全球最大的设计咨询公司之一——IDEO 公司,以设计思维为核心思想,贯彻落实到 IDEO 的工作中,成功实现了商业化。1992 年,Buchanan 发表了《设计思维中的难题》的文章,表达了更为宽广的设计思维理念,并指出设计思维可以扩展到社会生活的各个领域[5]。2005 年,斯坦福大学得到 SAP 公司创始人 Hasso Plattner 的捐赠建立了名为 D.School 的设计学院,提供设计思维的教育和推广,在这里,来自各个学科的学生聚集一起,运用设计思维解决复杂的挑战。该学院专注于方法而非某一特定领域,因为它旨在传授设计思维的方法给学生,其目标是创造创新者,而不是产生任何特定的创新,该学院已成为斯坦福大学最受欢迎的学院。以斯坦福商学院开设的训练营为例,4 天收费 10 000 多美元,仍然爆满。其他一些著名大学也开始教授设计思维,如耶鲁大学、哈佛大学、多伦多大学等[44],2007 年,哈索博士在德国的波茨坦大学成立了设计思维学院。2012 年,《美国华尔街日报》刊登文章"Forget B-school, D-school is hot",介绍了设计思维在商界及企业界受到欢迎的情况。设计思维是一种综合了产品、服务、结构、空间、经验以及包括由设计者获取相关事物所组成的复杂系统进行设计的方法。

进入 21 世纪,设计思维受到越来越多人的关注。一些全球领导品牌公司,采取了一些重大措施去培训员工采用设计思维,其中包括:国际商业机器(IBM)、通用电气(GE)、微软(Microsoft)、空中客车(Airbus)、松下(Panasonic)、思科(Cisco)、德勤(Deloitte)、思爱普(SAP)、宝洁(Procter and Gamble)、惠而浦(Whirlpool)、拜耳(Bayer)、宝马(BMW)、敦豪航空货运(DHL)、戴姆勒(Daimler)、德意志银行(DeutscheBank)、飞利浦电子(Philips

Electronics)、印孚瑟斯(Infosys)、欧特克(Autodesk)、美国银行(Bank of America)、梅奥医学中心(Mayo Clinic)、壳牌集团创新研究中心(Shell Innovation Research)、葛兰素史克(GlaxoSmithKline)、耐克(Nike)、捷蓝航空(JetBlue)、凯撒永久医疗集团(Kaiser Permanente)、联合利华集团(Unilever)等[44]。2008 年,德国哈索普来特纳基金会(Hasso Plattner Foundation)启动资助设计思维研究项目。在这个项目中,来自德国哈索普来特纳系统工程学院和美国斯坦福大学的科学家努力试图深刻地探寻设计思维的潜在原理,也试图了解这种创新方法为什么奏效以及如何成功或者失败,这个项目经过这几年的研究取得了很多研究成果,出版了一系列的研究文集[45-49]。

◆ 9.3 设计思维的特点

为了阐明设计思维的当前知识和概念化,Pietro Micheli 等[50]通过对设计思维文献进行系统性综述,以及与设计师进行卡片分类练习,确定并验证了设计思维的 10 个主要属性。

- 创造力和创新。创造力是指"个人或小组共同工作产生新颖有用的想法",创新是指"在组织内成功实施创意"。无论是在整个文献综述中,还是在专家从业者的评论中,创造和创新都体现为设计思维的重要属性和结果。事实上,样本中的每一篇文章都提到了创造力和创新,它们通常被认为是参与设计思维过程的动机。例如,宝洁前首席执行官 Alan G. Lafley 认为,设计思维是一种思维方式,可以促进产品和服务的创造力和创新,以及商业和组织的新方法,他因支持该公司专注于设计而备受赞誉。更具体地说,设计思维的某些属性,如原型设计、试错法和采用溯因逻辑,被认为是产生新想法和创新的关键手段。

- 以用户为中心和参与。以用户或人为中心通常被认为是设计思维的一个基本特征。正如 Jeanne Liedtka[51]所指出的,"几乎所有当前对流程的描述都强调设计思维是以人为中心的,用户驱动是核心价值"。移情被认为是推动以用户为中心原则的主要手段。根据 Tim Brown[34]的说法,设计思考者是通过移情,他们"可以从同事、客户、最终用户以及当前和未来的客户的多个角度想象世界,通过采取'以人为本'的方法,设计思考者可以想象解决方案"。这样做时,他们能够转变观点,更好地想象满足表达和未表达需求的解决方案。

- 问题解决。设计思维被广泛认为是解决问题的一种手段,尤其是"棘手"问题[5]。Horst Rittell 将棘手问题定义为"一类社会系统问题,这些问题的表述不完善,信息令人困惑,许多客户和决策者的价值观相互冲突,整个系统的后果完全令人困惑"[52]。大多数评论文章的作者都认同,现实世界中的问题本质上往往是"棘手",因此无法用管理理论中提倡的分析方法解决。重要的是,这些问题可以通过改善一个人的状况来解决,但不能以"正确"的方式完全解决[5]。因此,设计思维被提议作为典型线性问题解决的替代方法。

- 迭代与实验。设计思维是一种迭代方法,以实验和错误学习为特征,与最终用户和其他项目利益相关者测试一系列可能的解决方案。迭代用于阐明正在解决的问题,并为问题定义和实施解决方案创建周期,通常涉及深入的用户研究[51]。迭代和实验通常通过草图、模型和原型使想法变得有形。原型设计扮演着非常重要的角色,不是作为产品、服务或界面的验证,而是因为它们让利益相关者了解想法的优缺点,并确定进一步原型可能采取的新方向[34]。事实上,正如同理心是以用户为中心的一种手段,原型设计被视为一种实验和开发概念的方式,而不是最终确定概念。

- 跨学科协作。通过将来自不同部门、单位和组织的人员聚集在一起,可以促进创新和问题解决,建立跨职能、多学科的团队有助于"解决复杂项目,确保问题的技术、业务和人员层面都得到体现"[53]。因此,整合组织内外的不同视角被认为是设计思维的一个核心方面。在个人层面,与来自不同学科的人合作的能力和倾向已被确定为"设计思考者"的基本属性[4]。

- 可视化能力。根据 Boni 等几位作者的说法,"从抽象思维转变为视觉化的想法,然后在这些视觉化的基础上思考,这是创新设计的核心"[54]。设计学者认为,设计师的可视化能力决定了他们的实践和解决问题的方法,因此,它构成设计思维和行为的一个组成部分。事实上,正如 Cooper、Junginger 和 Lockwood 所断言的那样,"早期将概念和想法可视化的能力"是"引导新兴而非确定性研究"的基础[55]。Verganti 还指出,"对复杂的审美表现和反思的欣赏和深刻技能"是专业设计师区别于业务经理的基本属性之一[56]。

- 格式塔观点。设计思维过程的另一个决定性特征是采用了一种综合性方法,这种方法既能加深对问题背景的理解,又能识别相关见解。根据设计公司 Continuum 的创始人 Gianfranco Zaccai 的说法,这种"整合通常不仅是一种产品或服务,它是各种人的总体体验的整体格式塔"。在产品设计的背景下,格式塔指的是这样一种信念,即对整体的感知不仅是对其各部分感知的总和,而是一种在解释背景时超越单个组件提供的解决方案。设计思维不仅要检验所考虑的具体问题,还要检验问题与环境的关系。设计思维依赖"对问题的总体理解,包括客户明确的和潜在的需求、最终用户的环境、社会因素、市场邻接和新兴趋势"[57]。

- 溯因推理。溯因推理是演绎推理和归纳推理的替代方法。它被认为是对未来的想象,而不是对现实的分析。换言之,溯因推理提供了最佳解释的论据,与演绎或归纳不同,溯因逻辑允许创造新的知识。因此,溯因推理促进了对可行解决方案的态度,即"基于主张而非基于证据"[58]。从这个意义上说,一个设计思考者可以通过依赖现有框架,或者通过重构和挑战现有的实践和假设来解决问题。而在后一种情况下,基于设计的实践和组织创新最紧密地联系在一起。

- 对模糊和失败的容忍度。一些设计思维研究者强调了接受模棱两可的信息和失败的重要性。事实上,在定义和解决棘手问题时,模糊是固有的。因此,文献表明,设计思考者应该愿意并且能够接受模糊性,并参与"反复实验和错误实验以及利益相关者反馈"[59]来定义和解决问题。此外,失败被认为是有价值的学习,因为它提供了一个在僵化之前改进产品或过程的机会,设计过程的本质是接受早期失败和不确定性,以便不断迭代以获得更好的解决方案。事实上,快速实验和原型设计应能让创新者从早期、后果相对轻的错误中获取经验。

- 分析和直觉的融合。设计思维不是无视分析思维,而是将其与直觉思维相结合。Porcini 指出,"设计是关于研究、分析、直觉和综合的"[60]。Stephens 和 Boland 强调了设计思维在"将关于模式和整体关联的感知知识("直觉")与对这些知识的有用性和相关性的深思熟虑的评估结合起来方面的作用("理性")[61]。事实上,尽管许多作者正确地强调了直觉和综合在通常由理性和分析主导的语境中的重要性,但设计思维的独特特征似乎在这些对立元素之间动态平衡[62]。

◆ 9.4　设计思维的应用

9.4.1　生物医学仪器课程中的设计思维实践

Farrar[63]探讨了如何在生物医学仪器课程中设计和实施一个设计思维项目,在传统PBL课程方法的基础上,根据 IDEO 的 Tim Brown 定义的设计思维[34]原则对其进行重塑。

1. 课程背景

设计思维项目是一所私立本科院校生物医学仪器课程的一部分。设计思维项目是2018 年春季课程的一部分。课程分 5 个模块,前 4 个模块遵循传统的讲座和实验室方法,第 5 个模块是设计思维项目。

2. 项目结构

设计思维的 IDEO 模型有 5 个关键特征:灵感、构思、实施的 3 个空间,各阶段之间的反馈,以及以人为本的设计。这些被纳入项目任务设计(见表 9-1)和整个课程。

表 9-1　设计思维项目构成和结果映射

设计思维元素	相关项目构成部分指令	结果范例
灵感	必须确定一个重要的人心理检测需求或挑战	一个学生团队结合他们在前一暑期在赞比亚旅行的经历意识到定点心脏功能评价的需求
构思	阅读"项目构思模块"列表以及 Adafruit 论坛上关于可穿戴技术的内容;确定 3 个与项目想法相关的模块或内容	一个团队,他们的需求是监测人体步态,注意到 Adafruit"FireWalker"项目,压力敏感纤维和传导线缆与他们的项目想法相关
实施	必须展示关于功能的证明和用户测试结果	一个团队在成员的朋友健身时测试了心脏监测手表
反馈	所有代码必须在 GitHub 上维护。关于编译和使用设备的说明必须发布,并且必须能够起到指导作用	通过 GitHub 和可指导的在线社区,学生得到反馈。每个项目的指导页面平均收到 1468 个查阅
以人为本的设计	必须足够健全、简单、优雅并自治,让它使用起来方便、舒服。材料总成本必须小于 50 美元	两个学生团队通过可穿戴传感器技术,借助传导线缆保证了用户在穿戴该设备时的舒适性和方便性。有 3 个团队通过 BLE 将数据发送到手机

表格来源:文献[63]

为了激发灵感,学生到生物医学实验室和临床环境进行了 4 次不同的参观。每次参观后学生都会完成一个反思作业,学生必须思考他们在参观中看到的一件设备如何通过仪器设计的改变而得到改进。每个学生小组都会与导师会面,进行头脑风暴,听取专业反馈,并考虑可行性和成本,从而促进构思,即产生解决问题的广泛方法的过程。最后,当设计者的解决方案实际形成时,设计思维的实施空间是通过同行评估会议纳入项目,其中必须构建原型,由课程中的其他学生进行测试和评估。

除这 3 个空间外,有两个设计思维过程的要素贯穿整个项目:①各阶段之间的反馈;②以人为本的设计。各阶段之间的反馈通过使用课程和教室设计进行整合,促进学生参与和教师参与。项目相关课程材料安排在课外,课堂上的时间用于项目本身的工作,这样教师就可以最大限度地帮助学生,并向学生提供反馈。除此之外,课程留出四周时间,让学生作为一个有意识的创新者社区,在项目上进行合作,相互学习,观察和参与其他团队的过程,提供反馈,并对自己的项目进展进行反思。

设计思维项目的评估分为形成性评估和总结性评估。该项目的宣传、同行评估和定期讲师反馈为形成性评估。最终提交的项目原型、书面交流和口头陈述为总结性评估。

3. 实施效果

本项目满足了灵感、构思和实施 3 个基本设计思维标准,为学生提供了重要的实践经验和技术成果。此外,有意将来自同龄人和讲师的持续反馈结合起来,促成学生的高参与度和高质量的最终项目原型。

使用学生学习收益评估(SALG)工具,从课程设计思维项目部分前后收集学生的定性和定量数据。在本课程中,SALG 是根据对生物医学仪器的理解,设计、建造和使用生物医学仪器的技能,以及对生物医学仪器的态度而定制的。设计思维项目是本课程实施四周期间,课堂内外分配给学生的唯一工作。因此,学生对 SALG 反应的变化可合理归因于项目的影响。

学生对 SALG-Likert 量表问题的回答表明,项目完成后,学生对生物医学仪器的理解显著提高($p < 0.05$)(见图 9-2)。开放式回答表明,学生将他们在理解上的收获与设计思维项目联系起来。SALG 中"技能"类问题的数据显示,项目结束后,学生对自己技能的认知有所提高。最后,学生对生物医学仪器的积极态度也有所提高。

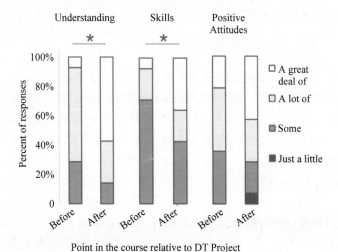

图 9-2　学生对学习成果的认知变化($N = 14$ 和 * 表示项目前后 $p < 0.05$)

图片来源:文献[63]

学生对开放式 SALG 问题的回答表明,学生完成设计思维项目后在理解和技能方面获得显著的进步(见图 9-3)。特别是,学生强调他们在理解生物医学仪器和电路以及与编写计算机代码相关的技能方面所取得的进步。还有一些回应表明，他们对以人为中心的设计优先事项的理解有所提高，并且有 73% 的学生表示他们在经历设计思维项目后对该学科的兴趣有所提高。

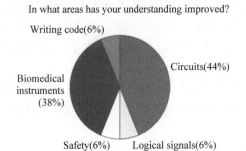

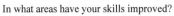

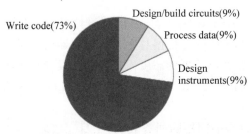

图 9-3 学生对 SALG 工具开放式问题回答的主导主题

图片来源：文献[63]

除此之外，10 名学生回答了一项毕业后调查，8 名受访者（80%）都表示设计思维项目对他们准备考研究生和未来求职具有积极影响。

9.4.2 应用设计思维制作游戏控制器原型

设计思维模型为项目的实施提供了明确的、系统性的指导，设计思维工具和方法为项目流程提供了有效的帮助，实际运用设计思维时，不需要拘泥于特定的框架或模型，而是根据项目背景和团队情况做出相应的调整，最终将会发展出一套属于自己的设计思维模型。Gabriel Ferreira Alves 等[64]基于针对电子游戏市场上的各类控制器的研究，通过运用设计思维技术，发现控制器的优缺点，并提出一个或多个控制器，可以让数字游戏的爱好者、休闲玩家，甚至是不玩游戏的玩家使用。

1. 项目背景

由于新的交互模式和各种游戏类型的颠覆性力量，游戏控制器设计正在经历重大转变。在这项工作中，Alves 等想设计一个让玩家满意的、全新的、创新的游戏控制器。为了实现这一目标，他们运用了一套设计思维技术，如生活中的一天（one day in life）、移情图、用户画像、构思工作坊、纸上原型和实验测试。结果表明，这些技术在提供信息和指导创意产生方面是有用且有吸引力的。根据观察和参与者的反馈，他们探讨了使用这种方法开发游戏控制器的优势，并讨论了他们仍然存在的一些需求。根据 Baldauf 的实验结果[65]，以智能手机作为游戏控制器的主要缺点是缺乏触觉反馈。而 Merdenyan 的研究表明[66]，控制器的主要特性是：舒适性、兼容性、耐久性、易用性、功能性、识别性和响应性。

2. 项目结构

为找到一种既能适应各种游戏互动，又能让玩家满意的游戏控制器的解决方案，Alves 等使用设计思维方法进行了一项研究，使用 D.School 提出的五阶段设计思维模型完成这项工作。

- 移情：项目团队将从设计师和最终用户两种角度分析解决问题。作者使用了设计思维过程的第一阶段的 3 种技术：书桌研究，主要使用相关工作章节中描述的材料，收集一些相关的数据，目的是寻找有关主题的一般知识；移情图（见图 9-4），与利益相关者，包括研究人员、工程师、设计师、游戏玩家和非游戏参与者，一起举办移情图研讨会，目的是更好地了解用户和研究环境之间的交互内容；生活中的一天，即以玩家的身份生活一天，寻求理解他们的感受和想法。随后，作者针对市面上 4 种手柄展开调查：任天堂 3DS 控制器、Steam 控制器、PlayStation 4 的 DualShock 4 和 Xbox One 控制器。让玩家使用自己不熟悉的游戏手柄进行测试，然后针对手柄的舒适度、按键布局、按键尺寸、玩家的使用意愿、是否符合人体工程学展开问卷调查。

PLAYERS		
Positive points:	**What do users hear about it?**	**Negative points:**
• Have weight control; • Have tactile screens; • Have standardization (within the same company).	• "The control is of quality"; • "There are controls for professional players"; • "X control is better than Y control."	• They do not have accessibility; • High costs; • Low durability; • Amount of buttons (many buttons can scare); Lack of standardization between controls.
What do users feel?	**What do users say about it?**	**What do users see about it?**
• Envy of other controls; • Happiness when using a new control; • Comfort / Discomfort; • Difficulty / ease when using a control; • Good quality/poor quality.	• "X control is better than Y control"; • "The control is of quality"; • "I like playing with this control."	• Friends playing; • YouTubers playing; • Number of buttons; • Aesthetics of control; • Professional players playing.

图 9-4　移情图

图片来源：文献[64]

- 定义：目的是加深对用户和设计空间的理解，并基于这种理解提出对问题的陈述和观点。作者提出了控制器的定义：一个玩家需要好的控制器，因为他希望在游戏中达成好的表现，克服困难，达成目标，并能和朋友一起愉快地玩耍。为了更详细地研究玩家需求，作者创建了用户画像（persona）——一个有多个游戏平台经验的玩家。作者还定义了一个概念图（见图 9-5），用于简化和可视化地组织不同深度和抽象级别的数据。
- 构思：在这一阶段，工程师研究人员、设计师、玩家和非玩家共同参与了一个研讨会。这种方式可以让所有参与者感觉更融入主题，也可以用创造性的方式表达他们的观点和开发解决方案。研讨会共有 8 名参与者，他们被要求写下他们认为一个控制器在游戏中能够执行所有必要操作所必须具备的条件，并画出他们认为控制器应

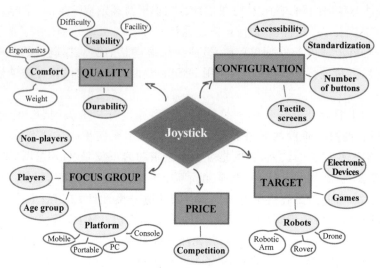

图 9-5　定义阶段使用的概念图

图片来源：文献[64]

该有的东西，最后参与者展示了他们的解决方案。

- 原型：基于研讨会中产生的想法，作者设计了两种控制器（见图 9-6）。第一种叫作
Modular Controller，它可以在智能手机运行虚拟控制器应用程序时创建自己的物
理控制器，即在普通手柄中间放置手机运行软件来模拟游戏手柄。第二种叫作
Gamer Case，使用 3D 打印机打印出适合虚拟手柄（如十字、方向键、按钮等）的穿孔
透明薄膜并把它放在设备的上面，通过这种方式，用户可以感觉到自己是否真触碰
到了控制器的正确区域，优化了缺乏触觉反馈的问题。

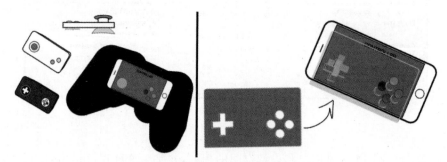

图 9-6　Modular Controller 和 Gamer Case

图片来源：文献[64]

- 测试：实现了 Gamer Case 解决方案，并设计实验测试了 Gamer Case 的效果（见
图 9-7），请 12 名参与者分别在有和没有 Gamer Case 的情况下试玩游戏。大部分玩
家表示在没有 Gamer Case 时玩游戏感到不舒服，而使用 Gamer Case 感觉舒适，游
戏表现也较好。

　　这项工作的主要贡献是使用设计思维方法提供了开发游戏控制器的新想法和解决方
案，以帮助玩家在玩游戏时获得更好的体验。现有虚拟控制器主要有一个缺点，缺乏触觉反
馈，作者发现玩家更喜欢物理控制器，而不是虚拟控制器。通过使用设计思维方法，作者开

发出 Modular Controller 和 Gamer Case 两种创新的解决方案，将游戏控制器的物理和虚拟方法结合起来。

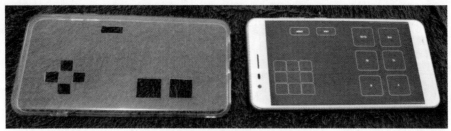

图 9-7　Gamer Case 和虚拟手柄

图片来源：文献[64]

参考资料

设计思维模型与实施

◆ 10.1 设计思维模型

尽管研究者众多,但目前对设计思维的认识并没有统一的观点,不同领域的学者从不同角度进行了阐述。在商业领域,Beckman 等将设计思维分为 4 个阶段:观察分析、建立框架、构建方案以及问题解决[1]。在教育领域,Doorley 等将设计思维划分为 5 个环节:建立同理心(Empathize)、界定问题(Define)、设想(Ideate)、原型制作(Prototype)以及测试(Test)[2]。为推动设计思维在 K-12 领域的应用,全球顶尖设计公司 IDEO 提出了包含"发现、解释、设想、实验、改进"的设计思维模型。该模型将设计思维描述为一种创造性解决问题的过程[3],学习者深入实践了解问题所处情境,确定需要解决的核心问题,以此为出发点建构可行的解决方案,制作三维模型并通过实验不断改进和完善[4]。本节将展开介绍一些典型的模型,对它们进行对比分析。

10.1.1 斯坦福模型

斯坦福大学设计学院在《设计思维指南》中提出包含共情(Empathize)、定义(Define)、构想(Ideate)、原型(Prototype)和测试(Test)5 个环节的设计思维模型,将设计思维作为一种创造性解决问题的过程[5](见图 10-1)。

- 共情。共情是站在对方立场体会他人情绪和想法进行思考的一种方式。共情是该模型中最核心的环节,其目标是了解受众真实需求,为接下来的定义和构想环节打基础。共情的过程包括观察和倾听受众、参与等环节,常用的方法有观察、访谈、制作档案等。
- 定义。定义即对问题进行界定,是信息整合的过程。要求学习者在混杂且无序的碎片化信息中竭力寻找尽可能多的需求点,并且对其进行思维加工,最后定义出一个有意义且可行的问题。
- 构想。该环节要求学习者通过各种方式刺激生成更多的想法。常用的方法有头脑风暴、世界咖啡等,在构想提出的过程中,每位参与者都需要遵循"延缓评判"的原则,即既不能随意评价他人的观点,也不能轻易否定自己脑海中萌生的想法。
- 原型。要求学习者利用材料将想法快速表现出来。学习者需要通过不断创建、测试迭代和修正模型,以满足用户的需求,逐步生成更好的方案。在实施过程中,要注意完善"快速"实现的功能部分,无须纠结材料的选择和模型的精美程度。

- 测试。测试阶段致力于为设计者提供用户反馈,虽然看似该阶段是模型的最后一步,但这并不代表整个设计过程的终结,相反,测试阶段可为设计者指引一个更接近用户需求的方向。常用的方法有问卷调查法、观察法、访谈法等。

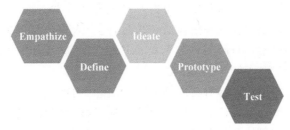

图 10-1　斯坦福设计思维模型

图片来源:文献[5]

随后,为了进一步探究设计思维对 K-12 阶段教育教学方法变革的价值,斯坦福大学将模型扩展至理解挑战、观察、整合观点、设想、原型制作和测试 6 个步骤[6](见图 10-2)。

- 理解挑战。要求学习者沉浸于学习挑战中,并能借助专家或多媒体工具获取有助于进行探究的信息,建构关于挑战的背景知识,设身处地感受他人是如何面对挑战问题的,进一步明确挑战的含义。
- 观察。学习者需要在真实的挑战情境中进行参观,开展一系列互动与反思活动,基于该情境下的同理心,为迎接挑战打好基础。
- 整合观点。学习者在前两个环节的基础上对所获信息等进行整合。
- 设想。学习者需要借助头脑风暴催生自己的观点,并在头脑风暴结束后对他人的观点进行综合评价,最终形成应对挑战的可能方案。
- 原型制作。学习者需要依据解决方案,将观点、想法进行可视化处理,制作出实物原型。原型不必制作得非常精美,但要体现出设计的思路及应对措施。
- 测试。学习者需要明确原型的优点与不足,并不断迭代改进。

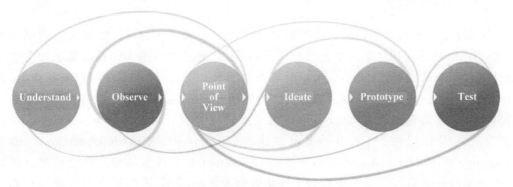

图 10-2　扩展的斯坦福设计思维模型

图片来源:文献[6]

10.1.2 Brown 模型

Tim Brown 以可行性、延续性和需求性为准则,于《设计改变一切》一书中提出包含灵感(Inspiration)、构想(Ideation)、实现(Implementation)3 个环节的设计思维模型[7](见图 10-3)。

- 灵感。学习者需要自主寻求机会,发散个人的思维,明确"我该如何开始""我该如何进行资料收集"和"如何做到以人为本"3 个问题的答案。
- 构想。学习者需要内化前一阶段所获信息,将个人想法与目标更好地结合起来,并初步构想原型框架,明确"我该如何解读信息""我该如何将我的想法融入设计"和"我如何制作原型"3 个问题的答案。
- 实现。学习者需要借助材料实现脑海中的概念,明确产品工作情况是否良好,最后对产品的可持续性进行评估,思考"我该如何让概念实现""我该如何评估作品的质量"和"我该如何保持产品的可持续性发展"3 个问题。

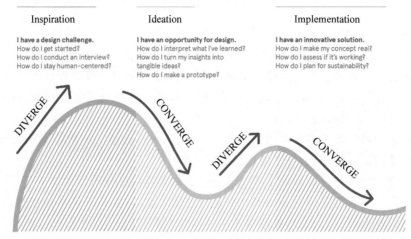

图 10-3　Brown 设计思维模型

图片来源:文献[8]

10.1.3 IDEO 模型

IDEO 是一家致力于创造积极影响的全球设计公司。作为设计思维实践的早期领导者,IDEO 通过应用他们的创造性思维和技能,并通过教授别人同样的知识和方法用设计创造积极的影响。IDEO 认为设计思维是一种心态,是相信我们可以有所作为,并且以一个有意识的过程,获得创新的、相关的解决方案,创造积极的影响。设计思维让我们相信自己的创新能力,以及将困难的挑战转化为设计机遇的能力。IDEO 公司在《教育者的设计思维》一书中提出包含发现(Discovery)、解释(Interpretation)、设想(Ideation)、实验(Experimentation)和改进(Evolution)5 个环节的设计思维模型。模型致力于实现教学向以学习为中心和个性化方向发展的转型,不断提升学习者的技能[8](见图 10-4)。

- 发现。学习者要意识到他们正面临一个挑战,需要通过一定的技术手段和方法进行探索准备,收集尽可能多的想法,为解决问题做好准备。

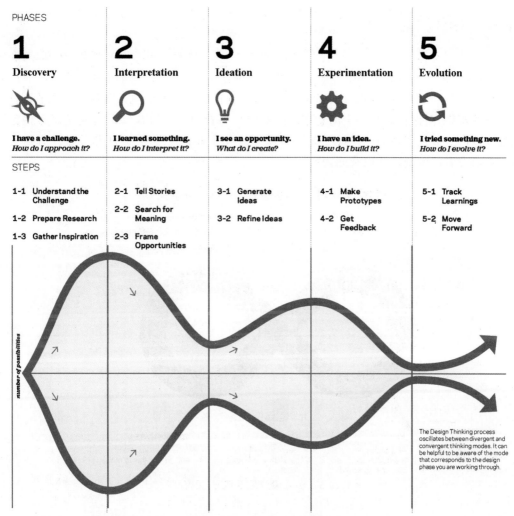

图 10-4　IDEO 设计思维模型

图片来源：文献[8]

- 解释。学习者需要在了解相关信息后学会解释信息,将在发现阶段获得的信息进行重构,赋予其意义,作为自己解决挑战的知识储备。在信息解读阶段可以通过故事分享的方式收获尽可能多的信息。
- 设想。学习者在找到解决机会后该明确如何做,需要依据信息的解释结果,快速收集新奇的观点和想法,为应对挑战提供可能的解决方案,在收集环节之后则需要对观点进行提炼和优化。
- 实验。学习者需要利用手边的材料快速制作原型,践行方案。在原型制作完毕之后需要将其提供给受众,通过受众的使用体验获取反馈。
- 改进。反思和行动是该环节的核心内容,学习者需要基于受众的反馈意见对原型进行改进。此外,虽然该阶段看似为模型的最后一步,实则不然,该阶段也可为未来的继续学习埋下伏笔。

10.1.4　IBM 模型

IBM 设计思维模型[9]主要包含 3 方面(见图 10-5)：观察(Observe)、反思(Reflect)和实践(Make)。它的核心是理解用户的需求以及持续性地产出。观察强调的是抛开以前所有的设想，真正地观察人或事物过去经历了什么；到真正反思程度就象征着你对观察的事物有了真正的理解，对做什么有一定的意图，并能产出一份计划。最后，实践是真正思考抽象概念的具体形式以及实现的可能性。该模型致力于通过如下的原则、循环和关键 3 方面要素建立对消费者的深刻理解以及同理心。

图 10-5　IBM 设计思维模型(见彩插)

图片来源：文献[9]

- 原则。模型包含 3 个原则：关注用户结果、多学科团队和无休止地创新。第一个原则是将用户的需求放在业务的第一位，以便从客户的角度实现良好的设计。这一原理通过循环中的黄色圆圈可视化。多学科团队是一个由组织中所有利益攸关方组成的协作团队，旨在更快、更智能地行动。IBM 公司将团队合作描述为"同理心：首先是彼此，然后是我们的用户"。这个原理在循环中用 3 个绿色圆圈表示。循环构建了上述两个原则。无休止地再创造倾向建立一个迭代过程。这一过程基于对旧问题的原型化解决方案，以及基于行动的新方法。记住，没有什么是完美的，这将把每个产品变成一个原型，是迭代和开发的案例。

- 循环。IBM 设计思维过程的路径，基于 3 个主要步骤：观察、反思和制造。首先，从观察开始，以提高对问题的理解。然后，将所获得的知识反映在自己的知识上，使其适应计划。最后，将这种理解转换为原型，并以结果的形式交付。

- 关键。与小公司采用的设计思维不同，大公司需要更具可扩展性的模型，以帮助他们解决复杂问题。模型的第三部分反映了可伸缩性的需求。虽然循环对小问题来说已经足够了，但复杂的问题需要与复杂的团队协作。因此，IBM 提出 3 种技术来实现这种可伸缩性：目标山丘、回放和赞助商用户。目标山丘旨在通过团队明确定义意图。这种意图实际上是以项目目标的形式提出的用户需求。回放的目标是将所有利益相关方放在同一页面上，并确保所有人都在一起。由于团队可能会参与其他项目，赞助商用户会使团队保持一致，并在他们之间进行整合，以实现项目目标，即始终关注用户。

10.1.5 Jeanne Liedtka & Tim Ogilvie 模型

Jeanne Liedtka 和 Tim Ogilvie 从一个独特的视角出发，将设计思维重新定义为一个更好奇、更直观的"W"[10]。他们的 4W 过程如下（见图 10-6）。

- What is：是什么？——探索当前现实。
- What if：如果什么？——想象的未来。
- What wow：什么让用户惊喜？——让用户帮助做出一些艰难的选择。
- What works：产品怎样运行？——让它在市场上运作，并成为一个企业。

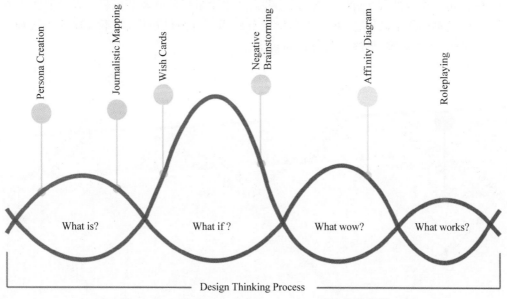

图 10-6 Jeanne Liedtka & Tim Ogilvie 设计思维模型

图片来源：文献[10]

10.1.6 双钻模型

双钻设计思考模型诞生于 2005 年英国设计委员会的内部研究，是一种描述设计过程的简单图式。英国设计委员会（Design Council）成立于 1944 年，前身为工业设计委员会，是一家由皇家宪章成立的慈善机构，也是政府的设计顾问，旨在通过设计让生活更美好。设计委员会专注于包容性设计，为来自不同背景和文化的人们创造产品、服务和场所，在设计中促进平等和多样性。双钻设计思考模型包含探索（Discover）、定义（Define）、发展（Develop）和传达（Deliver）4 个环节，由于各环节的首字母都为 D，故双钻设计思考模型也被称为 4D 模型[11]，模型映射了设计过程中设计师使用的不同思维模式（见图 10-7）。

- 探索。第一颗钻石帮助人们理解问题,而不是简单地假设问题是什么。它涉及与问题相关的人交谈并与他们相处,理解用户的需求和问题背景。这个阶段是设计过程,也是想法和灵感开始的地方,设计者需要识别受众需求,发散思维,这对后续问题的解决至关重要。但在实践过程中这一阶段往往被忽视,所以设计者需要充分感受受众需求,采集有价值的信息。

- 定义。从发现阶段获得的洞察可以帮助你以不同的方式定义挑战。而这个阶段最重要的任务是聚焦问题。在解决问题之前,设计者首先要展开洞察,把存在的问题、研究结论看透彻,随后对问题进行归类和比较,收敛思维,进一步确保问题的真实性和价值。

- 发展。第二颗钻石鼓励人们对明确定义的问题给出不同的答案,从其他地方寻求灵感并与一系列不同的人共同设计。设计者在这一阶段展开真正的设计构思。首先设计师需要把问题具体化,随后发散思维、构思方案,提出不同的解决方案并进行再创造,在这一过程中不断完善和改进想法。

- 传达。作为最后交付的阶段,设计者需要推出最终的方案和成果。设计者需要在该阶段进行原型制作,并基于受众反馈对原型进行测试迭代,将不合理的想法和设计剔除,收敛思维,最终保留设计的精华。

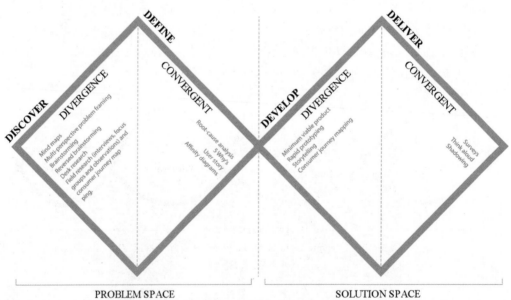

图 10-7　双钻设计思维过程

图片来源:文献[11]

10.1.7　模型比较

尽管存在如此多的不同表述,但我们也应该看到这些不同表述又包含了一些共同的特点,如同理心和以用户为中心、原型化和实验等。从上述描述中可以发现,人们在尝试界定设计思维的内涵时,切入的角度虽不相同,但都指向设计思维本身,从而让我们看到设计思维内涵的复杂性与丰富性。林琳和沈书生[12]从不同学者对设计思维的界定中总结了描述其基本内涵的 4 方面。

- 设计思维是人的智能结构的重要组成部分,它倡导通过与现实问题的联结促进人们完善智能结构。一方面,教师传授给学习者的东西就像一个工具箱;在日常生活中,学习者要想使用这个工具箱解决现实问题,就需要懂得工具箱中每个工具的使用说明,并知道什么时候使用什么工具,这时就需要对学习者进行知识与技能的训练。另一方面,在我们惯常的教学行为中,人们也会以现实问题帮助学习者理解所学内容;但这里强调的现实问题往往是一个充满各种复杂性的问题,它需要学习者综合运用已有的知识与技能,并围绕特定的问题情境不断建构新的知识与技能。
- 设计思维是由设计与思维构成的双螺旋结构,注重设计与思维的相依关系。设计思维更强调通过对思维的不断激发促进灵感的生成,从而支持设计的创新,还强调对设计自身的不断颠覆与重构以促进思维的发展,以及强调设计和思维的相互依存和彼此促进。
- 设计思维是生成性的,可以通过问题的解决过程不断强化。与一般的学习活动相似,设计思维也离不开特定的问题情境,并在问题的具体解决过程中才能得到体现。设计思维更强调从发现问题到构思问题的解决方案,直到形成最终的问题解决方案。具体而言,设计思维更强调设计者如何对问题进行系统分析,如何综合使用自己的已有智能,以及如何在权衡与对比中达成对问题的理解。
- 设计思维是创造性的,可以通过设计者的设计制品等进行度量。设计思维的最终结果往往通过设计者创建的设计制品体现。这种制品区别于学习者的一般性作业的标志在于其具有清晰的问题解决思路和方案,而且强调设计制品应建立在满足人的基本需求的基础之上,并能从应用转化的角度考察制品的质量。

最后,他们指出设计思维是指人们在遭遇复杂的现实问题时,能综合运用自己的已有智能,通过设计与思维双螺旋结构的相互依赖与促进,不断生成新的问题解决策略,进而创造性地形成解决问题的思路与方案。

◆ 10.2　设计思维实施

10.2.1　发现

发现(Discovery)阶段主要是关于需求理解,通过访谈和观察等了解你的设计所面向的群体,思考谁是你的用户? 他们关心什么?

发现的目的是建立用户行为和心理之间的感知联系,把握用户的真实体验,决定产品的设计走向。其要点在于理解,不仅是理解用户的行为,更需要理解用户的真实需求。满足用户的最深层需要,让设计有根据,弥补了设计师对目标用户了解的不足。

很多人对需求理解进行了深入研究和阐释,指出了它的重要性。有代表性的包括德国的费希尔父子,首次提出移情的概念,将情感分为"前向、后随和移入"3 个等级,涉及想象活动和情感的外射。此外,慕尼黑大学心理系主任里普斯从美学角度分析,认为充分的移情是自我不可区分地消融到视力所知觉的对象中,消融到对它的体验中。这种充分的移情是审美移情。在《移情设计·产品设计中的用户体验》一书中,Ilpo Koskinen 等指出对于设计一个具有创新性的产品理念来说,理解用户体验是至关重要的,而在一切都还比较模糊的设计前期,这一点显得更为重要。

在理解过程中,很重要的一点是移情。我们要将心比心、感同身受,将对方的情绪、行为、想法转移到自己身上,使自己拥有与对方相同的体验。这个与传统的方法还是有很大区别的。如表 10-1 所示,在用户状态方面,移情研究考察的是用户自然生活状态下的情况,而传统研究则主要通过调查访谈和用户参与;在移情研究中设计师主要通过观察、吸引、沉浸等方式,而传统研究中主要采用专家评估、概念设计;移情研究主要在用户场所进行,而传统研究主要在公司或设计部门进行;移情研究的主要焦点是体验,而传统研究主要是评估、生产和概念等。

表 10-1　移情方法与传统方法比较

方　　法	用户状态	设　计　师	场　　所	焦　　点
移情研究	用户自然生活状态	观察、吸引、沉浸	用户场所	体验
传统研究	调查访谈、用户参与	专家评估、概念设计	公司、设计部门	评估、生产、概念

10.2.2　解释

解释(Interpretation),也叫定义。这个阶段主要是关于问题的定义,基于对用户需求的理解形成观点,回答用户的需求是什么？我们要找到真正重要的问题。具体地,在充分理解需求的基础上,详细定义正在试图解决的问题,以获得更精确的核心设计问题,从而确定当前状态(也就是问题或者用户痛点)和期望状态(也就是目标或用户需求)之间的差距。问题界定非常重要,以至于爱因斯坦说"如果我有 1 小时来拯救地球,我会用 59 分钟界定问题,然后用 1 分钟解决它。"斯坦福设计学院的《设计思维》教材也指出"定义是设计流程中不可缺少的一部分,是把握设计问题的关键"。

在问题定义阶段,我们将完成两个任务:①观点。在问题界定时,要围绕用户需求和愿望,重新架构问题,提出具体独特的观点,帮助设计团队明确目标用户、真实需求、产品愿景。②问题阐述。需要围绕观点、设计阈值、用户刚需 3 方面,从用户角度阐述整个产品,给设计者留下足够的发挥空间,既不会遏制好想法的诞生,也不会太过宽泛。

可以采用不同的方式阐述问题:从用户角度、从用户研究的角度或者基于 4W,也就是Who,What,Where,Why。可以通过几个例子感受一下这几种方式的区别。

案例 10-1　阐述问题的不同方式

- 从用户角度

　　我是一名年轻职场人士,想保持健康饮食,但很难,因为我工作时间长,没有时间去购物和准备饭菜。这让我感到沮丧和难过。

- 从用户研究的角度

　　忙碌的职场人士需要一种简单、省时的健康饮食方式,因为他们经常工作很长时间,没有时间购物和做饭。

- 基于 4W(Who,What,Where,Why)

　　年轻职场人士很难每周都保持健康饮食,因为他们工作时间很长。我们的解决方案是为他们提供一种快速、简便的方法,让他们能购买配料并准备健康的膳食,带饭到单位。

总之,一个好的问题阐述应该是以用户为核心的,用户和他们的需求应该是问题陈述的中心;此外,它应该是足够宽泛的,为创新和创造自由留下空间;最后,它又不能过于宽泛,应该是可管理的,能引导你、指明方向。

而在具体操作层面,我们可以按以下 4 个步骤进行问题定义。

- 总结需求。在需求理解的基础上,总结需求内容。
- 配合工具分析需求。确定目标:我们在为谁而设计?他们需要什么?被设计者在想什么?被设计者看到了什么?被设计者听到了什么?被设计者如何谈论这件事?通过以上的行为观察,我们能得出他们的痛点是什么?被设计者会因为什么而开心?
- 定义观点。根据移情图的结果,重新定义目标用户,找到用户痛点,并且确定产品愿景,形成一个新的观点,对设计方向进行规划和约束。
- 进行问题的阐述。在以上步骤结果的基础上,根据问题阐述的三要素定义问题,追求问题的全面性、完整性、可行性,同时适当调整、完善。

在定义问题时,可以借助一些工具,如移情图,从 6 个角度帮助团队加深对他人的理解和同理心。帮助设计师改善客户体验,引领组织策略,更加清晰地分析出用户最关注的问题,从而找到更好的解决方案。下面再结合一个具体案例看移情图是怎么用的。

10.2.3　构思

构思(Ideation)阶段的关键任务是进行思维发散,通过头脑风暴提出尽可能多的创新性方案。那么,为什么进行思维发散呢?有一句名言:"一千个读者眼中有一千个哈姆雷特。"每个人的经历不同,看待事物的角度也不一样。

说到思维发散,我们就要提到两种思维方式:一种是"开放性思维",突破传统思维定式和狭隘眼界,多视角、全方位看问题的思维;另一种是"封闭性思维",指墨守成规,以封闭的姿态对待问题,无法跳脱思维定式。思维发散要求我们运用开放性思维,提出更多的方案,创造更多的选择,寻找最优的解。

关于思维发散的重要性。唐纳德·诺曼认为构思对于让我们质疑显而易见的事物、挑战常规,提出新想法至关重要。通过质疑显而易见的事物,我们取得了巨大的进步。这就是突破的来源。我们需要质疑显而易见的事物,重新制定我们的信念,并重新定义现有的解决方案、方法和信念。而 Linus Carl Pauling 指出为了有个好主意,必须先有很多想法。Joy Paul Guilford 认为思维发散的程度代表人的创造力的大小。也就是说,思维越敏捷、灵活,越能激发出更强的创造力。

既然思维发散如此重要,那么,我们该怎么做呢?这里有一些通用的技术供大家参考。

- 类推。将你面临的设计挑战与你所熟悉的事物进行比较,使你能以新的眼光看待问题并考虑可能的解决方案。
- 体力激荡。让自己亲身体验某种情况,从而激发新的想法。
- 头脑风暴。与其他人口头上相互交换想法,找到一个混合的解决方案。
- 书面头脑风暴。参与者写下自己的想法后传递给他人。下一个人阅读这些想法并添加他们自己的想法,持续这个过程直到每个人的想法完成完整的轮换,然后收集所有想法并将其放在小组面前进行讨论。

- 脑力行走。书面头脑风暴的更为动态的运动版本，设计师在不同的"构思站"之间移动，而不是在房间里传递纸片。
- 挑战性假设。提出一些关于设计挑战本身的假设，逐一研究这些假设，并讨论它们是否是真的，或只是因为从未被质疑而存在。在测试这些假设时，可以确定哪些特性是真正必要的，或者可以使用哪些解决方案。
- 游戏风暴。头脑风暴的游戏化，通过增加参与和互动等额外元素来游戏化一种经典构思方式，有助于打破日常生活中的一些正常"规则"。
- 思维导图。在一张纸的中间写一个关键词，然后脑海中出现的任何想法都围绕这个词。最后思考这些想法是如何联系在一起的，用线条和曲线描绘这些联系。
- 逆向思维。为反向挑战提出的解决方案可以帮助设想可能的相反情况，使你更接近真正需要的解决方案。
- 奔驰法。为特定产品或设计挑战提出新想法的行动清单。
- 情节提要。通过图像和引用的方式描绘你的用户角色，据此画出各种故事情节和结果，可视化用户在整个过程中的感受。
- 最糟糕设想。非常适合让团队放松，从而消除创意障碍。

在具体操作方面，可以将思维发散的过程分为 3 个步骤：首先进行头脑风暴，展开无限制的自由联想和讨论，其目的在于产生新观念或激发创新设想；在此基础上进行众包，对企业创新模式进行反思，协同用户创新概念、延伸创新边界、借社会资源为己所用；最后进行创意筛选，围绕优缺点、根本方向、未来性等，采用正反思维进行筛选。

思维发散的关键在于解放思维的发散方向。完全开放思维，让思维朝各个不同的方向发展；然后找到发散思维的来源。在生活中寻找思维的闪光点，并及时记录下来。最后，筛选思维发散的成果。思考如何抉择，从而得到最合适、最有效的成果。思维发散的目的是创造更多的最优解，这样，在后面的原型设计阶段就可以快速实践设计方案。

10.2.4 实验

实验（Experimentation）阶段主要关于原型设计，构建一个或多个想法的合适表达以展示给其他人，因此也叫原型化。原型设计，顾名思义，就是赋予想法具体的外观，利用模型进行设计构思。通过快速搭建产品外观、评估、改进想法，最终将设计团队的注意力集中到最优解上，推进产品的诞生。

原型设计是设计思维过程中非常重要的一步。将用户放在流程的核心，面向真实的用户测试你的设计，而原型化可以在不花费大量时间和金钱的情况下实现这一点。具体来说，原型化可以达到以下目的。

- 了解用户将如何与正在设计的产品进行交互以及他们的反应；看到产品的早期版本有助于确认它是否满足用户需求以及如何在现实世界中工作。
- 在早期发现可用性问题或设计缺陷；对于一个注定要失败的想法或设计，越早发现越好。原型能让你尽早确认是否失败，而且不用投入太多成本。
- 做出明智的决策。可以快速构建不同的原型进行测试以比较不同方案的优劣。

而在具体形式上，我们可以根据实际情况采取不同的原型。

- 形式上：可以是手绘的、数字的、移动的、桌面的，等等。
- 逼真度方面：有高保真的，也有低保真的。
- 交互性上：原型的功能如何？用户可以点击它或与之交互，也可以仅查看。
- 生命周期：原型是一个快速的一次性版本，将被一个新的和改进的版本取代。或者，这是一个更持久的创造，可以进一步改进，有可能最终成为最终产品。

原型设计过程可以按照以下 3 个步骤展开。

- 选择合适的原型类型。在创建原型之前，考虑在设计过程中处于什么阶段，以及可用的时间和资源。低保真原型在早期阶段是有意义的，但随着产品的交付越来越近，你会希望转向高保真原型。
- 设定具体目标。清楚地了解希望原型实现的目标。换句话说，当测试原型时，你想知道什么？始终关注用户需求，时刻牢记问题定义！
- 使用合适的工具。如果对数字原型还不熟悉，请花些时间使用一些流行的行业工具。找到在特性和功能方面满足需求的工具，并在开始原型设计前熟悉该界面，这将让原型制作过程更加容易。

10.2.5 迭代

迭代（Evolution）阶段主要是关于模型迭代，因此有时也称作测试阶段。模型迭代，顾名思义，就是在完成产品原型的基础上，观察使用情况，收集使用反馈，根据测试及反馈的结果，不断更新完善原型。在具体操作上，模型迭代始终贯穿测试—反馈—迭代的循环，其中测试是迭代过程的关键。

测试是模型迭代的关键环节。在测试过程中可以考虑遵循如下的步骤。

- 测试前思考；
- 编写测试脚本与招募测试者；
- 检测测试环境；
- 预测试；
- 正式测试；
- 统计分析结果。在测试过程中，我们要注意 5W，即为什么、什么时候、什么地点、什么人、什么东西。

模型迭代实践的关键在于明确限制测试问题。在迭代过程中，首先需要对测试的内容进行规定，如用户使用习惯、用户喜好等；其次牢记观点需来自用户的表现。用户的表现和其自认为的偏好并不完全一致，应关注用户的表现，而不是他们的描述；最后，需要应用测试的所得反馈。整个团队必须仔细研究结果，当前设置基于原型进行修改。模型迭代的目的在于做出最佳的模型。这样，在发布实施的时候可以交付设计方案并推广。

◆ 10.3 工具和方法

合适的设计方法和工具促进了设计思维过程，并支持在由设计师和非设计师组成的团队中促进创新的产生。然而，很少有相关研究关注设计思维工具和方法如何促进创新，也缺乏具体的设计指南，说明如何利用设计思维方法和工具促进创新。选择正确的工具对于多学科团队的有效决策和沟通无疑是重要的。这些工具可以是物理工具,如笔、纸和白板,也可以是支持设计思维过程的具有丰富图形的软件工具。这些工具还可用于帮助团队对设计任务采用新的视角,对复杂的系统进行可视化,并根据设计阶段反映出趋同或分歧的设计观点[13]。

10.3.1　人物画像

用户画像(Personas)是一种用户表示,是代表构成产品或服务的目标受众的真实人物的特征、偏好、用户需求的配置文件。用户画像能简化沟通和项目决策,帮助识别用户的需求、情绪、痛点、行为模式、观点和用户可能遇到的问题。用户画像代表了客户和设计团队可以在设计过程中有效参与和使用的"角色",当与场景相关联,以确定用户如何与产品交互以实现其最终目标时,它们很有价值。一张用户画像中,简单的可能仅具有年纪、职业和一段基本叙述,复杂的可能具有人口、态度、收入、使用物品、喜好与行为方式等具体描绘的事物。人物画像法可在设计思维的移情或定义阶段使用,虽然创建的角色是虚构的,但该角色是根据收集的多个个人的真实数据组成的,能帮助摆脱设计者的身份,帮助实现为目标用户群创造良好用户体验的目标。该方法广泛应用于营销产品的开发,用于沟通和服务型设计,以反映设计思维的人性视角。

10.3.2　利益相关者地图

利益相关者地图(见图 10-8)是涉及特定产品或服务的各种团体的可视化或实体表示,如客户、用户、合作伙伴、组织、公司和其他群体,这些不同利益相关者之间的相互作用和联系可以通过绘制图表进行分析。利益相关者地图的主要好处是可以直观地展示所有可以影响项目的人以及他们之间的联系方式,能帮助识别影响项目及其成功的关键参与者。该方法反映了设计思维的人和商业视角。

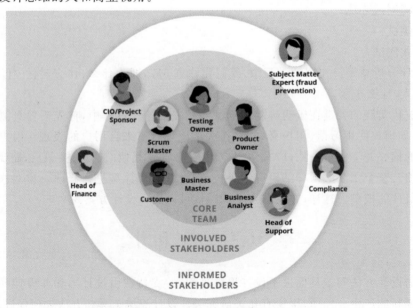

图 10-8　利益相关者地图示例

图片来源:Tyntec 官网

构建利益相关者地图时,首先通过头脑风暴确定所有潜在的利益相关者,包括受产品或项目影响的人、团体或组织,对它有影响的人,或者对其成功感兴趣或关心的人;然后对头脑风暴的结果进行分类,可以大致划分为用户、市场、供应商、投资者等;接着确定利益相关者的优先级,因为要制订沟通计划,所以必须优先考虑关键利益相关者,并确保在项目早期就开始与他们交谈;最后与利益相关者进行沟通,重要的是要制订一个让所有主要利益相关者参与的计划。

10.3.3 用户体验地图

用户体验地图(见图 10-9)是用户对产品或服务体验的直观表示,描述了从客户的角度看,从服务交付的开始到结束的所有接触点集合。接触点被定义为:客户和服务提供者之间的一个实际或潜在的交流或交互点[14]。用户体验地图由几部分组成,包括:①用户旅程。创建用户体验地图的第一步是确定用户旅程中的各个阶段,其中至少有 4 个阶段:询问、比较、购买和安装。②买家角色画像。它是创建旅程地图的重要工具,使用买家角色画像可以更准确地预测这些客户的行为和感受。③用户接触点。用户体验地图应始终包含用户可能在旅程的每个阶段使用的接触点,例如,在安装或服务阶段,客户可能使用电话或聊天机器人与品牌沟通。④情绪。创建用户体验地图的主要目标之一是预测用户的情绪和感受,通过这种方式,设计团队可以识别潜在的痛点和机会。

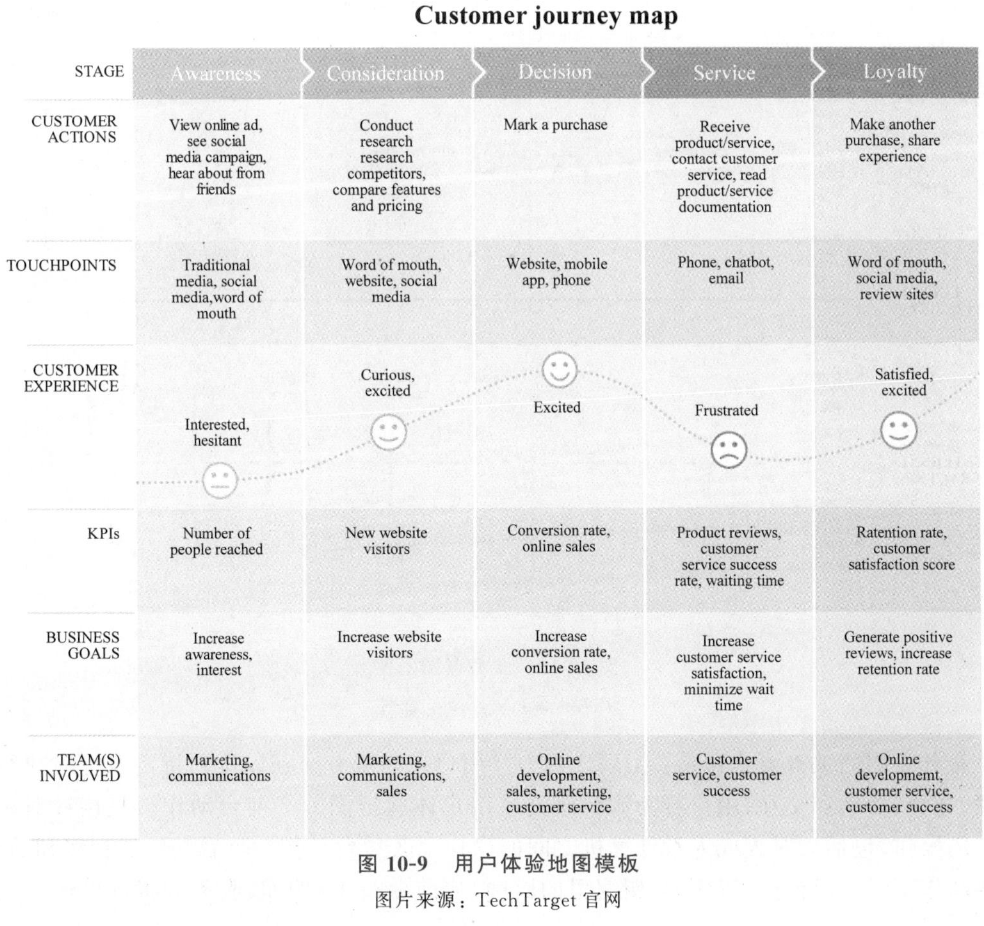

Customer journey map

STAGE	Awareness	Consideration	Decision	Service	Loyalty
CUSTOMER ACTIONS	View online ad, see social media campaign, hear about from friends	Conduct research research competitors, compare features and pricing	Mark a purchase	Receive product/service, contact customer service, read product/service documentation	Make another purchase, share experience
TOUCHPOINTS	Traditional media, social media,word of mouth	Word of mouth, website, social media	Website, mobile app, phone	Phone, chatbot, email	Word of mouth, social media, review sites
CUSTOMER EXPERIENCE	Interested, hesitant	Curious, excited	Excited	Frustrated	Satisfied, excited
KPIs	Number of people reached	New website visitors	Conversion rate, online sales	Product reviews, customer service success rate, waiting time	Ratention rate, customer satisfaction score
BUSINESS GOALS	Increase awareness, interest	Increase website visitors	Increase conversion rate, online sales	Increase customer service satisfaction, minimize wait time	Generate positive reviews, increase retention rate
TEAM(S) INVOLVED	Marketing, communications	Marketing, communications, sales	Online development, sales, marketing, customer service	Customer service, customer success	Online developmemt, customer service, customer success

图 10-9 用户体验地图模板

图片来源:TechTarget 官网

　　用户体验地图能帮助识别服务创新的机会和服务需要改进的领域,了解客户在整个组织中的旅程能增加与营销活动相关的收入、降低服务成本和缩短销售周期,还能提升用户的体验满意度。在保持用户忠诚度方面,用户体验地图也是一种有价值的工具,可用于预测未来用户的行为路径。该方法可以在设计思维的移情阶段使用,体现了设计思维的人和技术方面。

10.3.4　服务蓝图

　　服务蓝图(见图10-10)是一个模板,展示了与利益相关者角色和流程相关的服务交付步骤和流程,显示了服务交付期间客户和服务提供商之间的行为。服务蓝图是实现全渠道、涉及多个接触点或需要跨职能工作(即多个部门的协调)的理想方法,旨在减少冗余,改善员工体验,融合孤立的流程,并且间接改善客户的体验。它是一种面向流程的方法,用于设计思维的业务和技术视角。

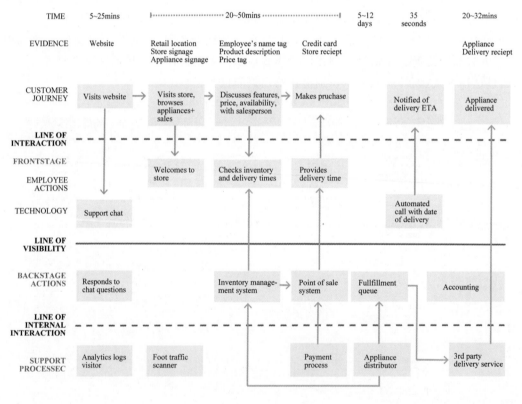

SERVICE BLUEPRINT *Example*

图 10-10　服务蓝图示例

图片来源:NNGroup 官网

　　服务蓝图的关键要素包括:①用户行为。用户在与服务交互以达到特定目标时执行的步骤、选择、活动和交互,用户行为源自研究或用户体验地图。②前台动作。直接针对用户发生的操作,包括人对人或人对计算机之间的操作。③后台动作。幕后发生的步骤和活动,这些动作可以由后台员工(例如,厨房里的厨师)或前台员工(例如,服务员将订单输入厨房显示系统中)执行客户不可见的操作。④流程。支持员工提供服务的内部步骤和交互。

服务蓝图让组织全面了解其服务,并且使之成为可能的底层资源和流程,专注于这种更广泛的理解为企业提供了战略利益。服务蓝图是帮助企业发现弱点的藏宝图。糟糕的用户体验通常是因为内部组织缺陷——系统中的薄弱环节。虽然我们可以快速了解用户界面中可能出现的问题,但确定系统问题的根本原因要困难得多。蓝图展示了全局并提供了依赖关系图,从而使企业能从根本上发现薄弱问题。同样,蓝图有助于识别优化机会,蓝图中关系的可视化揭示了潜在的改进和消除冗余的方法。蓝图在协调复杂的服务时最有效,因为它连接了跨部门的工作。通常,一个部门的成功是通过它拥有的接触点衡量的。然而,用户在一个旅程中会遇到许多接触点,并且不知道哪个部门拥有哪个接触点。虽然一个部门可以实现其目标,但可能无法实现组织层面的宏观目标。服务蓝图使得企业在整个用户旅程中捕捉内部发生的事情——让他们洞察单独的部门无法看到的重叠和依赖关系。

10.3.5　商业模式创新

商业模式是一份文件或战略,它概述了企业或组织如何为其客户提供价值。商业模型以最简单的形式提供了有关组织的目标市场、市场需求以及企业产品或服务在满足这些需求方面所起作用的信息。商业模式是组织创造、交付和获取价值的方式。商业模式画布(BMC)是一种处理商业模式和相关经济、运营和管理决策的可视化方式。一般来说,商业模式画布以简单直观的方式描述想法、产品或服务的业务逻辑。商业模式画布主要反映了设计思维的商业视角,可以有效地用于构思阶段。

因此,商业模式创新(见图 10-11)描述了组织调整其商业模式的过程。通常,这种创新反映了公司为客户提供价值的方式发生了根本性变化,无论是通过开发新的收入流还是分销渠道。商业模式创新使企业能利用不断变化的客户需求和期望。

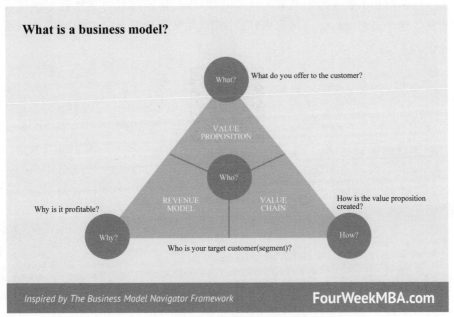

图 10-11　商业模式创新

图片来源:FourWeekMBA 官网

10.3.6 快速原型

快速原型是使用 3D 计算机辅助设计(CAD)快速制造物理零件、模型或组件。零件、模型或组件的创建通常使用增材制造(3D 打印)完成。快速原型设计是快速创建可用于评估产品的过程。它可以帮助确定哪些解决方案在技术上是可行的,因此快速原型是一种测试方法,可以帮助分析产品的未来及其在客户使用中的结果。快速原型的效率使该过程更简单、更快,这为创建产品时的灵活性和错误留出了更多的空间。除此之外,它可以通过促进特定产品、服务或解决方案的对话和反馈,支持多学科团队在协作环境中的沟通。快速原型不仅反映了设计思维的技术观点,还支持设计思维的原型阶段,该阶段应该是健壮和快速的。

根据 Dimitra Chasanidou 等[13]的研究,设计思维方法和工具在 3 方面促进创新:协作性、多学科性和双重性思维。使用设计思维方法和工具是在团队中培养想法和开发创新解决方案的一种方式。设计人员和非设计人员都应该使用设计思维方法和工具,让不同背景、业务、技术等的人参与进来,以建立设计思维视角。

此外,像设计师一样思考可能会改善公司和组织开发产品和服务的方式。使用面向人和业务的方法,如利益相关者图,从而忽略技术的可行性,可以激发创新。另外,完全依赖业务和技术工具无助于做出有效的决策,尤其是当用户可能更喜欢另一条路径时。因此,考虑用户的视角,并结合收敛和发散的设计思维方法和工具至关重要。

使用支持设计思维方法的软件工具也是促进团队合作的一种有效的方式。参与式界面和可视化能帮助不同的人对项目采用新的观点,公司或学校应当为参与者提供设计思维方法或工具的培训课程。

在公司中使用设计思维工具的价值与采用更广泛的项目视角和多学科团队的有效沟通工具有关。团队的价值在于他们共享的沟通基础,因为他们可以与其他合作伙伴实时分享自己的想法。这个过程可以促使做出更好的决策,并可视化复杂的系统问题及其潜在的解决方案。

参考资料

第 11 章

设计思维可视化

◇ 11.1 可视设计思维

设计思维依赖可视工具完成其发散和聚合的协作任务。已有的许多工具都是基于纸质的编绘设备,如移情图。然而,可视方法可以提供的不仅是信息合成,还能帮助团队更好地处理复杂任务。虽然交互式可视化和相关图表在设计思维中的使用还不是很广泛,但许多工程设计研究[1]正探索在设计过程的交流中使用动态和交互式可视化和图表,如平行坐标图和蜘蛛图的交互式版本。系统工程研究人员一直强调基于语义精确、可扩展且易于理解的图表创建系统建模语言,如SysML[2],以及开发多利益相关者决策工具[3]。工程设计和系统工程的团队可以利用详细的模型和预先的分析,相比之下,许多设计思维团队无法获得(定量)模型或分析结果。在此背景下,快速共享可视化在许多组织中得到应用,成为设计思维的核心和支柱[4]。借助素描、草图、海报,甚至动画,使想法变得可见。而通过图片可以对分析、想法和计划进行联合、具体的讨论,并通过反馈引导快速改进周期[5]。这种迭代方法对设计思维过程至关重要[6],为创造性思维提供了许多机会[7]。

本节将详细介绍这方面的具体内容,从对设计过程的形式化描述开始到动态图和思维导图等各种图表在设计思维中的具体应用。

11.1.1 增强设计思维的动态图

在设计思维的各种技术中,素描方法和简单的可视化占据主导地位,比如移情图、商业模式画布、人物画像、用户旅程图或思维导图[8]。然而,对于复杂的设计思维和创新环境,这些技术在物理和概念上都已被用到极致。有时,这些特殊的模拟技术不充分支持不同专业领域的考虑和展示,导致不能实现需表示相互依赖性和构造复杂的解决方案。在文献[9]中,Eppler 和 Kernbach 认为动态图(Dynagrams)可以作为增强设计思维实践的一种很有前景的补充工具。工作组成员可以使用这种动态(流动)、图形、交互式思维和审议工具,形成一个联合(通常是数字)解决方案空间,考虑所有参与者的贡献。他们对 3 种已有的动态图进行改进,并综合使用它们以支持设计思维团队的原型构建活动。这些所谓的动态图使团队能够处理比一般的可视设计思维工具所能承受的更高级别的复杂性。

1. Roper Dynagrams

Roper Dynagrams 将所谓的 Roper 消费者风格图[10]，一种基于全球消费者调查对全球消费者生活方式的细分，转换成动态可调的形式（即调整大小，增强色调，添加信息等）。Dynagrams 中各部分的相对大小编码了目标（客户）群体中消费者群体的相对大小。Dynagrams 用于针对特定消费群体的需求和价值，针对产品、服务或活动。尽管人口统计细节不再能预测偏好，但这些基于生活方式的消费者群体已被证明能成功地将同类型的人分组。

Dynagrams 构造从一个空的图开始，根据在设计思维过程的早期步骤中收集的信息，如与世界各地的不同高管的访谈，归纳识别高管类型。接下来执行以下 3 个步骤：①确定区分不同类型高管的主要标准。这些高管被用作维度标签；②图中定位了不同类型的高管，对他们进行标记，并添加一些关键词进一步描述他们；③确定每种类型高管的大小（见图 11-1）。作者用这些标签标注了两个维度。第一个维度关于组织导向，高管要么面向金融服务公司的全球集团，要么面向区域组织；第二个维度是个人态度，描述高管是保守的、个人主义的，或是网络化的、开放的。

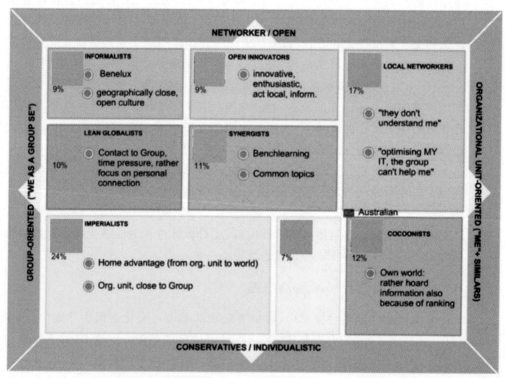

图 11-1　具有核心维度和 7 种执行类型的 Roper Dynagrams

图片来源：文献[9]

2. Sankey Dynagrams

交互式 Sankey Dynagrams[11]（见图 11-2）通过显示和突出设计思维过程中出现的各种信息元素之间的联系来支持重点团队讨论，可以帮助更好地理解通过 Roper Dynagrams 建立的高管类型、这些高管的目标，以及实现这些目标的交互格式之间的联系。Sankey

Dynagrams 的构造也同样分为 3 个步骤：①确定并直观地展示 3 个相关区域；②为每个区域开发元素，并将一个区域的元素连接到另一个区域；③确定主导元素和连接，并重新排列每个区域中元素的顺序。

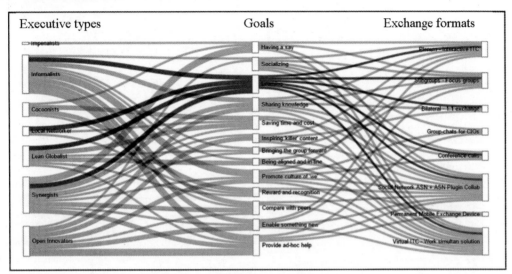

图 11-2　以目标 learning 为源和目标的连接高亮的 Sankey Dynagrams

图片来源：文献[9]

3. Confluence Dynagrams

Confluence Dynagrams 是一种雷达图状的多维配置器（见图 11-3）。该动态图可以动态标记和调整，以捕获定义任何概念原型开发的因素、维度和约束。在设计团队根据 Sankey Dynagrams 构建相应的原型后，Confluence Dynagrams 可用于归纳式地推导原型的因素、维度和因素之间的相互依赖关系。要构造 Confluence Dynagrams，首先确定系数及相应的最小值和最大值，其次将系数分组并定义每一组的维度，最后创建各因素之间的相互依赖关系，并为原型建立概要。

11.1.2　用于设计思维教学的思考地图

设计教育的一个固有问题是难以定义必要的知识，即设计教学过程本身应产生的知识残余。设计教学的特点是围绕问题类型和设计理论问题展开。为了在特定的设计活动中对设计和设计过程的性质有一个概念性的理解，应该教授和获得什么样的知识？有可能对设计教育做出认知贡献吗？在设计教育中，工作室环境是主要的教学框架。根据 Akin 的说法，这种设计指导范式存在以下弱点：动机困难、设计过程指导不足和学习效率低下[12]。工作室教学模式的另一个固有问题是，它是单独进行的，其效果强烈依赖教师和学习者的个性、经验和认知风格。换句话说，教学生如何获取、组织和应用设计知识的方法很大程度上取决于导师的认知内容和教学风格。Eastman 指出，设计教育的目标之一是建立对知识领域的概念性理解[13]。为了实现这一点，我们必须以一种能够以成功的教学方式传达的形式阐述该领域的知识。在文献[14]中，Oxman 提出一个设计学习与设计教学的教学框架，思考地图（Think Map），将领域知识视为设计教育中需要教授和传授的重要组成部分，构建反映一个人在某个领域的思维的概念图。

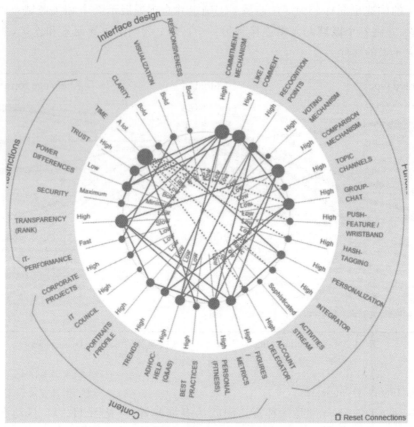

图 11-3　关于原型概要的 Confluence Dynagrams

图片来源：文献[9]

Think Map 基于两种主要的学习理论：建构主义和概念图。建构主义学习理论提出，学习者不是知识的被动接受者，而是通过建构学习过程的积极参与者。教师教的不是构建设计，而是如何构建与设计相关的知识。知识建构有助于阐明知识是如何形成的。作者将这种学习范式称为知识构建范式[15]。概念图是一种公认的学习方法[16]。Think Map 中的概念映射通过提供组织和表示知识的工具，有助于建构主义学习模式。其基本思想是，学习是通过将新概念和命题吸收到学习者持有的概念框架中进行的。根据概念地图的理论，思维地图方法提出，通过构建一个反映一个人在某个领域的思维的地图，可以使所学的知识明确化。

Think Map 是一种认知教学框架，它基于学生在设计中组织和形成知识结构的能力。Think Map 使用计算建模作为媒介表示、设计和构建设计思维中概念结构的模型。Think Map 框架取决于学习者构建概念的结构化表示及其与其他概念的关系，并用特定设计领域的内容填充这些结构的能力。由此产生的知识结构化表示必须能在以后的设计思维过程中访问和扩展。映射的构造和索引，以及在设计推理的进一步情况下映射的扩展，都有助于学习者获取知识。

Think Map 利用了一种叫 ICF 的表示形式，它最初是为表示设计的概念性知识而开发的。ICF 是一种知识的组织模式，它是基于案例推理理论和方法的计算模型而开发的，用来支持从先前的设计中选择、表示和编码有关的想法。它采用了一种"故事"的形式，代表设计描述中固有的大块或者概念性的知识片段。在 Think Map 框架中,ICF 作为一个结构化的本体,用于构建设计概念的概念网络。图 11-4 展示了由 Norman Foster 设计的代表 Mediatheque 理念的相关问题、概念和形式的 ICF 概念结构。每个链接的 ICF 都呈现出独特的设计理念。例如,以下链接的 ICF(用双线表示)可以理解为:为了创造城市吸引力(问题),通过引入 6 层垂直空间(一种形式)作为中央中庭(一种形式),实现了亮度空间(一个概念)。

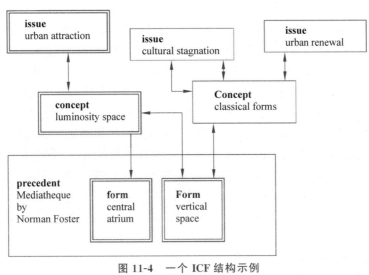

图 11-4　一个 ICF 结构示例

图片来源:文献[14]

◇ 11.2　基于绘图的设计思维可视化

地图作为图表信息设计的一部分,能把自然、社会经济现象中需要表示为图表内容的数量、质量、空间、时间状况,运用各类地图符号表示出来而形成图形要素。其能容纳和存储的信息量十分巨大,是空间信息的理想载体。在基于数据可视化的设计思维理论中,地图也常常作为探讨内容出现,本节主要阐述地图在设计思维中的相关应用与理论。

11.2.1　绘图作为一种思考方式

在过去的 20 年里,绘图(Mapping)和制图(Map Making)成为一种无处不在的思维模式——你不必在任何学科中学习太久就能找到图。难的是找到关于如何在设计中使用地图作为工具的文献。一个问题是人很熟悉图:我们阅读它们的自然方式掩盖了它们作为表示的复杂性。1961 年,在阿姆斯特丹为期两天的一个具有煽动性的项目中,艺术家 Stanley Brouwn 唤起了人们对地图的熟悉感。他在街上随机挑选行人,向他们问路。他给行人一张纸,让他们在上面画出他们的反应。之后,他会在纸上盖上"This Way Brouwn"的字样。"当人们画画时,他们会说话",Brouwn 解释说,"有时他们说得比画得还多。在草图上,可以看到人们在解释什么,但我们看不到他们遗漏了什么,因为他们很难意识到自己清楚的东西仍然需要解释。"

使用图作为交流工具掩盖了它们作为一种思维方式的复杂性。地图就像语言：我们将地图中的符号或标记归因于思想的自然延伸。但是，后结构主义将图（像语言一样）视为一种人工符号，其意义与时间、地点、文化、手势、气味有关，简言之，是我们交流生态学的众多认知和现象属性。Mikhail Bakhtin 使用一个亲切的术语形容上下文高于文本的主要地位——异语（heteroglossia）。同样重要的是话语的性质以及单词感知和相互反映其他单词的方式——单词生活在充满所有其他单词潮起潮落的海洋中。作为交流的一部分，生态图采用制图学的思维（Cartographical Thinking），而不仅是表示。与"This Way Brouwn"中的路人类似，他们的标记和文字创造了无缝的连续性，以至于他们无法"看到"自己所说的和他们所画的之间的差距。这本书在制图想象力的背景下检查图，并通过所使用的图形式表达图：平面图、认知或摄影测量。将注意力集中在图制作上，作为一种策略，用于校准对版图、想法或对象的观察与其表示之间的差距，以便设计师在设计中制定明智的假设。

制图的惯例也适用于其他类型的数据。数据可视化或信息分析使用制图的原则和表示策略系统化各种信息：基因制图中的蛋白质，大脑制图中的神经元，认知制图中人类对空间配置的感知。文化地理学家 Denis Cosgrove 这样区分地图和制图：制图作为行为，创建、可视化和概念化可能的情况，就像它记录、表示或描述一种情况一样。Jean Baudrillard 将这一点浓缩为领土不再先于（precedes）地图，也不再存在，地图先于领土（the map precedes the territory）。这个想法的一个例子是 Naysmith 和 Carpenter 的地图（见图 11-5）将"年代久远的东西"与月球景观上的相同形状进行了比较。这张地图假设随着年龄增长而产生的山脊（就像苹果和人的手所显示的那样）类似于月球上的山脊和环形山，这些山脊和环形山是由火山活动而产生的（这在当时是一种流行的观点）。尽管不正确，但奈史密斯和卡朋特的理论中关于衰老的表述的力量，加上对其的论证，多年来一直受到行星科学家的欢迎，直到我们登上月球，推翻了他们的假设。制作好的地图是一门艺术科学。

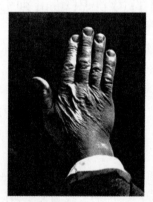

图 11-5　将一只老化的手的表面与一个干瘪的苹果进行比较，说明内部收缩导致的月球范围的起源

图片来源：文献[17]

从作为解释对象的地图，到识别地图的关键符号结构，有助于我们理解作为表示的地图是如何作为符号（signifiers）运行的。数据的可视表示涉及我们的认知感知、图形技能和综合复杂想法的理性能力。对于设计师来说，地图代表了对地点、想法或关系的观察。能够通过地图对数据进行构图、表示和排序，可以增强思维过程，包括视觉思维。21 世纪，复杂数据的综合是所有知识领域中批判性思维的标志。组织信息意味着在数据链之间建立联系，

在定量和定性数据之间建立联系,以及通过数据在想法之间建立联系。可视化组织数据意味着在视觉感知、表示和想象的交叉点管理这些链接(links)。例如,B. W. Betts 通过类似花的几何抽象图形表现人类心理(见图 11-6)。建筑师 Betts 的灵感来自 Johann Gottlieb Fichte 在《知识的科学》(*The Science of Knowledge*)中使用的一个类比,即意识模式对应线条和圆。Betts 试图通过符号数学形式展示人类进化的连续阶段。数学几何与自然之间的对应关系为 Betts 证实了他对人类心灵的抽象制图是一种合理的表示。

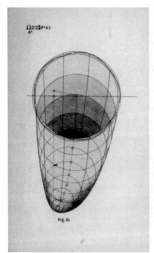 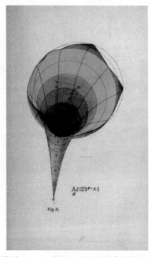 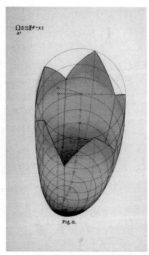

图 11-6　几何心理学中 Betts 的理论和图表摘要表示科学的 3 个图版

图片来源:文献[18]

制图概念化了空间数据集之间的关系,就像通过空间配置实现真实物体一样。城市是完全比例的地图。James D. Watson 和 Francis Crick 无法理解基因双螺旋的结构,直到他们对它进行物理建模(见图 11-7)。而如果考虑到他们的物理模型与真实 DNA 链相比有多么不同,物理模型的这种效果还是令人惊叹的。正如 Robinson 和 Petchenik 指出的那样:假设知识-空间-地图关系包括地图和认知空间领域之间的同构关系,在与语言系统、符号和意义相关的领域中,地图是空间的替代品,这种假设很容易发生。然而,要成为健全的替代品,它们需要有结构。Watson 和 Crick 的模型之所以能像地图一样工作,是因为该模型的底层结构。它是按比例排列的,具有句法(C、G、A 和 T 等元素)和语法(它们的线性组织)、几何组织和清晰的参考框架:它描述了人类的动物身体。在一般语义学领域工作的 Alfred Korzybski 认为,地图保留的是领土结构,需要注意地图的两个重要特征。地图并不代表它所代表的领土,但如果正确的话,它与领土有相似的结构,这说明了它的有用性。

德国生物学家和博物学家 Ernst Haeckel 的地图(见图 11-8)描述了详细的海洋生物和其他动物,包括鸟类的形式。Haeckel 发现并制作了数千个新物种的视觉目录。他的动物和海洋生物地图集是绘制与所有生命形式相关的系谱树的更大项目的一部分。物理相似类型类别的表示支持他的论文物种通过相似的形式(个体发育)发展。进化下降(系统发育)和形式之间的这种联系与达尔文主义背道而驰,并支持非随机形式的发展,在艺术形式中得到了如此精美的说明。Haeckel 强加的地图集结构支持了他的进化论立场。地图的科学性最终是有限的,Haeckel 的立场后来被推翻了。

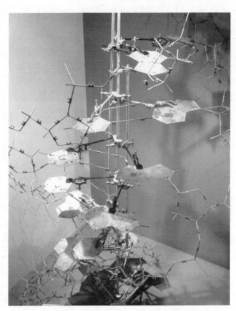

图 11-7　James D. Watson 和 Francis Crick 使用金属制成的工作模型确定存在于所有
生物体中的 DNA（脱氧核糖核酸）分子的三维双螺旋结构，并负责以编码形
式传输传递遗传特征所需的指令

图片来源：文献[19]

图 11-8　有关自然艺术的作品案例

图片来源：文献[20]

　　同样，图 11-9 所示的侧面扫描声呐地图（side-scan sonar map）使用从海底表面反弹的水投射的声波模拟物体和地形的视图。使用这种技术将声音转换为视觉地图是有效的，因为从海底反弹回海面的声波变化之间的转换转化到我们的视觉器官——眼睛和大脑——可以"看到"图片中的明暗区域。地图的结构与原来的区域十分相似，即使观测的方法需要从声音转换到视觉。

　　结构的存在将地图与图表区分开了。它们在某种定量的尺度上相似，但不是程度（degree）。图表共享一些结构，但不像地图那样量化或限定时空关系。它们是传达基本含

图 11-9　用于确定海底物体形状的侧面扫描声呐地图

图片来源：Image courtesy of Thunder Bay 2001，NOAA-OER.

义的简化图形,而地图则倾向具有与主题相关的明确意义。图表中的符号具有多种可能的含义,直到我们使用索引通过上下文指定或指出它们的含义。图表是索引的(indexical),也就是说,它们指向某些东西,但它们没有索引:它们不在更大的上下文中排序或组织,也不像地图那样具有时空维度。图 11-10 说明了这一点;乍一看,这似乎是一种交流。这个序列表示在一个简单的盒子上执行的一组操作。箭头表示"盒子"中发生变形的可能的力、运动或点。但是,如果没有特定的上下文和索引或更多结构,则意味着含义是推断出来的,这并不安全。首先,盒子形状是没有比例的。它可能是一座建筑物,一块口香糖,一种特殊类型的材料,甚至是尚未确定的更大实体的一部分。其次,箭头意味着许多可能的想法:人员移动、变形方向、风向、水流、参与者应该如何移动游戏块(如果这确实是一个游戏)或任何其他可能的数量组合。关键是图表本身不包含足够的结构来传达足量的信息,使其成为拟象(simulacrum)。设计师经常将图表与地图混淆。危险在于图表不能提供太多的现象信息,对于时空条件的假设也没有意义。图表最适合用来传达简化的图形,漫画以某种方式传达基本含义。日常使用甚至可能包括使用图表作为图(graph)的同义词,但就我们的目的而言,从上下文、现象经验(phenomenal experience)和时空性质(spatio-temporal qualia)的抽象程度决定了图表相对于上下文健壮的地图的效用。

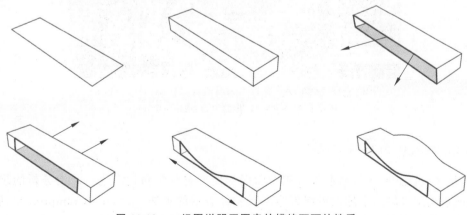

图 11-10　一组图说明了图表的模棱两可的性质

图片来源：Nicholas Wise，阿肯色大学

　　最后,拼贴画(collage)和蒙太奇(montage)是图像构造的两个例子,它们共享结构的概念或一组组装和易读性的规则,但它们不是地图。拼贴画包括作为现实碎片或片段的有形人工制品,通常是图像制作者选择的照片或图画。在拼贴画中,人工制品保留了它们对组装碎片的外部现实的引用。蒙太奇则切割并重新组合片段以创建新的并置。最终的图像看起来比拼贴画更加天衣无缝。图 11-11 显示的拼贴图像保留了可识别的片段。两种图像类型共享构图结构:它们由人工制品组装而成,保留一些对现实的参考,可以是空间的,并且具有边界或框架。它们缺少的是一个索引。这很重要,因为索引性指向组装的预期含义。索引是上下文相关的引用,通过将符号与行动、事物或想法联系起来以赋予意义。C. S. Peirce 对索引的定义是健壮的:一种符号,通过一种反应,通过实际的联系或实际的关系与它的物体联系在一起,从而在一定的地点和时间内引起人们注意。法国理论家如 Barthes 和 Baudrillard 对此进行了扩展,但索引将在特定地点和时间强制注意力的概念是分离图像的地图上下文功能的一部分,即使是看似强大的图像,如拼贴画和蒙太奇等来自地图的表示机制。

图 11-11　一个学生在城市街道的晚上拍摄的照片拼贴

图片来源:Student,华盛顿大学圣路易斯分校

11.2.2　地图作为解释对象

　　自从 20 世纪 90 年代后期批判制图学引入使用符号学对地图进行政治分析的想法以来,地图理论学者转向了地图可能根本不是一种表示的想法。Jeremy Crampton 和其他人认为,批判性的制图师在质疑地图的本体论方面做得还不够[21]。例如,在 Harley 中的一个

基本假设是地图仍然有能力说出某种关于地理的真相——地图本身不是问题,问题是使用它们的人。支持 Heidegger 的 Crampton 提出一种对"空间表示"的非忏悔理解,其中地图不是被解释为远离工作的物体,从任何地方看世界,被理解为存在于世界中,是对事物的揭露,是开放的。引用 Heidegger 的"在世存在"的概念,压制理性以支持经验——在空间和地点中的存在就像置身于当下:不是作为意识的主体或客体,而是作为可能性的投射。这种对世界的开放对 Heidegger 来说是一种"情绪",就像存在的活动让我们与世界建立关系一样。Heidegger 用"居住"的概念解释:居住在一所房子里不仅是住在那里,而是属于那里,熟悉那个地方。因为 Crampton 地图代表了在空间中的存在,它们将某些观点编纂并赋予权力,但其他观点则不然;它们将历史写到现在——"制图是一场关于如何记住过去并在地图上写下它的传记的斗争。记忆的斗争意味着权力是通过一种条件、地点、想法的制图灌输的"。

在设计中思考"对世界开放"的想法的一种方法是暂时考虑解决任何给定设计问题的可能路径(paths)的数量,无论是对于建筑物还是工业用途。考虑选择路径的一种方法假设从原始解决方案到更精细的开发的合理移动,在项目完成之前做出最佳选择集。这种还原思维(reductive thinking)表明:①存在最优解;②它们是通过合理的过程获得的,只要设计者能够直觉到对象的"事物性"。在这个世界上的人(being-in-the-world)拒绝任何这样的直接性——我们遇到的对象的事物性不像柏拉图式的理想,我们能引导它(见图 11-12 和图 11-13)。

图 11-12　第二层次的复制(reproduction):杯子图像的连续投影

图片来源:Vipavee Kunavichayanont,The Eidos of The Cup,哈佛大学,2006

相反,这是通过我们的表示(包括地图)与世界的关系,我们质疑地图的本体论,而不仅是通过地图呈现的意识形态。就地图而言,其基础本体是:利用工具和技术获取和展示空间信息,可以客观、真实、科学地管理世界。当然,假设我们在设计过程开始之前就知道寻找什么真相——这在设计中很少见,而且现在更罕见,因为可用的信息量很大。与其将地图的本体论价值建立在它向我们反映所见事物的能力上,不如利用地图的能力吸收我们与世界的多样和模棱两可的关系作为过程,而不是表示。

Edward Casey 作品中的空间和地点为地图中的本体问题提供了另一种方法。Casey 解决了美学、感知的哲学问题,特别是在空间与地点的讨论中。Casey 辩论"空间之上的位

图 11-13　多个图像，每个图像离原来的杯子都更远一度

图片来源：Vipavee Kunavichayanont，The Eidos of The Cup，哈佛大学，2006

置"，这与历史、哲学、文化研究等方面的问题一样重要。在 Representing Place 中，Casey 提出 Heideggerian 的 Gebild 概念，或者是什么使世界成为一个结构化的图像，重构了世界的图像，揭示了空间的抽象几何与空间的现象学之间的基本张力。在启蒙时代的世界观将笛卡儿空间和时间从现代主体向外扩展的背景下，他批评了现代生活的抽象和普遍化趋势与拓扑（topos）的治愈潜力（healing potential）之间的摩擦。Casey 声称现代性（modernity）失去了一种地域感，他将这种体验与前现代中世纪的宇宙学联系起来。他建议通过仔细阅读山水画和地图等表现（representations）形式恢复我们失去的对地域的直觉。Casey 考虑了"表示（representation）对地点（place）的影响"以及绘画和地图中风景的潜在表示（representations）必须恢复，或者正如 Casey 所说，它"重新安置了生活世界中的人类主体"。他提议重现早期的地图，并用 Heideggerian 的术语框定生活的世界和测量的地点，从而为如何思考地点提供了一个模型。在这方面，他对空间作为人类经验的普遍前提的独特作用做出一般性假设。Casey 特别提到地图，并提醒我们注意区分土地或"景观"的概念，正如William James 在《激进经验主义论文集》（Essaysin Radical Empiricism）中论述的那样，地图所代表的是一种"模棱两可的例子"。景观地图是模糊的，因为作为一种事物本身，地图空间不能在一个实例中被理解，即不能通过历史或散文理解，也不能通过想象、感觉或经验理解。

　　Casey 提出了现代表示的 4 个条件，在这个时代，为了被表示，一切都存在于一起：事实上，只作为表示而存在。第一，图片世界与图像世界相同，具有可塑性和可制造性。第二，图像世界是有框的或可框的；与地图和绘画一样，观众决定了界限和内容，甚至叙述的顺序和记忆的顺序也是确定的。第三，物体始终与视界联系在一起，无论是作为一个事件视界，作为物体的历史，还是一个视觉视界，或者是感知展开的轴线。第四，人是一切表示的源泉；正如 Kant 在《纯粹理性批判》（Critique of Pure Reason）中所写的那样，"一般的现象在我们的表象（representations）之外没有任何东西"。地图是现实的近似，当我们考虑 Heidegger 的断言时，存在一个激进的概念——我们认为现实本身只是一种近似，是我们为自己构建的图像。有趣的是，Casey 的论点也揭示了一种本体论的偏见。他假设一种共同的和普遍的地域感(sense of place),这与存在于世界中的概念相反,而表示将这种感觉反映给我们。在他希望为场所(place)重新获得现象学基础的愿望中,通过推理,他声称(像 Harley 一样)存在一种人类状况对主体间敏感的先验场所性概念。如果遵循他的逻辑来记录地图的效果,必须有一个先验的意识,在 Kantian 的意义上,有这样的东西,"地点",地图反映我们的先天经验的空间和地点之间的差异。这并没有削弱他的观点,即地图不是现实的镜子,但地图的近似部分加强了我们对世界固有秩序的认知投射(projections),其中一些顺序与语言和符号学有关。鉴于它们是地图的构成要素,接下来讨论的就是这些。

11.2.3　地图的沟通方式

虽然地图建立在混乱的自然环境之上,但作为一种环境的图形表现,它传达了世界各地的社会以及长期以来对其已知世界的解释方式。即使我们像 Gregory Bateson 那样,想象着地图建立在地图上的无限回归——在任何给定的时间,我们都会分享这些对我们世界混乱而复杂的解释的不同版本。

Bruno Latour 地图是一种不可变的移动或表示,它将地点、思想或事物按比例缩小,这样它们就可以被传送回中心,并与其他物体结合起来。该地图是 Latour 最喜欢的科学表示示例。Latour 地图一般被理解为地理表示,而不是任何可能的环境表示(如地点、思想或事物);根据该解释,我们可以将相同的概念结构应用到广泛考虑的地图上。对于 Latour 来说,地图绘制的循环始于探险家乘坐满载设备的船只绘制新的土地,然后返回家中与其他探险家分享地图中获取的知识,这些探险家依次绘制新地图。反复的探索使更多精致的地图带回科学和政治调查的中心。该地图强化了请求该地图的当局与外围领土之间的帝国主义关系。这个例子确定了几种级别的排序:图形表示有关地点信息排序的方式、字面意思、识别地点和特征;以及地图作为解释对象的方式对地图制作者所代表的社会关系以及地图制作者记录的地点和人物进行排序。地图制作者设想的地图顺序投射到某个区域或地点上,而地图本身则只是我们对它的认识。这突出了地图作为社会和科学产品,正如 Graham Burnett 所指出的那样,是通过探索者对土地的积极参与而精心制作的。这种积极的参与是字面意义上的,但也是具体的:探险者来自某个地方并去测量某些东西,但它也是象征性的——地图制作者主动的感知或认知参与揭示了地图内容中包含的内容和排除的内容。

地图是历史解释的对象,并编码了地图制作的背景。为了扩展拉图尔的例子,他的探险者午餐时间吃了一点东西,之后带着他的信念和偏见,并使用从他自己的背景材料中产生的工具进行测量。科学工具、技术、文化道德和偏见只是影响地图制作和传播方式的几个条件。强调这一点很重要,因为地图是使用工具和特定的代表性技术(如投影和透视)构建的,从而赋予它们科学权威。地图大多是移动的,但它们并不像拉图尔所说的那样不可变。尽管拉图尔用地图说明科学和工程中积累周期的论点,但这是另一本书的主题,以确定这种类比是否适用于两种情况。这里的主张是地图制作是一种依赖上下文的活动,类似于任何处理符号和符号随时间和地点变化的符号学实践。

一个问题是地图如何衡量或评估以及减少或限制信息以传达有关地点或想法的知识,这需要清楚地图传达信息的方式与其他类型的图形工具有何不同。首先要考虑的是,地图通过形式和内容表达了关于空间和位置、想法和概念以及给定环境中任何可能的数据集组合的信息。形式是由在其核心象征活动中使用的类型特征组成的。Erwin Panofsky 使用透视的例子作为艺术活动的核心象征。透视画是一种基于几何规则的形式,允许我们在二维平面上表示空间深度,简言之,就是一张地图。事实上,所有的表示技术都是一般地图类别的子集。这种特殊的形式有一组特定的规则——从一个点绘制的视觉光线(不是两个,因为有时会假设我们使用两个点),所有的直线在透视中保持直线,垂直线保持垂直,图像平面必须垂直,与地面或水平面垂直。透视图的内容是环境:城市景观、风景或咖啡杯内部。映射(透视图)的内容可能会改变——索引不同的信息,但决定这个视图构造方式的正式规则将是相同的,而不管用来表示什么。Joan Blaeu 的 Enkhuisen 地图就是一个很好的例子。地图使用透视图形式和一种挤压视图,类似于具有相同内容的等距视图。其他地图形式或类型包括专题地图或地形图,其中区域按地图上显示的统计变量的测量值的比例进行阴影或图案绘制,平面地图将景观中的地形差异压平,以显示包括角度、距离和面积在内的平面测量值。形式和地图类型不是同义词。像布劳地图(Blaeu Map)一样,地图可以有几种形式,地图类型也有形式上的相似之处,就像平面地图与正射投影一样——建筑中的平面图、剖面图和立面图。重要的是,制图者考虑到了不同的形式结构传达相同数据的不同方面,例如,平面图中的树看起来与透视图中的树非常不同,或者以柱状图的形式显示树叶子的数量。

地图展示了伪装成自然确定的事实的可能世界,因为它们看起来像具有科学有效性的先验人工制品。作为 1944 年美国陆军工程兵团报告的一部分,菲斯克绘制了密西西比河的航迹图。鉴于根据实物证据绘制 2000 英里(1 英里=1.609 千米)河流及其各种可能结构的复杂性,Fisk 似乎很可能依赖高度的推测、插值、解释和外推——这张地图的力量并不在于它本身的准确性,而是它所具有的力量,它暗示了大河的形态,它的形状和在冲积平面上随时间的流动。它是动态和有生命的系统的强大可视化。

Nelson Goodman 在《创造世界的方式》一书中引导我们思考什么是创造世界。这可以在某种意义上应用制作地图的想法,因为世界是"通过制作世界版本"制作的。对于古德曼来说,没有可能的世界:所有的世界都是真实的。世界是通过对遵守一组严格约束的正确版本的回答而形成的。就像真诚的探险家到一个未知的地方去记录它,从而让它为人所知,地图制作者必须从一个已知的世界开始——我们不能仅创造事物,"我们所知道的世界创造总是从已经存在的世界开始:创造是一种重造。科学、艺术和哲学有助于我们的理解,因为它们都有助于创造世界。"根据古德曼的观点,我们被限制在描述被描述事物的方式上。但描述我们创造世界的可能方式的子结构或术语与制作地图是相似的,并且适用于制作地图。

- 组合和分解:重复、识别和组织,包括分类、种类、类别。
- 权重:利益契约,重点和相关种类的差异,评估效用或价值。
- 排序:不同排序下的周期性和接近性、模式或变化。
- 删减与补充:艺术创作中的特征删减。
- 变形:涉及更改、重塑或更正和扭曲。

如果我们明白可以用古德曼的结构规则通过地图投射世界,我们看到的世界不是新的,而是来自现有的世界,组织的模型是建立在一个世界上不存在的世界。米切尔地图(Mitchell Map)强调了这个想法。如果我们认为地图参与了世界的重新排序(reordering the world),那么它们就与我们如何在世界上构建自己的身份息息相关。默认情况下,他们根据人与人、自然和社会的关系对世界进行排序,因为这些是人类这个物种可以采用的唯一观点——我们不太擅长从甲虫的角度看世界。

地图确定了地理、社会、政治、物质和文化的界限——简言之,它们是思想和思想对象之间的中介。想象一幅世界地图——如果你想象一张用粉色和蓝色拼成方格的地图上的国家,你就同时想到了这个地方和定义这个地方的边界。假设你想象一个大陆上国家的形状:很难想到一个(形状)而不说出另一个(形状)的名字,说“非洲大陆”而不想到它的地方/形状。但仔细想想,这些都不是稳定的实体——国家边界,甚至大陆的名称,都是社会层面的,而不是自然构建的。地图代表的是我们对世界组织方式的想法,而不是真实的世界。举一个建筑或城市主义的例子:当城市的边界不再清晰时,“城市”这个词就会陷入危机——现代大都市包括自然、数字信息、经济影响和政治共鸣之间物理、社会和文化上的无形边界。

作为我们感知世界的表示,地图是一种符号形式。Ernst Cassirer 认为符号形式可能是开放和活跃的。根据卡西尔的说法,符号形式是思想的代表功能的产物,它带来一个我们通过语言交流的稳定而持久的图像世界。这个世界是由我们的感官感知和我们在世界上的时空位置构成的。另一种思考方式是,地图是如何传达我们从记忆、欲望和观察中得出的信息的。一方面,地图是一个地方或想法的表示,是山丘、山谷、平原、城市、街道和名称的目录,用于向其他人传达某事或某种想法。另一方面,它是一种投影或表示(representation),而不是再创作。地图“先于领土”(“precedes the territory”),因为它将可能(possible)与很可能(probable)相对立,尤其在记忆中。地图指向的世界是我们通过感官感知决定的,并重新组合成一种表示。就像我们的感知和记忆地图不会包括一切。世界地图不包括世界,而是世界的拟象:一种世界阴影的表现——地图绘制者将三维世界元素缩减到二维平面上的轮廓。重要的特点不是地图缩小了世界,而是如何缩小世界。所包含的、被排除的、被强调的或被压制的内容揭示了制图者如何思考这个世界。当地图制作者是设计师时,这意味着被映射的东西就是与设计假说相关的思想。

◇ 11.3　基于链接表记的设计思维可视化

11.3.1　概述

第二次世界大战后,工业化世界的许多设计学科,尤其是建筑学,经历了相当大的转变。欧洲的广泛破坏需要前所未有的规划设计和建设努力。在北美,郊区的快速增长需要新颖的设计和规划方法。各地的从业者对设计大型社区、全新城镇和广阔的道路系统的挑战措手不及。城市更新项目必须在建筑标准和性能要求方面响应新的福利国家的敏感性和更高的期望。高等教育的大幅增长要求重新规划大学校园。初等和中等教育也需要现代化的设施,以适应在很大程度上已改变的教育范式和价值观念。购物中心颠覆了传统的城市商业模式,改变了城镇的性质。部分由于战争而加速的技术发展促成了从重工业向高科技产业的转变。当然,计算机的出现以及计算和通信的快速发展是这场革命的顶峰。技术教育紧随其后,新的设计学科应运而生,其中包括计算机硬件和软件工程。其他学科也经历了重大的发展转变。与过去相比,所有领域的设计师都面临更大的不确定性,他们必须应对许多未知因素以及对灵活性和变化的新需求。战争促进了协作工作,来自不同领域的设计师和科学家联手实现特定目标。这种经验为跨学科工作创造了有利的环境,为此必须发明适当的框架。传统的设计教育并没有使设计师充分准备好应对新挑战的范围和性质,他们觉得不同行业的工具不够所需要的。该行业的工具受到设计师和设计研究人员的密切关注,他们认为传统的设计方法使他们失败并且产生了令人不满意的结果。建筑师经历了一场特别严重的危机,也许是因为他们能够评估战后以及 20 世纪 50 年代在欧洲和其他地方建造的许多建筑,并对这些建筑感到不满。来自用户的直接和间接的负面反馈——例如,新住宅项目中的破坏行为——几乎没有产生误解的余地:人们的需求没有充分得到解决,设计师感到有紧迫的义务对此采取行动。因此,在寻求彻底改变设计实践的设计研究人员中,建筑师处于最前沿且占大多数。

对于设计方法社区来说,Alexander 在笔记中描述的方法的巨大吸引力在于揭示了建筑设计的生产性理论是可能的。这种方法被看作一种基于规则的说明性系统的演示,整个设计过程都可以用它管理。由于采用了数学模型,且还要进行计算,因此增加了这种方法的吸引力。但这种优雅的、复杂的方法并没有为设计实践带来实际的解决方案。事实上,20 年来在设计方法领域的努力工作对大多数设计领域的影响是微不足道的,工程设计可能除外。在完成大部分工作的建筑学院中,学生和教职员工都发现实施各种实验方法既费力又费时且乏味。

更糟糕的是,他们注意到在最终的设计解决方案中无法感知到任何改进。很长一段时间,研究人员认为他们所开发方法的不完善是导致这些方法失败的原因。他们的反应是更加努力地寻找在设计中可利用的算法。这一努力在计算机辅助设计方面取得了进步,但对设计师概念化问题并开始寻找解决方案的方式没有影响。现在已经不可能仅通过指出方法中的缺陷来解释这些方法缺乏效力的原因。显然,还必须考虑其他原因。

到了 20 世纪 70 年代中期,少数研究人员开始怀疑,设计师在进行商业实践时所使用的习惯思维模式(设计方法运动试图废除或变革)是处理设计等任务的自然方式,也许是与生俱来的方式。据观察,设计师似乎使用了固定的思维模式,这些模式能够抵抗那些试图让他们偏离自然路线的尝试。各种方法的规定性要求设计师按照相当严格的顺序遵循预定的步骤,这似乎与所谓的"自然设计思维"相矛盾。如果这种观点被接受,那么,与其与自然设计思维作斗争,不如顺从他,如果支持的手段非常适合人类设计思维,它就可以得到支持。毕竟,直觉设计思维不太可能产生令人反感的想法,从而需要改变范式。

研究人员开始谈论"描述性设计模型",他们将其与规范性模型或方法进行对比。他们的论点是,对实际设计行为的良好描述对于理解在现实生活中的设计实践中发生的思维至关重要。这一点被那些对开发计算机工具感兴趣的研究人员理解了,这些工具可以在设计过程的早期概念阶段帮助设计师。他们不再梦想计算机工具能够取代人类设计师,而是开始讨论设计师和计算机之间的合作关系,即每个合作伙伴都贡献他/她或计算机最擅长的东西。

因此,人们承认人类设计师在某些方面比计算机做得更好,这通常意味着人类更善于产生新想法。但这种新模式有一个严重的困难:事实证明,人们对设计师如何思考,尤其是他们如何产生和发展想法知之甚少。如果没有更好地了解和理解设计思维,又怎能确保它与任何将要开发的工具(计算或其他)可以良好匹配呢?

链接表记(Linkography)是一种新锐的设计思维分析方法(见图 11-14),由设计师

Gabriela Goldschmidt 从大量设计思维研究成果延伸、发展而来,并在 2014 年出版的专著 *Linkography* 中做了详尽的解释和总结。

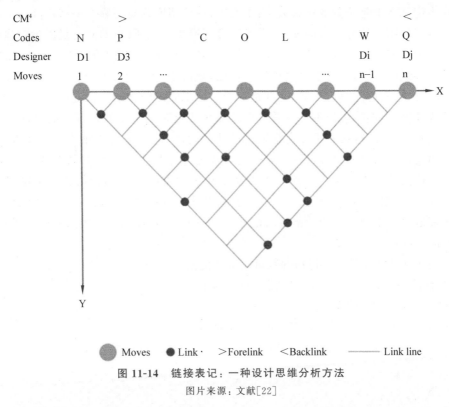

图 11-14　链接表记:一种设计思维分析方法

图片来源:文献[22]

它最显著的特点是采用口语分析(Protocol Analysis),一种认知心理学所广泛采用的研究工具,记录和描绘设计人员的思维过程。在研究中,被试设计人员必须在进行设计的过程中即刻、大声地说出自己脑海中的想法,随后研究人员对这些录音所含的信息进行分析,将设计人员的思维流程划分为一个个较小的思维活动,并对这些思维活动进行分类、编组,研究它们之间的联系。思维活动的最小单位——行动(Moves),被按照出现的时间顺序列在横线上;两个行动之间的相关性则用一个点表示。对心理学工具的创造性使用,使得链接表记接近思维流程模型,但又有着有别于传统设计思维模型的特性:它尽可能忠实地记录设计思维本身,而后尝试从设计思维本身入手进行分析,而非在记录时就从一个模型提供的框架出发。同时,链接表记可以直观地显现各种思维活动之间的联系,并在图表上赋予各种不同性质的思维块以不同的视觉特征。链接表记两大特性的结合,意味着设计思维可以被相对准确地记录和抽象。这在根本上有别于通过经验总结和直觉所建立的传统思维流程模型。通过学习链接表记,我们可以建立对设计思维过程的直观认知,并且利用这一工具改进设计流程,评估设计效能。

11.3.2　什么是链接表记

第一个链接表记是在网格纸上手工绘制的。在 19 世纪 90 年代初期,Shahar Dumai 创建了第一个用于制作链接表记的小软件,称为 MacLinkograph,它适用于 Mac 计算机。不幸的是，当新的操作系统诞生后，它并没有升级，最终 MacLinkograph 过时了。通过使用 Java 平台，2004—2005 年开发的 Linkographer 避免了其前身的命运。

链接表记基本上是矩阵的修改表示；事实上，一些研究人员更喜欢坚持矩阵表示。此处用于链接表记的图形符号是有向图，尽管没有使用箭头。之所以选择它，是因为它强调网络中链接的排列。网格线使网络及其结构的可视化特别引人注目，如果希望强调链接作为节点而不是连接线的概念，这种表示会更好。然而，矩阵表示也是完全合法的，并且对于某些目的（如编码），它们可能具有优势，尤其是对于包含 100 多个移动的长链接表。

无论哪种方式，链接表记都可以看作设计师在特定时刻工作的非常小的设计空间的放大描述。当然，单独的链接并不能完整描述设计空间，因此描述是片面的。尽管如此，它仍然允许访问设计师当时的思维过程。如果也对链接进行编码，那么图片就会变得非常全面。设计空间的任何其他表示都不会产生可以从链接表记推断出的那种信息。在我们的研究中，设计空间的全貌并不是主要关注点。想看看设计的过程"如何"，我们忽略了"什么"。链接表记很好地服务于这个目的。链接表记显示了一个网络，除作为链接的节点空间外，该网络还具有以下内容。

- 连续行动编号的一行（行动的数量是灵活的）。
- 背景网格线，其中突出显示链接时激活的部分。
- 水平线表示链接的跨度。
- 识别设计师的一条线（对团队设计会议有用）。

此外，有 3 行表示关键行动。图 11-15 显示了可以使用的链接表记模板。

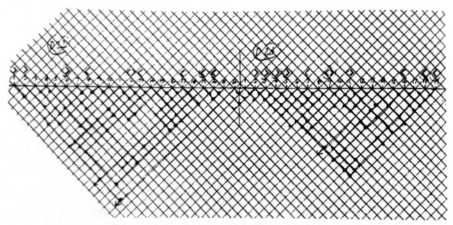

图 11-15　在方格纸上手工绘制的两个相邻链接表（D22 和 D23）的部分图

图片来源：文献[23]

1. 设计行动

设计思维的研究历史证明了试图直接建立对整个设计过程的本体论认识是不现实的，研究必须从细微和实际的角度入手，也就是口语分析中的最小单位——言语。在使用口语分析研究设计前期，链接表记对言语的识别自有一套方法，得到的言语被称为设计行动（Design Moves）。

设计行动的概念来自棋盘上的一个"步"，正像棋类运动的每一步都让下一步所基于的棋盘状况略微不同，每个设计行动都让设计的空间基础有了一些变化。传统的设计思维模型经常认为设计是一系列各自不同的阶段所构成的过程,但链接表记认为每个设计行动本质上都是相同的,让设计空间产生了一些变化的行为。

设计行动和普通的言语一样,需要从原始录音中识别出来。需要注意的是,设计过程经常涉及草图等视觉资料,这些也可以作为设计行动的素材。识别设计行动时也可以和言语一样,在尺度上有很大的宽松空间,具体粒度取决于研究的要求,但一般来说,太大的尺度得到的研究结果意义不大,应该追求尽可能小的分隔。

和口语分析中不同的是,如果确有必要,设计行动可以进一步被拆分成项目。每个项目是真正的最小语义单位,包括根由(Rationale)和物象(Embodiment)两种,其中根由是做出行动/要求/操作的原因,而物象是被分析和要求的实际物件或概念。一个简单的例子如下:"我需要在广场里设置一个景观轴。"可以被看作根由。"我在广场中间安插一个走道。"是根由产生的物象。

不过,一般不需要如此细致。在得到划分好的行动之后,还需要对行动进行编码。认知心理学的编码方法对于设计问题不算特别有效,不仅是因为编码得到的类别和实际案例关系太密切缺乏普适性,更是因为简单的归类很难抽象出足以进行下一步分析的特征。它对于研究设计中的团队合作等话题仍然是有用且可以采取的,但链接表记需要它自己的方案,以专门探索设计中离散、漂浮的思想是如何被整合成坚实的设计空间和解决方案的。

尤其重要的是,链接表记还必须反映出设计过程中两种重要的思维模式:发散性和一致性思维。许多心理学家都提到过这两种思维模式的差距。发散性思维帮助设计者在空间中广泛地探索,获取灵感和创意,超越常识的界限,而一致性思维负责审视这些创意的合理性,保证创意过程得到可行的结果。

因此,链接表记采取一种独一无二的方式编码行动:链接。

2. 链接与行动

设计行动之间必然有所关联,而非独立的实体。如果两个行动的内容有关联,我们就称之为一个链接。有时行动之间有着跨得很远的联系,有时则短而密集,形成了种种不同的链接。链接是双向的,对于在时间顺序上靠前的一方是后链接,对于时间靠后的一方就是前链接。链接的数量不受限制,一个行动可以和任意多的其他行动形成链接,或者完全没有。当然,两个行动之间只可能有一条链接。

断定链接在两个行动之间经常遇到的种种困难。通常,研究者光靠常识就能达成共识,不过要是碰上意见不一的情况,必须投票决定。原始的录音文本经常也会出现大量所指不明的代词,如"这个""那个",只好在处理文本和录像的时候就标注上。

在如图 11-16 所示的链接表记中,我们把行动按照时间顺序摆在一条直线上,间隔相等的距离;如果两个行动之间有链接,就在两个行动的斜向射线交点处标记一个节点(Node)。节点和两条线就是一条链接。

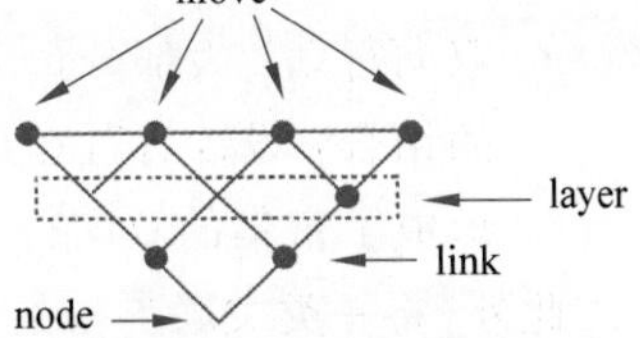

链接的两个行动之间的时间顺序距离越远,节点的位置越靠下。我们用层(Layer)表示节点的高度,层越多,代表链接的跨度越大。

图 11-16 链接的基本样式

图片来源:文献[24]

所有可能的节点位置和最上方的一排设计行动形成了一个倒金字塔形状。这个形状在数学上等价于一个长宽相等的二维矩阵,行动就是矩阵的两个维度以及对角线,其他矩阵上的位置就是节点的可能位置。

前向链接和后向链接包含一种暗示:如果一个行动有大量前向链接,那么它往往是一个阶段探索的总结。一个行动的后向链接多,那它可能是一个话题的开始。通过链接的密度、形状分布和各个行动拥有的链接多少,我们获得了一种独特的编码方式,可以体现出许多我们在设计思维研究中关心的属性,并且拥有独一无二的直观程度。

链接是链接表记的主体。链接表主要是一张链接构成的网络,辅以必要的其他标记。通常至少需要设计行动和层级的编号、背景里易于参考的格子和横线,有时还有标记这个行动的提出者等额外信息的标注。后文会逐步介绍这些标记。

设计行动按照链接的前后向可分为 3 个重要类型:孤儿行动(Orphan Moves)、单向行动(Unidirectional Moves)和双向行动(Bidirectional Moves):

- 孤儿行动:孤儿行动就是没有任何链接的行动,如图 11-17 所示。通常,孤儿行动代表没有什么来由的突发想法,并且这些想法随后被完全忽视,因此没有前向链接也没有后向链接。这并不意味着孤儿行动完全没有价值,可能是被遗忘的奇思妙想——但一般来说,越是熟练的设计者越少在设计中产生孤儿行动,因为他们不容易毫无来由地产生没有太大价值的行动,也不容易遗忘本来有价值需要总结的行动。

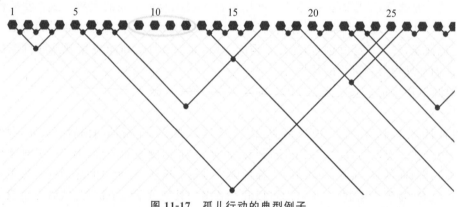

图 11-17　孤儿行动的典型例子

图片来源:文献[25]

- 单向行动:单向行动也可以分为单向前和单向后两种行动。开头和结尾的行动必然是两个单向行动。单向行动的出现代表着设计者突然想到了之前没有触及的话题,或者对一系列行动做了最终的总结。链接越多,代表此行动的启发性越大,或者总结得越有参考性。

- 双向行动:大部分行动通常都会是双向行动。双向行动往往展示出两种思维方法的结合:设计者既在总结和回顾他的行动,又在努力寻找开放性创新的空间,最终形成了密集的双向行动。之后会进一步讲述。

此外,将一类关联丰富的动作称为关键动作。根据行动的链接数量,划定链接数在阈值 t 以上的行动为关键行动,记为 CMt。关键行动的阈值选择,一般以会让 10% 左右的行动成为关键行动为佳。此外,还可以只计算一个行动的向前或者向后的链接,这样得到的关键行动可以记作 $CMt<$ 或 $CMt>$,同时满足两个方向要求的稀有行动则可记为 $<CMt>$。一张图也可以同时采用多个阈值,并分别记录在图上。关键行动经常贡献了一张图中大部分的链接,在分析中起到举足轻重的作用。图 11-18 展示了一张链接表。实验表明,设计者每个行动的平均链接数量一般都是 2.0 个左右,或者 4.0 个单向链接。越是熟练的设计者,关键行动贡献的链接比例越少,链接分布越平均,这代表他们的每个行动都有价值。

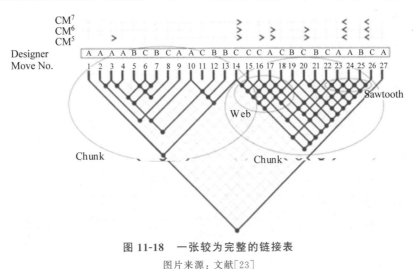

图 11-18　一张较为完整的链接表

图片来源:文献[23]

3. 链接分布

图 11-18 表明行动生成的链接数量会有所不同。这在一个自发的探索性思考过程中并不奇怪,在这个过程中会检查大量的问题。链接相对于生成它们的行动是如何分布的?

孤儿行动没有链接,但关键行动会产生大量链接。临界阈值是可调整的,最优设置 CMs 的比例为 10%~12%。因为链接形成了一个网络,所以找出关键动作生成的链接的百分比是否恒定是一个很有趣的问题。Gabriela Goldschmidt 对此进行了研究,记录了前 10% 的行动对链接的贡献,即链接数量最多的 10%。结果证实,关键动作的贡献超过了动作"数量"。在不同长度(行动次数)的序列中,它们的贡献似乎相当稳定,从经验丰富的设计师的所有行动平均贡献的两倍到新手(设计专业学生)的 2.5 倍不等。这些比率不是很高,但仍然很重要。关键行动的百分比有时是 12 甚至更高,因此关键行动对一般链接网络的贡献可能更大。

在多达 100 个动作的序列中,行动可以有任意数量的链接。有趣的是,对于不少于 20 步的序列,每步的平均链接数(链接索引)是相当稳定的。无论序列长度和参与者的经验如何,它都在 2.0 左右。这意味着,每个行动有两个反向链接和两个前链接,因为每个链接是一个行动的反向链接和另一个行动的前向链接,因此,如果链接不被计数两次,那么序列中的链接数仅指反向链接的总数,或前向链接的总数,或每种链接的一半之和。

链接生成的频率——即多少步行动产生一定数量的链接(向后+向前)——趋于正态分布,如图 11-19 所示。孤儿行动与关键行动分布在两端,导致频率图是不对称的,因为所有孤儿行动生成 0 个链接,但关键行动产生不同数量的链接,因此得到一个代表生成大量链接的小部分行动的尾巴。如果忽略图的右尾(即少数极端关键行动,在这种情况下大于 11 个链接的行动),将得到一个正态分布。分布的峰值(在"4"的位置)是所有行动的 15.4%。每个行动都会产生 4 个链接(在两个方向上),它们共同贡献了所有链接的 12.3%。这是具有相同链接数的最大行动组。最多生成 3 个链接的行动和生成 5 个或更多链接的行动形成更小的组。每个行动的链接数量越多,某一组对所有链接的比例贡献就越大。在这项研究中,29 种行动(仅占所有行动的 4.6％)都有 11 个或更多的链接,占所有链接的 12.5％。一小组链接密集的行动的贡献大致等于具有平均链接数量的更大的行动组的贡献。

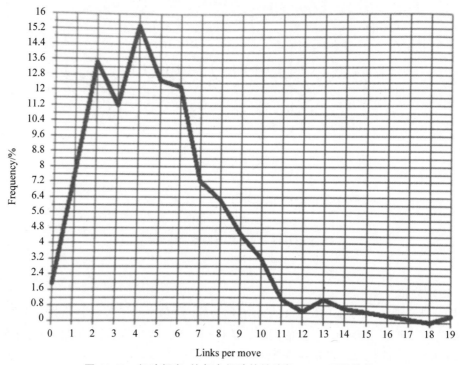

图 11-19　行动频率,按每个行动的链路数,Delft 团队协议

图片来源:文献[23]

　　图 11-19 代表了一项研究,但它基于一个相当大的样本:624 个行动。在小样本或单个链接表(尤其是短链接表)中可能不会出现类似的正态分布。但是,在所有情况下,由相对较少数量的行动生成大量链接是显而易见的,因此应该特别注意这些行动及其在设计过程中的作用。

　　4. 链接模式

　　链接的节点形成了 3 种值得关注的结构,如图 11-20 所示。密集的网点形成的金字塔形被称为网(Web),而连续的一层横点被称为锯齿(Sawtooth)。没有 Web 那么密集,包括在一个横跨很远的链接下的松散金字塔形状被称为块(Chunk)。

　　• 块:块展示了设计师对一个话题展开的多方面讨论,如果两个话题无关或者有一定相关性,块之间也可以重叠或者分离。在图 11-20 中,两个较小的块正好被共享的行动 14 连接在一起,它们也可以看成整个表所构成的大块的一部分。块代表设计团队的一个思想流的循环,一般在这个过程中他们对某个问题的特定子范畴高度注意,努力试图验证一个方法或者解决一个问题。验证如果成功,一个块就结束了,团队走向下一个话题;或者,验证中发现的问题本身也足以要求探讨,产生重叠或互相包含的块。无论如何,对一个方法或者问题的思考拉伸过长时,有时会因为设计团队无法维持对问题上下文的持续记忆而短暂结束,这个块也就结束了。图 11-21 显

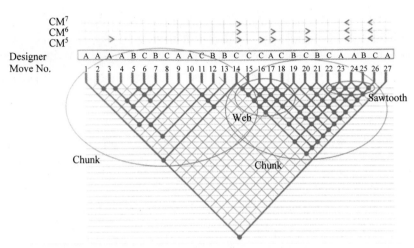

图 11-20　链接表记中的 3 种链接模式

图片来源：文献[23]

示了一个没有"块"结构的链接表。

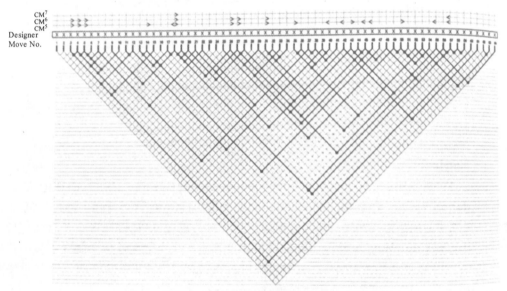

图 11-21　一个结构不良的设计过程：链接表中没有"块"结构

图片来源：文献[23]

　　如果没有明显的块，这往往意味着设计者对于问题的处理大而化之，或者他们专注的几个小方面都不能很好地整合到一起。还有可能是他们一直在讨论一个问题，抑或一直在许多问题之间来回跳跃。这种跳跃有悖于人类的正常思维模式，一般是不太可能的。

　　• 网：代表对一个较小问题特别详尽地讨论，问题本身较小并且内部整合紧密，因此每个行动都可以看作和其他几乎所有行动相关。这么紧密的讨论并不是很常见。

　　网所处理的问题往往被高度关注，大量的因素被一个个检查，所有方面都得到处理，并且几乎是同时发生的。这可能是因为一个概念需要特别明确和澄清，也可能是一个新想法在构造时得到了全面的考量。

- 锯齿：锯齿的出现意味着这里出现了线性步进的思路。每个行动都和它前后的行动紧密相关，而不和别的相关，形成了一条锯齿状的图像。这意味着，每个新行动都只回应前一个行动的场景，实际上连续性并不高，更接近一问一答的形式。它通常意味着场景在深度和广度上都没获得很明显的进展，往往是对一个问题的一个方面进行反复关注和细致考量。

5. 链接距离

两个链接之间横跨的时间数就是链接的距离，如图 11-22 所示。对于锯齿型结构，这个数字是 1。一个块的顶端链接往往有 6 甚至更大的链接距离。链接距离也决定了图上链接节点所处的层级，1 链接距离的节点在第一层，以此类推。

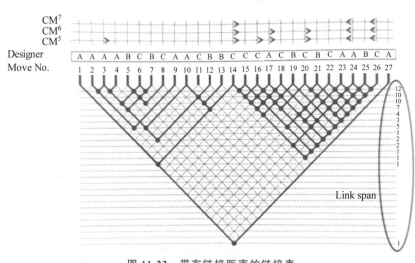

图 11-22　带有链接距离的链接表
图片来源：文献[23]

链接的距离体现了思维上前后连接的跨度。乔治米勒（George Miller）的理论认为，人的短期记忆只能记住 7 样事物，由于这一限制，在大量的行动之后再回顾之前的行动是很困难的。特别长的向后链接往往意味着之前的想法非常关键，足以让设计者在长时间之后仍然记忆深刻。也因为如此，90％～65％的链接跨度都小于 7。长的研究往往有更多长跨度的链接产生，并且那些存在于脑海之外的思维指示物，如草图、画板等也会很大地促进长跨度的链接产生。一般长度为 1 的短链接数量是最多的。

超长的链接距离也经常产生于一个头脑风暴阶段的结束。此时，团队回到之前被岔开的话题上重新继续，并总结头脑风暴的结果。类似于草图，一支团队也比个人或者小组更容易产生长链接，团队内部分工扩展了短期记忆的范围。

6. 链接指数

链接表中的链接数量因案例而异。当然有个别差异，但影响最大的因素是链接表的长度。在包含大量行动的网络中，链接的数量可能更多。在饱和网络中，潜在链接的数量为 $n(n-1)/2$，其中 n 是行动的数量（饱和网络是假设的；现实中不存在这样的网络）。一个有 50 个行动的网络的潜在链接数为 $50\times(50-1)/2=1225$。如果添加一个行动，潜在链接的数量变为 $51\times(51-1)/2=1275$。换句话说，增加一个行动会增加 50 个新的潜在链接（第51 个行动链接到之前 50 个行动的链接）。因此，不可能根据链接的标称数量来比较流程及其链接表,而是采用网络中链接的比例,术语是链接索引(L.I.)。链接索引是链接数量与生成这些链接的行动的数量的比例。最高 L.I.值出现在网络中,这些网络被先验地定义为高链接密度的行动组。如果链接表完全是锯齿,那么 L.I.值就接近 1。同一个会话在不同阶段可能会显示不同的 L.I.值。

链接指数是一个设计活动中链接数量的快速指示,它反过来暗示了设计师实现综合的努力。然而,我们必须谨慎,不要认为较高的 L.I.就一定是优秀或创造性设计的标志。一个高的 L.I.可能是许多重复的结果,或者是多次尝试去探索不同的想法,但它们之间很少有连续性的结果。事实上,L.I.值与设计质量之间没有相关性[26]。因此,链接索引是一个必须谨慎使用且仅在适当情况下使用的值。

7. 矩阵链接表

正如本章开头指出的,链接表基于一个简单的矩阵,上述符号是首选的,因为它具有可视化能力。然而,矩阵也是一个可能的选择。例如,如图 11-23 所示,其中分析单元是由 4 个设计师组成的团队在一个创意生成会议中产生的创意。Remko vander Lugt 用于确定会议成功的标准之一是在队友先前表达的想法的基础上建立想法[27]。为此,Vander Lugt 推断了会议上提出的观点,并将它们列在矩阵式链接表中。接下来,他将它们之间其中的链接表记为矩阵中的黑色方块。对于每个链接,被链接的参与者的姓名首字母被标记在相应的黑色链接方框中:首先是一个想法的发起者,然后是基于这个想法的参与者。这有助于识别团队成员之间的联系,反过来,也有助于识别参与者在他自己的早期想法上建立的联系。结果在不同的团队和不同的想法产生方法之间进行了比较。

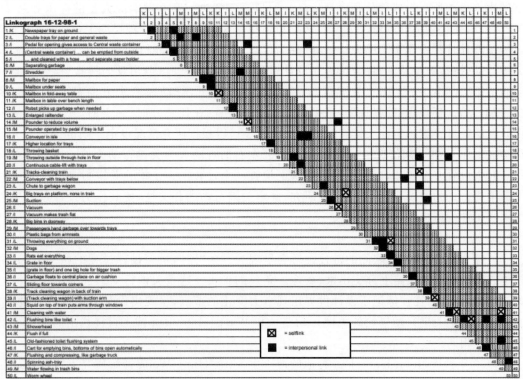

图 11-23　矩阵链接表。团队成员的想法按时间顺序列出

图片来源:文献[27]

Vander Lugt 作品另一个值得注意的特点是，无论选择何种表现形式，他都区分了不同类型的链接。由于在他的研究中链接是思想的变形，因此 Vander Lugt 在 Stanley Gryskiewicz 所做工作的基础上提出了 3 种类型的转变。

- 补充：微小的变化会带来微小的改进。
- 修改：想法的结构变化会导致重大变化，同时保留原始想法的核心方面。
- 切线：基于与原始想法的遥远联系，一个新概念出现了重大的"飞跃"。

对链接进行编码可能很有用，并且应该记住执行这种编码的可能性以及编码行动的可能性，就像在传统协议分析中一样。这种编码与链接并不矛盾，反而能够增强它。

11.3.3 链接表分析

1. 关键行动

链接表提供了一件可贵的抽象化工具，能以直观的方式显现设计过程，并且从现实世界设计过程的一团乱麻中提取我们所需的、和设计思维高度相关的特征。然而，在成功抽象之后，我们还需要分析链接表，才能从设计过程中挖掘出设计思维的轨迹，从而加深对设计思维本体论的认识。

对链接表的分析可以是相当自由的，每个研究者都可以以自己的方式利用链接表记，作为探索设计思维或者改进设计过程的工具。不过，在过往的实践中，关键行动被证明是链接表记中最值得关注的特征。

链接表记的基本前提是，设计过程的质量和创造力取决于设计师综合解决方案的能力，该解决方案的所有组成部分都表现出良好的拟合。解决方案必须响应大量的需求和愿望；除此之外，一个创造性的解决方案应该是新颖和令人兴奋的。在微观尺度上，这种合成是通过链接设计过程中非常小的设计步骤（称为行动）实现的。这种断言的一个逻辑结果是假设关键行动（链接数量特别多的行动）在设计过程中特别重要。区分由反向链接（$<CM_s>$ 和前向链接 $<CM_s>$）导致的关键行动；在极少数情况下，行动在两个方向都有大量链接（$<CM_s>$）。还规定"临界性"是根据链接的阈值数量（在任一方向）确定的，并且该阈值根据研究的粒度逐案确定。关键行动的具体阈值 s 可以根据研究情况设定。阈值为 s 的关键行动被记作 CM_s。阈值选择一般以会让 10％ 左右的行动成为关键行动为佳。也可以在同一研究中设置多个阈值，以便在多个层次上检查一个过程。为了检验关键行动确实是序列中最重要行动的假设，下面介绍一项研究，确定关键行动的相关性，使其作为设计过程中思维重要属性的指标。

2. 关键路径测试

关键行动，以及它们之间的链接经常会呈现为一条"路"，贯穿设计过程的始终，而其余较小的行动则从这条路上分支出来，就像一条鱼的骨头。这条关键行动形成的链接被称为关键行动路径，它往往标记了设计世界出现重大变化的节点，呈现出设计方案的演化过程。使用链接表记关键行动描绘的关键行动路径和 Wang、Habraken 博士直接找出的关键决策路径基本相同。

1982 年秋天，John Habraken 和他的博士生 Ming-Hung Wang 开始研究支持设计过程的基本操作[28]。他们从所涉及的必要和充分的组成操作及其顺序的角度研究了设计过程[28]。在他们看来，有 6 种这样的操作。他们使用设计会议的大声思考协议证明这一点。

在一项实证研究中,他们请一位设计师在一名学生公寓的起居和用餐空间布置家具,然后列出从开始到结束的设计决策的顺序。他们编制了一份报告,其中列出了用 24 个步骤做出的 35 项决定,每一步采取一项行动。接下来,同时进行的操作被合并成一个步骤,从而将步骤的数量减少到 12 个。决策随后被编码,使用 6 种操作作为分类方案。他们还绘制了不同形式的决策图表,其中包括 9 个家具"地点"(例如,餐厅、工作场所、电视、窗帘、长窗帘)。结果证明,这 6 种操作是必要的和充分的,以涵盖所有设计决策。Wang 和 Habraken 根据他们的分析绘制了一个网络图,其中节点代表决策,连接箭头代表操作。图 11-24 是最终的网络图。

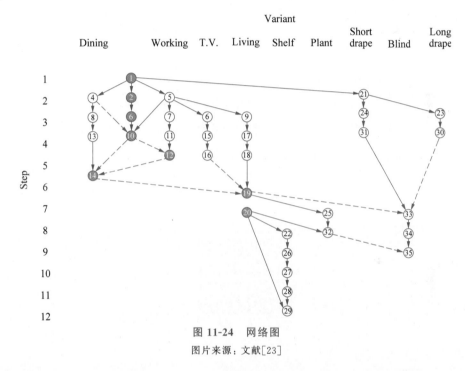

图 11-24　网络图

图片来源:文献[23]

Wang 和 Habraken 继续确定了一个关键路径,包括在这个过程中做出的 8 个主要决策,用顺序数字标识:1、2、3、10、12、14、19、20。这一关键途径是基于他们对协议书中的证据的专家评估。

图 11-25 所示的链接表是基于图 11-24 所示信息得出的。然而,在这个链接表中,节点是链接,而 Wang 和 Habraken 的节点——设计决策——是常量。决策等同于行动,而链接则是 Wang 和 Habraken 的操作。

使用链接表,可以挑选出链接数量最多的决策。这里,链接表借用了 Wang 和 Habraken 对"关键路径"一词的使用,但链接表建立了一条独立的关键路径。这条关键路径并不是建立在 Wang 和 Habraken 对过程的有教育意义的评估之上;它基于至少有 3 个反向链接或前链接的决策计数。

链接表在 CM 级别得到以下关键路径:1、5、10、14、19、20、33。虽然这条关键路径与 Wang 和 Habraken 的关键路径不同,但它们很相似(有 5 个相同的决策)。两条关键路径中分别有 8 个和 7 个决策。决策 5 是决策 2 和决策 3 的实现,这使两条关键路径更加接近。

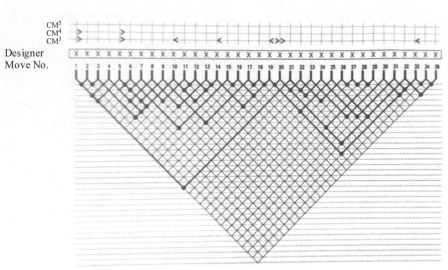

图 11-25　基于 Wang 和 Habraken 的网络图的链接表

图片来源：文献[23]

　　此案例能验证决策的关键性（由相互关联的强度确定）与其他无关标准（在本例中为专家评估）独立确定的关键性之间的正相关关系。这一结果支持了这样一种观点，即设计和设计推理的重要实例确实可以通过它们形成的大量链接（向后或向前）检测，相对于同一序列中的其他动作。

参考资料

第三部分

第12章

交通大数据可视分析

◇ 12.1 概　　述

交通是城市的枢纽,交通行业的发展与一个城市的发展密切相关。近年来,随着经济的快速发展,城市化进程的不断推进,交通工具的数量和种类也有巨大的变化,伴随而来的也是大量的诸如交通拥堵、交通事故频发、交通污染日益严重等问题。这也成为当前各大城市亟须解决的问题。智慧交通系统(Intelligent Traffic System,ITS)便成为改善城市交通的关键所在。此外,随着手持移动设备、车联网、车载 GPS 定位系统的大量普及,包含交通要素(人、车、路)以及地理位置信息都能够实时采集。城市交通大数据的来源也日益丰富,交通大数据呈现几何式的增长。如何有效地利用交通大数据了解城市拥堵问题的规律及原因,满足高时效性的交通行政监管,为政府精准管理提供基于数据证据的综合决策,是交通和智慧城市面临的前所未有的机遇和挑战。

近年来,对交通数据进行大规模机器学习,领域专家或交通管理者可以获得有价值的出行规律信息。要实现交通大数据应用的落地,形成可推广的应用示范项目的目标,对挖掘分析结果进行直观展示并形成知识辅助决策是很关键的。数据可视化作为大数据分析的重要工具,结合时空序列数据分析方法,为用户提供多种规律分析和认知工具。交通大数据可视化就是人与机器协同参与可视分析过程,从时间与空间的角度探索城市交通隐藏的问题和存在的规律,为城市规划和交通调度提供决策支持。针对交通大数据多源异构、多维度、时空动态及海量的特征,学者需从大数据本身的可视化和系统操作管理的可视化两个层面进行研究,研究大规模空间数据探索式可视分析技术,研发大数据可视化互动操作技术,设计能结合全球定位系统(Global Positioning System,GPS)/地理信息系统(GIS)/卫星图像并基于大规模数据可视化的交通目标监控、预警、追踪技术,为智能化、一体化综合交通管理提供基于知识库的、直观的、科学的决策支持。目前,国内外的交通大数据可视化研究可分为以下 3 类。

- 地理信息系统(Geographic Information System,GIS)技术在交通大数据可视化的应用。GIS 可视化是基于 GIS 技术,以其二维、三维融合建模的技术特点,辅之以高精度定位,在地图空间上对存在的事物和发生的时间进行成图和分析,它可以表达对数据的理解和空间知识的呈现。随着开发技术的快速发展,针对空间数据可视化渲染的技术,也涌现出大量优秀的基于 GIS 技术的大数据可视化分析工具,如 OpenLayers、PolyMaps、OpenStreetMap 等。

- 交通数据的仿真模拟。交通仿真是对交通事件和交通管理策略进行分析和评估的有效手段之一,通过各种仿真模型以及包括城市自然资源、社会资源、基础设施、人口、经济等的各种数据可以实现模拟交通,重建详细交通流。为了使交通流模拟的显示更加直观,通过开发可视化交通仿真平台能将系统的仿真结果通过视窗直接反映出来,辅助交通管控人员对城市交通流进行动态性追踪,为交通整体规划、交通优化提供量化指标依据,实现交通智慧式管控和运作。

- 交通大数据的实时动态可视分析。区域动态可视化使用户能从多时间尺度感知城市区域的动态变化。与城市区域动态相关的维度包括时间、空间和人,根据分析目标的不同,可能需要基于不同组合查看城市动态(如固定区域),以及查看人群随时间的变化动态;固定两个时间点,查看人群在不同区域之间的移动性;或者同时查看空间、时间和人的变化。

◇ 12.2 静态交通网络可视化起源

如今,地铁已成为许多城市公共交通出行的重要方式之一,我们每天乘坐地铁能根据地铁路线图很快地找到我们所在位置以及换乘线路。世界上最早的地铁修建于 1863 年的伦敦,为了向群众展现地铁在城市中的遍布状况和停靠点详细地址,伦敦大都会地区铁路公司推出一份公共交通地图,以此方便人们出行。最初的地铁线路图设计得非常复杂,因为设计要求地图与实际地理位置相对应,因此线路图上包括河流、水域、绿地甚至还有景点、公园,地铁站都密密麻麻地挤在地图上,甚至在边缘处有几个站没有办法放进线路图内。尽管从地理空间的角度看,这张地铁线路图的地理信息非常准确,但对乘客而言不怎么实用。

1908 年以前,由于伦敦地铁的规模不断扩大,且不同线路隶属于不同公司运营,因此每条地铁线都有属于自己的运行图。1908 年以后,彼此独立的线路被合并成一个单一的地铁运行系统,为此伦敦地铁精心制作了一份口袋地图,首次将市区的地铁系统作为一个整体。各站点都按照真实地理比例放置,把线路交错最复杂的部分放置在图的正中央。此外,为了方便不识字的乘客,该线路图用鲜明的色彩区分每条线路,整体颜色搭配和谐,一目了然,即便是不懂英语的游客,也可以分辨出鲜红色的中央线、金黄色的东伦敦线、浅蓝色的维多利亚线、黑色的北线,区域线则是翠绿色的。然而,这张线路图也有缺点,市中心被一堆密集的站点淹没,整体过于拥挤,且线路布局十分凌乱,而城郊的线路却占有大量的面积,这样大大降低了整张线路图的可读性。再者,虽然线路图上写明了车站名称,但为了不覆盖在线路上,站点名称不得不用较小的字体呈现,而且往往是以奇怪的角度呈现,这样乘客很容易晕头转向,找不到自己当前的位置。

直至 1931 年,伦敦地铁的一名工程绘图员 Harry Beck(见图 12-1)的一个想法彻底改变了伦敦地铁线路图的设计,他认为:"乘坐地铁的乘客,并不会在意地上发生了什么。换句话说,乘客的目标是从一个地铁站坐到另一个地铁站,在这个过程中,他们心中通常只会想,我应该在哪儿上车,在哪儿下车"。

在 Harry Beck 看来呈现整个地铁系统本身是最重要的,相反,呈现地理环境信息本身意义不大。他摒弃了之前严格按照地图与实际地理位置相对应的要求,继而应用较为整齐的"示意性"合理布局计划方案,旨在简化整个地铁运行线路图,使得整张线路图简便易读。

图 12-1　Harry Beck 与他的第 1 版地铁线路图

图片来源：Sohu

正如同他后来回忆的那样，"将线条拉直，调整对角线，平衡各个站点之间的距离"。Harry Beck 让所有的地铁线路只沿着水平、垂直和斜 45°角 3 个方向伸展。他还扭曲了比例，使站点和站点之间等距划分。为了达到易读性，他摒弃了精确的地理关系，去掉了除泰晤士河外的所有地理特征。不同线路采用鲜明的色彩区分，相同线路及其所属站点都采用统一颜色标记，以此展示所属关系（见图 12-2）。

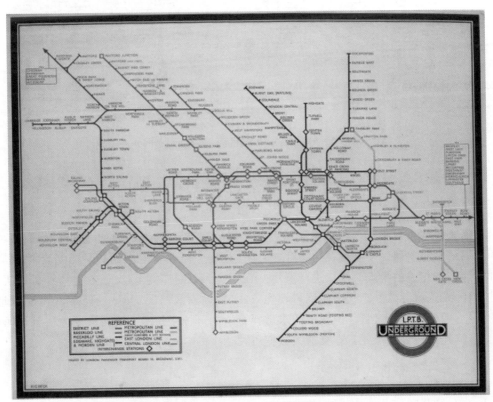

图 12-2　Harry Beck 的地铁图设计

图片来源：Sohu

Harry Beck 对地铁线路图的抽象化绘制开创了现代地图的新模式，改变了地图自诞生以来的面貌,将原本较为复杂的地铁系统转变为清晰且易于理解的网络(见图 12-3)。如今,它不仅是伦敦地铁的一种象征,也成为现代主义设计的标志,地铁线路图的元素现仍不断被运用,同时也启发了当时众多的艺术家与设计师。

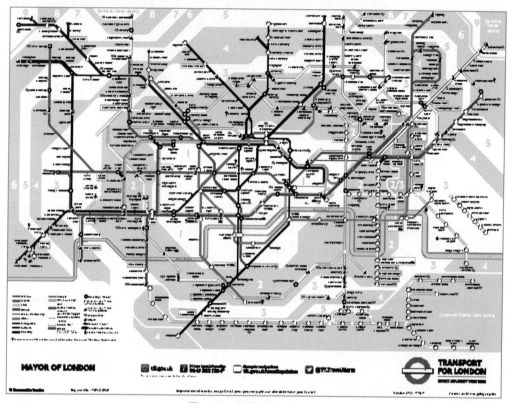

图 12-3　伦敦地铁线路图

图片来源:VisitLondon 官网

◆ 12.3　交通大数据可视化技术

交通大数据可视化重点是对来自现实世界包含时间与空间维度的信息进行处理并对与之相关的信息对象属性建立可视化表征,在这一过程中需要与地理制图学相结合并对与时间和空间密切相关的模式及规律进行展示。在真实大数据环境下,交通数据具有高维性、实时性等特点,这就导致静态交通路网可视化方法(如地铁线路图)开始变得难以驾驭如此复杂的信息,因此需要针对具体的业务需求选择合适的可视化技术。下面从点、线、面、体的角度出发,描述这些可视化元素在交通大数据可视化中的应用。

12.3.1　地理信息可视化形式

1. 点可视化

点数据描述的是对象空间位置信息,通常用二维坐标表示经度(longitude)和纬度(latitude)。它只是一个地图上的地标,不具备大小和尺寸。最直接可视化点数据的方法是将点对象根据它的坐标直接标识在地图上,圆点是最常用的标识符号,比如在地图 APP 中搜索"大学"这个关键字,软件会把结果以标记点的形式返回。基于点的标记是非常有效的,用户可以直观地获取到位置信息,但当数据点过多时,就会导致某个区域点的密度过大,出现重叠现象。对于这个问题,常见的解决方案是对整个地理区域分块,再利用点可视化技术展示块内的分布情况。在 GIS 领域最常用的是基于六边形网格(Hexagonal Grids)[1]划分方法,其原因在于：①正六边形是能分割平面边数最多的多边形。②如图 12-4 所示,当二元点集被网格化为四边形和六边形,从视觉上看,可以看出六边形网格化带来的歧义最小,因为当将数据四边形网格化,眼睛自然而然地被吸引到网格周围的规则横纵线,而六边形倾向于断开这种直线,使得数据模式中的曲率更加清晰、直观。③基于四边形划分的网格化方法总共有 8 个邻域与它相接,其中 4 个邻域与中心网格共享一条边且距离为 1,而另外 4 个邻域在中心网格的对角线上且距离为 $\sqrt{2}$,这样就会导致邻域距离不相等的问题。与四边形相比,六边形只有 6 个邻域,而不是 8 个,且正六边形的边长相等,内角都是 120°,所有的 6 个邻域都与其边相交,使用距离范围查找邻域时会更加方便。因此,六边形划分也成为可视化划分的首选。

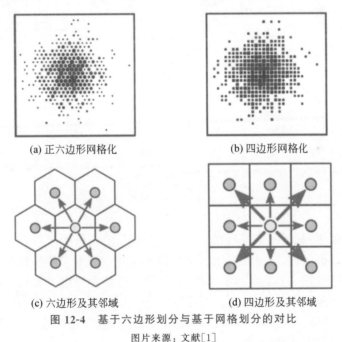

(a) 正六边形网格化　　　　　　　　(b) 四边形网格化

(c) 六边形及其邻域　　　　　　　　(d) 四边形及其邻域

图 12-4　基于六边形划分与基于网格划分的对比

图片来源：文献[1]

2. 线可视化

目前基于线的可视化主要包括 OD 图、流向图的可视化。这些轨迹数据在可视化时被展示成节点-链接图的形式,它们在地图上显示信息是物体从一个位置到另一个位置的移动及其数量。其中边的宽度表示流量大小。然而,大量的数据导致 OD 流中的箭头相互遮挡,分布错综复杂,这样造成的结果就是干扰人眼视觉感知,造成视觉混淆,使系统的使用者无法充分理解和分析。针对面临的以上问题,研究者做了大量研究工作,对这个问题进行了优化处理,其中边捆绑算法(Edge Bundling)被广泛研究和应用。该技术通过将具有类似性质的边捆绑在一起,改变不同位置之间连接边的形状,同时通过边的粗细与颜色深度为用户提供图中的主要连接关系信息,使其可以准确地获取数据中的主要结构,在数据量庞大、结构极其复杂的情况下能提供良好的归约总结作用,帮助用户更好地分析数据。现有的边捆绑算法包括 KDEEB (Graph bundling by Kernel Density Estimation)、FDEB(Force-Directed Edge Bundling)、MINGLE(Multilevel Agglomerative Edge Bundling for Visualizing Large Graphs)等。

图 12-5 所示的就是基于不同核函数参数的 KDEEB 算法下曼哈顿出租车轨迹数据可视化[2],通过对形状类似的轨迹进行聚类,可以很清楚地看到整个城市的出租车行驶情况,从侧面也可以看出使用边捆绑技术可以有效地避免线可视化布局混乱的问题。

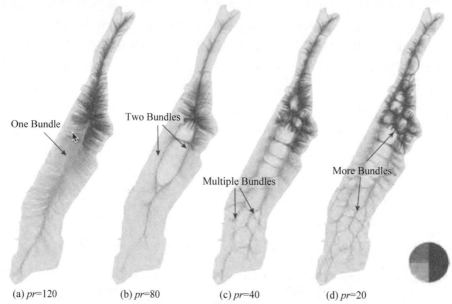

图 12-5　基于不同核函数参数的 KDEEB 算法下曼哈顿出租车轨迹数据可视化

图片来源:文献[2]

3. 面可视化

在交通大数据中,基于面的可视化使用最多的就是地图可视化技术。开发者使用地图来分析显示各类数据信息,这样使用地图反映和分析数据的形式就叫作**数据地图**。数据地图有热力地图、分布地图、专题地图等。例如,专题地图是专门用来表现与特定地理区域相联系的特定主题的地图或图表,这类地图可以描绘一个城市、地区、国家或大陆板块的自然、社会、政治、文化、经济、社会学、农业或者其他方面的情况;分布图是一种特殊的专题地图,对地图上各区域内的统计变量(如人口密度或人均收入等)的值按比例绘制阴影或图案。分布图提供了一种简单的方法来展现一个变量在区域之间或区域之内是如何变化的。

4. 三维空间立体可视化

三维立体地图可视化就是将地理数据转换成三维立体可视化形态,通过将具有地域特征的数据或者数据分析结果形象地表现在三维地图上,使得用户可更容易地理解数据规律和趋势。它已经成为结合政府丰富的治理经验与庞大的政务数据、社会数据的平台型人工智能中枢,提供智能人口预测、智能规划、智能营商、智能监管和智能区情五大基础能力输出,从而帮助进行城市规划的决策。例如,在"数字轨道交通"的运营维护中,利用三维可视化技术,可以更直观地展示车站内部构造。作为比较,图 12-6(右)展示的是一个城市空间三维可视化的例子,通过该图可以更直观地了解城市的空间布局以及各类通道道路等。

■ Housing　■ Working　■ Amenity

图 12-6　城市空间的不同可视化方式比较

图片来源：文献［3］

12.3.2　交通大数据的属性可视化

在大致了解交通大数据的可视化形式之后，还应该注意交通大数据本身就是具有时间属性和空间属性的多维数据，如何将数据的时空特征等多种属性合理地编码、直观地显示，也是交通大数据中的热点和难点之一，其中最重要的是时间和空间。本节将详细介绍交通大数据中的时间、地点、时空特征和其他属性设计的可视化技术。

1. 空间可视化

在探索空间属性方面，主要关注的是数据在空间属性上的绘制，移动物体的空间位置以及周围的地理情况。例如，在城市规划领域，区域功能性探究时，需要进行空间划分、统计人口密度。好的空间维度展示结合与人员的交互，能增强人们对多维数据的视觉感知能力，而且有助于分析复杂空间数据的内在关联和隐含信息，探索获取其空间分布与变化规律。

典型的交通大数据空间可视化有基于统计的交通热力图（密度图）、时空轨迹等。

- **交通热力图（密度图）**。交通热力图（密度图）表达与位置相关的二维数值数据大小。这些数据通常以矩阵或方格形式整齐排列，或在地图上按一定的位置关系排列，每个数据点用颜色编码数值大小。它可以直观地总结大量交通轨迹数据，帮助分析人员研究交通拥堵、交通热点以及人们的出行行为。图 12-7 就是根据北京市的 28519 辆出租车的 GPS 数据，通过密度图的方式直观地展现了绘制的交通轨迹密度，有助于我们从结果中看到城市的热点区域，同时也可以据此研究市民的出行模式。

- **轨迹可视化**。轨迹数据是交通大数据中最常见的一类时空数据，它是通过对一个或多个移动对象（如人、车辆和动物）的运动过程采样所获得的数据信息，包括采样点位置、采样时间、速度等，这些采样点数据信息根据采样先后顺序构成了轨迹数据。目前可利用的数据形式主要包括城市车辆通行数据（道路监控）、传感器搜集的数据（手机和基站的通信）、出租车轨迹数据（GPS 采样）。例如，具有定位功能的智能手机，轨迹数据反映了手机持有者某一时间段的行动状况，移动互联网络可以通过无线信号定位手机所在位置，进而采样记录，通过连接采样点形成手机持有者的运动轨迹数据。除这些从物理世界获得的轨迹数据外，近年来随着基于位置的社交网络的推广，还产生了大量带有时空标签的文本评论，很多研究就是利用这些网络世界的定位数据进行的轨迹挖掘。时空轨迹的可视化有助于理解和建模人们的移动模式，也是极具潜力的城市规划与智慧城市管理的辅助工具。例如，Keep 等软件通过展示每个用户特定时期内的跑步轨迹，直观地展示了人群的跑步热点区域等信息。

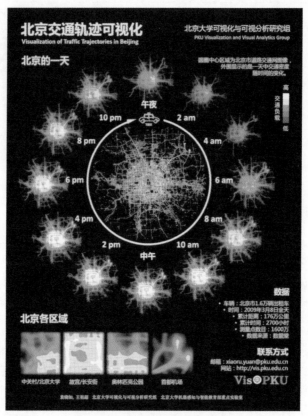

图 12-7 北京交通轨迹可视化

图片来源：北京大学可视化研究组

此外，在轨迹数据的可视分析方面也有许多应用。例如，Zuchao Wang 等[4]开发了一个稀疏轨迹可视分析系统。该系统针对城市基站记录的主要道路上的稀疏轨迹数据，通过轨迹数据聚集技术研究宏观上基站与基站间链路上的交通模式，并应用动态图可视化技术研究了该基站上的交通拥堵和周围链路上的交通流的关系以及该拥堵情况和司机的路径选择的关系，如图 12-8 所示。

2. 时间可视化

在日常生活中有许多时间数据（如高铁时刻表，同一只股票在一天中不同时间点或时间段所反映出的数据序列）或具有时间维度的数据（雨量流量关系图）。研究人员设计了许多可视化的方法用动态效果展示时变的规律。日历图就是其中一个代表性的方法，它通过颜色的过渡和深浅的转换显示一年 365 天的总体情况。它不需要对数据格式进行任何多余的研究，只在时间维度后面填上对应的数据即可。图 12-9 展示了 2021 年度中的所有微信步数情况，并对每个日历格子进行颜色编码然后填色。

此外，时间维度可以分为线性时间和周期性时间两种，因此可以针对不同情况采取不同的可视化策略。例如，为了显示光照强度这一周期性的变化，文献[5]采用螺旋图揭示周期性模式。螺旋图是基于阿基米德螺旋坐标系，从螺旋的中心开始向外绘制，这样不仅节省了空间，以用于显示大时间段数据的变化趋势，而且螺旋图的每一圈的刻度差相同，当每一圈的刻度差是数据周期的倍数时，就能直观地表达数据的周期性（见图 12-10）。

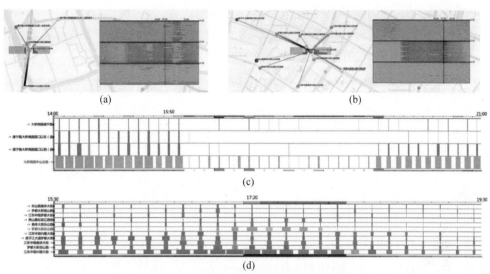

图 12-8　拥堵情况与链路流量的关系探索

图片来源：文献[4]

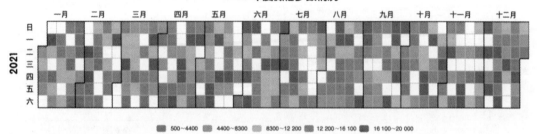

图 12-9　日历图例

图片来源：微信

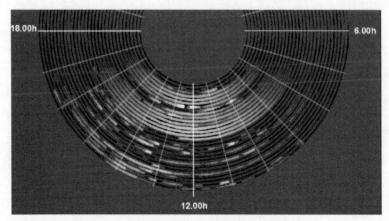

图 12-10　基于螺旋图的周期性模式可视化

图片来源：文献[5]

针对线性时间,如图 12-11 所示,文献[6]采用等时流图的方法可视化了地铁路径选择与时长的关系(上),针对某一特定的起始点-终止点的行程,在等时流图中选择一个或多个终点,其路线所在的分支将会放大,其中的移动因素显示出来,同时设计了移动轮,展示了随一天变化的各项移动因素的比例变化(下)。

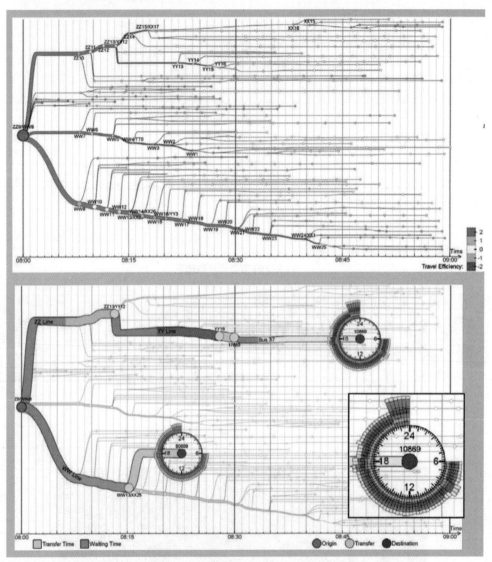

图 12-11　基于等时流图 OD 的行程可视化

图片来源:文献[6]

文献[7]提出了交通时间线的可视分析方法,将轨迹转换为时间线,直观地展示轨迹的时间属性。传统的轨迹可视化方法是直接将轨迹绘制在地图上,这样会造成轨迹之间相互重叠与遮挡,不利于轨迹间相互比较。图 12-12 展示的是文献[7]提出的系统,它通过紧凑的排布直观地显示轨迹的时间信息,易于对齐。

3. 时空可视化

时空立方体(Space-Time-Cube,STC)是一种广泛应用于研究的具有时空属性数据的处

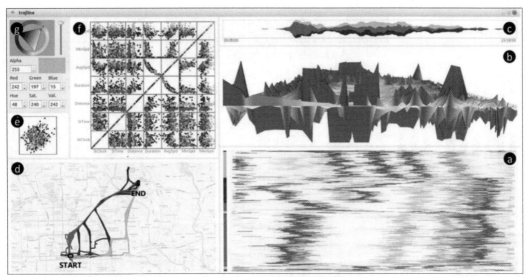

图 12-12 轨迹时间线系统

图片来源：文献[7]

理方法。时间立方体模型最早由 Hagerstrand 于 1970 年提出[8]，后来 Rucker、Szego 等进一步对其进行了探讨。时间立方体模型用二维坐标轴表示现实世界的平面空间，用一维的时间轴表示平面位置沿时间的变化。这样，由二维的几何位置和一维的时间就组成了一个三维的立方体。给定任意一个时间点，就可从三维的立方体中获取相应的截面，即现实世界的平面几何状态。时间立方体模型也可以扩展，用以表达三维空间的时间变化过程。该模型的优点是对时间语义的表达非常直观，缺点是随着数据量的增加，对立方体的操作会变得越来越复杂，以至于最终变得无法处理。

4. 多重属性可视化

在很多情况下，交通数据除时间属性和空间属性外，还包含其他属性，这些属性可以粗略地分为以下 3 种。

- 数值属性。数值属性是对移动对象的连续变化属性的量化值。每个数值属性描述数据对象的一个特定方面，如速度、加速度、质量等。这些属性大多是时变的，因此应采用前述的面向时间的可视化技术。然而，在许多应用中，用户可能关注这些属性的统计意义。在这种情况下，直方图是可视化的一个很好的选择。

- 类别属性。类别属性是描述移动对象状态的离散变量。车辆的行驶方向、类型和事件类型是具有代表性的类别属性。类别属性最简单的可视化方法是颜色映射，通过指定一种特定的颜色表示一个值。在信息可视化方面，一种流行的色彩映射表方案是 ColorBrewer 系统（见图 12-13）。

- 文本属性。文本属性是指描述有关交通数据额外信息的词汇信息或日志，例如事件中涉及的车辆名称、兴趣点等。这些属性通常包含语义信息，对于分析和解释交通情况至关重要。基于文本的可视化技术，如 TagCloud（标签流式布局）和 Wordle，可用来显示一组单词。一些研究提供了如何在 2D 地图上有效地布置多个标注的说明。

此外，为了同时刻画时空信息和相关特性，可以对标准 STC 进行增强。其中具有代表

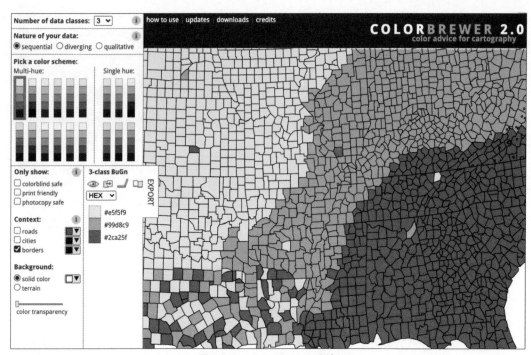

图 12-13　ColorBrewer 系统

图片来源：ColorBrewer2

性的作品包括 GeoTime[9] 和基于堆叠的 STC[10]。前者在 STC 中的相应点添加对象和事件。后者基于堆叠的 STC。

具体地，每个事件都被添加到轨道上，并放置在相应的时间节点附近，以识别事件发送者。虚线用于连接相关对象和事件。后一种方法沿 Z 轴进行堆叠，并将它们可视化为堆叠的波段以描述速度。

许多交通数据可视化的应用程序都适合使用平行坐标图显示多个属性[11]。平行坐标是可视化高维几何和分析多元数据的常用方法。为了表示在高维空间的一个点集，在 N 条平行线的背景下（一般这 N 条线都竖直且等距），一个在高维空间的点被表示为一条拐点在 N 条平行坐标轴的折线，在第 K 个坐标轴上的位置就表示这个点在第 K 维的值。文献[12]提出一种新的方法来发现和分析城市内大量出租车轨迹数据的隐藏知识。这种方法创造性地将地理坐标（即纬度和经度）转换为反映上下文语义信息的街道名称。因此，将每辆出租车的运动作为一个由出租车所经过的街道名称组成的文档进行研究，从而可以将大量出租车数据集作为文档语料库进行语义分析。隐藏的主题，即出租车主题，通过文本主题建模技术识别。出租车主题反映了城市的移动模式和趋势，通过视觉分析系统进行展示和分析。作者使用 PCP 帮助用户在将轨迹聚类到不同的主题后，交互式地从主题的概率分布中挖掘信息（见图 12-14）。

此外，可以通过设计专门的视觉编码和交互方案来增强传统的多变量数据可视化技术。例如，文献[13]发明了一种所谓的"视觉指纹"的编码技术，"视觉指纹"是一个螺旋环状视图，环向和轴向分别表示不同时间粒度，颜色的深浅代表所表征属性值的大小，如流量大小、出租车的平均车速和道路上的上下车活动等（见图 12-15）。

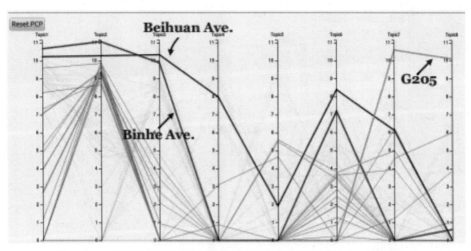

图 12-14　显示每条街道属于特定类型的可能性，该类型由一个轴线表示

图片来源：文献[12]

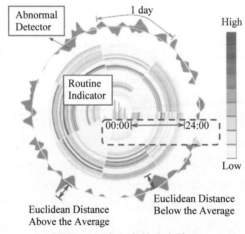

图 12-15　出租车的分布情况

图片来源：文献[13]

　　同样，文献[14]旨在显示出租车轨迹数据的时间、空间、统计信息和其他属性。空间上的统计信息包含在区域外围的圆环上。在图 12-15 中，中心由地图视图构成，展示了固定起点与终点区域之间的线路图，地图视图周围用圆形轨迹表示时间方面的统计信息，如图 12-16 蓝色箭头指向的是一趟开始于早上七点，结束于早上九点的行程。

12.3.3　交通大数据的可视分析

1. 交通态势感知与预测

　　智能交通可视化分析是一种通过交互式可视化界面对交通数据进行分析查询的系统。其中分析过程包括概览、分布探索和进阶探索 3 个步骤。之后，执行查询操作和复查以调查发现真相。以文献[15]为例，作者提出一种基于出租车轨迹数据的真实道路交通状况的评估系统。通过基于道路的查询模型和基于哈希的数据结构支持轨迹的动态查询，直观有效地完成了数据驱动下的道路评估任务。

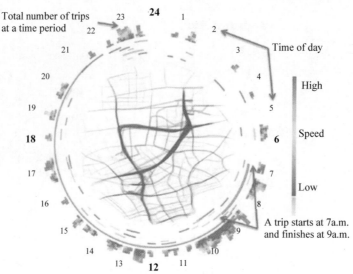

图 12-16　出租车的接单情况以及相关统计信息（见彩插）

图片来源：文献[14]

2. 模式发现与聚类

城市的交通数据记录了人们的个体移动和行为历史，蕴含了时空环境下的移动模式与规律。挖掘交通数据中的潜在规律和模式具有重要的社会应用价值。

现有的针对对象的移动规律挖掘主要是通过轨迹聚类的方法实现的。文献[16]通过对时空轨迹聚类分析，在不同的时间区间内对空间位置进行聚类分析，得到不同的聚类集合，然后按照时间序列连接这些区域，得到最终的时空路径；第二种是先从时间维度出发，发现具有移动规律的时间区间范围，然后对该区间的移动对象进行聚类分析，得到相应的对象移动模式。

文献[6]提出一套可视化技术 Interchange Circos Diagram（ICD）来研究轨迹数据中的交互模式。它支持 3 种尺度的描述，即城市、区域和路网尺度，如图 12-17 所示。在路网尺度下，每个 ICD 代表一个道路交叉口。在城市/区域尺度上，每个 ICD 代表一个分区。

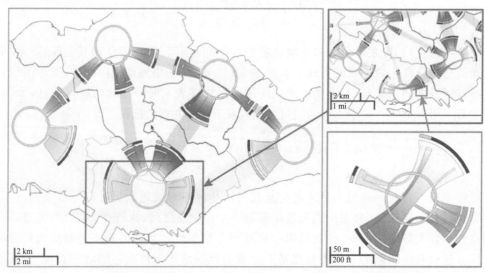

图 12-17　基于 ICD 的可视化实例：城市尺度、区域尺度和路网尺度下的地铁系统换乘模式

图片来源：文献[6]

3. 交通事故可视分析

道路交通管理单位对交通事故的发生机理最为关注,然而道路交通系统是一个由很多随机变量组成的复杂系统,这对事故成因的分析造成极大的挑战,从客观的事故记录中发掘出事故模式对其相关政策的制定有着启发式作用。近年来,国内外学者开始将可视分析技术应用于交通事故数据分析问题上。

文献[17]提出一种名为交通事故可视分析系统 ICE(incident cluster explorer)的新颖的可视化分析工具。该工具通过提供控制面板、交互式地图、直方图、二维图和平行坐标图等多视图相互协作,从而实现复杂而友好的交通事故数据集分析功能。其中控制面板提供属性过滤和属性排序两种操作。交互式地图用图表和热度图两种方式显示事故发生地点。此外,还集成了一维的直方图、二维的散布图和网格图及多维的平行坐标图来分析事故相关数据的统计信息及其多维属性之间的关联性。

文献[18]提出一个面向交通事故管理中心分析实时和历史交通事故数据的交互系统 TIME(traffic incident management explorer),该系统整合了围绕单个交通事故所产生的 6 类数据,分别是事故管理人员间的通信数据、事故发生路段上的可变消息标识(VMS)、机构响应记录、车道的关闭和开通状态、车流量和车速。此外,该系统与实时数据协同工作,提供实时事件可视化,同时还可以加载存档数据,方便事后回顾,并允许个人快速了解在应对过去交通事故时采取的行动的后果。

◇ 12.4　案例:交通预测中的可塑面积单元问题

交通流量预测时空序列数据挖掘领域中的一个重要研究课题,准确的交通流量预测能帮助交通管理部门提前采取有效的交通控制和诱导的手段,以及提前为出行者合理规划路线等。近十年来,大量的时序预测算法被提出用于交通流量预测,如自回归综合移动平均(Autoregressive Integrated Moving Average,ARIMA)、支持向量回归(Support Vector Regression,SVR)等。然而,历史交通流量具有复杂的非线性时空属性。深度学习的方法正被广泛应用于城市交通流量预测。其中,整个城市通过网格划分的方法,划分为 $i \times j$ 个不重叠的区域,车辆的轨迹数据经过清洗和整理后被映射到这些网格,并按时间顺序组织成交通流量时空矩阵。然而,在数据聚合成矩阵形式时,不同的区域划分方式以及区域大小,会对流量统计结果产生影响,即所谓的可塑性面积单元问题(The Modifiable Areal Unit Problem,MAUP)。这种问题会大大破坏深度学习模型预测的准确性。Wei Zeng 等[19]利用单元可视化技术应对这一挑战,开发了一款可视化分析系统来探究 MAUP 问题对深度学习模型预测结果的影响。本节将介绍如何运用设计思维的理念设计该可视分析系统。

12.4.1　发现阶段

可塑性面积单元问题[20]是由 Openshaw 和 Taylor 于 1979 年提出的,可以理解为"由于人为划分的空间单元所引起的对连续地理现象的空间模式产生变化",该问题是对空间数据分析结果产生不确定性影响的主要原因之一。可塑性面积单元问题主要表现在:①尺度效应;②分区效应。尺度效应是在空间聚合的过程中,由于采用不同大小的空间面积单元,导致统计结果的差异,即变量间的相关性依赖数据聚合时的面积单元大小(分区数目或区划分类数)。如图 12-18 所示,原始区域由 15 个点组成,当将研究区域划分为 2×2,4×4 两种不同尺度时,统计每个空间单元点的个数时就会造成统计结果的不同,最后将其光栅化,可以明显看出两个尺度下的差异。分区效应描述了同一尺度下由于研究区域交通流量的聚合受到形状(网格或者交通小区)单元划分的不同所造成的相关统计结果的差异性。如图 12-18 中间所示,当分区数目一定时,如将原市区域划分成 4 个子区域时,将其光栅化,可以看出最终结果不一致。

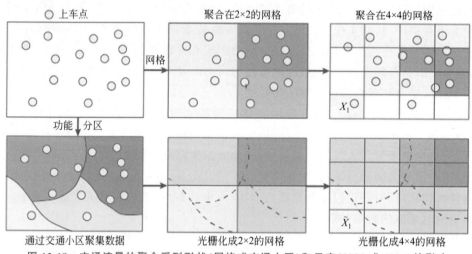

图 12-18　交通流量的聚合受到形状(网格或交通小区)和尺度(2×2 或 4×4)的影响

图片来源:文献[19]

由以上例子可以发现,在涉及地理空间划分时,需要特别考虑 MAUP 问题带来的影响。受此启发,可以发现,由于时空数据具有多源、多尺度、多粒度、多模态等特性,区域内的交通流量大小的统计会随着划分网格的大小、区域内划分方式的不同而不同。当这些聚合后的数据作为深度学习模型的输入时,MAUP 问题在交通流量预测中就显得非常重要,以往研究者都是通过直觉、经验掌控最终的划分结果,对结果进行分析时往往会忽略这一问题对预测结果的影响。因此,制作数据集时就需要特别考虑划区过程中存在的 MAUP 效应。

可视分析的手段有助于解决这种需求,但设计一个有效的可视分析系统并不是一件容易的事。首先,城市交通呈现动态空间变化,领域专家更想了解局部交通聚合和预测精度之间的空间关联。而传统的并排分级统计图的方式无法针对比较分析提供有效的信息呈现方式;其次,现有的基于单个数值统计信息如均方根误差(Root Mean Square Error,RMSE)的预测精度度量方法忽略了每个单独区域的独特性,无法进行尺度上的比较。考虑到理解输入扰动如何影响到输出结果对于改进机器学习模型的重要性,可视分析系统必须能探索每个区域尺度相关的一些指标,以帮助建构有效的机器学习模型。

12.4.2　解释阶段

为了更好地理解问题,研究和设计人员与交通领域专家进行了一系列半结构化的访谈。相较于直接探索预测模型的内部机制,专家对输入特征与预测结果之间的关系更感兴趣。由此,研究和设计人员明确了可视分析过程中要实现的目标:(G1)分析 MAUP 对交通流量聚合过程带来的影响;(G2)分析不同的输入产生的预测结果;(G3)支持对单个区域的探索。基于以上 3 个目标,作者制定了详细的可视分析任务。

- 任务一:支持空间差异的探索。城市的交通流量在空间上具有动态的差异性,因此专家希望探索交通流量分布在空间上的尺度效应和分区效应(G1 & G3),以及其对输出预测结果的影响(G2 和 G3)。这就要求系统呈现空间的动态差异。
- 任务二:空间关联性分析。ST-ResNet 采用卷积捕捉空间相关性。卷积操作的本质是元素的加权求和。因此,有必要对单个区域(G1)以及该区域的邻域之间的空间关联进行探索,并探索其对预测结果的影响(G2)。
- 任务三:尺度无关的比较。进行尺度效应的分析时,应考虑到尺度特征的变化在进行比较的时候,应消除不同范围尺度缩放效应。此外,衡量标准应该是根据单个区域标准衡量,而不是对整个区域进行汇总统计(G3)。可视分析时应包括单元可视化,为分析单个数据点提供灵活的选择。

12.4.3 构思阶段

围绕上述的分析任务,研究和设计人员首先确立了如下几个系统界面设计准则。

- 多视图协调。许多输入特征都可能导致预测误差,如空间异质性、局部自相关等。为了全面揭示输入特征和输出预测之间的相关性,通过协调多视图(Coordinated Multiple Views,CMV)支持从多个联合角度进行可视化分析可以满足这种要求。
- 概览+细节。在可视分析过程中应提供一个关于数据属性的跨空间与多尺度的概览,并且允许用户根据自己的需求探索更多的细节信息。同时还需要整合高效的选择操作以支持对单个或多个数据点的检查。这种概览+细节的方式非常符合用户探索数据的行为方式。
- 单元可视化。聚合统计和可视化将支持分析任务,例如探索交通空间方差(任务一)。而单元可视化则能维护每个可视标记的身份及其与数据项的关系。此外,单元可视化还需要支持按某种重要性标准排序,尤其在以用户为中心的可解释人工智能中。

基于这些准则,研究和设计人员设计了一个 CMV 系统,该系统主要包括 3 个单元可视化模块:双变量图、莫兰 I 散点图和多尺度属性视图,还集成了一组交互工具以帮助在系统中进行探索。

1. 单元可视化模块

双变量图。研究和设计人员设计了双变量图以支持对空间变化的探索(任务一)。该视图本质上是一张同时描述每个网格中交通流量以及该网格预测误差的双变量分级统计图。视图的构建如下:对于每个网格 g,计算其真实交通流量的平均值并将之作为第一个维度,然后计算该网格的绝对误差的平均值,将之作为第二个维度。将第一个维度的值划分为 8 个范围,将第二个维度的值划分为 4 个范围。然后,使用值抑制不确定性调色板(Value Suppressing Uncertainty Palettes,VSUP)[21]对两个维度的值进行编码,显示要素图层中预测误差和真实值之间的定量关系。不同于传统的正方形二元色彩映射表,VSUP 是楔形的(见图 12-19)。这种变化使得 VSUP 突出了那预测误差较大的网格,即朝向楔形的出射方向的颜色。

从图 12-19 可以观测到具有较高预测误差的网格大多集中在南部,而这些地区通常也显示出较高的交通流量。此外,该视图允许用户选择特定的网格进行深入分析。用户通过鼠标点选之后,系统会以热度图的形式弹出该网格的所有测试集(7 天×48 时间片/天)上的交通流

图 12-19　采用值抑制不确定性调色板的二元双变量数据地图

图片来源：文献[19]

量和预测误差的变化。热度图的编码同样采用与 VSUP 相同的颜色编码。用户用网格进行比较分析的同时，还可以拖动网格至空白区域以减轻对地图视图的遮挡。以图 12-19(b)为例，其显示了某中心商务区的网格的时间视图，在以 50×25 的尺度划分下，可以观察到其预测误差最大。在所有的时间片下，该网格也表现出较高的交通流量和较高的预测误差。

　　莫兰 I 散点图。空间自相关(spatial autocorrelation)是指一些变量在同一分布区内的观测数据之间潜在的相互依赖性。空间自相关分析是一种空间统计方法，也是检验某一要素属性值是否与其相邻空间点上的属性值相关联的重要指标，它可以揭示空间变量的区域结构形态。正相关表明某单元的属性值变化与其相邻空间单元具有相同的变化趋势，代表了空间现象有集聚性的存在；负相关则相反。空间自相关分析可以分为全局空间自相关和局部空间自相关(LISA)[22]。为了揭示交通流量的空间自相关性，常见的有 Geary's[23]、Moran's I[24]等。这里采用最常见的 Moran's I，其定义如下。

$$I = \frac{n}{\sum_i \sum_j w_{ij}} \cdot \frac{\sum_i \sum_j w_{ij}(x_g^i - \bar{x}_g^{ij})(x_g^j - \bar{x}_g^{ij})}{\sum_i (x_g^i - \bar{x}_g^{ij})^2}$$

其中，x_g^i 表示当前网格 i 的周围邻接网格 g 的交通流量，$\bar{x}_g^{ij}$ 是所有邻接网格的平均流量，$n=i\times j$ 是网格的总数量，w_{ij} 是空间权重。此处采用文献[25-26]中经常采用的一阶皇后空间权重矩阵。选择 3×3 的矩阵大小，对应 ST-ResNet 中卷积核的大小。

　　为了支持对单个区域的探索，研究和设计人员把全局的 Moran's I 指数分解成局部的空间关联指标(LISA)指数。如图 12-20 所示，每个区域被表示为散点图上的一个点。点的微中子对应区域的交通流量，点的颜色表示预测误差。为了进行多尺度的比较，研究和设计人员对交通流量和预测误差标准化为均值为 0，方差为 1。Global Moran's I 和 LISA 指数的比例表示为一条回归线，这样其相关性和置信度也就同时呈现出来。此外，还支持选择的交互操作，被选中的点将以蓝色突出显示，并且该点将被放大。

　　多尺度属性视图。研究和设计人员设计了多尺度属性视图来支持尺度无关的比较(任务三)。为了能对单个区域进行比较，他们选择了单元可视化技术，而不是采用呈现汇总统计的聚合可视化技术。这是一项具有挑战性的任务，因为有大量的区域要展示，并且数据属

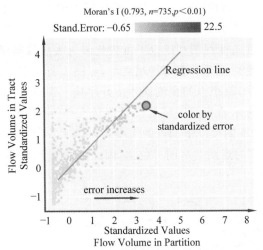

图 12-20　Moran's I 散点图描述了当前区域和周围区域交通流量之间空间关联的局部自相关

图片来源：文献[19]

性也呈现动态变化。为此，作者选择了点图[27]，将每个数据点编码为一个点。然而，传统的点图采用恒定点尺寸，并不能有效地解决可伸缩性和动态变化的问题。受非线性点图[28]的启发，研究和设计人员采用了自适应的点大小，并提出一种新的布局算法来解决这些问题。

- 排序。首先将所有区域的绝对误差数据放在列表里，然后按照升序的排列方式对列表进行排序，这么做的目的是强调预测误差较高的区域。
- 布局。接着，将这些区域按照图 12-21 所示方式放置在整个布局空间中。布局算法将步骤(1)排序后的列表 $\mathcal{D}:=(D_1,D_2,\cdots,D_k)$（其中 D_i 表示一个区域，以及一个宽为 W 高为 H 的外包矩形）。这里，布局问题的实质是将有序点列表 D 中的区域划分进 $\mathcal{C}:=\{c_1,c_2,\cdots,c_n\}$，其中 c_i 表示第 i 列，每一列包含一系列的点 $\{D_{i,1},D_{i,2},\cdots,D_{i,c_i}\}\subseteq\mathcal{D}$。对于每一个 D_{ij}，它的直径与该区域的流量成正比，表示为 $d_{i,j}$。对于每一列 c_i，可以推导它的宽度 $W_i=\max(d_{i,1},d_{i,2},\cdots,d_{i,c_i})$ 和高度 $H_i=\sum_j^{c_i}d_{i,j}$。这样将问题建模成一个约束优化问题，目标是求出 c_i 下最优的列数 n 以及行数 c_i，使得每一列的高度近似所有列的平均高度 $\overline{H}=\sum_{i=1}^{n}H_i/n$，并且使得宽高比尽可能接近外包矩形的宽高比。

$$\arg\min_{n,c_i}\sum_i\sum_{j=1}^{c_i}d_{i,j}-\overline{H}+\frac{\sum_i W_i}{\overline{H}}-\frac{W}{H}$$

并满足约束条件 $\sum_{i=1}^{n}c_i=k,0<n,c_i<k$。

- 颜色编码。根据用户指定的尺度无关的度量对每个点进行颜色的编码，例如图 12-21 根据 PRMSE 的值对颜色进行编码，并对点上色。

为了便于多尺度比较，研究和设计人员将 3 种尺度下的点图组织在相同大小的视觉空间并将它们按层次排列，如图 12-21 所示。具体地，将数据点按 100×50 的比例划分为 4 个子集，每个子集的交通流量约占总的交通流量的 1/4，然后针对每个子集生成一个点图，并将这 4 个点图并排排列。类似地,以 200×100 的比例生成 16 个点图。在这种排列下,用户很容易区分,尺度为 50×25 的分区对应尺度为 100×50 的分区,以及 16 个尺度为 200×100 的分区。总之,多尺度属性视图利用以下可视化编码表示数据属性。

- 位置。位置表示绝对误差。在每种尺度下,点图中每个点的预测误差按从左到右顺序排列。在每列中,每个点的预测误差按升序从上到下排列。
- 大小。点的大小标示着当前区域的交通流量大小,由于在 3 种尺度下,总的交通流量是相同的,因此不同尺度下的点的大小是可以比较的。
- 颜色。3 种尺度下的点图共享同一色卡,因此点的颜色在不同尺度之间也可以进行比较。

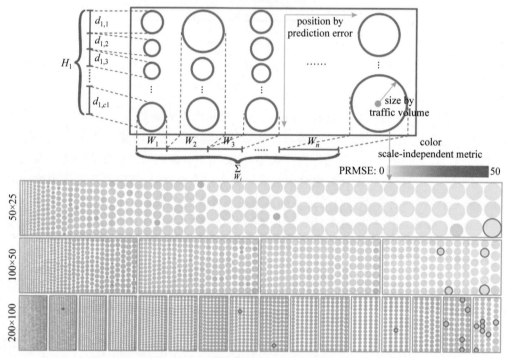

图 12-21 多比例尺属性视图:上半部分说明了在封闭矩形中点的布局算法;下半部分是将 3 个尺度的点图并排显示,以便在多比例尺上进行比较

图片来源:文献[19]

2. 用户交互

单纯把数据或者信息以可视化的方式表现出来,只是一种静态的呈现。如果再加上时间维度,意味着要针对每个时间片制作一个单独的信息图,这样大大造成空间上的冗余。为了节省空间和时间,就要求信息图能"活"起来,而通过交互技术就能解决以上问题。交互技术就是用户与信息系统之间的信息交流方法,通过交互的方式,用户可以按照自己的喜好对数据进行筛选,系统自动更新视图。对于高维多元数据可视化系统而言,交互是核心要素之一。交互可以更好地组织数据以及表现高维复杂结构,展示数据的内涵使用户能充分理解和分析数据,有效缓解可视化空间与高维多元数据大规模特性所造成的数据过载之间的矛盾。作者在系统中融合了以下的交互技术。

- 探索。探索的目的是通过一系列可视化选项进行数据探索,使用户能通过与数据直接的视觉交互分析数据和操作数据。因此,在设计中必须支持尺度与分区效应的探索。
- 选择 & 过滤。选择的目的是让用户标记出自己感兴趣的标记区域,方便查看其特征和跟踪以了解其变化情况。过滤允许用户设置约束条件,选出感兴趣的数据部分,排除不感兴趣的数据以实现信息的动态查询。在交通大数据可视化中,过滤的对象按照地理空间数据的不同特征可分为空间特征、时间特征和属性特征[29]。此外,过滤技术对离散型数据而言就是选择枚举值,对连续型数据而言就是圈定选择范围。在这里让用户通过点选择工具选择感兴趣的点和套索工具选择一系列相邻的区域,这两个工具适用于以上提及的 3 个视图,所有被选择的点都会以蓝色高亮显示。特别值得注意的是,被选择工具选中的点会呈现出一个时间视图,该视图详细显示了该点连续 7 天每个时间片内的预测误差以及流量变化情况。
- 关联。通过关联操作可以显示数据之间的联系,是多视图对同一数据在不同视图中不同的可视化表达。使用拉索工具选择散点图中具有较高预测误差的区域,相应地,在双变量地图视图中选中的区域也将在地图上突出显示。

12.4.4　实验阶段

1. 深度学习模型

考虑到近年来在交通预测方面普遍转向深度神经网络模型,而郑宇团队于 2017 年提出的深度时空残差网络 ST-ResNet[30] 则是一个开创性的工作,研究和设计人员采用并实现了该模型来研究 MAUP 问题。该模型将城市交通建模为随时间变化的矩阵并应用 ResNet 封装时空动态特性。如图 12-22 所示,该方法首先将整个区域划分为不重叠的网格,将每个网格单元 g 在时刻 t 的交通状况聚合为 $x_{g,t}$,从而得到一个代表分辨率为 $w \times h$ 的所有网格单元交通聚合情况的平铺矩阵 $\boldsymbol{X}_t \in \mathbb{R}^{w \times h}$。随后 ST-ResNet 将一系列 $\{\boldsymbol{X}_t \mid t \in \{t_0, t_1, \cdots, t_n\}\}$ 作为网络输入从中学习历史交通数据中的周期规律。整个模型使用 3 个残差卷积单元的分支分别对周期性(period)、邻近性(closeness)和趋势性(trend)建模,然后将它们加权聚合在一起进行最短时交通流量预测。

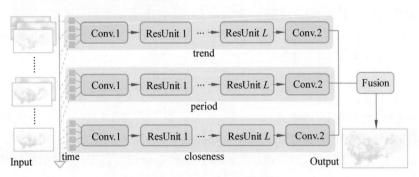

图 12-22　ST-ResNet 模型图

图片来源:文献[19]

2. 系统概况

整个可视分析系统主要由 3 个模块构成:数据预处理、预测分析以及交互可视化。在数据预处理阶段,作者将两个月的可移动原始数据转换成网络模型可用的矩阵。研究和设计人员选择了两种不同的剖分方式:网格和交通分析区(Traffic Analysis Zone,TAZ),采用了 50×25、100×50、200×100 3 种不同的尺度。对于 TAZ 划分,尺度指的是光栅化后的矩阵大小。预处理后,就得到代表 2 个月出租车移动情况的 6 个序列的矩阵。在预测分析阶段,作者选取每个序列中前 52 天的矩阵作为训练数据,生成 6 个 ST-ResNet 模型。每个模型预测剩余 7 天的测试数据。最后,作者采用尺度无关的指标评价预测精度。数据预处理和预测分析阶段都在一个配置为 8 core 3.2 GHz AMD Ryzen 7 2700 CPU、NVIDIA GeForce RTX 2080Ti 图形卡的工作站上离线进行。在尺度 50×25 下,训练过程需要 20 小时,而对于 200×100 的尺度则需要 2 天。处理后的矩阵和分析结果被传送到交互可视模块,该界面集成了双变量图、莫兰 I 散点图和多尺度属性视图。界面用 LWJGL 实现,各种图表用 OpenGL 渲染,按钮和文字用 NanoVG 实现。系统运行在一个配置为 Intel Core i7 2 2.8GHz、16GB memory 和 AMD Radeon R9 M370X 图形卡的 MacBook Pro。

3. 数据来源与处理

研究和设计人员采用某市 20 000 多辆出租车于 2019 年 1 月 1 日至 2 月 28 日所产生的 GPS 轨迹点数据开展实验。平均每天有将近 80 万条数据,整个数据集总共约 4700 万条轨迹数据。所研究范围选择为某市全域(除大鹏新区),即坐标范围经度 113.775—114.629,纬度 22.443—22.855。每条记录包括以下字段:出租车 id,出租车状态为载客时的纬度,出租车状态为载客时的经度,行驶里程,时间戳。先删除含有缺失值的数据,这样可避免对其他数据产生影响,接着需删除所有不属于某市的数据,最终得到大约 4500 万条有效数据。最后对时间格式进行转换,将时间戳转换为时间片格式(根据间隔可将一天的时间分为多个等长时间片)。

研究和设计人员采用网格划分法以及交通小区划分法划分整个城市空间,以考察可塑性面积单元问题的分区效益。基于网格法的划分,将城市空间划分为 50×25 以及 100×50 的两种尺度下的网格单元。基于交通小区的划分,采用已经划分好的 1066 个作为统计单元。以 15 分钟作为间隔,将一天划分成 48 个时间片。进行流量统计时,由于卷积神经网络的输入限制,不能将 TAZ 这样不规则区域统计的流量直接作为输入,因此需进一步对数据进行光栅化处理。对于每个网格 g 来说,它可以与任意数量的 TAZ($\{r_i\}_{i=1}^k$)相交。对此,通过计算网格(g)面积中包含与 TAZ 重叠区域的面积的占比计算最终的网格在 t 时刻的流量($x_{g,t}$),公式如下。

$$x_{g,t} = \sum_{i=1}^{k} x_{r_i,t} \times \frac{S(r_i \bigcap g)}{S(r_i)}$$

其中,r_i 表示第 i 个交通区划单元,$S(r_i \bigcap g)$ 表示第 i 个 TAZ 与一个网格区域相交的面积。此外,通过利用数据标准化技术处理原始数据,可消除不同数据之间的量纲,使得不同特征在数值上具有可比较性,还可以加快网络训练的收敛速度。因此,在数据制作过程中采用了归一化。

4. 评估指标

为了支持多尺度比较,评估指标应与尺度无关,以此消除不同数值范围造成的尺度差异的影响。

• 百分占比的均方误差,衡量预测和观测值之间的方差:

$$PRMSE_g = \frac{1}{\bar{x}_g} \sqrt{\frac{1}{n} \sum_{t=t_1}^{t_n} (y_{g,t} - x_{g,t})^2}$$

- 不确定性系数(U),衡量两个观测值与预测值所构成的时间序列之间的相关程度:

$$U_g = \frac{\sqrt{\dfrac{1}{n} \sum_{t=t_1}^{t_n} (y_{g,t} - x_{g,t})^2}}{\sqrt{\dfrac{1}{n} \sum_{t=t_1}^{t_n} y_{g,t}^2} + \sqrt{\dfrac{1}{n} \sum_{t=t_1}^{t_n} x_{g,t}^2}}$$

U 的取值范围为$[0,1]$,接近 0 比较好。

- 相关系数,衡量预测和观测值的相关性的强弱:

$$CORR_g = \frac{\sum_{t=t_1}^{t_n} (y_{g,t} - \bar{y}_g)(x_{g,t} - \bar{x}_g)}{\sqrt{\dfrac{1}{n} \sum_{t=t_1}^{t_n} y_{g,t}^2} \sqrt{\dfrac{1}{n} \sum_{t=t_1}^{t_n} x_{g,t}^2}}$$

相关系数的取值在$[-1,1]$,1 表示高度正相关,-1 表示高度负相关,0 表示无相。一般情况下,相关系数越大,表明相关程度越高。但是,相关系数只有相对意义,没有绝对意义。

12.4.5　迭代阶段

1. 第一轮测试

完成原型系统的构建后,研究和设计人员先从一个案例研究开始进行系统测试和迭代。有网格和 TAZ 两种不同的划分方式,3 种不同尺度下,共有 6 种模型输入产生的最终预测误差 RMSE。对于两种不同划分方式,最粗粒度的尺度 50×25 下的 RMSE 最高,而 100×50 的 RMSE 下降到相近的值。这种下降可能是由于网络预测的改善,或者仅是分区数量的增加。但有趣的是,在最细粒度的尺度 200×100 下,TAZ 分区的 RMSE 继续下降,而网格分区的 RMSE 增加。为了揭示其潜在机制,作者借助本系统进行深入分析。

多尺度预测。 从上面的分析可以发现,均方误差随着尺度的变化而变化。为了消除不同尺度下分区数量带来的影响,研究和设计人员使用了尺度无关的评价指标比较多个尺度下的预测结果。在这里,研究和设计人员选择基于网格划分下的 3 个尺度 50×25、100×50 和 200×100 进行比较。图 12-23 所示 3 个双变量视图都呈现动态的空间变化:深色区域都集中在某市南部区域。此外,可以注意到图 12-23(a)和图 12-23(b)具有相似的最大误差,但图 12-23(b)相较图 12-23(a)呈现的深色区域较小。这表明,相较 50×25 的尺度划分,100×50 的尺度划分能有效地改善网络的预测结果。相反,图 12-23(c)的最大误差是图 12-23(b)的两倍,但两种尺度下的误差空间分布相似,这也说明将 100×50 的尺度精细到 200×100 并不会改善网络的预测结果,这也解释了为什么 RMSE 在 200×100 的尺度下反而增加。图 12-23(d)比较了不同尺度下的不确定性系数,可以观察到 100×50 和 50×25 两个尺度下的点大多都是深绿色和柠檬色(不确定度低),而在 200×100 的尺度下的点大多是深紫色(不确定度高)。更具体地,作者从 50×25 尺度下的点图中选取了两个区域:区域 1 的预测误差最高,但是不确定度低;区域 2 的预测误差最小,但是不确定度较高。与此同时,在 $100×50$ 和 $200×100$ 两个尺度的点图中,与这两个区域对应的子区域的点也被突出显示。可以观测到,区域 1 的大多数子分区都具有较高的预测误差和较低的不确定度,而区域 2 的大部分子分区具有较低的预测误差和较高的不确定度。

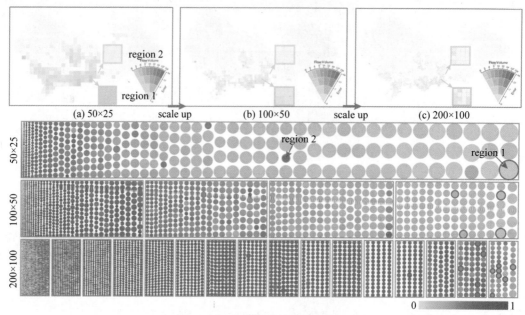

(a) 50×25　　scale up　　(b) 100×50　　scale up　　(c) 200×100

图 12-23　不同尺度下的可视分析

图片来源：文献[19]

　　不同划分方法。从均方误差折线图也可以看出,基于网格和 TAZ 的划分,在尺度为 $100×50$ 的时候具有相似的均方误差。然而,均方误差是全局性的衡量指标,不能揭示单个区域的特性。为了克服这一局限,这一部分对不同划分方式下的单个区域的预结果进行分析。图 12-24 给出了在 $100×50$ 尺度下基于网格划分(见图 12-24 (a))以及基于 TAZ 划分(见图 12-24(b))的结果。总体上,两个视图呈现了类似的结果,但同时也存在着细微的差别。从地图视图上看,图 12-24 (b) 较图 12-24 (a) 中南部地区的预测误差更相似,这个结果是可预期的,因为基于 TAZ 划分的交通流量会在光栅化过程中平滑到周围区域。从散点图也证实了这一点,因为图 12-24 (b) 的点更集中在回归线附近。在多属性视图中,作者选择 PRMSE 作为观测指标,可以观察到图 12-24 (b) 中大部分的点都是柠檬色,特别是那些位于左侧的点。换言之,在以 PRMSE 作为评价指标,尺度大小为 $100×50$ 时,以 TAZ 划分的数据较网格划分的数据能更精确地预测,尽管它们的均方根相似。此外,每个区域的预测误差也呈现出巨大差别。这里选取了基于网格划分中预测误差最大的两个单元：机场和高铁车站。这两个区域的交通流量都很大。如图 12-24 (a) 所示,它们在地图视图中非常突出,并且在散点图中,它们都远离回归线。另外,在基于 TAZ 划分的结果中,这两个区域单元在图中就不那么突出,尤其是机场,如图 12-24(b) 所示。在与专家沟通后,发现了一个可能的原因：某国际机场离市中心较远且机场的交通涉及小区面积大,使得流量与周围邻近区域共享;相反,某高铁站位于市中心,所属 TAZ 较小,使得流量无法与邻近地区共享。

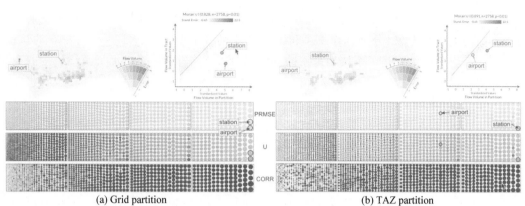

(a) Grid partition　　　　　　　(b) TAZ partition

图 12-24　在尺度 100×50 下的网格分区和 TAZ 分区的预测结果

图片来源：文献[19]

逐区域分析。为了探究在 200×100 的尺度下，基于 TAZ 划分的均方根误差（RMSE）下降，而基于网格划分的均方根误差增加的原因，研究和设计人员对单个区域的预测随时间的变化进行了深入研究。图 12-25 展示了在 200×100 的尺度下机场和高铁站的散点图以及时间视图。可以发现，图 12-25(a)的散点图中点的分布比图 12-24 中点的分布更稀疏，这意味着随着网格划分的尺度增加，空间异质性更明显。另外，图 12-25(b)中的散点图较图 12-24 的散点图中的点来说，显得更密集，这也意味着随着 TAZ 划分的尺度增加，空间异质性仍然存在。在图 12-25(a)的散点图中，机场和高铁站都远离回归线，且它们所附着的颜色是深橙色。

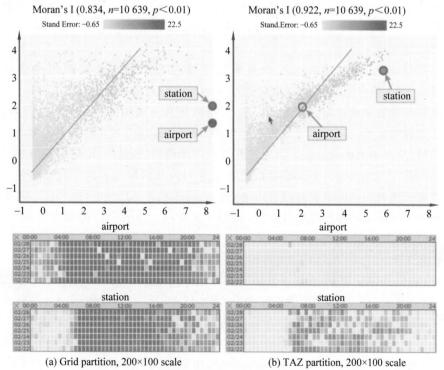

(a) Grid partition, 200×100 scale　　　　(b) TAZ partition, 200×100 scale

图 12-25　研究单个区域的预测结果随时间的变化

图片来源：文献[19]

专家意见。除了合作研究者,研究和设计人员还采访了两位近年来一直从事交通管理等工作的交通领域专家(分别称作 EA 和 EB)。针对每个专家进行了一小时左右的访谈。前 30 分钟,作者详细阐述了系统中采用的视觉设计及工作原理,并演示了系统。接着介绍了对相关案例的研究。最后,让专家自行对系统进行大约 20 分钟的探索。最后,收集专家反馈的意见,具体如下。

- 两位专家曾经都将深度学习模型应用于交通领域,但他们认为在大多数情况下,结果都是存疑的。EB 指出:"对预测结果的可解释性进行探索将使深度学习在交通管理中更有用",两位专家都尝试过深度学习模型,但"大多数情况下,结果是可疑的"。在某种意义上,两位专家对作者开发的用于预测结果分析的可视分析系统表示赞赏。此外,专家还认为本工作从 MAUP 这一交通和地理学的一个热门话题进行探索,是非常有意义的,特别是该系统支持对单个区域进行分析的能力,这在专家目前所接触到的大多数工作中是不支持的。

- 两位专家一致认为,可视化界面的设计与作者最初设定的分析人物相吻合。他们同意使用多视图方式从多角度描述这些信息,并对作者对视图间的关联(链接)的做法表示赞赏。同时,EA 强调:"我可以在散点图或多属性视图中选择一个分区,并在地图时图上显示它的位置,这一点很重要"。所有专家(包括 CR)都不了解"单元可视化"这一概念,尽管他们以前使用散点图之类的单元可视化设计。此外,专家表示,对多尺度的属性视图理解起来比较困难,只有在说明该视图的详细构造步骤时,专家才完全理解了视觉编码的含义。起初,EA 表示自己非常喜欢限制高度的非线性点图,因为其易于理解。但是,当向他们解释过小的分区拥有过大的点面积可能导致误导相关性分析,他表示同意作者的设计,因为这样更准确与实用。同时,两位专家都喜欢在一个层次结构中安排多个点图,这样有利于他们对空间异质性进行多尺度的分析。

- 专家对 MAUP 效应如何影响基于深度学习模型的交通预测很感兴趣。正如 Moran's I 散点图所示,预测误差随分区内的交通流量增加而增加,但并不随局部区域的流量增加而增加。在案例分析 2,对机场和高铁站的预测结果进行对比分析,结果表明机场的高峰值流量在基于 TAZ 划分的基础上被平滑地分配到响铃的局部区域,导致预测误差急剧下降。这些研究结果都表明,基于 TAZ 的划分更适用于交通流量预测。这与许多交通分析中基于空间关系的划分下的研究经验相吻合。许多交通领域的研究员在如何合适地划分空间区域方面已经有许多经验,这些经验都有助于对深度学习模型进行改进,使得专家专注于生成合理的输入特征,而不是对所谓的"黑盒"进行调参。

2. 系统改进

在第一轮的测试反馈中,可以注意到交通流量存在着空间异质性,空间异质性描述某些变量在空间分布上的不均匀性以及复杂性。如图 12-26 所示,作者按照网格划分将北京市划分为 32×32 大小相等的子区域,并选取两组相邻的区域进行观察①区域 811 和区域 843;②区域 793 和区域 825。这两组地区一周内的平均交通流量的时间变化如图 12-26(右)所示。可以观察到,区域 811 和区域 843 表现出相似的交通流量变化,而区域 793 和区域 825 表现出相反的交通流量变化。具有固定几何结构的标准卷积(例如,大小为 3×3 的卷积核)不能捕捉两组区域之间的变化关系,更不用说考虑两组以上的区域。因此,现有的基于卷积的方法不能对交通流量的空间非平稳性进行建模。

研究和设计人员从两个角度提出了切实可行的解决方案。首先,现有的基于标准卷积的交通流预测方法大多都是将所研究的区域划分为大小相等的网格。然而,这种划分方法增加了空间非平稳性,从而影响了网络的预测性能。为了缓解这一问题,作者首先根据预先设定的区域(例如,交通分析区域(TAZ)或功能区域)或基于交通流量的自组织区域聚合交通流量。基于预先设定的区域在聚合流量的过程中需要进一步对它们进行光栅化处理。其次,作者转而采用可变形卷积,它已经被证明在许多应用中是有效的,如图像语义分割和图像去模糊。具体地,可变形卷积用额外的偏移量增加空间采样位置,并从交通流量的空间分布中学习偏移量。这样,可变形卷积不仅继承了标准卷积学习空间相关性的能力,而且能在空间上改变以捕捉交通流量的空间非平稳性的特性。在此基础上,作者设计了一种基于可变形卷积的残差网络 DeFlow-Net,用于短时交通流预测。

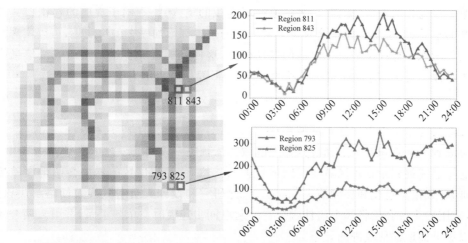

图 12-26　交通流量本质上表现为相邻区域集合之间的局部空间非平稳性。区域 811 和 843 的流量
呈现相似的时间变化(右上),而区域 793 和 825 的流量表现出明显的时间变化(右下)

图片来源:文献[19]

DeFlow-Net 以一系列栅格图像 $\{X_{G,t} \in \mathbb{R}^{i \times j} \mid t \in \mathcal{T}\}$ 作为输入,对网格划分地图 G 的 t_{n+1} 的时间片的交通流量 $Y_{G,t_{n+1}}$ 进行预测。网络模型如图 12-27 所示,由 3 个模块组合而成。

- 时间依赖模块。该模块使用每周趋势、日趋势性和近邻趋势 3 个时间模块对交通流量的周期性进行建模。
- 可变形卷积模块。该模块使用可变形卷积学习学习空间的相关性和非平稳性,并使用残差单元加深网络深度。
- 融合激活模块。最后,DeFlow-Net 融合了 3 个时间分量来建模时空相关性,并通过激活函数生成激活最终的预测结果。

DeFlow-Net 网络模型中引入了可变形卷积模块[31],对空间的非平稳性进行建模。模块的输入为来自时间依赖模块的趋势、周期和闭合 3 个分量。对于每个分量,将其输入流和输出流的光栅图像 $[X_{G,t-\Delta c}, X_{G,t-(\Delta c-1)}, \cdots, X_{G,t-1}]$ 拼接在一起得到的结果 $X_{G,c}^{(1)} \in \mathbb{R}^{2\Delta c \times i \times j}$

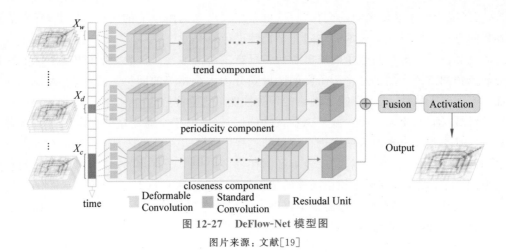

图 12-27　DeFlow-Net 模型图

图片来源：文献[19]

作为第一层卷积的输入（标记(1)表示第一层卷积的输入）。不同于规整的卷积核只考虑固定形状的感受野，可变形卷积核对每个采样点的位置都增加一个偏移变量，可以实现在当前位置附近随意采样而不局限于之前的规则格点，这样就能进一步学习交通流量信息中的空间非平稳性。对于 $X_{G,c}^{(l+1)}$ 上的一个位置 p，可变形卷积可表示为

$$X_{G,c}^{(l+1)}[\boldsymbol{p}] = \sum_{k \in \mathcal{K}} W_{G,c}^{(l)}[\boldsymbol{k}] * X_{G,c}^{(l)}[\boldsymbol{p} + \boldsymbol{k} + \Delta \boldsymbol{k}]$$

其中，$\Delta \boldsymbol{k}$ 为应用于位置偏移 $\boldsymbol{k}$ 的偏移；$W_{G,c}^{(l)}$ 为第 k 个卷积层的学习参数。

考虑到一个卷积层只能捕捉到邻近区域的依赖关系，DeFlow-Net 模型通过采用多个可变形卷积层捕捉相距较远区域的空间依赖关系。然而，卷积层数的增加会使得误差传播变得困难，导致模型退化和梯度消失等问题，为此研究和设计人员引入残差网络解决该问题。最后，采用一个融合层将 3 个组件融合在一起以同步建模时空依赖关系，并引入两个新的数据集以更全面地评估改进的效果。

- **TaxiBJ**，北京市 3 个时期的出租车 GPS 数据（2013 年 7 月 1 日到 2013 年 10 月 30 日，2014 年 3 月 1 日到 2014 年 6 月 30 日，2015 年 3 月 1 日到 2015 年 6 月 30 日，2015 年 11 月 1 日到 2016 年 4 月 10 日），总共 528 天，22 459 个时段。北京市按经纬度划分为 32×32 的网格图，其中 4 周的数据用于测试，其他数据用于训练。
- **BikeNYC**，纽约自行车系统的自行车轨迹，从 2014 年 4 月 1 日到 2014 年 9 月 30 日，总计 183 天的记录，划分为 60 分钟的时间片段，总共 4392 的时间片段。整个纽约区域被划分为 8×16 的网格图，将最后 10 天的数据用于测试，其他数据用于训练。

3. 第二轮测试

研究和设计人员将 DeFlow-Net 短时交通流量预测模型与历史平均（HA）、自回归求和移动平均模型（ARIMA）、ST-ResNet、ST-3DNet[32] 和基于图卷积的 T-GCN[33] 模型这 5 种预测模型做对比（见表 12-1）。在所有的情况下，作者使用相同的数据集，即 TaxiBJ、BikeBYC 和 TaxiSZ。从表 12-1 可以发现，传统的时间序列模型 HA 和 ARIMA 会产生较大的均方根误差和平均绝对比例误差，这是因为 HA 和 ARIMA 只拟合了时间特性，通过利用时间维度上的周期模式，进行预测而忽略了空间相关性。而基于深度学习的方法能充分捕捉交通流量复杂的时空特性，在各种基线模型（ST-ResNet、ST-3DNet 和 T-GCN）中，

ST-3DNet 在所有数据集上都取得了较好的性能。结果表明,与使用 2D 卷积的 ST-ResNet 模型和使用图卷积的 T-GCN 模型相比,3D 卷积可以更好地学习复杂的时空特性。具体而言,T-GCN 在深度学习模型中表现最差,可能的原因是图卷积只能捕捉区域之间的相邻关系,而忽略了网格划分下的交通流量数据之间的空间相关性。

另外,DeFlow-Net 模型也是基于二维卷积的,但对于所有的实验数据来说,作者的模型仍然获得了更好的结果。具体来说,对于 TaxiBJ、NYCBike 和 TaxiSZ,研究和设计人员开发的模型将均方根误差分别降低到 15.90,5.85,5.35。平均绝对值误差降低到 0.278,0.165,0.236。此外,与 ST-3DNet 相比,DeFlow-Net 将 RMSE 和 MASE 平均提高了 4.59% 和 1.91%。实验结果也证实了 DeFlow-Net 中采用的可变形卷积在拟合交通流量时空特征方面的有效性。

表 12-1　与五种基线模型作对比

Model	TaxiBJ		NYCBike		TaxiSZ	
	RMSE	MASE	RMSE	MASE	RMSE	MASE
HA	52.77	0.605	10.76	0.230	12.41	0.409
ARIMA	28.46	0.672	9.98	0.245	11.37	0.437
ST-ResNet	17.34	0.295	6.48	0.171	6.54	0.395
ST-3DNet	17.14	0.292	5.95	0.168	5.62	**0.234**
T-GCN	39.68	0.633	8.78	0.221	9.36	0.411
DeFlow-Net	**15.90**	**0.278**	**5.85**	**0.165**	**5.35**	0.236

表格来源:文献[19]

此外,研究和设计人员还将可变形卷积模块替换成提到的空洞卷积和标准卷积进行实验比较。表 12-2 给出了使用标准卷积和空洞卷积的模块的比较结果。可以发现,在所有 3 个数据集上,在 RMSE 指标中,使用空洞卷积的结果都要好于使用标准卷积的结果。这可能是因为空洞卷积具有较大的感受野,能更好地捕捉多尺度的空间语义信息。

表 12-2　采用不同卷积模块下的结果

Convolution	TaxiBJ		BikeNYC		TaxiSZ	
	RMSE	MASE	RMSE	MASE	RMSE	MASE
Standard	17.34	0.295	6.48	0.171	6.54	0.395
Atrous	17.22	0.295	6.16	0.175	5.79	0.477
Deformable	**15.90**	**0.278**	**5.85**	**0.165**	**5.35**	**0.236**

表格来源:文献[19]

然而,在 MASE 评价指标下空洞卷积的结果的差异表现得微乎其微,这表明空洞卷积固定的几何结构仍然限制它对局部交通流的空间非平稳性的建模能力。此外,该模型在所有数据集上都取得了最好表现,具体地,对于 TaxiBJ、BikeNYC 和 TaxiSZ 3 个数据集,作者的模型在 RMSE 方面分别降低了 7.99%、5.03% 和 7.60%,在 MASE 方面分别降低了

5.76%、3.51%和40.25%。

根据上述章节阐述,交通流量预测中存在MAUP问题。因此,研究和设计人员进一步评估了DeFlow-Net在不同分区方案下的性能表现。作者将某市全市划分为不同的形状(网格vs. TAZ vs. 自组织区域)和不同的尺度(50×25 vs. 100×50),并且还将结果与使用标准卷积和空洞卷积的模型进行比较。表12-3列出了实验结果。

表12-3 在TaxiSZ数据集上不同划分形状和不同尺度下的结果

Convolution	Metric	50×25		100×50	
		Grid	TAZ	Grid	TAZ
Standard	RMSE	6.54	6.81	3.09	2.41
	MASE	0.395	0.424	0.354	0.412
Atrous	RMSE	5.79	5.73	2.90	2.27
	MASE	0.477	0.461	0.344	0.422
Deformable	RMSE	5.35	3.09	2.63	2.12
	MASE	0.236	0.322	0.329	0.347

表格来源:文献[19]

首先,研究和设计人员提出的DeFlow-Net的RMSE和MASE在所有划分方式下都是最优的。但是,尺度为100×50时,DeFlow-Net的改进相较50×25的尺度更小。一个可能的原因是,在更细粒度的尺度下,大多数网格的交通流量都很小,使得区域与区域间的流量可能为0,这意味着可变形卷积的优势下降了。

其次,虽然细粒度的尺度(100×50)总比粗粒度的尺度(50×25)产生更好的结果,但是不能因此推断尺度越小越好,这是因为均方误差是一个与单位相关的度量。

相比之下,与单位无关的度量MASE的结果表明在尺度50×25的效果更好。

最后,在相同的划分尺度下,DeFlow-Net基于TAZ划分的RMSE结果总是优于基于网格的划分,而MASE相反。通过仔细研究,研究和设计人员发现基于TAZ的划分产生的较高的MASE主要来自边界区域的一些网格,这些网格最后会在光栅化的过程中平滑到周围的网格,导致最后的结果优于网格划分。

参考资料

第 13 章

三维建模工作流可视分析与应用

◇ 13.1 概　　述

三维模型作为一种基本元素,广泛出现在电影、游戏等图形、增强/虚拟现实(AR/VR)相关应用领域。得益于 5G 商用政策的落地,增强/虚拟现实在 2020 年迎来了复苏:央视春晚首次运用"AI＋VR 裸眼 3D"演播室以及交互式摄影控制技术等创新节目形式,带来一场沉浸式体验晚会;在平昌冬奥会上,4K、8K、VR、AR 等先进技术开始应用到转播中。围绕 2022 年北京冬奥会,国家立项了重点研发计划"科技冬奥",其中就包含"VR 交互式智能终端与系统"等相关课题。AR/VR 技术的普及反过来也为 5G/5G＋提供了能吸引大量用户的应用,从而进一步推动 5G/5G＋的落地。随着 5G/5G＋时代的来临,内容将被重新定义,突破以往限制,朝着立体三维、多向互动发展,对三维内容的需求也将更为迫切。

另外,用户生成内容(User Generated Content,UGC)已经成为一种日益流行的、允许玩家为电子游戏提供有意义且富有创意输入的方式(见图 13-1),更是元宇宙延续并扩张的核心驱动力。但是,目前游戏 UGC 创作领域门槛过高,创作的高定制化和易得性不可兼得。如何让玩家也能方便地创建一些基本的美术资产就成为以游戏为代表的三维内容制作商孜孜以求的目标,知名游戏引擎 Unity 就针对建模推出了三大神器 ProBuilder、PolyBrush、ProGrids。在这样的背景下,作为图形学研究中一个长期的基本问题,如何开发易于上手、功能强大、方便用户进行创作的三维造型工具也就越发重要。

(a) 我的世界　　　　　　　　　　　　　　　(b) 部落冲突

图 13-1　UGC 游戏近年来取得比较大的成功,并对创作工具的研发提出更高的要求

图片来源:游戏"我的世界""部落冲突"

　　现有的大部分商业造型系统(如 Maya、3ds Max)采用一种基于底层几何操作的造型方式,将三维形体表示为一些底层几何元素(如立方体、球等)的集合,并提供添加、删除、变形、细分等操作,尽管功能强大但却非常复杂,仅限于专业设计人员使用。以 SketchUp 为代表的手绘方式只需要用户进行简单的二维线条勾勒,就能进行三维内容设计,极大地简化了创作过程。但是,这些方法都依赖预定的假设,只能构造特定三维内容。为了兼顾简单易用和功能强大这两个要求,研究人员尝试了组合式的方法,将截取已有三维物体的部件无缝拼接在一起快速构造新物体,已经被应用到著名的游戏 Spore 中。然而,上述方法更多的是将三维造型当作一个类似于工艺制作(craft-like)的过程,其重要特征就是用户在制作前就已经清楚想造什么样的物体。

　　三维造型也是一种开放式(open-ended)的艺术创作过程。很多场景都期望创作者能生产新奇的、富有创意的三维资产,对他们的创造力和想象力等有较高的要求。三维建模过程是一个典型的非线性探索过程,将该过程完整地保留下来有助于更好地回溯和比较不同的设计方案,从而激发创作者的灵感。此外,尽管市面上已经存在很多成熟的商业软件,如 3ds Max、Maya 等,但是即便是相对简单的三维物体,其建模任务仍然非常复杂,涉及大量的操作,美工师很难理解一个陌生的网格模型的构造细节,将这个过程保留下来也有助于其他美工师(尤其是初学者)借鉴学习。因此,对设计师工作流的管理和可视化分析成了近几年相关领域关注的一个焦点。

　　基于这样的背景,本章将围绕三维建模过程可视化,介绍相关领域的最新研究进展,最后通过案例具体地演示如何遵循设计思维的理念进行三维建模过程可视分析系统的设计。

◆ 13.2　三维建模工作流可视分析

13.2.1　网格构建序列可视化

　　在许多图形应用中,通常用多边形网格表示物体的形状。这些多边形网格一般都由设计师通过多边形建模软件(如 Maya、3ds Max 或 Blender)进行建模。然而,即便是如图 13-2 所示的简单模型,往往也需要花费美工几小时的时间,涉及数以万计的操作。同时,建模过程的复杂性也使得设计师很难清楚地理解每个网格模型是如何被构造出来的。在没法联系到模型设计师的情况下,人们通常会转而借助来自书本或网上的视频或文档教程。对于网格构造,这两种教程都有严重的缺点:一方面,视频教程包含构建网格所需的所有细节,但录制时间较长(几小时),这使得人们很难获得关于整个过程的概览;另一方面,一份精心准备的文档可以很好地概述整个过程,但忽略了正确构造所需的许多细节。本节将介绍一个工具 MeshFlow[1],一个用于可视化网格构建序列的交互式系统。该系统对网格编辑操作

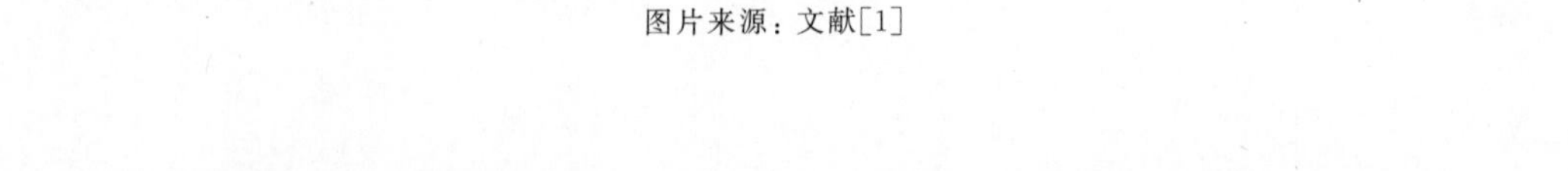

Helmet, 8510 ops, 5:05 hrs　　Shark, 8350 ops, 3:30 hrs　　Hydrant, 4609 ops, 2:30 hrs　Biped, 5759 ops, 3:10 hrs　　Robot, 13478 ops, 9:40 hrs

图 13-2　5 个输入模型、构建历史中的操作数和大致完成时间

图片来源:文献[1]

进行分层聚类,为用户提供模型构建过程的概览,同时还允许他们根据需要查看更多的细节。MeshFlow 还可以根据操作的类型或影响的顶点进行过滤,确保浏览者可以交互地聚焦建模过程的相关部分。最后,MeshFlow 自动生成的图形注解可以将聚类的操作可视化。下面看一下具体的细节。

1. 网格构建序列

MeshFlow 的输入数据是一个网格构建序列,这个序列在建模者构建网格时自动生成,序列中每个步骤都由一个多边形网格、一个表示建模者执行操作的标签、当前相机视图和当前选择定义。序列中为每个改变网格、其每个部件的可见性、观察相机或网格每个部件选择的操作捕获一个步骤。建模序列中的操作包括用户界面命令、几何变换和网格的拓扑变化。网格被存储为唯一标记的顶点列表,定义其几何形状和一个面(以顶点列表存储)列表。MeshFlow 专注于可视化单个物体的网格构建历史,图 13-3 展示了该系统对图 13-2 中 5 个网格模型构建过程进行注释的若干关键步骤。系统支持查看不同细节级别的建模序列,这么做既保留了视频和文档教程的优点,又摒弃了其弊端。系统利用操作类型的重复性将操作分层分组,从建模过程的高层次概述,一直到准确再建网格所需的各个低层次操作。系统允许用户交互式地选择所需的详细级别,以获得概览和按需详细查看信息。

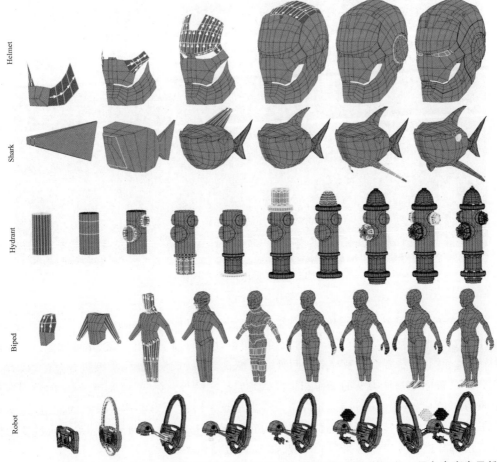

图 13-3　头盔、消防栓、两足动物和机器人的 10 级注释的集群子集;鲨鱼的 9 级。绿色高亮表示新构建的几何体。蓝色高亮表示平移的顶点。黄色箭头表示挤出的方向

图片来源:文献[1]

（264）

2. 系统概述

MeshFlow 提供了一个交互式界面以探索网格的构建历史，如图 13-4 所示，该界面包括一个大的网格视图，一个时间轴，以及在时间轴上不同位置的网格缩略图。系统可以回放建模者的每一个操作，类似于视频，用户除使用原始建模者的相机视图外，还可以控制相机。该系统提供了操作聚类、视觉注释、筛选等特色功能。与传统录屏相比，该系统的优势在于通过操作聚类使用交互式细节级别。通过分层的方式将操作分组，较低的集群级别比高的集群级别有更多的细节。通过改变细节级别，用户可以选择查看编辑的概要，按需获取细节。界面底部的时间线被分割成不同的群组，在同一时间只能看到一个群组。系统界面的主视图显示了从平均摄像机位置看到的聚类操作所构建的网格。系统根据操作标签进行聚类，有很好的效果。

系统用图形注释说明在集群中执行的操作类型，对网格的顶点、边和面着色以表示网格的变化（见图 13-3），如增加拓扑结构（绿色）、移动顶点（蓝色）和选择（黄色）。主视图包括在当前集群中执行的所有操作的注释。缩略图包含了自上一个缩略图以来的变化注释，强调了在该位置上的修改。

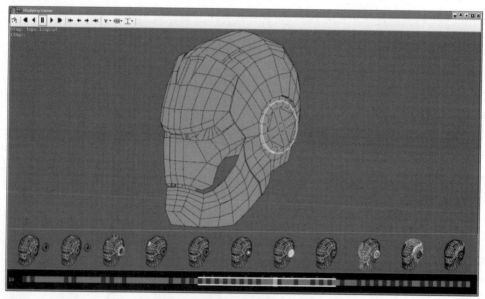

图 13-4　MeshFlow 用户界面

图片来源：文献[1]

该系统还提供了过滤操作和集群的能力，可以观察可视化操作如何随时间和频率变化。当一个过滤器被激活时，所有符合该过滤器的集群在时间轴上都会变暗（不可选择），并在回放时跳过，如图 13-5 所示。系统支持两种过滤模式：第一，通过操作类型进行过滤，很容易识别和跳过被标记为该类型的操作和集群（如选择、转换等）；第二，受文献[2]中的数据探针的启发，通过顶点选择进行过滤，允许用户突出顶点并跳过不影响这些顶点的群组，这使得用户可以关注模型的特定部分是如何整体构建的。对于几何形状的过滤，系统通过淡化模型的其余部分进一步突出感兴趣的区域，如图 13-5 所示。

最后，MeshFlow 将低层次的操作归入代表高层次结构变化的群组，识别操作的重复模

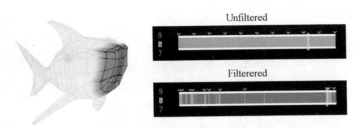

图 13-5　鼻子被高亮显示的鲨鱼模型以及相应的时间线（有过滤和无过滤）
图片来源：文献[1]

式得出正则表达式，将它们组合成可以立即可视化的群组，通过正则表达式进行聚类，对模型的建立过程提供清晰的概述。系统应用连续的正则表达式替换创建细节层次，并让用户互动地选择显示的层次。系统提供了 11 个连续的细节级别，并给出了用于每个细节层次的正则表达式。图 13-6 显示了在不同级别的细节中执行正则表达式的例子。

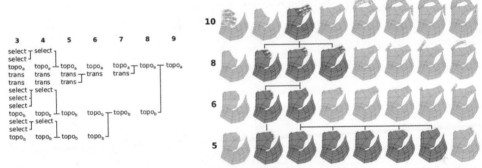

图 13-6　连续应用聚类级别的两个示例
图片来源：文献[1]

13.2.2　网格编辑工作流的连续总结

　　MeshFlow 介绍了如何将一个很长的构建序列基于编辑操作的类型或名称进行总结。总结的规则构建在对操作进行 N-gram 分析和模式识别的基础上。这种总结方法比较适合高度结构化的编辑操作，即可以根据操作类型推理出其编辑语义，但是在三维情况下这个前提很多时候并不成立。例如，数字雕刻工作流并没有清晰的编辑操作范式，也难于直观总结。本节将介绍一种基于每个操作或一组操作的效果进行编辑序列总结的方法——3DFlow[3]，该方法支持从原始输入到每个步骤的连续层次的总结，且不要求输入数据为线性序列（见图 13-7）。

　　图 13-8 展示了该算法的流程。给定一个网格序列，3DFlow 首先检测后续网格所做的改变，称为网格增量（mesh deltas），并生成这些增量的依赖关系图，称为增量图，用于捕获这些编辑的时空依赖关系。随后，3DFlow 不断对增量图的最小权重边执行收缩操作，对对应的增量进行合并，从而生成增量图的总结。根据增量图上每条边在时间和空间维度的强度和距离计算其权重。最后，当只剩下一个增量时，3DFlow 对合并后的增量按照收缩时相反的次序进行分裂，以生成细节的连续层次结构。下面介绍一些更具体的细节。

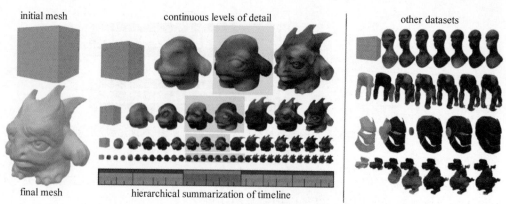

图 13-7　从一位专业艺术家 30 分钟的数字雕刻过程中自动构建的连续层次的细节

图片来源：文献[3]

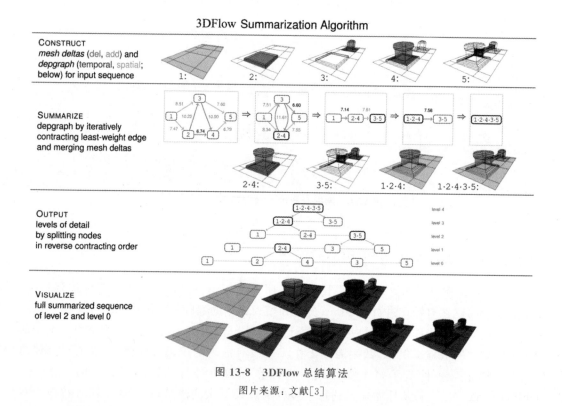

图 13-8　3DFlow 总结算法

图片来源：文献[3]

1. 序列总结

3DFlow 的输入是网格快照的序列,以及任何相关的软件或编辑信息,如艺术家的观察方向或雕刻笔触数据。注意,相关的编辑信息对于总结(summarization)来说是不需要的,因为它只用于在序列的可视化中叠加可选的视觉注释。序列可以通过以下几种方式创建:保存每次用工具软件修改后的网格模型快照;定期(如每 5 分钟);或在提交每个逻辑上的一组修改到版本库后。

构造网格增量。3DFlow 首先将大小归一化的输入转换为一系列的网格增量。每个增量追踪空间变化和增量覆盖的时间范围,初始为序列的一个快照。每个增量存储了 3 个集合：一组删除的面；一组添加的面；一组增量覆盖的原始快照指数。依次应用增量序列，然后用归一化系数的倒数进行缩放，就可以重构每个原始网格。

建立一个序列中两个相邻快照之间的网格增量的规则是：前一个快照中的面在后一个快照中存在于完全相同的位置，被认为是无变化；前一个快照中的所有其他面是已删除；后一个快照中的所有其他面是已添加。这个规则的计算成本很低，而且可以处理所有类型的网格编辑，包括细分。两个网格增量可以合并为一个网格增量，从而创建一个原始编辑的总结。合并后的网格增量是用并集、差集运算符构建的。合并后的新增面集是两组新增面减去删除面的集合，删除面集是删除面减去新增面的集合。例如，在图 13-8 中，增量 4 删除了增量 2 中创建的一个面，所以合并后的增量 2·4 不包括这个面。3DFlow 通过迭代合并网格增量，将序列总结为连续的细节层次（levels of details，LOD）。

构建增量图（depgraph）。两个时间上相邻的网格增量在空间上可能不重叠，即前一个网格增量中的已添加面集合与后者的已删除面集合的交集为空集。这意味着，虽然一个网格增量可能在时间上跟随另一个网格增量，但网格增量并不总是以相同的时间顺序合并。以图 13-9 为例，艺术家首先创建背鳍，然后开始处理胸鳍，但胸鳍工作流程被背鳍上的单个空间断开的编辑中断。左侧的总结保持原始时间顺序，因此包含单个中断编辑（高亮）。通过对编辑进行时间重新排序，将单个、中断的背鳍编辑与其他背鳍编辑进行总结，右侧的总结更加直观、简洁。

图 13-9　对鲨鱼序列进行时间上的重新排序编辑

图片来源：文献[3]

尽管时间上的重新排序是有用的，但是保持网格增量的空间依赖关系仍然很重要。如果增量 B 删除了 A 添加的面，就不允许在时间上将 B 重新排序到 A 之前。3DFlow 通过构造一个依赖图，即增量图，捕捉并确保网格增量的时空依赖关系。每个网格增量都有一个节点，如果一个节点依赖另一个节点，则这对节点之间存在一条有向边，这条边根据依赖关系的类型进行着色。为了简化增量图并加速总结过程，系统将两个节点之间同时具有时空依赖关系的边以及有间接空间依赖关系的边删除，如图 13-10 中，增量 C 既直接又间接地依赖 A，因此可以在不改变空间依赖关系的情况下删除 A-C 边，从而简化增量图。最后，时间依赖也是一个需要维护的关键数据，尤其对于空间上不连续网格的构建。如果没有维护时间依赖，增量图可能包含非连通子图，而这些子图在空间上其实是依赖的，在一个网格上的改变可能会影响邻近的网格。

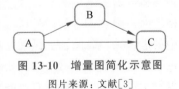

图 13-10　增量图简化示意图

图片来源：文献[3]

总结增量图。3DFlow 通过收缩图中的一条边并合并该边上的节点所对应的网格增量总结增量图。收缩边的选取会影响总结的结果，算法着重考虑两个同时适用于时空依赖的原则：①合并后的增量不应变化太大；②合并后的增量不应包含相隔太远的编辑。合并变化大的增量可能会在总结中失去太多细节，合并相距较远的增量可能会分散总结的焦点。依据这些准则，3DFlow 将合并一对增量 A 和 B 的代价函数定义为 4 个项的和，分别从时空维度体现这两个准则：

$$C(A,B)=w_0 S_t + w_1 D_t + w_2 S_x + w_3 D_x$$

其中，S_t,D_t 是时间强度和距离成本，S_x,D_x 是空间强度和距离成本。它们具体被定义为

$$S_t = \frac{|\Delta_t(A)|+|\Delta_t(B)|}{\text{avg}\,|\Delta_t|}$$

$$D_t = \min_{a,b\in\Delta_t(A)\times\Delta_t(B)} \frac{|a-b|-1}{\text{avg}\,|\Delta_t|}$$

$$S_x = \frac{|\text{area}[\Delta_x^+(A\cdot B)] - \text{area}[\Delta_x^-(A\cdot B)]|}{\max(\text{area}[\Delta_x^+(A\cdot B)],\text{area}[\Delta_x^-(A\cdot B)])}$$

$$D_x = \min_{u,v\in\Delta_x(A)\times\Delta_x(B)} \min-\text{dist}(u,v)$$

$\Delta_t(A)$ 是由增量 A 覆盖的原始增量索引的集合，$\Delta_x^+(A)$ 是由 A 添加的一组面的集合，$\Delta_x^-(A)$ 是由 A 删除的一组面的集合，$\Delta_x(A)$ 由 A 添加或删除的一组面的集合，点运算符（·）表示增量的合并，$\text{avg}\,|\Delta t|$ 为计算增量图中增量的快照索引集的平均大小，area 是一个函数，该函数返回给定一组面的总表面积，min-dist 是一个函数，返回给定面之间的最小欧几里得距离。时间强度项 S_t 是合并增量 A 和 B 覆盖的原始快照的总数。时间距离项 D_t 定义为 A 和 B 之间的最小时间距离，通过将 A 和 B 的所有快照索引之间的最小绝对差值减去 1 得到。这两个时间项均由增量所覆盖的快照的平均数量进行正则化，以防止时间主导成本函数。空间强度项 S_x 是将 A 和 B 合并后的表面积的绝对净变化，通过除以净添加表面积或净删除表面积（以较大者为准）进行正则化。空间距离项 D_x 是 A 的添加和删除面与 B 的添加和删除面之间的最小欧几里得距离。

输出细节层次。3DFlow 将最高总结级别创建为单个增量，该增量对应剩余的单个节点。然后，根据总结过程中执行的最后一次边缘收缩，将该单节点分为两个节点。收缩边编码了节点的依赖性，系统将依赖性节点依照时间顺序放在另一个节点之后来保持依赖性。这两个节点相应的增量定义了第二高的总结级别。重复以边缘收缩的相反顺序分割节点，产生连续的细节层次。这种重建增量的方式可以产生线性又层次分明的细节级别。

2. 可视化界面

图 13-11 显示了 3DFlow 系统用户界面。为了保持简洁性，系统采用了一个类似简单视频播放器的基本布局。左上角是主三维视图，在这里可以看到所选时间和细节级别的网格。网格中被选定的增量所改变的区域以蓝色突出显示。左下角的时间轴很像视频播放器中的进度条。时间轴的纵轴是细节层次，最高层次的总结在顶部，最丰富的细节在底部。黑色垂直线表示每个增量的开始和结束位置。蓝色竖条表示所选增量的覆盖范围，蓝色横条表示所选的详细程度。右边的可视化选项允许用户控制网格的渲染方式。3DFlow 生成了从全部增量到单个增量的连续细节层次，简化的用户界面默认只显示层次的一个子集，按原始增量的对数关系选取层次、添加包含 2～20 个增量的层次和包含 20～50 个奇数增量的层次。

修改部分高亮显示。系统通过高亮体现网格增量中的修改部分，高亮的视觉强度根据修改的大小自动调节。对于每个增量，3DFlow 将新增面的每个顶点的变化幅度近似为该顶点与删除面所定义的表面之间的最小距离。如果在一个增量中没有面被删除，那么所有新增面的顶点都被标记为新增。

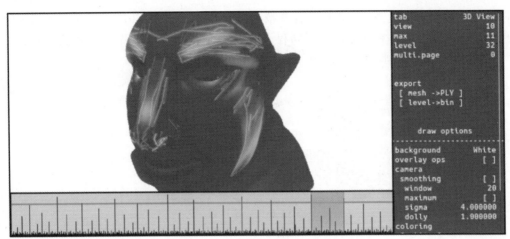

图 13-11　3DFlow 系统用户界面

图片来源：文献[3]

3DFlow 为顶点提供了几种高亮显示的选项。图 13-12 展示了几种不同的可视化方式。第一种方式是将幅度线性映射到颜色梯度上，不变的顶点用中性灰色，变化幅度小的顶点用黄色，变化大的顶点用白色。多色梯度可以提供更好的分辨率，帮助解决变化的强弱。另一种方式是根据符号的变化选择不同的颜色梯度。如果顶点被移到被删除表面的"外面"，它就有正的变化，如果被移到"里面"，它就有负的变化，这里的面是由表面的法线决定的。正向变化的颜色为蓝色，而负向变化的颜色为橙色。这种突出高亮的方式可以直观地展示顶点移动的大致幅度和方向，让用户感觉到体积的变化。

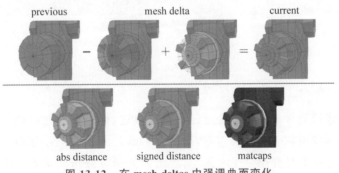

图 13-12　在 mesh deltas 中强调曲面变化

图片来源：文献[3]

可视化雕刻注释。虽然高亮显示了 mesh 的变化程度，但它并不能很好地描述艺术家使用了哪种雕刻工具以及怎样使用该工具。3DFlow 可以结合工具使用情况的元数据叠加视觉注释可视化艺术家如何使用各种工具，比如将艺术家的雕刻笔触可视化为画在网格上的线条。由于雕刻笔触可能落在网格内部或后面，所以算法分两次渲染笔触：一次是不进行深度测试的透明粗线；另一次是进行深度测试的不透明细线。第一次可以让用户看到被网格遮挡的笔画，而不会杂乱，第二次可以显示细节。笔触按笔刷类型着色：蓝色为拉动，青色为平滑，橙色为折痕，粉色为抓取或点动。

过滤注释。随着被覆盖增量数量的增加，可视化所有的工具注释可能会模糊网格视图，因此 3DFlow 提供了过滤注释功能。注释按其权重进行排序,3DFlow 只显示权重高于用户指定阈值的注释。图 13-13 显示了不同程度的过滤工具注释的效果,0 代表显示所有工具注释,50％代表显示一半的注释,100％代表不显示注释。

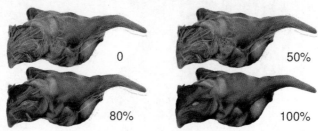

0   50%

80%   100%

图 13-13   过滤注释

图片来源:文献[3]

空间过滤。3DFlow 提供空间过滤功能以查找修改特定空间区域的增量。点击网格时,整个序列中位于网格上给定半径内的面都会被选中,未被选中的区域在主三维视图中通过去饱和化和增亮的方式被消除。不影响所选面的那些增量在时间轴上变暗(不可查看),以此展示所选区域被修改的时间。由此一来,过滤后的工作流程被重新总结为一个新的、自定义的工作流程的视图。图 13-14 显示了对修改大猩猩面部的增量进行过滤的时间线。

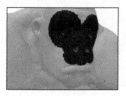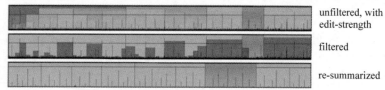

unfiltered, with
edit-strength

filtered

re-summarized

图 13-14   大猩猩序列的编辑强度注释和空间过滤

图片来源:文献[3]

13.2.3   数字雕刻工作流的统计分析

尽管如今的建模软件和采集方法已得到显著改进,但是创建三维数字内容涉及的大量人力仍是制约图形应用的一个主要因素,而深入了解艺术家如何创建数字内容对改进建模工作流至关重要。本节将介绍一个案例[4],展示如何通过分析艺术家自由雕刻时的行为统计数字雕刻工作流程的特点。

1. 数据集

研究人员聘请两位三维建模专家制作了图 13-15 所示的模型,制作时间在 29 分钟到 4 小时之间。这两位专家无须指导就能在较短的时间内创建复杂的模型,作为知名专家,他们的工作流程也比较有代表性,可作为别人学习的参照。两位专家被要求在构造选定的有机角色模型时要综合运用 Blender 的各种技术。在两位专家建模过程中,研究者用自己编写的插件存储 Blender 中的所有用户操作,并在每次操作后保存网格快照。整个过程极为流畅,从而不影响建模专家的工作流程。图 13-15 中的模型是用 816～4210 条线条和 225～956 次相机变化创建的。这个线条数已足够让模型的细节变得丰富。所有的模型都是用镜像线条创建的,整体模型的大小由艺术家决定。研究者把分析的重点放在线条上。

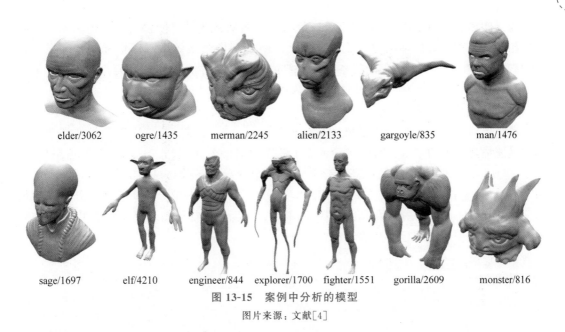

elder/3062　　ogre/1435　　merman/2245　　alien/2133　　gargoyle/835　　man/1476

sage/1697　　elf/4210　　engineer/844　　explorer/1700　　fighter/1551　　gorilla/2609　　monster/816

图 13-15　案例中分析的模型

图片来源：文献[4]

画笔和线条。Blender 画笔有许多参数来控制它们的行为，包括尺寸、衰减和类型。画笔类型描述了应用于模型的几何变形以及线条重叠时的行为。由于艺术家很少改变画笔的参数，所以分析只集中在画笔的大小和类型上。将线条表示为采样后的折线，记录了其在模型空间的位置以及折线顶点的平板压力。画笔的大小是在模型空间定义的，而不是二维屏幕像素，因为在后者中没有发现明显的趋势。图 13-16 显示了生成模型所需的线条。研究者考虑两组画笔类型：物体表面的和自由形的。对于表面画笔，程序通过在网格上投影二维鼠标位置确定线条点的三维位置。对于自由形线条，其顶点三维位置是通过在平行于摄像机的平面上移动鼠标的二维位置而得到的。表面画笔通常用于沿表面法线推或拉顶点，或像黏土雕刻一样增加或删除体积。自由形画笔主要用于挤压模型的新部分，或对大面积区域应用自由形态的变形。

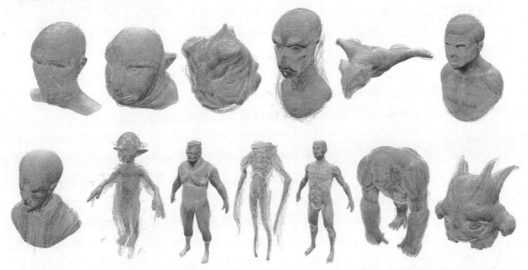

图 13-16　用于创建模型的笔画，在半透明的网格上渲染作为参考。颜色表示笔刷类型

图片来源：文献[4]

网格距离。一般来说,画笔和线条参数与相应的网格差异之间没有简单的关系[5]。研究者用线条应用前后的网格之间的 Hausdorff 距离衡量线条效果。该指标与基于线条长度、画笔大小和平均压力乘积的线条效果简单估计有很好的相关性(根据每个模型的 r 值经过 Fisher z 变换后计算的平均 P 皮尔逊积矩相关系数为 0.99)。

2. 分析:总体趋势

研究者对线条数据和网格距离进行各种各样的分析(见图 13-17),选择最佳拟合模型确定最能描述数据的理论分布。实验考虑了几个著名的分布,有正态分布、对数正态分布、学生 T 型分布、Cauchy 分布、反高斯分布等。每个分布的参数通过最大似然估计[6]拟合,用 $\chi 2$ 检验衡量拟合的好坏。在高 P 值($P>0.05$)的分布中挑选出 $\chi 2$ 最高的分布作为最佳分布,同时使分布的复杂性(参数的数量)最小。每项分析都用图表定性地说明趋势,并对模型参数和拟合质量进行统计估计。

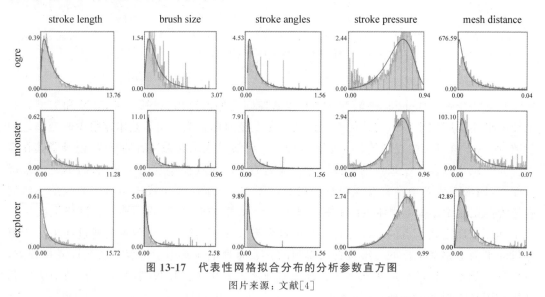

图 13-17 代表性网格拟合分布的分析参数直方图

图片来源:文献[4]

对于上述的所有模型,大多数交互都是表面线条,不同模型之间没有明显的差异。考虑到自由形线条主要用于拉伸和自由形变两种罕见的全局操作,这一点很容易理解。此外,由于表面线条和自由形线条的统计数据非常接近,所以研究者把它们放在一起分析,强调它们存在的差异。

线条长度。图 13-17 所示的线条长度分布在零点附近达到峰值,尾巴很长。这表明艺术家主要使用快速而短的线条,但也有相当数量的长线条。对于所有模型,线条长度用反高斯分布描述最好。由于模型有任意的大小,所以每个模型的平均笔画长度不同,平均长度与模型特征有关:眼睛和嘴的宽度相对于头部,颈部长度和直径相对于胸部,手臂和腿相对于全身。最大的线条长度超过了模型的对角线长。这表明,艺术家在调整特定的特征时使用了长的直线条,但为了平滑或纹理,也在同一区域来回划动。

画笔尺寸。图 13-17 所示的画笔尺寸的分布与线条长度的分布类似,可以用反高斯分布描述。与线条长度类似,艺术家大部分时间都在使用小尺寸的画笔工作。但画笔尺寸分布的尾巴的下降趋势不太均匀,整条尾巴上一直有小的峰值,这是由于艺术家在固定的相机和二维画笔尺寸下工作的时间跨度相对较长,导致投影在模型上的画笔尺寸相对相似,在分布中形成小的峰值。画笔平均尺寸与模型的特征有关,但与线条长度相比相关性较小:皱纹和静脉相对于头部,眼睛和耳朵相对于胸部,手和肩膀相对于全身。画笔最大尺寸可以达到整个模型大小,通常是调整模型的比例和主要结构时使用的自由形画笔。

笔画角度。描述线条绘制行为的一个有用的特征是线条中相邻两个片段角度的平均。分析表明,大多数角度较大的线条是用自由形画笔完成的,这表明艺术家更喜欢用这种画笔画长直线条,表面画笔的结果恰好相反。这些分布也通过反高斯更好地拟合,在 0 处达到峰值,长尾巴在接近尾端时显示缓慢的增长趋势,占整个分布的不到 5%。这表明,在这种画笔中,人们非常喜欢来回划动,长直线条的比例较小。

笔画压力。图 13-17 所示的笔画压力分布由高斯曲线很好地描述,但表面画笔和自由形画笔之间的平均差和标准差有很大不同。表面画笔的压力均值和方差较高,分布中的分散指数也较高($iod=0.119$)。而自由形画笔的压力较小,范围在统计上较小的数值范围内($iod=0.051$)。这佐证了上述观察,即表面画笔用于较长但细致的笔画,而自由形画笔用于快速但大的调整。

网格距离。Hausdorff 距离与笔画的长度和笔刷的大小类似,使用反高斯分布拟合。

3. 分析:时域分析

分析全局趋势之后,再看一下它们的时间特征,将画笔属性和网格差异当作时间序列,观察它们随时间的变化。时域演进由快照序列给出。对数据进行指数平滑并去除噪声后,可以发现,除显示一定数量的“突变”外,画笔属性和网格差异都没有明显的趋势(见图 13-18),这些“突变”在时域上没有明显的周期性。对于画笔的长度,峰值对应艺术家切换到新的模型部分对其进行大面积调整的时刻。对于画笔的大小,峰值对应大面积的自由调整。这些峰值之后是对相同区域的较小调整。

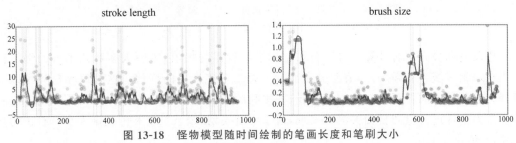

图 13-18　怪物模型随时间绘制的笔画长度和笔刷大小

图片来源:文献[4]

采用隐马尔可夫模型对时间序列进行拟合后可以看到各个状态的特点是倾向于保持在同一状态,而不是过渡到另一个状态。各个状态主要在方差和转换概率分布上有所不同,其中方差大的状态保持在同一状态的概率较小。

4. 分析:空域分析

考察完时间特征后,再来关注画笔属性和网格差异的空间行为,看它们是否与线条空间位置相关。对于每个模型,估计由所有线条的顶点产生的点云的密度。对于每个点,计算其16 个近邻的平均距离并将其作为密度估计。图 13-19 显示了网格密度,图 13-20(a)为其代表性分布。从这些图可以看出,艺术家对某些区域的关注比对其他区域更强烈:脸部和半

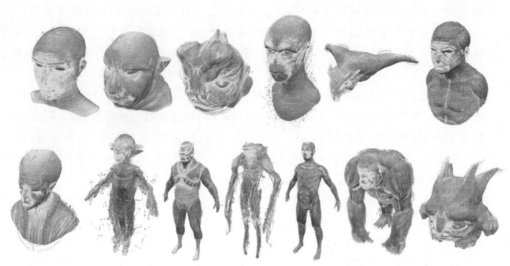

图 13-19　作为参考在网格上渲染的笔画密度。红色到黄色表示密度从低到高（见彩插）

图片来源：文献[4]

身的眼睛和嘴，全身的头部和躯干。

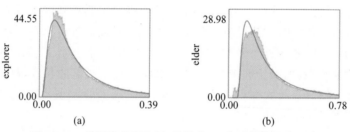

图 13-20　笔画密度直方图，估计为 16 个近邻的平均距离

图片来源：文献[4]

　　用反高斯分布拟合计算密度的分布得到了接近零的峰值，表明大多数艺术家的编辑都集中在一组区域。有趣的是，有些分布显示了第二个接近零的峰值。这种双峰趋势可以被解释为模型的不同特征之间的规模差异（如眼睛的大小与手臂的大小）。对数据采用 Moran 的 I 作为指标进行空间自相关测试发现，对于所有模型，线条长度和画笔刷大小具有正的自相关，p 值小于 0.05。

　　5. 分析：时空分析

　　时域分析表明，艺术家并不是以从粗到细的方式进行，而是以较长的局部小调整和涉及模型较大部分的较广泛的编辑交替进行。空间分析显示艺术家倾向专注于模型的选定区域。结合空间（线条质心）、非空间（路径长度、画笔大小和网格差异）和时间（线条时间）信息对线条进行聚类可以发现集群在相同的网格区域上重叠，表明艺术家在不同时间在相同的区域上工作（见图 13-21）。每次，画笔的属性在活动突发中保持相似，艺术家在切换到另一个区域之前会在该区域停留一段时间。从时间图（见图 13-22）可以看到，笔画属性与集群在时间上是相关的。

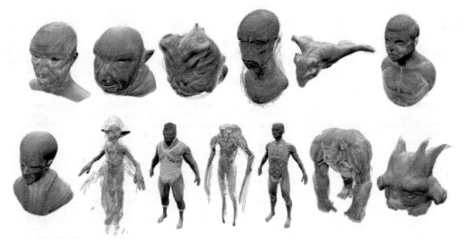

图 13-21　笔画的时空簇。颜色表示集群分配

图片来源：文献[4]

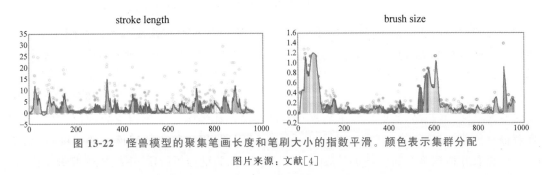

图 13-22　怪兽模型的聚集笔画长度和笔刷大小的指数平滑。颜色表示集群分配

图片来源：文献[4]

◆ 13.3　三维建模工作流管理

13.3.1　基于连续模型序列的建模过程反推

本案例将分享如何构建关于一组给定三维模型的高层次来源信息的可视化[7]，通过对模型的部件进行逆向工程以恢复建模历史，再对重要的变化进行总结，最后将这些信息显示在时间轴上，从而方便可视追踪每个部件的生命周期及其与其他部件的关系（见图 13-23）。这个工具让用户可以清楚地了解模型的构建历史的重要节点，比如特定的改变是在什么时候发生的，以及某个错误是在什么时候引入的，等等。基于时间线抽象对连续的三维模型序列进行。尽管时间轴界面广泛存在于各种三维建模软件的动画模块，但它目前还没有被用于几何操作。与之前需要编辑软件的工具化的可视化方法不同，该工具不依赖预先录制的编辑指令，每个独立的三维文件都被看作构建流程的一个关键帧，从这个关键帧中可以对编辑源进行逆向工程。

1. 系统概述

给定一组连续的三维模型序列，即关键帧，本研究的目标是逆向恢复相应的建模树以解释序列中模型之间的关系。基本思路是将关键帧分解成各部分来实现，并对每个部分追踪其来源，即它与相邻帧中的相同或相似部分的关系。然后，完整的建模树将解释每个确定的

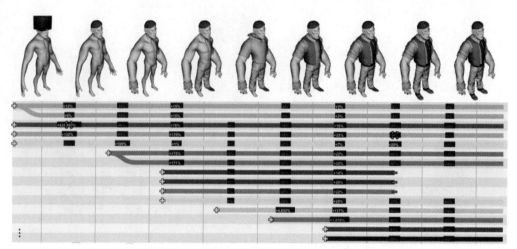

图 13-23　从一个真实的建模序列的 9 个关键帧(顶部)中提取和折叠的编辑时间线(底部)

图片来源：文献[7]

模型组件的生命周期。由于任务本身的二义性，该研究并不追求恢复真实的编辑历史或详尽地生成所有可能的编辑记录的排列组合，而只是试图推断出一个合理的步骤流程，以满足相关假设，对输入模型包含的几何信息提供一个一致的解释。

　　系统主要围绕基本的组件级操作：添加和删除、多边形数的变化和相应部分的大小，以及转换的检测、复制品、实例化和重复复制。这类操作在编辑历史中占主导地位，对它们的理解很有价值。如图 13-24 所示，为了生成一条时间线，用户首先加载模型的关键帧，系统将自动提取并估算跨帧的组件级对应关系流；随后，在关键分析阶段，系统推测编辑操作，并借助时间轴将其可视化。用户可以像在视频编辑器中那样梳理时间轴、创建一个动画来展示模型如何随时间演变。与文献[2]类似，时间轴压缩进一步简化了显示的信息。

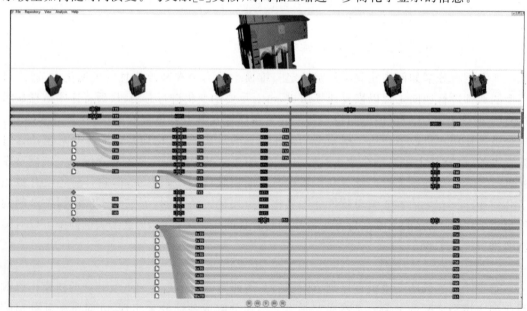

图 13-24　原型 GUI：图形变换窗口(顶部)，对应关键帧(中间)和估算的时间线(底部)

图片来源：文献[7]

2. 预处理

艺术家通常将形状视为各种组件的集合来创建、表示和操作,这些组件在各种基于基元的建模工具中都得到较好的支持。然而,如文献[8]所示,严格依赖网格的预对齐会产生较差的结果,因此本系统不对模型的初始全局对齐做出假设。考虑到设计的早期阶段通常以堆积为特征(即首先勾勒出最突出的实体,然后再逐步增加细节),本系统专注于建立一个跨帧的组件级的对应关系,从主要的最大的组件开始,然后为不太突出的部分提供额外的上下文信息,从而将其从全局刚性变换中分解出来。最后,系统充分利用建模序列中相邻模型高度相关的特点估算模型之间的对应关系:首先使用层次画面聚类独立生成不重叠的组件作为聚类。通过一个与形状和位置改变无关,但又能区分复制品的对应关系以精确识别在所有的关键帧中追踪同样的部件,从而能可靠地推演出其来源。

3. 语义分析

建立对应流后,就可以据此考察两个给定关键帧之间各个组件的变化。这些变化可以归类为一个或多个操作,如添加、删除、复制、多边形数目增加、多边形数目减少、尺寸变大、尺寸变小、平移、重复复制以及实例化等。系统还可以检测重复复制的操作、利用实例化后的复制品与模板具有同样操作的特点对时间线进行压缩。

4. 时间轴可视化

在时间线可视化中表示事件,是一种将复杂的时域交互抽象为有意义且易于理解的流的常用方法。除了线性依赖,时间线还可以显示层次信息[9],甚至可以用作协作平台[10]。在计算机图形学中,时间线主要用于动画合成,如同许多 3D 创作工具中使用的那样。本系统选择了一个分层时间线,因为它与输入数据的线性连续特点相匹配,同时又能显示部件及其组之间的依赖关系,如图 13-24 所示。这样的时间线既方便手动探索,又支持自动化回放。与文献[1]类似,系统视图顶部提供主要混合预览,下方提供从左到右排序的缩略图模型序列,逆向工程来源时间线位于底部。时间线被划分为等距的 buckets 以说明相邻帧之间经过的时间,见图 13-23 中的垂直线。每一行代表一个对应流。组件的生命周期可视化为一组三次贝塞尔曲线构成的路径,检测到复制品(duplication)时就可以从指定的时间线行分支。就像在 2D 动画中一样,两个连续关键帧之间的时间被线性插值,以便根据检测到的编辑操作将某一时刻的组件形状渐变到下一时刻的形状。

13.3.2　MeshGit:多边形网格的差异比较和操作合并

管理文件时,版本控制大大简化了个人的工作,是协同工作中不可或缺的工具。诸如Subversion 和 Git 这样的版本控制系统提供了大量特性,能存储文本文件的多个不同版本、支持可视地比较两个版本内容,以及将两个版本合并为一个等。但对三维图形文件来说,版本控制通常简单地用于维护多个版本的场景文件,无法对大多数场景数据进行比较和合并。本节将分享一个工具 MeshGit,支持多边形网格的对比和合并,如图 13-25 所示。

1. 网格编辑距离

在具体设计和实现上,系统参考现有的文字编辑工具进行问题的定义和工作流的组织,引入一个类似于字符串编辑距离的网格编辑距离以衡量两个网格之间的不相似度,并将之定义为两个网格之间顶点/面匹配的最小代价。给定两个版本的网格 M 和 M',如果 M 的一个元素 e 在 M' 中有一个对应的 e',那么它们是匹配的,否则就是不匹配的。匹配一般是

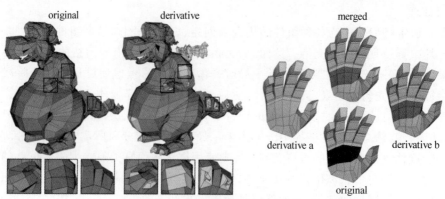

图 13-25　MeshGit 能自动完成的多边形网格的对比和合并

图片来源：文献[11]

局部的，即有些元素会不匹配，对应编辑时元素的增删。网格编辑距离的成本函数由以下 3 项组成。

- 不匹配成本。对不匹配的元素（顶点跟面）进行惩罚，为每个元素增加一个常数成本 α。
- 几何成本。匹配的元素会产生两个成本。第一个成本捕获每个元素几何形状的变化，即其位置和法线。第二个成本为一个方向项，计算为元素法线之间的点积。
- 邻接成本。单纯的几何成本不足以产生直观的视觉差异，因为它没有考虑到元素相邻关系的变化，所以以为 M 和 M' 中的一对相邻元素 (e_1, e_2) 分配邻接成本。考虑面和顶点的所有相邻关系（即面对面，面对顶点，顶点对顶点），如果 e_1 或 e_2 是不匹配的，相邻成本是一个常数 β 除以该对元素周围的局部邻域 $A(e_1, e_2)$ 的大小，后者被计算为与 e_1 和 e_2 相邻的元素数量之和。如果 e_1 和 e_2 是匹配的，但是它们的匹配元素并不相邻，那么这一对的邻接成本是 γ 除以本地邻域的大小。匹配的邻接关系没有成本。通过局部邻域的大小对常数进行归一化处理，使得具有大量邻接关系的元素（如非常规顶点或极点）的最大成本与只有少数邻接关系的元素（如模型边缘的顶点）是相同的。

有了上面定义的成本，网格 M 和 M' 之间匹配的总成本是不匹配成本、几何成本和邻接成本的总和。

$$C(O) = \alpha(N_u + N'_u) + \sum_{\{e \leftrightarrow e'\}} \left[\frac{\|\boldsymbol{x}_e - \boldsymbol{x}_{e'}\|}{\|\boldsymbol{x}_e - \boldsymbol{x}_{e'}\| + 1} + (1 - \boldsymbol{n}_e \cdot \boldsymbol{n}_{e'}) \right] +$$

$$\sum_{\{e_1, e_2 \in P_u\}} \frac{\beta}{A(e_1, e_2)} + \sum_{\{e_1, e_2 \in P_m\}} \frac{\gamma}{A(e_1, e_2)}$$

其中，N_u 和 N'_u 分别为 M 和 M' 中未匹配元素的个数，$\{e-e'\}$ 为匹配元素的集合，P_u 和 P_m 分别为 M 和 M' 中相邻的不匹配或邻接度不同的元素对的集合。匹配大量不同网格，选择产生信息最丰富的可视化效果，得出 $\alpha = 2.5$、$\beta = 1.0$ 和 $\gamma = 3.5$。

2. 算法

最小化网格编辑距离以确定最佳的网格匹配可以转换为求解最大公有子图同构问题。由于子图精确匹配是个 NP 完全问题，系统采用了一个迭代贪婪算法通过最小化上述的总代价函数得到一个近似匹配。具体地,首先将 M 和 M' 中所有不匹配的元素置入初始匹配集 O,随后迭代交替执行贪婪步骤和回溯步骤,直到算法收敛。贪婪步骤通过将 M 中的元素贪婪地分配(或删除赋值)给 M' 中的元素,从而最小化匹配 O 的代价 $C(O)$。回溯步骤删除了可能将贪婪算法推到代价函数的局部极小值的匹配。图 13-26 说明了 O 如何为后续的迭代而演化。

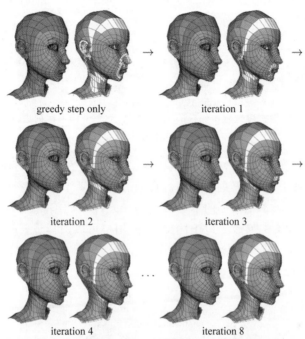

图 13-26　贪婪算法迭代过程中两两差异比较的变化

图片来源:文献[11]

得到给定从一个网格 M 到另一个网格 M' 的匹配 O 后,就可以定义将 M 转换为 M' 的一组底层编辑操作:将 M 中未匹配的元素视为删除,将 M' 中未匹配的元素视为添加;具有几何代价的匹配顶点被认为是发生变换的(如平移);没有几何代价的顶点被认为是未修改的(不会在差异中突出显示,也不会在合并时进行操作);只有当相互匹配的面片具有不匹配的邻接面时,才被认为是编辑过的;在这种情况下,可以将它们视为从祖先中删除,并在派生中添加。

3. 差异比较与合并

系统提供了类似文本差异的网格差异可视化,将所有版本的网格并排显示以提供尽可能多的背景信息,并以顶点和面的颜色表示差异的类型或大小。除两两之间的差异外,当一个网格 M 有两个派生版本 M_a 和 M_b 时,系统也可以进行三路网格差异(见图 13-25 右)比较以说明派生和原始之间的变化,从而方便用户比较两组编辑。最后,系统还支持对整个网络编辑过程的可视化。如图 13-27 所示,如果一个面被添加到当前快照或从前一个快照变化,则以绿色突出显示;如果其在下一个快照中被删除或更改,则为红色;如果其被添加然后删除或更改两次,则为橙色。

类似于文本编辑,系统也支持工作流合并。图 13-28 显示了一个对宇宙飞船模型进行

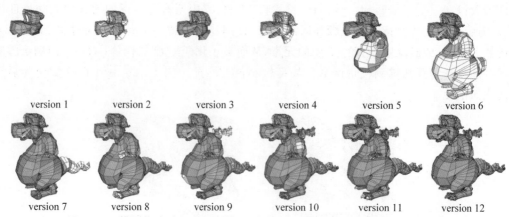

图 13-27   模型构建过程中保存的 12 张快照,对整个构建序列进行了可视化

图片来源:文献[11]

冲突编辑的例子。在一个版本中,飞船的主体增加了特征,主体的底部被放大。在另一个版本中,驾驶舱的外部被细化,机翼被添加到机身的底部和顶部。在这种情况下,第一个版本中扩大的底座和第二个版本中增加的下部机翼是相互冲突的编辑。系统成功检测到冲突,并自动合并了所有不冲突的修改。对于冲突部分,用户可以选择想要的版本,并应用此版本的编辑,如图 13-28 所示,或者直接手动解决冲突。图 13-28 中最上面的 3 个子图显示了冲突合并的 3 种可能方式。

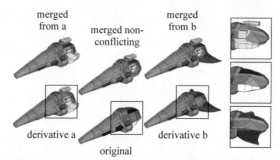

图 13-28   系统检测到衍生网格之间的冲突,以黄色显示

图片来源:文献[11]

13.3.3   SceneGit:三维场景的差异比较和操作合并

尽管 MeshGit 提供了支持对单个三维网格模型进行比较和合并的版本控制功能,但是由于三维场景的规模以及其包含的异构数据,再加上场景元素之间的关系需要在差异比较和合并过程中保持,这些问题使得 MeshGit 无法直接支持对整个三维环境的版本控制。本节将介绍一个实用三维场景版本控制系统 SceneGit,面向包含形状、材质、纹理和动画等并组合一个场景图的三维场景[12]。它将场景数据以最精细的粒度版本化,使版本仓库更小,并允许造型师同时处理同一对象(见图 13-29)。SceneGit 将三维场景作为整体而不是单一组件进行版本管理,以保持联系;在衍化过程中,为所有的场景元素分配唯一的标识符,并尽可能地细化,从而能轻松地实现修补和合并、稳健地检测冲突的编辑、在稀疏的表示中简洁地存储变化、直观地查看变化并轻松地处理异质数据。系统检测每个版本和祖先之间的变

化,然后自动合并这些变化(见图 13-29 右上)。在合并后的场景中突出添加和改变的元素
(见图 13-29 右下),在祖先上突出删除和改变的元素(见图 13-29 左下)。编辑的颜色显示
在图下的图例中:绿色/黄色表示版本 1,蓝色/红色表示版本 2,如果同一元素在两个版本
中都被编辑,则为青色/橙色,紫色表示冲突。

图 13-29　SceneGit 场景版本管理

图片来源:文献[12]

　　系统针对三维场景版本控制系统与标准的版本控制系统之间存在的差异,进行了针对
性的设计。

- **场景数据**。SceneGit 专注于由大量对象组成的场景,包括摄像机、材料、纹理、多边
  形网格、环境地图、关键帧动画和场景节点。每个对象都有一组定义在其上的属性,
  以及对其他对象的引用。场景节点可以组织成一个变换层次结构,作为对每个节点
  的父对象的引用来处理。对象的引用集合形成了一个有向无环图。网格、纹理和动
  画中存储了更复杂的数据,可将它们作为特例单独理解。

- **文件格式**。可用于交换场景信息的文件格式很多,每种格式各有优缺点且通常只支
  持一些场景对象,而不支持其他的场景对象。而 SceneGit 的核心是支持任意场景
  描述,而不依赖特定编码格式。

- **场景数据结构版本控制**。标准的版本控制系统,简单地将文本文件作为有序的字符
  串序列进行差异比较和合并,而忽视内在的数据结构。在对代码进行合并时,这种
  方法可能导致编译错误,因为它没有合并程序的抽象语法树。对于像三维环境这样
  的二进制文件,问题更复杂,这也是为什么这些版本控制系统不支持二进制文件的
  合并,因为这必然会破坏底层结构。因此,SceneGit 将场景数据结构本身作为版本,
  而不是其序列化的对象。

- **整个场景的版本控制**。三维场景总是存储为多个文件,这既是为了保持文件大小的
  可控性,也是为了方便编辑者之间的数据交换。例如,纹理和网格通常被保存为单
  独的文件。通行的做法是对每个文件进行版本控制,但这可能又导致场景数据结构
  的损坏。例如,删除一个纹理而不更新引用它的材质会在场景图中留下悬空的引
  用。出于这个原因,SceneGit 对整个场景进行版本控制。

- 改变粒度。目前的做法是将资产（如网格或纹理），作为整体进行版本控制，这意味着并发编辑的粒度只到每个资产。换言之，造型师不能同时在同一资产上工作。此外，由于每个版本都必须包含整个资产，所以即使只有少数元素发生了变化，资源库的大小也会大大增加。SceneGit 以每个资产的最小元素（如待合并的顶点和面、纹理的纹素、动画的关键帧，以及场景对象的单个属性等）为粒度进行版本控制。这种精细的粒度使得 SceneGit 能有效而精确地捕捉微小的差异（见图 13-30）。
- 场景格式的独立性。SceneGit 中所有的版本控制操作都直接作用于序列化的部分场景。OBJ 和 giTF 场景作为一种改变，既添加所有对象，只进行编码。然后在这个公共表示上进行版本控制操作。最后，所有改变在合并后被解码回原始格式。这样做的主要好处是能轻松地支持多种格式。

Ancestor　　　　　Merged　　　　　Ancestor　　　　　Merged

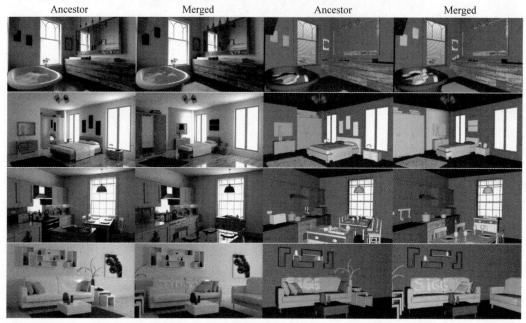

图 13-30　对室内环境进行的合并编辑，显示了对形状、材料、纹理和场景节点的改变

图片来源：文献[12]

◆ 13.4　三维建模工作流应用

许多图形和文件管理应用程序都需要有一个清晰完整的编辑历史记录，如版本控制、自动教程生成和编辑可视化。对三维建模工作流的可视分析和管理还提供了新的模型编辑方式，如可以生成源模型的不同变种；把特定模型的编辑历史迁移到其他的模型上等。本节以协作式建模、视图创作和模型补全为例，展示一些应用。

13.4.1　基于编辑历史共享和重新定向的协作式建模

本节介绍一个用于协作编辑低分辨率多边形和细分网格模型的系统。该系统通过实时共享和合并网格版本历史来支持并行编辑，通过将它们编码为一系列原始编辑操作序列来有效地存储和传输网格差异，且通过合并和检测冲突实现协作（见图 13-31）。

图 13-31　左边 3 个模型由两位艺术家实时协作完成，每个面的颜色从绿到蓝变化，代表每个造型师编辑的比重，蓝色为造型师 A，绿色为造型师 B。青色为共同编辑。右边为一个从初始的较大网格进行协作编辑得到的复杂模型，以展示系统的可伸展性

图片来源：文献[13]

　　该系统的协作编辑工作流依赖一个三维建模的版本控制系统，以解决多个版本的有效存储、合并以及处理多分支同步。系统采用了类似于 Git 的分布式版本控制模型来处理多分支同步。系统还维护一个模型所有版本的有向无环图（DAG）。DAG 中的节点对应模型版本。图 13-32 中的边将每个版本连接到创建它的版本，即它的父版本。通过计算每个版本和其父版本的差异，有效地存储版本。

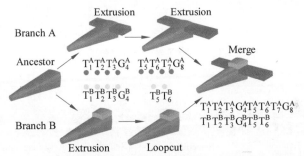

图 13-32　该版本控制系统维护的网格版本的有向无环图示例

图片来源：文献[13]

　　考虑到一个模型可能涉及上千个操作，从可扩展性的角度而言对之进行有效编码是必要的。系统采用了类似于欧拉操作的一系列原始网格编辑操作对网格差异进行编码，以实现高效存储、鲁棒合并、有意义的重定向，并独立于用于编辑的特定软件包。对两个独立分支的不同版本网格进行合并是协作工作流的基础。系统只考虑对造型师执行的操作进行合并以确保他们的意图得到尊重，不应用重网格化等任何将冲突操作适配到模型上的处理。系统将冲突区分为直接冲突和间接冲突，除强制执行冲突解决方案外，还允许用户选择 3 种不同方法之一来解决冲突。

- 自动同步：选择 master 分支作为 preferred 分支自动解决冲突。
- 手动合并：在这种模式下，每当发生冲突时，用户工作流程就会停止，同时向造型师呈现一个界面，让他/她选择如何解决冲突。用户有 3 个选择：将版本保留在他/她的分支上，丢弃来自主分支的所有编辑（冲突和非冲突）；接受主分支的版本，并禁用所有本地编辑（相反的方法）；应用我们的合并算法。
- 手动解决：用户可以使用任何外部 3D 编辑器直接修改 mesh，然后将该版本作为合并版本接受。

　　系统还支持将操作序列重定向到一个新的模型上，从而重用这些操作序列。基本思路是将编辑操作序列视为已编辑网格区域的参数表示，引导操作序列的参数包括初始选择操作及每个操作的几何参数。将操作应用于具有相同拓扑的新选定区域后，就获得了与记录的网格区域相似的结果网格区域。值得一提的是，系统也支持拓扑不同的区域重定向。自然地，应用于不同选择区域的相同序列会导致编辑区域发生不同的变化（见图 13-33）。更多操作序列重定向的例子可以参见图 13-34。

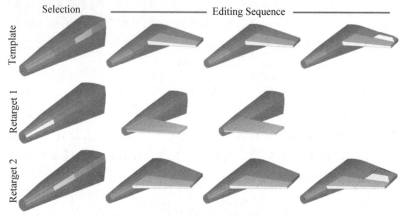

图 13-33　给定模板编辑历史，起始选择被映射到目标中的一个新选择

图片来源：文献[13]

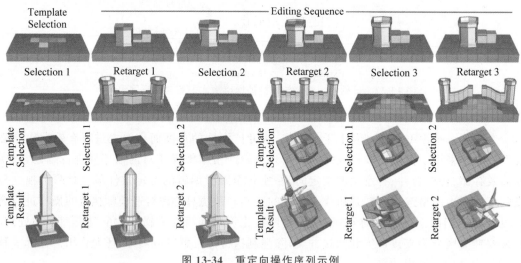

图 13-34　重定向操作序列示例

图片来源：文献[13]

13.4.2　基于工作流历史的三维模型视图创作

　　三维建模创作者经常通过展示模型来分享或评审。这种展示既可以通过生成模型的静态视图方式也可以通过制作漫游动画方式。手动创建这样的视图往往是乏味的，目前很少有帮助建模者交互地完成视图创作过程的自动化方法。本节将分享这样一个视图创作辅助系统。它支持创建信息丰富的视图点、视图路径和视图表面，使建模者能创作模型的交互式

导航[14]。其核心思想是通过分析模型的工作流历史，推断出模型的重要区域和这些区域的代表性视点。

　　系统的核心功能是在视图创作过程中向用户交互地推荐候选静态和动画视图，其核心是一个由建模者自己的编辑历史驱动的自动视图建议算法。图 13-35 显示了该视图创作辅助系统的用户界面，它主要由 3 部分组成：主窗口、概览面板和导航面板。MeshMixer 的主窗口（见图 13-35A）既用于显示三维模型，同时也是检查三维模型和视图创作的主要区域。概览面板用于在当前三维模型的空间背景下显示所有自创的视图。不同的可视化方式被用来表示视点、视线路径和视线表面。导航面板允许用户在创作的视图之间导航。该面板由两部分组成：左边是彩色编码的版本滑块，右边是自创视图的缩略图列表。版本滑块允许用户浏览由建模者手动保存或由系统根据用户指定的经过时间和操作次数自动保存的模型的先前版本。每个版本都有自己独特的颜色代码，当用户拖动滑块时，相应的模型版本将显示在主窗口中。缩略图列表显示了所有创作视图的代表图像，用颜色编码的条纹表示相应的版本。双击缩略图项目可将相应的视图和版本加载到主窗口，并在概览面板中突出显示相应的视图部件（即视点箭头）。

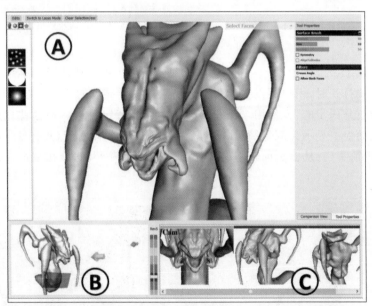

图 13-35　集成到三维建模软件 MeshMixer 的视图创作环境

图片来源：文献[14]

　　在具体创作过程中，用户可以在主窗口中用标准相机控制查看三维模型，并保存合适的视点，保存下来的视点将被添加到概览面板和导航面板中。用户也可以针对选定区域交互地生成合适的视点。用户通过 MeshMixer 中的三角形选择功能在模型表面指定一个区域（见图 13-36）后，主窗口中将会显示与指定区域相关的视点列表。用户还可以创建针对特定区域的视点路径和视点表面：指定感兴趣区域后，调用情境菜单，系统将自动推荐多个候选视点表面和视点路径。系统推荐的视点表面由用于限制摄像机空间移动的三维球形面片构成，便于导航；推荐的视图路径则由一系列摄像机视点构成。选择一个候选点后，用户可以通过拖动鼠标来调整视图表面的大小以及路径的位置和长度。

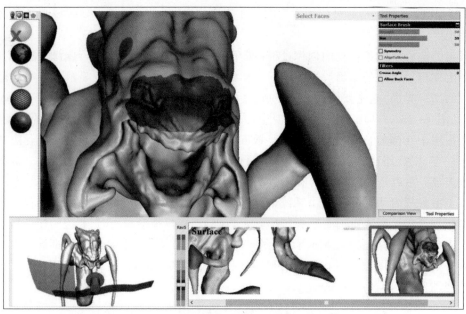

图 13-36　特定区域的视图创作。橙色区域是选定的感兴趣区域

图片来源：文献[14]

　　系统还提供了一个比较视图功能（见图 13-37），用户可以通过情境菜单打开和关闭比较模式。该模式打开时，用户可以拖动版本滑块来设置要显示的版本。在对比视图中，两个版本的相机导航是同步的，方便用户比较不同版本中的特定区域。在这些比较视图中创建的视点在概览面板中显示为双色箭头，与两个版本的颜色代码对应（见图 13-37 中概览面板中的紫色/绿色箭头）。从概览面板上选择任何一个双色箭头，就会在主窗口中出现相关的并排对比视图。

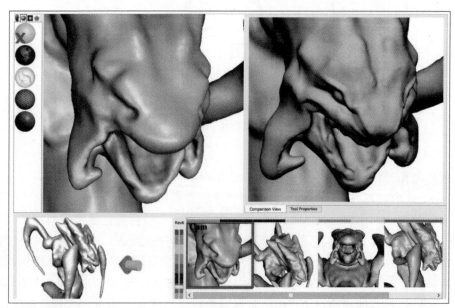

图 13-37　比较视图功能。"概览"面板中的箭头有两种颜色表示两种版本（见彩插）

图片来源：文献[14]

　　系统还可以将编辑历史的各方面可视化,包括在每个表面区域和摄像机路径上花费的时间。通过积累在表面区域上花费的雕刻时间,可以在表面上绘制一幅时间热图(见图 13-38(a)),而对于摄像机的历史,我们沿着摄像机的路径创建了三维丝带(见图 13-38(b))。雕刻历史可能包括成千上万的操作,因此我们还提供了一个针对特定区域的历史过滤功能(见图 13-38(b))。然后,建模者可以在过滤后的相机位置之间进行导航。

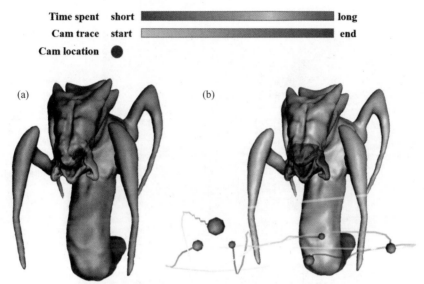

图 13-38　历史数据的可视化:(a)热图显示了在模型中每个顶点上花费的时间;
(b)三维丝带为编辑高亮区域时摄影机移动路径
图片来源:文献[14]

13.4.3　三维数字雕刻的自动补全

　　数字雕刻是创建具有各种风格和形状的三维模型的常用方法,但实际创作过程通常涉及重复交替使用变形和细节描绘的操作。整个过程不仅需要专业的知识,还耗费大量的人力,令人(尤其是新手)望而生畏。本书将介绍如何借助前面的工作流管理和分析的一些技术帮助用户创建各种三维模型,以减少工作量,同时提高创作质量(见图 13-39)。

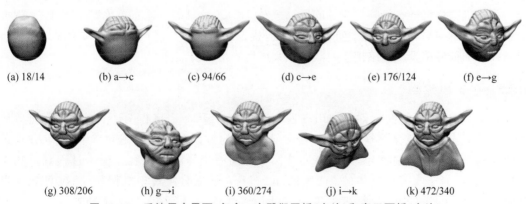

(a) 18/14　　(b) a→c　　(c) 94/66　　(d) c→e　　(e) 176/124　　(f) e→g

(g) 308/206　　(h) g→i　　(i) 360/274　　(j) i→k　　(k) 472/340

图 13-39　系统用户界面,包含一个雕塑画板(左边)和窗口面板(右边)
图片来源:文献[15]

系统具有类似于现有雕刻工具(如 Blender、Sculptris、ZBrush 和 MeshMixer 等)的画刷界面(见图 13-40),支持用于局部细节的表面画刷和用户大尺度变形的自由画刷。系统通过分析用户过去的行为预测他们短期内可能会做什么。这些预测被可视地推荐给用户,同时又不打断其工作过程(见图 13-39(b),(d),(f),(h),(j))。用户可以选择接受、部分接受或忽略建议,从而保持对整个过程的完全控制。他们也可以选择该模型之前的工作流并将之克隆到其他区域。

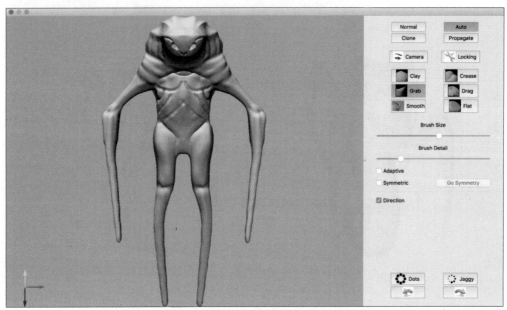

图 13-40　系统用户界面,包含一个雕塑画板(左边)和窗口面板(右边)
图片来源:文献[15]

13.5　案例:创意支持的三维室内配色

我们生活在一个多彩的世界里,人们热衷于用各种各样的颜色点缀周围的商业、居住环境。对环境、物品的色彩设计是一个需要较高创造性的工作,存在各种各样颜色组合。刚买新房的年轻家庭可能会面临这样的问题:搬入新家后,家具的方位布置你已了然于心,但面对家具店里琳琅满目及五颜六色的家具,如何挑选和搭配家具的颜色却令你头疼。本节将介绍一个如何依据设计思维理念实践三维室内色彩搭配的案例。

13.5.1　发现阶段

物体/场景着色搭配是许多应用场景中的基本问题,一个精心设计的色彩主题可以使场景在视觉上赏心悦目并唤起某些情绪。纯手动的方法要求用户通过涂鸦[16]等方式逐一指定每个物体的合适颜色,同时还要确保物体间的全局配色兼容。整个过程既乏味又耗时,尤其是对于有复杂物体的 3D 场景,由于不可避免的频繁相机操作,情况可能变得更糟。此外,由于结果很大程度上取决于使用者的能力和经验,因此这种方法仅限于专业使用者。另一种选择是提供参考图像以促进色彩设计过程[17]。然而,这通常会使用户处于一种类似先有鸡还是先有蛋的因果困境。此外,着色结果的质量很大程度上也依赖参考图像。随着深度学习技术的出现,学者们解决着色问题的一种流行方法是将其表述为回归问题并使用深度神经网络[18]解决。一些深度学习方法通过涂鸦[19]或使用参考图像[20]增加可控性,且在 3D 室内场景[21]中也采用了类似的想法,通过庞大的参考数据集学习如何进行着色。这些数据驱动的方法通过从大量样本中学习推断和分配最常用的颜色给物体,比较适合自然场景。人造场景中大部分物体颜色可以是任意的,是一个比较有挑战的任务,尤其还要考虑全局色彩兼容性。最后,现有的一些 3D 场景着色的方法更多关注光源和物体材料(包括纹理)之间的相互关联。但是,从 2D 扩展到 3D 时的一个主要区别是用户可能从 3D 场景中的不同位置和方向进行观察。视点变化可能严重影响用户的感知,而这些因素在现有研究中未得到充分考虑。最后,合理性也是着色任务的另一个前提。合理的配色通常要顾及和谐、风格和对比度等因素。然而,这些约束通常难以量化,也难以严格保证。

13.5.2　解释阶段

为了更好地理解和量化场景着色问题,研究和设计人员与领域专家及潜在用户进行了一系列半结构化的访谈。访谈后,研究和设计人员明确了要解决的以下问题。

- 虚拟环境中的相机控制问题。作为计算机图形学中的一个基本问题,3D 相机控制已经在各种情况下通过一系列技术得到解决。但是大多数现有方法聚焦确定虚拟/真实场景中的相机路径或遵循某些美学规则拍摄高质量照片,而本应用有一个不同且更具体的目标:在居住者最常访问的区域中找到最少数量的代表性视点,而且它们观察到的场景具有最大的差异。为此,研究和设计人员也做了一些初步研究,以了解居住者在一个房间里的观察行为。他们让居住者佩戴一个虚拟现实眼镜在虚拟的三维室内空间漫游,在这个过程中记录他们脑袋水平和垂直转动的情况,如图 13-41 所示。

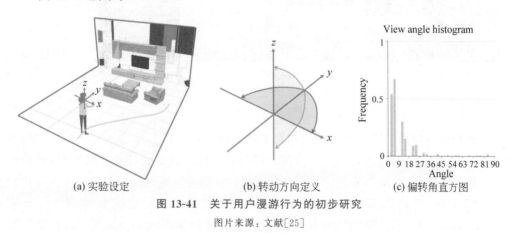

(a) 实验设定　　　　　(b) 转动方向定义　　　　　(c) 偏转角直方图

图 13-41　关于用户漫游行为的初步研究

图片来源:文献[25]

- 颜色兼容性和颜色情感选择搭配问题。在关于颜色兼容性的诸多理论中,色相模板的思想可能是最流行的并已广泛应用于艺术设计,尤其 Matsuda 的色彩和谐模型[22]已经广泛用于图形和视觉领域。色相模板理论推广了歌德的理论,将兼容颜色描述为围绕色轮成固定旋转角的色彩组合(见图13-42)。这一理论的主要缺点是颜色的定义独立于底层色轮。

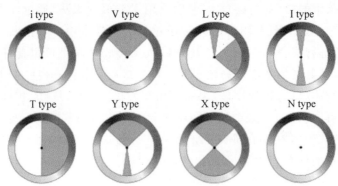

图 13-42　Matsuda 的色彩和谐模型

图片来源:文献[25]

也有学者认为一组颜色是和谐的,如果它们在空间的某一维度成对比,而在其他维度保持不变或位于一条直线上。总的来说,尽管关于颜色兼容性的理论很多,但它们之间几乎没有任何共识。本应用致力于以 Matsuda 的色彩和谐模型将色彩和谐理论扩展到三维,并探索扩展后的计算耗时。在情绪方面,颜色和情绪之间的关联已被许多心理学研究所证实(见图 13-43)。也有定量的模型可以将颜色外观属性(如亮度、色调和色度)映射到情绪空间。本应用需要在三维空间中将相关理论扩展到具有两种或多种颜色的情形,并通过实验和用户研究验证其有效性。

(a) 冷暖　　　　　　　　(b) 积极消极　　　　　　　　(c) 偏轻重

图 13-43　色彩和情绪的关联

图片来源:文献[25]

- 面向交互应用的室内颜色优化问题求解。系统需要在三维空间对大量物体的颜色进行优化组合,以满足一个较为复杂的目标。由于其非线性和高维本质,计算的工作量会非常大,难以满足交互应用的需要。尽管可以通过代理辅助的方式简化模型的计算,但代理模型的使用可能会遭受所谓的"不确定性诅咒"(curse of uncertainty)[23],即代理的不准确导致进化算法停滞或收敛到错误的最优值。基于此,还需要设计一个高效的代理辅助进化框架,解决复杂的室内色彩优化问题,同时满足交互应用的需求,并避免诅咒。

13.5.3　构思阶段

经过解释阶段对问题的定义,研究和设计人员开展了头脑风暴。初步暂定基于色彩理论,以三维室内为应用场景,融合色彩和谐、色彩情绪、审美分析等因素,打造一个易于使用、功能性强、贴近生活的三维室内配色系统。主要分以下几方面展开设计。

- 在三维室内场景应用及相机布局方面,首先需要构建一个真实的三维室内效果,并处理室内不同位置的全方向视感,以达到室内配色多方位整体和谐的效果。后续将研究如何计算、评估和优化这些指标。

- 在美感和色彩和谐方面,考虑如何结合色彩谐波方案,以及通过优化过程自动协调给定调色板来提供自动着色图像的方法,使创作内容的配色调整至取悦人类视觉感觉、达到一定美感的程度,并为用户提供多样化和适当的颜色建议,以指导创意室内色彩设计。

- 在交互方面,需要注重和利用好用户的选择和反馈。例如,根据用户的喜好布局室内家具的摆放和色彩的格调;提供多元接口让用户浏览、操纵、修改当前布局和配色;在过程中接受用户的评分和反馈,以修正和优化系统的学习功能。

研究和设计人员将三维场景室内配色形式化为一个优化过程,目标是在 3D 室内场景中找到物体(包括光源)的颜色配置,以满足某些室内设计约束(和谐、情绪等),当用户从所有可能的位置和方向观看时,从数学上讲,可以使用二重积分描述目标:

$$\arg \min_{v} \int_{\Omega} \int_{\Theta} f(\theta, p, v) \mathrm{d}\theta \mathrm{d}p$$

其中,v 是场景中物体的颜色配置,$p \in \Omega$ 是相机位置,$\theta \in \Theta$ 是观察方向,评估函数 $f(\theta, p, v)$ 衡量在当前相机设置下颜色配置满足这些约束的程度。给定当前摄像机位置(见图 13-44(a)中人周围的红色球体),内积分在所有可能的观察方向上进行积分,而外积分涵盖室内空间中所有可能的摄像机位置(见图 13-44(a)中蓝色阴影的空间)。由于评估函数 $f(\ )$ 通常相当复杂且不可积分,因此通过 Ω 和 Θ 的离散化直接求解最佳颜色配置可能也十分耗时。他们设计了一个新颖的框架,首先识别场景中的代表性相机位置(见图 13-44(b)),然后从每个相机位置生成当前场景的立方体贴图(见图 13-44(c)),将其转换为离散优化问题,最后以加权的方式总结每个立方体贴图面(cubemap face)的所有目标 $f(\ )$。通过在交互式进化(evolution)框架中优化目标函数生成建议,并呈现给用户进行探索。

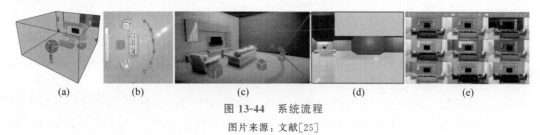

(a)　　　　(b)　　　　(c)　　　　(d)　　　　(e)

图 13-44　系统流程

图片来源:文献[25]

确定系统流程后,研究和设计人员据此进行系统界面和交互的设计。图 13-45 展示了系统的界面,上方为系统的工具栏,场景面板占据了主界面的大部分。系统界面按钮说明见表 13-1。

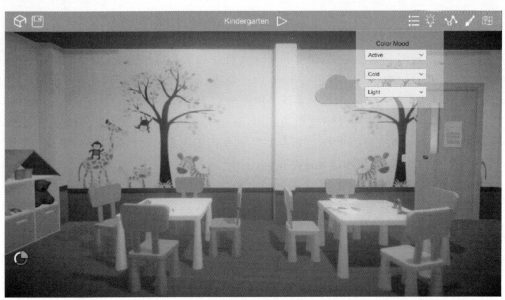

图 13-45　系统界面

图片来源：文献[25]

表 13-1　系统界面按钮说明

按　钮	说　　明
⬡	导入场景
▣	导出场景
✏	选中家具手动配色
▷	对家具集一键配色
⋎	家具成组
▦	三维场景/二维地图切换
◕	色彩直方图和模板视图切换

在交互方面，研究和设计人员高度注重用户的选择和反馈。例如，根据用户的喜好布局室内家具的排放和色彩的初步格调；软件提供多元接口让用户浏览、操纵、修改当前布局和配色。

* 绘制路线。用户可以在房间中使用 VR 眼镜浏览，熟悉房间后，可以在房间俯视图中绘制自己常走的路线，系统会根据用户常走的路线设置不同的计算权重（见图 13-46）。
* 选择色彩模式。用户可以在进行遗传计算前，选择自己喜欢的色彩类型，系统会根据选择的色彩类型进行冷暖、轻重、积极消极的选择。
* 物体成组。用户可以选择几样物体作为一组，赋同一颜色（见图 13-47）。
* 指定物体上色。用户可以在系统上色前对某一物体指定颜色，作为约束反应用户的定制需求（见图 13-48）。

13.5.4　实验阶段

研究和设计人员在 Unity 中使用 C# 开发了一个原型系统，系统运行于配备 AMD

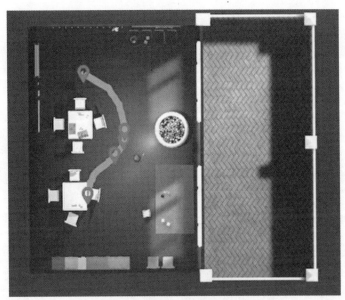

图 13-46　使用者手动上色界面示例 1

图片来源：文献[25]

图 13-47　使用者手动上色界面示例 2

图片来源：文献[25]

Ryzen Threadriper 1920×12 核 CPU、64GRAM 和 Geforce 1080Ti GPU 的工作站。下面介绍具体的构造细节。

1. 相机规划算法

除让用户手动指定在场景中的典型漫游路径外，研究和设计人员还设计了一个半自动的轨迹生成方案。首先，使用文献[24]中的方法生成当前室内场景的活动图（action map）

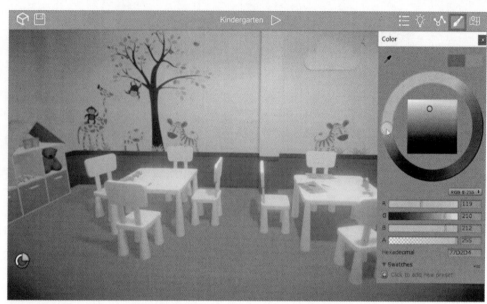

图 13-48　使用者手动上色界面示例 3

图片来源：文献[25]

（见图 13-49（a））。然后将该图转换为二值图像（见图 13-49（b））并应用细化操作以获得骨架结构（skeleton）（见图 13-49（c）），该骨架在修剪后被视为相机轨迹。

(a)活动图　　　　　　(b)二值化活动图　　　　　(c)活动图的骨架

图 13-49　相机轨迹的自动生成

图片来源：文献[25]

　　得到场景中的典型漫游轨迹后，系统在 C_i 上确定一组最佳相机位置 P_o。默认情况下，P_o 最初包含轨迹的两个终点 P_s 和 P_e。为了更好地覆盖所有可能的视点，系统为相机放置选择了额外的点。从任一终点开始，沿着轨迹向另一个终点移动。如式（13-1）所示，如果当前相机立方体贴图上每个对象（由 k 索引）的投影面积（S_c^k）与 P_o 中现有的相机位置 P_i 的投影面积显著不同，则将候选位置 P_c 添加到 P_o。

$$m_c = \frac{\sum\limits_{k}[S_c^k - S_i^k]}{S} > \varepsilon, \forall p_i \in P_o \tag{13-1}$$

其中，S 是整个立方体贴图的面积，而 ε 是两个相机位置之间场景视图总变化的阈值。ε 可以由用户直接指定或者根据轨迹的两个结束视点之间的 m_c 与用户指定的预期视点编号。图 13-50 展示了所设计方法生成的相机位置与均匀采样位置的差异比较。

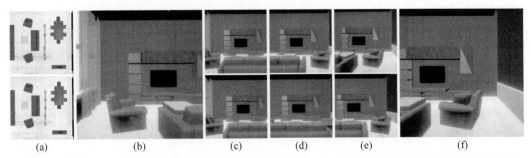

图 13-50　MCMC(顶部)与传统(uniform)(底部)相机放置：(a)中给出了给定轨迹上的不同视点分
布；每个视点的立方体贴图的主面(场景中朝向电视的一侧)上的投影场景图像显示在(c)~
(e)中，(b)和(f)由两个位置显示

图片来源：文献[25]

2. 全向室内场景配色

　　系统的目的是为 3D 场景中的物体和光源找到合适的颜色配置，以在各种约束下达到
和谐的效果。物体 O_k 的颜色配置由包含 RGB 元组的向量 v_k 表示：$v_k=(v_{k1},v_{k2},\cdots,$
$v_{kj})$。每个物体的多个 RGB 元组对应分配给它的不同物体组件(object components)和纹
理(由 j 索引)。此外，由于各种约束，不同的物体可能共享相同的 RGB 元组。将整个场景
的所有 RGB 元组 $v_k s$ 打包成一个长向量 $v=(v_1,v_2,\cdots,v_k)$。目标函数被定义为四项(和谐
能量 E_h、情绪能量 E_m、对比能量 E_c 和锚定能量 E_a)的加权和，以强制执行合理的颜色空间
排列和整体颜色兼容性：

$$E(v)=w_h E_h(v)+w_m E_m(v)+w_c E_c(v)+w_a E_a(v) \tag{13-2}$$

对于等式中的系数，系统默认设置 $w_h=100$，一个很大的数字来强制和谐(enforce
harmony)；$w_a=100$，也是一个很大的数字，以保证与用户偏好的一致性；并且默认情况下
$w_m=5,w_c=1$，因此用户可以根据自己的特定要求进行微调。E_h、E_m 和 E_c 的定义后面会
详细介绍。锚点能量(anchor energy)E_a 用于确保给定物体 O_k 被分配一个与用户指定相
似的颜色，并简单地定义为以下形式

$$E_a=\sum_k \| v_k-v_k^a \|^2/3 \tag{13-3}$$

通过直接从 v 中移除指定对象的颜色分量，锚点能量也可以被视为硬性约束。

　　色彩和谐计算。研究和设计人员将色轮模板[26]的想法扩展到 3D，通过评估立方体贴
图每个面上的颜色和谐(color harmony)并将它们以加权的方式相加来得到色彩和谐能量。

$$E_h(v)=\sum_i w_i \sum_{f=1}^6 w_f E_{ht}(f_{i,f}(v)) \tag{13-4}$$

其中，w_i 是每个相机立方体贴图 M_i 的权重，w_f 是每个面 $f_{i,f}(v)$ 的权重。手动绘制相机
轨迹时默认 $w_i=1$，并设置为自动从活动图中提取轨迹时用户从相机位置观察的可能性。
立方体贴图的顶面和底面的 w_f 设置为 0.1，侧面的 w_f 设置为 0.2。每个立方体面的和谐
能量定义与文献[27]类似，但进行了归一化。

$$E_{ht}(f_{i,f}(v))=\arg\min_{m,a} \sum_p \| H(p)-E_{T_m(a)}(p) \| \frac{S(p)}{180} \tag{13-5}$$

其中，H 和 S 分别表示色相(hue)和饱和度通道，p 是面图像(face image)$f_{i,f}(v)$ 上的一个

像素;色相距离(hue distance) ‖·‖ 指的是色相轮上的弧长距离(以弧度为单位)。T_m 代表 Matsuda 方案[22]中的第 m^{th} 个模板,$E_{T_{m(\alpha)}}(p)$ 是方向为 α 的 T_m 的扇区边界色调(sector border hue),即最接近像素 p 的色相[27]。位于 T_m 扇区内的色相被认为与模板(template)的距离为零。

色彩情绪计算。 研究和设计人员使用 Ou 等的模型[28]定量地将颜色与情感联系起来,应用主成分分析并构建了活跃度(积极-消极)、质感(重-轻)和热度(暖-冷)的 3D 色彩情绪空间,最后使用以下函数将颜色从 CIE Lab 空间 $\Phi \subset R^3$ 转移到情绪空间(mood space)$\Psi \subset R^3$:

$$\psi_0 = \alpha_1 + \alpha_2 \left[(\Psi_0 - \alpha_3)^2 + (\Psi_1 - \alpha_4)^2 + \left(\frac{\Psi_2 - \alpha_5}{\alpha_6} \right)^2 \right]^{1/2} \tag{13-6a}$$

$$\psi_1 = \omega_1 + \omega_2(\omega_3 - \Psi_0) + \omega_4 \cos(h - \omega_5) \tag{13-6b}$$

$$\psi_2 = \tau_1 + \tau_2(C)^{\tau_3} \cos(h - \tau_4) \tag{13-6c}$$

其中,$\Psi \in \Phi$ 及其 3 个分量是 CIE Lab 亮度坐标;C 是 CIE Lab 色度(chroma);h 是 CIE Lab 色调角(hue angle);$\psi \in \Psi$ 及其 3 个分量分别代表活跃度、质感和热度。研究和设计人员对在文献[28]中两种颜色组合的情绪(mood)唤起的叠加性关系(additive relationship)进行了验证,并在文献[29]中进一步推广到两种以上的颜色,但没有正式验证。研究人员使用类似的公式通过平均每个像素的情绪评估立方体贴图 M(或其每个面)的情绪 ψ_M。立方体贴图(或其一个面)的情绪能量(mood energy)E_m 是通过将 3 个分量 E_m^i 的能量相加定义的。

$$E_m = \sum_{i=0}^{2} E_m^i \tag{13-7}$$

其中,E_m^i 根据用户偏好定义如下。

$$E_m^i \begin{cases} (2 - \psi_i)^2 / 16 & \textit{for active, heavy and warm} \\ (\psi_i + 2)^2 / 16 & \textit{for passive, light and cool} \end{cases} \tag{13-8}$$

色彩对比计算。 虽然和谐度和情绪项可以帮助加强颜色之间的全局一致性,但它们不能提供好的场景着色。对比度是视觉感知的重要因素,对比度高的区域更容易吸引人的注意力并有助于区分场景成分。定义对比度有许多不同的度量标准(参见文献[30])。这里,研究人员使用全局亮度并将对比度能量定义为

$$E_c = \sum_{m,n} w_{mn}(1.0 - (\llbracket L_m - L_n \rrbracket / 100)^2) \tag{13-9}$$

其中,L_m 和 L_n 是两个场景物体 O_m 和 O_n 的 CIE Lab 颜色空间中的 L 通道。w_{mn} 是两个相邻物体 O_m 和 O_n 的接触面积。

3. 代理辅助的色彩优化算法

考虑到目标函数的非线性和高复杂性,遗传算法或模拟退火等随机优化算法更适合该问题。然而,这些算法都涉及对目标函数的频繁计算,过程极为耗时,为了满足交互应用的需要,研究和设计人员提出一种用于色彩优化的代理辅助遗传算法。如图 13-51 所示,该算法首先初始化一组设计点(design points)。在数据库构建阶段,该算法像传统的遗传算法一样运行,并准确评估标准适应度函数(standard fitness function),直到收集到足够的样本点构建代理模型。随后,该算法继续构建代理模型,并将其用于后续进化。

- **种群初始化。** 使用 spoke-dart-based 的高维蓝噪声采样方法[31]生成初始种群,它最

Algorithm 1: Surrogate-assisted genetic algorithm

Input: population size N_p, sampling space size N_s of
surrogate model, elitism size $N_e = 20\%N_p$

Output: optimal color configuration vector of the
scene $\mathbf{x}_{opt}$

1　bool isSurrogateAvailable=false;
2　$P_0 = \phi$;
3　$P_1 = \phi$;
4　**for** $i \in \{1...N_p\}$ **do**
5　　$\lfloor$ append(P_0,newIndividual());
6　float **f[N]**;
7　calcFitnessWithObjectiveFunction(P_0, **f**);
8　append(S,P_0,**f**);
9　**if** $(|S| \geqslant N_s)$ **then**
10　　**buildSurrogateModel(S);**
　　　isSurrogateAvailable=true;
11　**while** *termination criterion is not met* **do**
12　　sort(P_0,**f**);
13　　**for** $i \in \{1...N_e\}$ **do**
14　　　$\lfloor$ append(P_1, $P_0[i]$, **f**[i]);
15　　eliteFiltering(P_1);
16　　**for** $i \in \{1...(N_p - N_e/4)/2\}$ **do**
17　　　$\mathbf{x}_1$=select(P_0,**f**);
18　　　$\mathbf{x}_2$=select(P_0,**f**);
19　　　**if** rand() $\leqslant$ *mutationProbability* **then**
20　　　　$\mathbf{x}_1^c$=mutate($\mathbf{x}_1$);
21　　　　$\mathbf{x}_2^c$=mutate($\mathbf{x}_2$);
22　　　**else**
23　　　　crossover($\mathbf{x}_1$, $\mathbf{x}_2$, $\mathbf{x}_1^c$, $\mathbf{x}_2^c$);
24　　　float f_1, f_2;
25　　　**if** *isSurrogateAvailable* **then**
26　　　　f_1=**calcFitnessWithSurrogateModel($\mathbf{x}_1^c$);**
27　　　　f_2=**calcFitnessWithSurrogateModel($\mathbf{x}_2^c$);**
28　　　**else**
29　　　　f_1=calcFitnessWithObjectiveFunction($\mathbf{x}_1^c$);
30　　　　f_2=calcFitnessWithObjectiveFunction($\mathbf{x}_2^c$);
31　　　　append(S, $\mathbf{x}_1^c$, f_1);
32　　　　append(S, $\mathbf{x}_2^c$, f_2);
33　　　　**if** $(|S| \geqslant N_s)$ **then**
34　　　　　**buildSurrogateModel(S);**
　　　　　　isSurrogateAvailable=true;
35　　　append(P_1, $\mathbf{x}_1^c$, f_1);
36　　　append(P_1, $\mathbf{x}_2^c$, f_2);
37　　$P_0 = P_1$;
38　　$P_1 = \phi$;

图 13-51　用于色彩优化的代理辅助遗传算法

图片来源：文献[25]

大限度地覆盖了搜索空间。

- **精英**。在每次迭代中，根据其适应度选择整个种群中前 20% 作为精英。这些精英将在下面的步骤中进一步过滤掉。

- **不确定性的诅咒**。根据不确定性估计按升序排列选定的个体，并保留前 50%。

- **多样性**。为了保持进化（evolution）的多样性，在保留下的个体中选择差异最大的 50%。两个个体的不相似性（对应于场景的两种颜色分配）定义为同一物体的两种不同颜色分配之间 $L^* a^* b^*$ 距离的面积加权和。

$$\sum_i A_i \parallel c_i - \tilde{c}_i \parallel \qquad (13\text{-}10)$$

其中，A_i 是物体上所有三角形的总面积，c_i 和 $\tilde{c}_i$ 是物体在 $L^* a^* b^*$ 空间中的颜色。

研究人员选择使用克里金模型[32]作为代理模型。克里金模型将未采样点 x 的响应值预测为全局趋势函数（global trend function）$f^T(x)\beta$ 和高斯过程 $G(x)$ 的总和。

$$y(x) = f^T(x)\beta + G(x), x \in R^m \qquad (13\text{-}11)$$

13.5.5 迭代阶段

1. 第一轮测试

研究和设计人员从各角度对原型系统进行了测试，并招募了 17 名年龄在 19～30 岁的志愿者（男性：12 名，女性：5 名）进行用户学习，收集他们反馈的意见。

相机规划方面。研究人员通过观察相同颜色分配下的不同目标函数值来研究不同的相机放置如何影响颜色优化过程。正如从图 13-52 中看到的，与均匀采样（115）相比，MCMC 方法的目标函数值（109）更接近左上角图像（86）的密集采样轨迹（逼近轨迹上的线积分）。结果显示，使用更少的相机放置实现了与均匀放置相同的精度，这表明计算冗余减少了。从图 13-52 中还可以注意到，在 MCMC 方法中，随着相机样本数量的增加，目标函数值更接近密集采样。

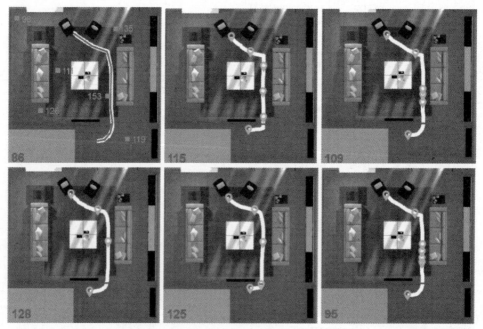

图 13-52 相机位置对场景色彩优化的影响：左上图显示了多个相机位置（红色）上的目标函数值和蓝色轨迹上密集采样的平均值（蓝色）；顶部中间的图像显示了在 6 个均匀采样的相机位置上的平均目标函数值，其他图像显示了使用 MCMC 方法采样的 4 个、5 个、6个、7 个相机位置上的平均目标函数值

图片来源：文献[25]

收敛性方面。精确的适应度评估和克里金近似评估都能让进化过程收敛，如图 13-53（a）

所示。但是，这两种方法的时间成本差异很大：准确评估情况下为 15min，近似情况下为 2~3s。图 13-53(b)展示了由克里金模型提供的不确定性度量的可靠性。框架章节做法是针对不确定性的精英过滤保留了具有良好估计适应度的个体，从而保证了代理辅助进化框架的合理性。最后，图 13-53(c)、(d)显示了近似模式和准确模式之间着色的高度一致性，因为对应模式中的着色排名很接近。

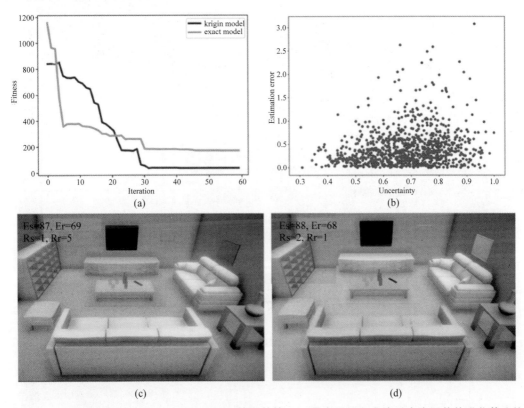

图 13-53　克里金近似(kriging approximation)的有效性：(a)具有近似和准确适应度评估的进化算法的收敛性；(b)估计个体(estimated individuals)的估计误差与不确定性度量；(c)代理适应度排名 Rs＝1 的最佳着色对应，而实际适应度排名 Rr＝5；(d)实际适应度等级 Rr＝1 的最佳着色对应，而代理适应度排名 Rs＝2。所有的排名都按升序排列

图片来源：文献[25]

　　时间复杂性方面。系统为一个场景提供建议通常需要 2~3s。优化过程的持续时间与场景复杂度无关。为了验证这一点，研究和设计人员构建了 5 个内部场景，物体数量从 10~50 不等，然后使用系统方法对场景进行着色。从图 13-54 可以看出，适应度评估的时间成本接近稳定。研究和设计人员进一步研究了使用不同立方体贴图分辨率的效果。由于相关算法在 GPU 上运行，因此处理持续时间几乎与立方体贴图分辨率成线性比例(请参阅图 13-55 左上角图像)。

　　配色和谐度方面。在教授志愿者关于色彩和谐的相关知识后，研究和设计人员让每个志愿者戴上 VR 头显设备，并用 20s 在每个着色方案中浏览室内场景(见图 13-56)。然后要求他们指出哪个方案更和谐，并使用李克特五点量表对每个方案的和谐度进行评分，5 表示和谐，1 表示不和谐。图 13-57(a)显示了评分统计。

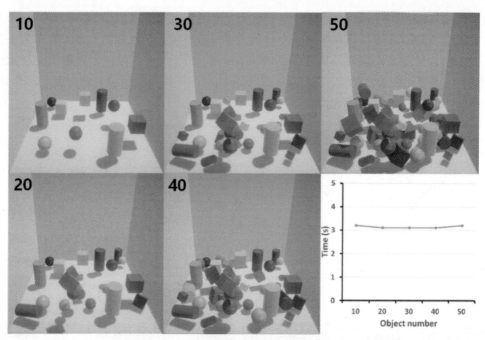

图 13-54　不同场景复杂度下的性能统计

图片来源：文献[25]

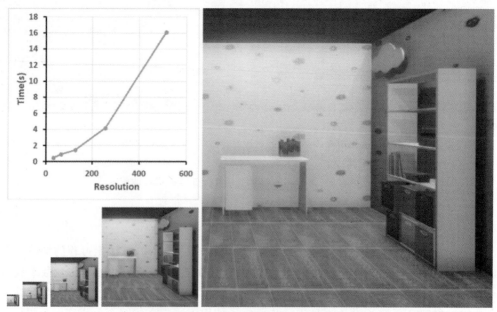

图 13-55　不同立方体贴图分辨率下的性能统计

图片来源：文献[25]

　　色彩情绪方面。类似地，在向每个志愿者介绍现有的色彩情绪模型后，让他们戴上 VR 头显设备，并用 20s 在每个着色方案中浏览室内场景。然后要求他们使用李克特五点量表对每个方案的暖色度（积极/沉重）进行评分，5 表示暖（积极/沉重），1 表示冷（消极/轻快）。图 13-57(b)～(d)显示了评分统计。

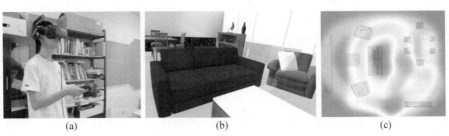

(a)   (b)   (c)

图 13-56 用户实验设置：志愿者戴着 VR 头显设备（a）在着
色场景（b）中移动并记录他的活动地图（c）

图片来源：文献[25]

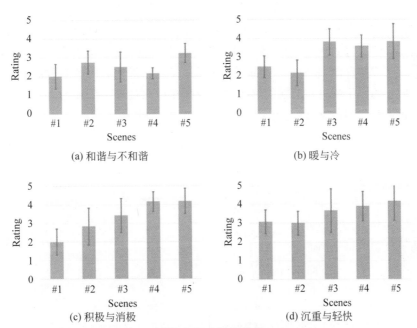

(a) 和谐与不和谐   (b) 暖与冷

(c) 积极与消极   (d) 沉重与轻快

图 13-57 场景评分

图片来源：文献[25]

(a) 文献 [25] 的系统   (b) Unity

图 13-58 内部着色界面

图片来源：文献[25]

系统可用性方面。研究和设计人员让志愿者用研发的系统和标准的 Unity 系统为给定的室内场景着色。两个系统的着色界面如图 13-58 所示。介绍完两个系统的界面后，每个志愿者用 5min 熟悉界面，再执行任务。在这过程中记录每个志愿者着色过程的持续时间（见图 13-59）。志愿者分为 G1 和 G2 两组。G1 先使用研发的系统，然后是标准的 Unity 系统，而 G2 则按照相反的顺序。结果表明，与其他选择相比，志愿者在使用研发的系统时快了 6 倍。完成任务后，每个志愿者通过使用李克特五点量表对其不同方面进行评分，完成了一份关于他们对系统界面的偏好程度的问卷，其中 5 表示他们非常同意，1 表示他们非常不同意。图 13-60 显示了评分统计数据。一些志愿者指出，新系统生成的一些配色方案过于丰富多彩，更适合公共室内场景（如酒吧或商场）而不是家庭室内装饰。因此，研究人员增加了一个场景并招募了新的志愿者。研究人员将 Q5 上两个场景的评分分开进行比较，如图 13-60(b) 所示。"幼儿园"的分数上升到 4.2 左右，而"客厅"的分数下降到 2.8 左右，这是有道理的，因为幼儿园往往是丰富多彩的。总的来说，文献[25]的方法更适合幼儿园、酒吧、商场以及其他各种色彩丰富的场所。尽管目标函数得到了很好的优化，但一些着色结果看起来可能不那么吸引人，尤其是在沉重情绪的情况下。这可以解释图 13-60(a) 中的部分波动。通过在进化后向志愿者提出多项建议，该问题一定程度上得到了解决。潜在的解决方案包括在进化过程中添加约束，并允许志愿者交互调整和谐色调模板的角度，以避免不吸引人的颜色组合。

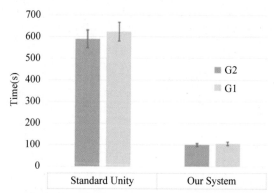

图 13-59　可用性时序统计，纵轴显示完成每个实验的平均时间

图片来源：文献[25]

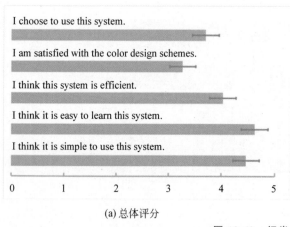

(a) 总体评分

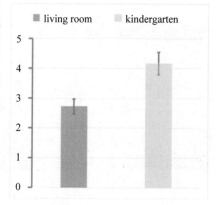

(b) 不同场景的参与者对结果满意程度的评分

图 13-60　问卷

图片来源：文献[25]

2. 系统改进

第一轮测试和反馈得到的系统整体评价是比较积极的,但也暴露了一些问题,主要是以下两方面。

- 计算效率。尽管通过相机选点、渲染、代理模型等诸多优化满足交互应用对性能的要求,但是仍只能在遗传算法中采用一个较小的种群,使得对解空间的搜索不够有效而导致最终的配色结果可能不太理想。咨询相关技术专家后,研究和设计人员拟研究更有效的策略,进一步减少代表性观察点的数量。

- 配色结果。在可用性评价中,有志愿者指出系统生成的配色结果有时过于艳丽,而且也无法完全反映用户的偏好,即便已经允许用户指定场景中某些物体的颜色作为约束。对此,研究和设计人员拟在配色优化过程中捕捉并融入用户的偏好,从而生成更符合其期待的配色建议。

下面分两部分详细介绍改进方案。

1) 代表性视点选取

研究和设计人员采用了一种基于环境吸引力的方法,而不是简单粗暴地用包围视点的 CubeMap,这样可以让选择的视域更有代表性,进一步降低视域的冗余,从而在不影响优化目标的情况下大幅降低代表性视点的数量。

理论上,一个三维室内场景中存在无数个视图让人们观察这个房间。然而,在真实世界中,人们通常只会从一些具有代表性的视图中观察一个场景。例如,人们通常会被办公室里的桌子吸引,而不是天花板或地板,很少爬到更高的位置观察办公室。基于此,研究人员首先推断一个给定 3D 室内场景的活动图(见图 13-61(a)),从中选择 n_v 个最可能的观察位置。对于每个观察位置 $p \in P_r$,他们使用随机优化过程在以 p 为中心的单位球面上找到位置 p_e(见图 13-61(b))。p_e 和 p 定义了一条视线光线,它决定了一个视点 $V_e = [p, p_e]$ 以及其他固定的相机参数。随机优化的目标是找到位置 p_e 且其的 V_e 是最吸引人的。

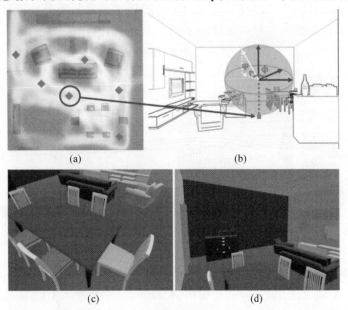

图 13-61　根据吸引力选择视点:(a)场景活动图;(b)从有代表性的位置寻找最佳观察方向;(c)~(d)从代表性视点和方向观察到的场景

图片来源:文献[35]

当人们进入室内场景时，他们的注意力会被场景中的一些物体吸引而忽略其他物体。例如，进入办公室时，人们可能会注意到办公桌及其周围环境，而忽略了天花板、墙壁或地板。视图吸引力指的是使用者对当前视图场景的关注程度。由于这样的度量非常主观，因此研究和设计人员采用监督学习方法训练鉴别器以评估视图吸引力。他们首先采用一种启发式方法搜集志愿者被场景吸引的相关信息。当志愿者在场景中漫游时，记录其停留在某个视线方向上的时间，并据此定义每个对象 O_i 的吸引力 A_i 为

$$A_i = \sum_m \sum_n \frac{t_{mn}}{\sqrt{2\pi}\sigma_a} \exp\left(-\frac{1}{2\sigma_a^2} d(O_i, VC_{mn})\right)$$

其中，$m(\cdot)$ 测量 O_i 与视图中心 VC_{mn} 的距离。通过这样做，研究人员构建了物体吸引力的数据集。视图的吸引力是视图中所有物体的吸引力之和。对于每个视点，通过迭代选择最吸引人的未覆盖物体来确定若干最吸引人的视图，这些物体的重心坐标定义了来自该视点的视线方向。随后，用收集到的场景吸引力数据训练一个回归模型，评估给定视图的吸引力。首先将场景中的物体分为 5 个类别之一，对特征向量中的相关度量应用不同的权重。然后计算每个类别的以下度量值（metrics）并将其打包以形成输入特征向量。

- 观察视图中每个物体的投影重心坐标的平均值。
- 各物体重心坐标范数（norm）的平均值。
- 3D 空间中每个物体到视点的平均距离。
- 物体总数。
- 视图图像中物体的投影区域的总和。

最后使用基于 LSTM 的循环神经网络在特征向量和视图吸引力之间进行回归。LSTM 的选择是基于视点轨迹在时域中的序列特性。在实验过程中，研究和设计人员注意到一些用户可能会盯着空墙看一会儿，但他们根本不感兴趣，导致相当多的异常数据（约占总数的 10%）。由于 L2 损失对异常数据非常敏感，而 L1 损失不是那么有效，因此他们采用 Huber 损失进行更稳健和有效的回归。图 13-62 显示了计算的吸引力与回归器预测的吸引力之间的相关分析，并提供了配对比较的示例。通过对比，两者的一致性达到 87%。这意味着使用回归器预测视点选择的物体吸引力的有效性。

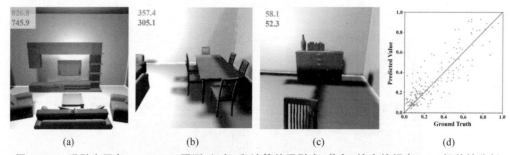

图 13-62　吸引力回归：（a）～（c）预测（红色）和计算的吸引力（黄色）给定的视点；（d）相关性分析

图片来源：文献[35]

有了上述的吸引力回归模型，就可以在每个视点找到几个最佳视图方向。研究和设计人员将其作为一个随机优化问题，每个视图的成本（cost）由公式中的鉴别器评估。采用马尔可夫链蒙特卡罗（MCMC）采样器探索该函数并生成多个优化样本[33]。图 13-63 展示了

基于 MCMC 的代表性视图方向选择的收敛性。

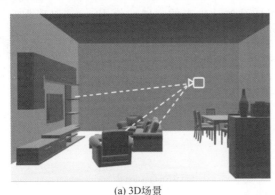
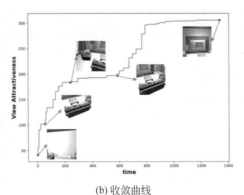

(a) 3D场景　　　　　　　　　　　　　　　(b) 收敛曲线

图 13-63　基于 MCMC 的代表性视图方向选择

图片来源：文献[35]

2）用户偏好的捕捉与融合

如图 13-64 所示，系统采用眼动追踪设备捕捉用户偏好。当用户观察呈现的着色建议时，系统会记录他们的眼睛焦点坐标 P_k 和在窗口区域 R 相应的持续时间 t_k。研究人员假设用户的注意力不是严格地集中在单个注视点上，而是随着远离注视点的距离而衰退（decline）。对于一个记录 $e_k(P_k,t_k)$，他们定义了一个围绕 P_k 的分布函数。测量周围区域 R 内的注意力强度：

$$p(e_k,q)=\frac{t_k}{\sqrt{2\pi}}\exp\left\{-\frac{1}{2\sigma_p^2}\parallel P_k-q\parallel\right\} \tag{13-12}$$

其中，q 指的是周围区域中的一个点。用户对 q 的注意力的概率分布 $p(q)$ 可以通过对所有记录分布函数（record distribution function）求和来计算。通过这种方式，可以得到一个关于用户在屏幕上的注意力的连续图，而不是离散的注视点。最后，用户对某个建议 S_m 的偏好通过在 S_m 占据的窗口区域 R_m 上对 $p(q)$ 进行积分来计算。这种连续策略对凝视噪声（gaze noise）更稳健。

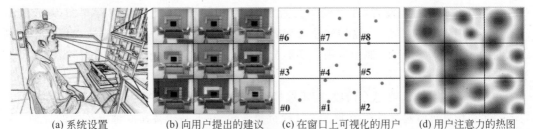

(a) 系统设置　　　　　(b) 向用户提出的建议　　　　(c) 在窗口上可视化的用户　　　(d) 用户注意力的热图

图 13-64　用眼动追踪捕获的用户偏好

图片来源：文献[35]

有了每个呈现建议的用户偏好样本，就可以拟合回归模型来预测用户对新着色的偏好程度。这里，研究人员使用克里金模型[32]进行回归。该模型的另一个优点是预测的不确定性估计（uncertain estimation），可以在优化过程中作为权重控制用户偏好的重要性。

研究和设计人员还对系统的配色优化算法进行修改以融合捕获用户偏好。如图 13-65

所示,每隔一定的迭代次数后,一组 9 个着色结果将以 3×3 的网格呈现给用户。这组建议是从不断进化的种群中综合考虑适应度和多样性挑选出来的。他们使用 3×3 以确保每个建议都足够清晰地呈现给用户,同时建议的数量也足够参考。当用户观察这些建议时,眼动追踪设备(Tobii4C)会捕获他们的注视信息(位置和时间),用于构建着色偏好模型。如果对结果满意,用户可以停止演化过程。或者,系统将在新种群的适应度评估期间结合不断更新的偏好模型。

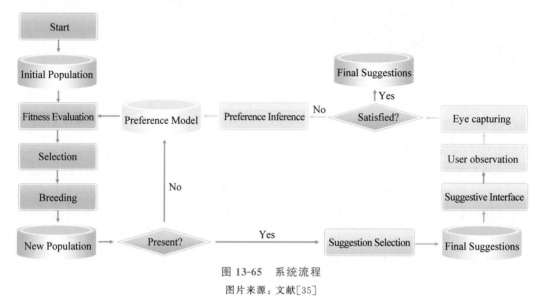

图 13-65　系统流程
图片来源:文献[35]

3. 第二轮测试

对系统改进后,研究和设计人员对新的系统进行了一系列测试以观察效果。

1)用户偏好的捕捉与融合

研究和设计人员测试了 3 种偏好捕捉模式:鼠标点击、眼球追踪和混合模式。在混合模式下,用户可以同时使用鼠标点击和眼球追踪。实验研究了这 3 种交互模式之间在偏好捕获有效性方面的差异。此外,注意到参与者可能会下意识地更加关注推荐视图(suggestive view)的某些区域(如中心)。这种注意力偏差不可避免地会影响从他们的注视信息中推断出他们的实际意图。因此,他们将用户实验分为两个阶段,首先处理注意力偏差,然后研究不同偏好捕获模式的影响。

注意力偏差校准。在这个阶段,随机选择 15 种着色中的 9 种作为建议呈现给参与者,参与者的注视信息被收集以进行校准。该过程重复 5 轮,在下一轮替换 9 种着色中的 3 种。新的 9 种颜色在网格中重新分布。15 种着色中的每一种在不同的网格单元中出现 3 次。为了验证校准,研究人员进行了实验后过程(post-experiment procedure),并要求参与者对 15 种着色进行配对比较:根据他/她的喜好从两种着色中选择一种。注意,配对比较仅在本用户实验中进行。在使用该工具的实际设计场景中,用户只需执行 5 轮过程进行注意力校准。

图 13-66 给出了 8 个受试者的偏差模式。显然,不同受试者的偏差模式是不同的。考虑到其中心位置,网格上的中心单元对大多数受试者显示出最高的注意力偏差(attention bias)也是可以理解的。有趣的是,在受试者 8(右下角的模式)的情况下,底行显示了最高的

偏差。对录像进行的调查表明,这是由受试者被眼球追踪设备吸引时无意地凝视造成的。

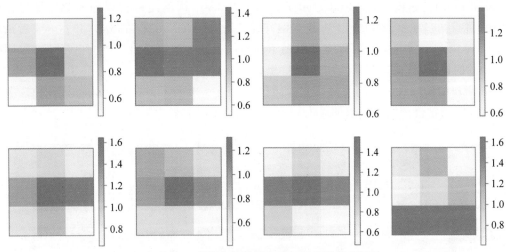

图 13-66　8 个代表性受试者的凝视持续时间偏差

图片来源:文献[35]

在图 13-67 中将评分与凝视持续时间一起绘制。这两项都通过式 $\dfrac{x-x_{\min}}{x_{\max}-x_{\min}}$ 被标准化为 $[0,1]$。在红色圆圈中,可以观察到参与者的目光长时间停留在♯4 网格上的不同着色,参与者对这些着色的评价大不相同。在蓝色圆圈中,可以看到参与者在几种着色上的评价很高,尽管他/她只看了一眼角网格单元(corner grid cell)(♯2)。这些观察结果证实了参与者对 3×3 建议网格(suggestive grid)的注意力存在偏差(bias)。

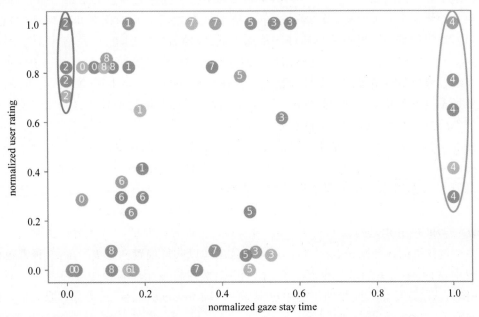

图 13-67　代表性参与者的评分和凝视持续时间的散点图。具有相同颜色的圆球(Disks)表示相同的

内部着色,而圆球中的数字表示着色出现在 3×3 建议性网格(suggestive grid)中的位置

图片来源:文献[35]

受偏差模式(bias pattern)的启发,研究和设计人员进一步研究了凝视相对于经过时间(elapsed time)的累积。图 13-68 显示了参与者在 1min 内的凝视积累和变化。参与者在 5~10s 进行初步观察,在 15~20s 找到偏好建议(preferred suggestions),并在 30s 后最终修复(fixed up)。这与第二阶段实验中揭示的时间模式一致:当用户单击鼠标按钮以明确指定他们的偏好时,他们在系统向他们呈现着色结果后的 12.5±5.6s 进行了第一次点击。45s 后,用户的偏好通过他们的视线明确而稳定地指示出来了。这与受试者从各种选项中做出选择时的常规方法是一致的。人们通常会缩小范围并做出最终决定。

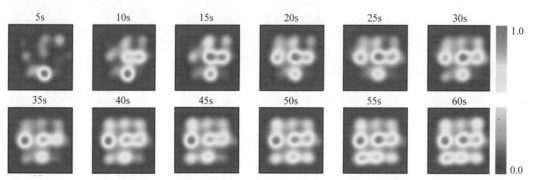

图 13-68   1min 内的凝视累积,归一化为 0.0~1.0 的范围

图片来源:文献[35]

建议排名的变化(见图 13-69)验证了这一假设。排名顺序在前 20s 动态变化,即用户正在主动筛选所有着色建议。20s 后,他/她将 Cell4、6、9 识别为一个小的候选集,并将视线固定在这个小范围。在此期间,只有 Cell4、6、9 的排名发生了变化,之后其他保持相对稳定。尽管出现了轻微的波动(单元格 3、4),但这种波动不会干扰排名靠前的子集,并且对最终着色结果的贡献很小。很明显,顶部候选(单元格 4)上的凝视停留时间是单调增加的。这意味着通过注视信息一致识别用户偏好。相比之下,低排名的候选者(单元格 8、1、7、2)要么自初始实验以来保持低排名,要么被用户迅速忽略,如凝视停留时间所示。这也说明了使用眼睛视线过滤掉不良结果的一致性和稳定性。在没有鼠标明显点击活动的情况下,所提方法避免了重复劳动并以非打扰式(non-intrusive)的方式捕获用户偏好。这意味着使用眼动追踪识别用户对着色结果的偏好的有效性和可用性。

校准注意力偏差的想法基于一个前提:用户对某种着色的偏好应该与其在网格中的位置无关。令 $b = \{b_1, b_2, \cdots, b_9\}$ 是参与者在 3×3 暗示性(suggestive)网格上的偏差模式,据此可以为 15 个校准着色中的每个推导出以下等式:

$$t_1 - b_i = t_2 - b_j = t_3 - b_k \tag{13-13}$$

其中,t_1、t_2 和 t_3 分别是网格单元 #i、#j 和 #k 中出现着色时的 3 个注视停留时间。这会导致一个过约束的线性系统,它以最小二乘方式求解以获得偏置向量 b。在 15 种着色的配对比较中,根据参与者的偏好推断出它们的顺序,然后将该顺序转换为参与者对偏好的评分,并作为从凝视停留时间推断出的用户偏好的基准。通过引入校正,评分和眼球追踪偏好之间的相关性从 0.25 提高到 0.47。

偏好捕获模式研究。研究和设计人员从效率和一致性两方面比较了 3 种不同的捕获模式。

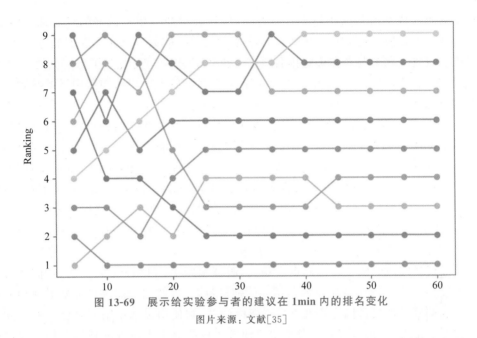

图 13-69　展示给实验参与者的建议在 1min 内的排名变化

图片来源：文献[35]

- 鼠标点击模式。参与者被指示仅使用鼠标在提示界面上明确指定他/她更喜欢的建议。
- 眼球追踪模式。参与者被指示只使用眼动追踪设备捕捉他/她的偏好，禁用鼠标。
- 混合模式。眼球追踪设备捕捉到参与者的偏好，同时还允许参与者使用鼠标明确指定他/她的偏好。

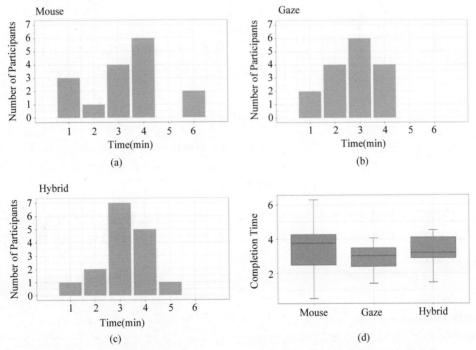

图 13-70　不同偏好捕获模式：（a）～（c）仅鼠标模式、仅眼动模式和混合模式的
任务完成时间频率分布；（d）3 种模式的任务完成时间

图片来源：文献[35]

前者表示完成室内着色任务所需的时间,后者表示捕捉用户偏好的稳定性。图 13-70 (a)～(c)显示了 3 种模式下一个受试者的任务完成时间的频率分布。在实验过程中,研究和设计人员发现 3 名参与者在确定排名顺序时花费了很多的时间(是平均情况的 2～3 倍)。这与实验动机背道而驰,因为本研究的目标是探索需要最小用户认知负担下的直观和自然的偏好捕获方法。这 3 名参与者的数据在接下来的分析中删除。值得指出的是,对于这 3 位参与者来说,眼动追踪模式在任务完成时间方面仍然优于其他两种模式。研究人员首先用 Shapiro-Wilk 检验验证时序统计的分布,其结果表明分布异常(凝视、鼠标和混合模式分别为 $p=0.0086$、0.0001 和 0.00001)。由于 Freidman 检验的结果($p=0.02022$)表明 3 种不同条件之间存在统计显著性,因此研究人员进行 Wilcoxon Signed-Rank 检验配对评估,其结果($p=0.0208$,效应大小(effect size)$=1.8333$)表明了凝视和鼠标之间的意义。图 13-70 (d)显示了所有受试者的平均任务完成时间。结果表明,鼠标点击模式(均值:3.46,标准差:1.55)显示出比眼动追踪(均值:2.89,标准差:0.81)和混合(均值:3.33,标准差:0.87)更多样化的任务完成时间。与鼠标点击相比,眼球追踪平均时间减少了 16%,标准偏差减少了 48%。这很大程度上取决于着色结果的随机位置,因此用户需要在屏幕上移动光标以指定他们的偏好。如果目标位置远离当前光标位置,则使用鼠标单击需要更多的时间。由于用户需要决定选择模式,因此混合使用两种模式可能会引入额外的认知负担。这往往是由选择犹豫不决造成的。结果表明,使用凝视加速了捕捉用户偏好的过程。

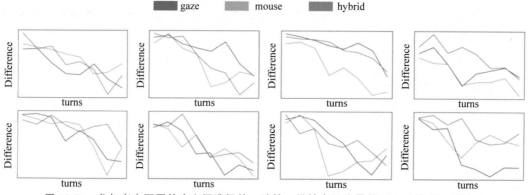

图 13-71　参与者在不同轮次之间选择的一致性。纵轴表示度量值 ϱ(上述等式),横轴为当前着色轮数(turns)的索引。每个情节(plot)由一名参与者在一轮中生成

图片来源:文献[35]

研究和设计人员通过比较两个相邻回合 R_k 和 R_{k+1} 中呈现的建议来研究参与者在不同模式下捕获的无意识意图的一致性。具体来说,首先根据参与者的偏好对每一轮的建议进行排序,并通过以下方式计算两轮之间的差异:

$$\varrho = \sum_{i=1}^{9} d(S_{m(i)}^{k}, S_{n(i)}^{k}) \tag{13-14}$$

差分函数(difference function)$d()$ 遵循目标函数章节中等式的相同定义。图 13-71 显示了不同参与者的情况。可以发现,每个参与者在所有 3 种不同模式下的差异的全局减少,表明参与者的整体选择更加一致。一般来说,使用注视信息的模式性能最好,在着色方面的差异最小。然而,几乎在每条曲线上都观察到了波动,反映了参与者在设计过程中的犹豫。为了

更好地评估犹豫的程度,研究人员从每条曲线计算了以下两个指标:

(1) 曲线上的转折点的数量,它们实际上是曲线函数的有效局部最小值:$N_{TP} = \varrho_{k-1} < \varrho_k < \varrho_{k+1}$。

(2) 所有曲线段的正负梯度(绝对值)之和的比率 $R_{PN} = \dfrac{\sum g_p}{\sum g_n}$。

N_{TP} 和 R_{PN} 的较低值表明了用户偏好识别的波动性更小,一致性更高。

两个指标的统计数据绘制在图 13-72 中,这表明凝视模式(gaze mode)在 3 种模式中取得了最好的性能。更具体地,鼠标点击、眼球追踪和混合模式的转折点数分别为 2.81 ± 0.98、2.31 ± 0.87、2.69 ± 1.14;3 种模式的其他指标是 0.63 ± 0.34、0.50 ± 0.19、0.51 ± 0.29。对于第二个度量标准,标准偏差减少了 0.51 ± 0.29。对于这两个指标,眼动追踪模式的平均值最低:比鼠标点击模式低 20%。对于第二个指标,标准偏差降低了 50%,表明用户偏好捕获的高度一致性和稳定性。这种优势得益于通过眼动追踪捕捉用户偏好的直观和非打扰式(non-intrusive approach)方法。这一事实意味着精确识别用户偏好是一项挑战。如果这两个颜色的偏好处于可比较的水平,参与者可以在两个不同的回合中以相反的顺序对两个着色进行排名。由于需要在鼠标点击和混合模式下明确识别和决定排名顺序,因此这给用户带来混乱和认知负担。

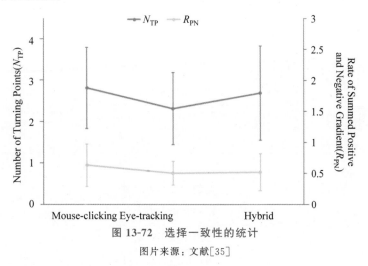

图 13-72　选择一致性的统计

图片来源:文献[35]

2) 创造力支持

研究和设计人员还验证了系统在辅助创造性任务方面的有效性,重点是发散思维和收敛思维之间的平衡。实验表明,通过整合用户偏好,所提方法可以逐步引导从发散思维到收敛思维。

为了研究系统如何从发散到收敛,他们使用度量值 ρ 评估每轮 k 建议的多样性,即本轮每对建议的差异之和:

$$\rho k = \sum_{m=1}^{8} \sum_{n=m+1}^{9} d(S_m^k, S_n^k) \tag{13-15}$$

同时,他们也让参与者对每一轮提出的建议质量进行评分。使用心理测量 CSI 并进行必要的修改来评估系统在两种情况下的有效性:有和没有用户偏好的融合。由于系统目前不支持协作创造力（collaborative creativity），因此研究和设计人员通过用新的维度 elitization 替换 collaboration 维度来修改度量标准，以实现收敛思维（convergent thinking）。表 13-2 列出了 6 个维度及其声明，其中新维度以粗体突出显示。每个参与者都被要求按照"非常不同意"（1）到"非常同意"（10）的等级进行评分。

表 13-2　CSI 维度和描述

维　　度	说　　明
享受	我享受用这个系统/工具
探索	这个系统/工具有助于我跟踪不同的想法、结果和可能性
表现力	在这个系统/工具里进行一些活动时我会变成非常有创意
沉浸	我是如此投入系统/工具的活动中，以至于忘记了一切
精英化	我觉得系统/工具的建议越来越接近我的偏好
满足感	当我用完系统/工具后感觉很满意

还对每个因素与所有其他因素进行了配对因素比较共 15 次。选择了一个因素描述（factor description）来回应以下陈述："执行此任务时，最重要的是我能够……"，因素描述列在表 13-3 中。最后，一个参与者对系统的 CSI 分数 S_{csi} 计算方式为

$$S_{csi} = \left(\sum_{i=1}^{6} R_i \cdot C_i \right) / 1.5 \tag{13-16}$$

其中，R_i 是参与者对维度 i 的评分，而 C_i 是参与者在配对因素比较中选择的维度的计数。

表 13-3　配对因素比较的因素描述

维　　度	说　　明
享受	享受用这个系统/工具
探索	探索不同的想法、结果和可能性
表现力	有创造力和表现力
沉浸	沉浸在活动中
精英化	逐步接近偏好设计
满足感	最后的结果是对得起我的努力的

正如从图 13-73 中看到的，随着实验的进行，建议的多样性降低，表明着色建议收敛。这证实了用户偏好的影响逐渐引入进化框架并引导进化的着色样本。同时，从他们的评分中可以看出，参与者认为建议的质量在稳步提高。

消融实验（ablation study）：有和没有用户偏好。具有偏好融入的条件（黄色曲线）明显优于相反条件（蓝色曲线），这是从多方面验证的。

初始值：用户偏好的效果在第一轮演化后立即生效。与在没有用户偏好的情况下生成的结果（多样性：29.72，质量：3.45）相比，这可视为较低的多样性值（27.91）和较高的质量值（3.64）。

最终值：实验结束时，偏好生成的着色多样性（19.0）低于没有偏好的情况（23.41）。同

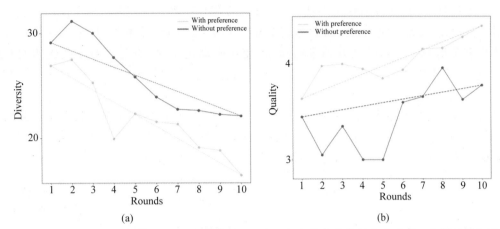

图 13-73　建议多样性(a)和质量(b)的演化记录。虚线颜色是指趋势的拟合曲线。多样性是根据流程中的公式计算的,而质量则由用户以 1~5 的李克特等级(1~5 likert scale)评定

图片来源:文献[35]

时,有偏好的情况(4.40)的质量高于没有偏好的情况(3.78)。

曲线斜率:多样性情况下拟合线的斜率分别为 -0.89(有偏好)和 -0.63(无偏好)。较低的值表示较快的收敛速度。在质量一定的情况下,斜率是 0.076(有偏好)和 0.033(无偏好)。较高的值表示着色质量的提高较快。还值得注意的是,如果没有用户偏好的融入,着色质量的提高会随着大的和非确定性的变化而变化。这意味着所提方法可以在着色样本之间生成具有更高一致性的结果,并且用户感知的质量更高。

从图 13-74 所示的雷达图可以看出,用户偏好的融入促进了系统在 CSI 的各方面。平均 CSI 分数 S_{csi} 对于有/无偏好的条件,分别为 72.1 和 58.7,标准差分别为 11.43 和 15.5。更具体地,在启发(w/o:5.1,with:7.5)方面的提升高于其他 5 个指标(享受度(Enjoyment):6.2/6.9,探索:6/7.5,表现力:5.2/6.7,沉浸感:5.9/6.6,结果值得努力(Results Worth Efforts):6.4/7.2)。配对比较表明,当用户的偏好融入时,有的明显促进效果,这验证了所研究系统在支持收敛性思维方面的有效性。

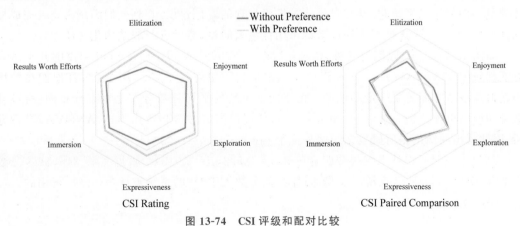

图 13-74　CSI 评级和配对比较

图片来源:文献[35]

有趣的是，享受度方面在配对比较中较低，而在 CSI 评分中较高。由于配对比较的总获胜（winning）次数固定为 15，因此当精英化（elitization）的计数增加时，某些因素的计数将不可避免地减少。对受试者的采访显示，使用眼动追踪时，参与者对享受的重视程度较低，而专注于创造力任务的输出。这解释了为什么在带偏好的情况下配对比较的享受度较低。

交互式进化计算的收敛如图 13-75 所示。该算法在没有偏好约束的情况下一致收敛（见图 13-75(a)）。当在 15 次迭代后引入偏好约束并每 5 次迭代更新时，可以看到收敛曲线有规律地波动（见图 13-75(b)），这表明用户偏好的引入在融入后生效。

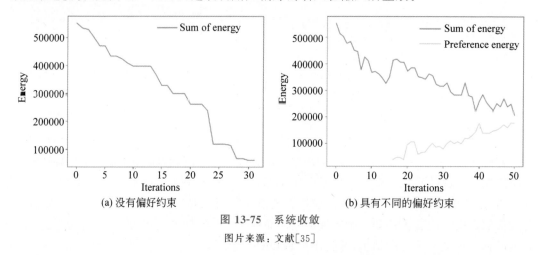

图 13-75　系统收敛

图片来源：文献[35]

3）系统可用性

研究和设计人员还对整个迭代后的系统进行了整体评估，并与标准的 Unity3D 工具进行了比较，进一步评估所研发系统的有效性。整个评估通过系统可用性量表（SUS）问卷和非结构化访谈完成。

图 13-76 展示了该系统和标准 Unity 着色工具的用户界面。参与者被分为两组，以随机顺序使用这两个系统。使用标准 Unity 时，参与者被要求尽最大努力为场景中的所有物体着色。而使用该系统时，参与者被要求探索呈现的着色建议，直到他们满意为止。完成提问任务后，参与者最终被要求完成系统可用性量表问卷，然后进行非结构化访谈。

如图 13-77 所示，除问题 4 外，该系统（$M = 77.79$，$SD = 11.10$）在 SUS 测试的几乎所有方面都较 Raw Unity（$M = 72.42$，$SD = 18.10$）取得了更好的结果。参与者解释他们在使用眼动追踪设备方面需要一定的帮助。由于两个系统的平均分数分布是正态分布的（所设计系统和原始单位分别为 $p = 0.9$ 和 $p = 0.6$），使用单向方差分析（one-way ANOVA）进行分析，因此得出的结论是所研发系统明显优于 raw unity（$p = 0.034$，$F = 4.961$）。事后检验（t-test）结果也表明所设计系统得分明显更高（$t = 2.592$，$p = 0.015$）。根据文献[34]，SUS 分数为 70 或 70 以上表明该系统至少是通过的，而分数大于 90 的系统被认为是高度可用的。

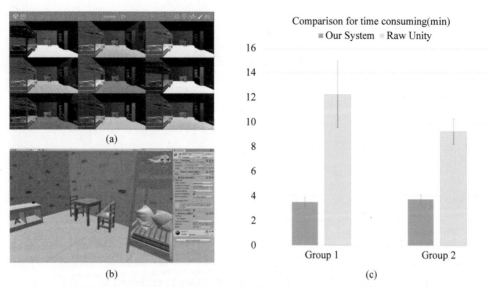

图 13-76　系统可用性：（a）研发的着色系统；（b）标准 Unity；（c）研发系统与标准 Unity 之间的性能比较。纵轴是平均时间，横轴表示用户以不同的顺序使用这两个系统（第 1 组先使用我们的系统，第 2 组先使用标准的 Unity）

图片来源：文献[35]

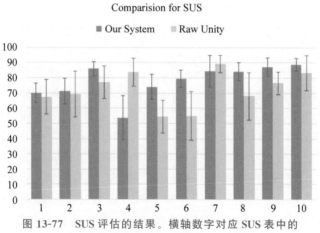

图 13-77　SUS 评估的结果。横轴数字对应 SUS 表中的
问题，纵轴为实验参与者 0～100 分的得分率

图片来源：文献[35]

参考资料

第14章

教育知识可视化

◇ 14.1　概　　述

我们正处在一个信息和知识爆炸式增长的时代,许多领域涉及的主题也变得越来越复杂。与此同时,知识的半衰期也在缩短[1]。在这样的背景下,学习和工作的文化正在发生变化以有效应对日益复杂任务的要求。传统的关于理解和记忆的学习策略已不再是教学的中心目标。要学习的内容往往较复杂,也没有清晰的结构,且存在于不同的信息库中,没有预先选择和预先设计,有时必须由学习者自己搜索。如何让信息"触手可及"已成为一个关键问题。而接收、构建、使用、创建和传播信息的工作流程则涉及信息和知识管理的技术。

作为知识管理的一个长期目标,如何更好地呈现日益复杂的各种知识以便获取、讨论、评价以及管理则变得更为迫切。传统的以文本为主的知识传递方式已无法满足当今知识社会的要求,而可视化技术已被证明能有效帮助用户处理复杂的海量信息。作为一个新兴领域,知识可视化近年来被广泛关注。除传达事实性信息外,知识可视化更重要的目标在于传输见解、经验、态度、价值观、期望、观点、意见和预测等,并以这种方式帮助他人正确地重构、记忆和应用这些知识[2]。为了使大量信息易于用户访问,必须对信息进行预结构化,并将结构传递给用户。对大量信息中固有结构的可视化有助于理解信息和信息之间的关系以及对相关信息进行可视搜索,被认为是使知识更明确、更有用,以及理解信息结构所必需的。对知识和信息的结构可视化被认为可以帮助学习者应对复杂和结构混乱的主题,帮助他们提炼、构建、重组、详细阐述、评估、定位和访问、交流和使用有关内容和资源的想法和知识。知识和信息的可视化广泛应用于教育和知识管理领域,帮助用户获取和处理复杂的知识和大量信息。总之,可视化已被证明是帮助用户应对知识和信息丰富场景复杂性的有效策略。

◇ 14.2　知识可视化基础

作为一个新兴研究领域,关于什么是知识可视化尚未形成共识。Stefan Bertschi 等[3]八位领域专家对知识可视化的定义提炼出以下几个要点。

- **知识可视化的本质是为了交流。**传统上,交流这个词意味着从一个人到至少另一个人,或是为了理解和记忆所学知识进行的自我交流。知识可视化的过程包括收集、解释、建立理解、组织、设计和交流信息等步骤。尽管听起来像是线性的,但知识可视化大部分时候都不是一个线性过程,前述的任何步骤都可以在任意次数的迭代中链接到任何其他步骤,直到创建出一个"最终"表述。

尽管我们在过去百年中积累了很多知识可视化的知识,却很少对一些最常见的交流形式进行重新思考和设计。例如,菜谱作为人与人之间交流的一种形式,已经存在了 3600 多年,却基本没有改变。菜谱在设计时最初定位为任何需要阅读它的人都共享的一种专门语言和流程,而现在通常是作为学徒或在烹饪学校进行专门学习的。然而,当相同的信息设计从面向专业厨师转为面向家庭烹饪时,若普通人没有专业厨师所具备的教育和经验,则无法理解菜谱设计中的术语和过程,此时这种语言就面临崩溃。

可以将知识可视化的技术用于重新设计菜谱来解决这个问题。菜谱包含配料、工艺和通过一系列技术以特定方式组合在一起的设备。分析菜谱时,我们会发现,这种随机混合各类信息的设计增加了导致错误的可能性。例如,配料表中还包含了工艺步骤(如 200g 洋葱,切丁)。这是两种不同的信息。为了确保具备制作食物所需材料,配料表是必不可少的,但应该放在一个地方统一处理。当发现"切"洋葱不只有一步,而是有多步(切一半,顶部去皮,加上至少两次切)时,事情就变得更加复杂了。知识可视化不仅会让人们清楚地知道是哪种洋葱,还会让它清楚地知道接下来需要用它做什么。人们再也不会把丁香和蒜瓣混为一谈了,因为它们看起来一点不像。照片可用来展示成熟香蕉和过期香蕉的对比,这不仅可帮助家庭厨师选择正确的食材,还可帮助他们选择最新鲜、最好的食材。同样的想法也适用于食谱中很少出现的设备,不仅可以展示食品研磨机、铰刀和许多其他不常见但有价值的工具,甚至可以直接在食谱中展示出来。

常见的需要近距离观察的交流形式还有很多,食谱只是其中之一。通过使用知识可视化的工具和程序,我们可以开始深入了解配方的组成部分,它是由谁使用的,他们使用它的目的是什么,从而创建更有效的工具,减少错误,增加满意度。这就是知识可视化。

- 以讲故事的形式传递信息。知识是在特定环境中形成的信息。为了将信息转换为知识,必须分享一些背景和意义,以便将其编码,并与既存经验联系起来。从这个意义上说,知识可视化可以被认为是"在环境中"的数据可视化。虽然知识可视化有助于人们探索数据中的趋势、模式和异常值,但它的目的不一定是发现它们,而是试图揭示影响这些数据现象的背后的驱动原则。有了这些知识,数据趋势就可以被解释,而不是简单地被识别。因此,知识不只是了解事实,而是了解事实产生的因果和背景。

故事是提供背景的强大手段。毫不奇怪,知识通常是通过讲故事的过程分享和交流的。讲故事倾向利用内化和社会化的特性,将信息(如活动、事件、事实)置于一个人们普遍接受的背景框架中。虽然故事的目的是传达一系列具体的事实,但它的叙述提供了一个用来解释总体意义的背景,并有可能将其转换为可操作的知识。

虽然与当前最流行的视觉叙事形式相比,知识可视化可能不那么有趣和吸引眼球,但这两种方法都关注向日益渴求信息的受众传递背景,从而传递一种知识形式。数据可视化不同于其他类型视觉叙事的最大特点是所需交流内容的复杂性和规模。然而,随着当前网络媒体中数据可视化的兴起,人们的期望将不可避免地从单纯的传递信息转变为传递当今世界中驱动事件的因果影响因素。

- 从数据到视觉空间的归纳变换。知识可视化当前的研究现状很好地展示了如何将数据转换为图片的多种方法。研究如何在视觉空间中渲染对象的新想法和将现有方法应用于各种特定数据(包括健康、生物信息学、地理和广泛的网络数据)之间存在着一种平衡。这种平衡应该得到加强,因为毕竟可视化是关于如何通过在适当的视觉空间中呈现数据来推理、放大人的视觉系统。

- 通过有意义的图形映射表达概念。知识可视化意味着通过有意义的方式结构化文本和图像,以图形的方式映射概念。视觉表征用来组织信息和概念,以传递知识,放大认知和加强沟通,如概念图、知识图、视觉隐喻和草图等。知识可视化可以提供一个整体的概览,并显示概念之间的关系。它构建概念知识并提供突出性,从而促进了对某些信息的关注,而不是其他。图片通过提供参与和动机也会影响用户的情感态度。可视化知识对于协作工作是有用的:映射小组对话可以促进知识的整合,而且它比文本更能突出地暴露误解。

- 可视化和信息过载之间的桥梁。知识可视化是在蓬勃发展的可视分析领域中所诞生的各种专业工具和公众在应对日益庞大和复杂的个人数字世界时所迫切需要的直观方式之间缺失的一环。知识可视化利用可视化表示促进两个或更多人之间的知识交流。对于常见的情况,如演示和讨论,已经证明了这种方法的明显好处。知识可视化强调使用视觉隐喻表示相关信息,促进领域专家的协同传播和决策。

社会和消费者生成媒体的出现以及个人成像设备的普及等现象极大地增加了个人数字世界的规模和复杂性。因此,许多传统意义上由专家完成的分析任务已成为公众关注的问题:当一个私人照片集合包含许多 GB 的图像数据时,定位相关图像就需要多面多媒体搜索和检索技术。当一个个人社交网络由数百个个人组成时,确定谁可以为某个问题做出贡献或从某条信息中受益,需要使用社交网络分析方法。大量的服务和应用程序使用户能共享内容和媒体,并建立网络。然而,令人遗憾的是,如今缺乏一种简单的、可获得的方法来分析、评价并最终利用由此创造的知识财富。

为了解决这个问题,可以将可视分析和知识可视化结合起来。可视分析可以为大量信息的自动化分析和集成分析、可视化和交互的闭环方法提供技术。例如,消费者生成的媒体可以自动分析情感和质量。通过可视界面提供的用户反馈可以在个人层面上调整构成情感和质量的模型。而知识可视化可以为设计领域和用户特定的可视化表示提供实践和方法。这种表示对于视觉素养有限的用户来说是可以理解的。例如,媒体分析结果可以用地图、仪表或水族馆呈现。

- 知识流程中的关键阶段。要定义知识可视化,对知识的定义达成一致是很重要的:知识是一组获得的、建立的事实,在特定领域内被认为是有效的和有价值的。它可以用一个由概念、关系和逻辑条件组成的正式模型表示。知识可视化创建和应用可视化表示,目的是构建和交流有用的知识[4]。知识可视化既包括静态可视化,如面板或海报,也包括交互式可视化,根据用户的需求提供探索可视化知识的可能性。可视化的知识不仅便于记忆和传递,还为推理过程提供了燃料,在推理过程中,新的知识是从以前获得的知识中派生和创造出来的。

知识可视化是传统应用领域外的一种强大的资源。知识发现是一个数据处理链,大致由数据选择、转换、挖掘和表示等步骤组成,在过程的最后,新知识从原始数据中产生。视觉分析已成功应用于知识发现的环境中,它作为流程链的最后阶段,支持用户处于视觉识别模式并提取新知识。由于知识是过程的最终产物,因此将知识可视化作为知识发现过程链的最后阶段是一个引人注目的想法。此外,在最后阶段,知识可视化可以建立在视觉分析的基础上,并与视觉分析相结合。因此,可以创建一个统一的过程,使用视觉界面发现、创造和交流知识。由知识可视化提供的管理支持将会与由视觉分析的分析人员提供的输出支持紧密结合。

14.2.1 知识可视化模型

关于认知和学习的研究清楚地表明,不存在从一个人到另一个人的直接知识转移。Remo Aslak Burkhard 等[5]指出,人们在一个复杂的过程中获得知识,在这个过程中,先前的经验和其他因素对意义建构的过程有重要的影响。人类有不同的能力来解释视觉刺激,不同的视觉表示可以提供不同的功能,不同的格式有不同的优缺点。这就是为什么不同视觉表示的组合可以更彻底地利用特定的功能,因此,对于一般的知识转移,它比单一的可视化更有效。然而,将这些论点并列起来,可以得出这样的结论:使用互补的可视化是一种有机会的策略,但也有局限性。辩证法论证和案例研究的结果允许推导出知识可视化的一般模型。当互补的可视化被用来传递和创造知识时,知识可视化模型确定并关联了最有助于成功交流的特征。

Remo Aslak Burkhard 等[5]提出第一个服务于传播科学领域、知识可视化领域和视觉传播科学领域的知识可视化模型。该模型系统地突出了知识可视化的本质特征及其相互关联,并将其整合到传播科学理论的语境中,对从业者考虑改善知识转移所必需的显著特征是有用的。模型基于 5 个基本问题:整个模型分为 3 部分(见图 14-1)——发送方、媒介和接收方,这 3 部分在一个交互的通信环路中相互联系。这个模型包含人际过程(个人之间)和内部过程(个人头脑中的)。知识摘录的发送者心理模型被外化成各种显式互补的视觉表示。这些可视化表示作为知识中介工具,将知识摘录传递给接收方。中介可视化流程包括 3

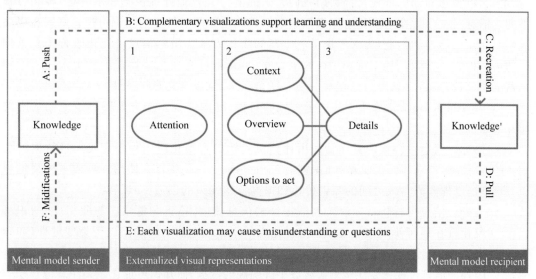

图 14-1 知识可视化模型,包括发送者、作为媒介的补充可视化和接收方

图片来源:文献[5]

个需要顺序实现的子流程(见图 14-1 中的 1,2,3)。首先,互补的视觉化必须抓住接收方的注意力,如嵌入一个煽情的图像。其次,互补的视觉表示需要说明上下文、概述和操作选项。最后,互补的视觉表示可以指向选定的细节。这在理想情况下发生在与接收者的动态对话中。通过使用这些补充,可视化接收方可以重新构建发送方的知识摘录。然而,由于不同的假设、信念和背景,可能会发生错误的推理过程,从而导致知识重构的中断和失败。如果接收方意识到误解,或者只是想要更多的信息,问题就会出现,一个反馈回路就会启动。然后,发送方必须精练或修改使用的视觉表示,必须添加进一步的补充视觉化,或必须使用其他格式,以实现知识的简明重构,从而使符合预期的成功交流成为可能。注意:该模型旨在促进互补可视化的使用,当然,有时同一模型也可用于单独的可视化,这可以达到所有目的。

14.2.2   知识可视化与信息可视化

知识可视化的一个相关领域和先驱是信息可视化。Tanja Keller 等[6]提出无论从学术研究还是实际应用看,信息可视化都是一个快速发展的研究领域。Card 等[7]将信息可视化定义为"……利用计算机支持的、交互式的、对抽象数据的视觉表示扩大认知"。这个定义已经很好地建立,并且代表了活跃在这个领域的计算机科学家的广泛共识。然而,当前的文献中仍然缺少对可视化作为知识转移媒介的潜在力量的系统讨论,以及对非计算机可视化方法的整合,而建筑师、艺术家和设计师都在使用它们。信息可视化和知识可视化都是利用我们天生的能力有效地处理视觉表示,但在这两个领域使用这些能力的方式不同:信息可视化旨在探索大量的抽象(通常是数字)数据,以获得新的见解,或者只是使存储的数据更易于访问。而知识可视化则旨在提高知识在人与人之间的传递和创造,为人们提供更丰富的表达方式。信息可视化通常有助于改善信息检索、访问和呈现的大型数据集——特别是在人类和计算机之间的相互作用;知识可视化的主要目标是增加知识密集型的个人之间的交流,如将新的见解与已经理解的概念联系起来(视觉隐喻)。

信息可视化和知识可视化都利用我们天生的能力有效地处理视觉表示,但内容和过程不同。信息可视化旨在可视化地探索抽象数据并获得新的见解。而知识可视化则旨在提高人们对知识的传递和创造,为人们提供更丰富的表达方式。虽然信息可视化改善了大数据集的信息检索、访问和表示,特别是在人机交互中,知识可视化主要旨在丰富个人之间的知识密集型交流,如将新见解与已理解的概念联系起来,就像视觉隐喻一样。

Remo Aslak Burkhard 等[5]从两个领域的目标、起源和技术等方面阐述了他们之间的相互关系。

- 目标。信息可视化的目标是使用计算机支持的可视化应用程序完成大量数据的探索任务,以获得新的见解(知识创造)。而知识可视化则旨在使用一种或多种视觉表示,以提高人与人之间的知识传递和提高群体知识的创造(知识转移)。
- 益处。信息可视化旨在改善大数据集的信息访问、检索和探索。与此相反,知识可视化旨在通过使用一个或多个可视化表示来增强个体之间的知识密集型过程(如知识转移、交流)。
- 内容。信息可视化专注于事实或数字等明确的数据,而知识可视化还关注其他知识类型,如经验、见解、指示、假设——回答诸如为什么、谁或怎么做等问题的知识类型。
- 接受者。信息可视化通常支持个人获得新的见解。相反,知识可视化专注于支持个人或组织在协作环境中转移知识和创造新知识。

- 影响。信息可视化为信息科学、数据挖掘、数据分析以及信息探索、信息检索、人机交互、界面设计等领域提供了新的视角。知识可视化为视觉传播科学、知识管理领域以及知识探索、知识传递、知识创造、知识应用、知识学习、信息质量、信息超载、设计、界面设计、视觉传达等问题提供了新的视角。然而,其中一些观点也适用于信息可视化。

- 来源。计算机科学与建筑研究支持者。信息可视化研究人员通常有计算机科学的背景。相反,知识可视化研究人员主要有知识管理、心理学、设计、传播学或建筑学的背景。

- 贡献。信息可视化更加技术化,这一领域的研究人员主要是创造新的技术方法。知识可视化更加面向解决方案,并尝试应用新颖而又传统的可视化方法解决主要问题。只有当没有方法存在或起作用时,才会发明新的方法。知识可视化是一个综合性的研究领域,为可视化研究提供了急需的理论结构,旨在加强这些孤立领域之间的协作。

- 根源。信息可视化是一个年轻的研究领域,直到计算机引入才成为可能。知识可视化是一个较新的术语,但它根植于建筑师和哲学家的文化和智力成就,他们使用互补的视觉表征传递和创造知识,例如,Eco 让我们想起亚里士多德关于隐喻力量的观点[8]。建筑师使用互补可视化的实践是知识管理、通信科学和信息可视化研究人员进一步研究的来源。原因有 4 个:①建筑师将不同的概念进行组合、结构、整合。②建筑师直观地使用互补的可视化完成知识密集型的任务。③建筑师是跨功能沟通的专家(如决策者、场地建设者、地方当局之间的沟通)。④建筑师在不同的概念层面(如城市尺度或房屋细节)不断思考和转换。

- 方法。信息可视化使用计算机支持的方法。相反,知识可视化使用计算机支持的,但也使用非计算机支持的可视化方法,如早期的信息可视化支持者、架构师、艺术家或设计师。

- 互补。信息可视化通过将不同的可视化方法紧密耦合在一个界面中,使用相同的介质。这个概念被称为多重协调视图。知识可视化结合了使用一种或多种不同媒体(例如,软件应用程序、海报或物理对象)的不同可视化方法,目的是从不同的角度阐述知识,并利用视觉表示的不同功能。在知识可视化中,这个概念被称为互补可视化。互补可视化被定义为至少两种视觉表示的使用,它们相互补充以丰富知识密集型过程。这个概念源于建筑师和城市规划师的专业实践,他们使用互补的可视化技术来设想、思考、创新、交流、传播和记录复杂的知识。

这 10 个观点的并列并不是排他性的,可被视为进一步扩展论证的起点。这是首次尝试通过描述个体的优势和劣势发现两个领域之间的协同效应。并列表明,信息可视化和知识可视化可以相互受益,共同促进学习和知识的创造和转移。

14.2.3 知识可视化在知识管理中的应用

知识可视化有助于解决组织中几个主要的、与知识相关的问题:首先是无处不在的知识转移问题(或者更确切地说,知识不对称以及如何通过转移克服它)。知识可视化为解决"如何将视觉表示用于知识传递,以提高其速度和质量"的问题提供了一种系统的方法。知识的转移发生在不同的层次:个体之间、个体与群体之间、群体之间、从个体和群体到整个组织之间。在每个层次上,知识可视化都可以作为一个概念桥梁,不仅连接思想,还连接部门和专业团体。Gupta 和 Govindarajan[9]研究了组织中的知识转移,他们发现一个关键问题,不仅是接受者如何获取和吸收知识,还有如何使用知识[10]。要做到这一点,知识必须在接受者的头脑中重新创造。这取决于接受者处理传入刺激的认知能力[11]。因此,负责知识转移的人不仅需要在正确的时间将相关知识传递给正确的人,还需要在正确的背景下以一种最终可以使用的方式传递知识。为了实现这些任务,可以采用基于文本和 IT 的方法(如讨论板、数据库、企业通信、智能代理软件等)。然而,在这些应用程序中,我们的视觉通道的能力很少被充分利用(无论是作为使知识可访问的界面,还是作为一种结构文档或引用知识本身的方式)。在这种背景下,可视化还可以促进跨职能知识的交流,因为不同的利益相关者和不同专业背景的专家之间的交流是组织中的一个主要问题。知识可视化提供了解决这个问题的方案,主要是通过使不同的基本假设可见和可交流,并通过提供公共上下文(视觉框架)帮助不同背景的人实现无障碍交流。

　　知识可视化作为知识管理的第二个应用领域,为新知识的创造提供了巨大的潜力,从而使创新成为可能。知识可视化提供了一种方法,可以利用想象中的创造力以及流体重新安排和变化的可能性。它使群体能够创造新的知识,如通过使用启发式草图或丰富的图形隐喻。与文本不同,这些图形格式可以快速、集体地改变,从而快速传播思想、联合改进。图 14-2 描述了这样一个可视化的知识传播工具,它可用来产生、细化和选择想法——Ideaquarium(这里

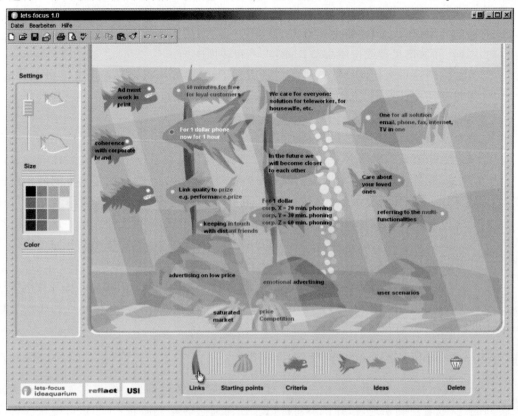

图 14-2　一个用来促进知识创造样本的知识交流工具

图片来源:文献[5]

用来开发一个新的广告策略)。每个贡献的想法都由一条鱼代表。鱼越大,支持提议的人就越多。鱼的颜色表示提出一个想法的人。然后,评估这些想法的标准被可视化为类似食人鱼的鱼,它们接近想法鱼,看看这个标准是否真的匹配(一个新的标准将被输入未标记的鱼身上)。鱼爬得越高,想法就越务实。由一株植物连接起来的鱼群表示相关的思想。水族馆地面上的贝壳表明了相关的起点;这 3 块岩石代表了应该指导思想生成过程的思维向量。

◇ 14.3 可视化技术辅助的教学过程

图形设计和可视化正在成为教育过程中不可或缺的一部分。先进的视觉设计在教育学中的应用正在迅速增长和发展,用于展示复杂多样的概念。其目标是通过使用图形表示方法促进对主题的理解,从而增强教育过程。庞大的数据集和数据维度之间的复杂关系让教师和学生都难以对其进行分析和解释,而交互式可视化方法在简化和传递复杂系统的有意义信息方面发挥着关键作用,辅助教育过程和实施的可视化工具对所有类型的用户都非常有用。本节将介绍目前已有的一些关于可视化辅助教学的代表性工作。

14.3.1 结合层次概念图和动态非线性学习计划的教育系统

现代教育越来越多地依赖各种在线 Web 组件:提供丰富的材料、远程教学,以及作为面对面课程补充的在线资源库等。为了应对这些不同的用例,现代在线教育平台还需要同时满足许多复杂目标:组织材料,提供对不同媒体类型(文本、音频和视频)的访问、通过超链接提供相关概念的上下文,以及为每个学生制定个性化学习方案等。将这些不同的目标集成到一个学习界面是一项复杂的任务,而可视化正好可以提供帮助。

Michail Schwab 等[12]提出了 Booc.io,一个基于 Web 的交互式学习系统,支持线性和非线性的展示和浏览教育概念和材料。如图 14-3 所示,Booc.io 将概念和它们的依赖树排列成分层的循环布局。使用层次化的循环布局显示典型的可扩展依赖树,使设计更紧凑,并有助于提供上下文。使用缩放交互允许层次结构级别扩展并支持许多概念。材料的线性表示(如在教室中讲授的内容)被表示为一个学习计划,该计划在分层概念圈的"表盘"上运行。非线性学习计划的捷径材料运行内部的层次元。根据学生的进步动态定制学习计划,支持个性化。

1. 数据模型

Booc.io 把教育数据分成 4 个不同的概念:资源(如视频、书籍)模块资源(如书的 10～25 页,视频的前 10 分钟),课程和知识模块。其中知识模块可以包含不同的子模块,也可以对应对该概念进行解释的模块资源(见图 14-4)。

2. 概念地图和学习计划

次数据的概念视图,总体是从 12 点钟方向按顺时针方向进行布局,直观地展示了层次数据的线性关系。每个模块用圆表示,模块中的子模块同样按顺时针方向布局,从而最大限度地利用了空间。非线性的依赖关系利用高亮的线表示,当鼠标指针悬停在某一概念上时,它所依赖的节点将被线连接起来,形成学习的计划。

概念视图还有一些拓展的内容,例如,利用颜色编码课程章节的热度从而形成章节评价的热力图。同时,概念图可以在不同的课程中复用,课程展示在概念图的中间,他所需要学习的知识一一对应不同的分支,并展示他们在概念图中的依赖关系(见图 14-5)。

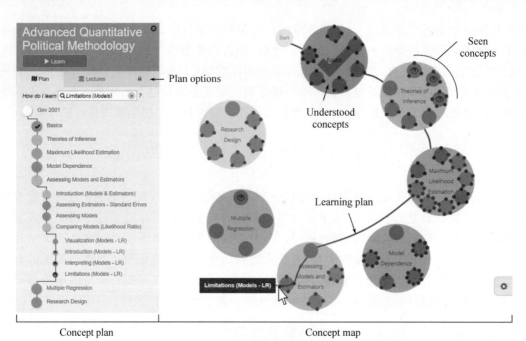

图 14-3　Booc.io 的组织结构

图片来源：文献[12]

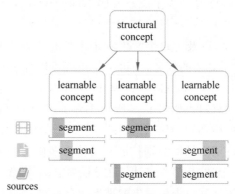

图 14-4　层次结构中的课程概念

图片来源：文献[12]

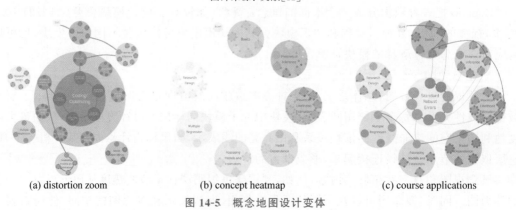

图 14-5　概念地图设计变体

图片来源：文献[12]

14.3.2　面向初学者的 Web 端 C 程序可视化

尽管各种可视化技术已经被提出来帮助程序员理解程序的执行状态,但大多数现有的调试器和集成开发环境(如 GDB 和 Eclipse)提供的对程序执行状态进行可视化的功能仍比较有限。通常,这些应用程序仅显示简单的文本输出,而不提供对变量、指针和内存之间关系的可视化。学习如何使用这些工具对于初学者来说通常是困难的,会妨碍而不是增强他们对编程语言的理解。以 SeeC 和 PythonTutor(PT)两个面向 C 语言的最新工具为例(见图 14-6),它们在功能(SeeC 不完全支持动态内存分配、PT 不支持文件 I/O 和标准输入)、可安装性(SeeC 依赖 Clang、在脱机环境下 PT 不好用)和可用性(SeeC 在进行可视化时无法修改源代码)上的问题妨碍了它们的推广应用。基于此,Ryosuke Ishizue 等[13] 提出一种新的可视化工具 PlayVisualizerC (PVC),为初级 C 语言程序员提供了解决方案。

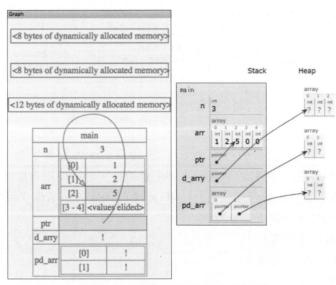

图 14-6　SeeC(左)和 PT(右)的截图

图片来源:文献[13]

PVC 是用 HTML 5 和 JavaScript 实现的,包含 C 解析器和语义分析器。如图 14-7 所示,C 解析器和语义分析器在服务器端工作。Ryosuke Ishizue 等使用 ANTLR 解析源代码,使用 Junicoen 在服务器上创建和执行抽象语法树(Abstract Syntax Tree ,AST)——UniTree。

PVC 是一个 Web 应用程序,它只需要用户在 Web 浏览器中输入 URL。此外,他们还提供了一个独立版本,它在本地计算机上启动一个运行 Java 的服务器端系统需要互联网连接。

图 14-7 显示了 PVC 中的一个执行示例。PVC 有 5 个 GUI 组件:①编辑器;②执行控制器按钮;③I/O 窗口;④可视化画布;⑤文件上传表单。用户可以在编辑器中编写源代码,单击执行控制按钮启动步骤执行。I/O 窗口显示程序编写的标准输出的内容(如 printf)并接受标准输入(如 scanf)。Canvas 使用表格和图表显示程序的执行状态。PVC 自适应地改变其布局,以符合浏览器窗口的大小。GUI 的顶部显示了程序的执行控制器。控制器包括以下 7 个按钮:①改变编辑器字体大小;②启动程序执行;③停止程序执行;④退回所有步骤;⑤退回一步;⑥向前一步;⑦向前所有步骤。语句单元执行每个步骤。

用户还可以将文件上传到服务器端为每个浏览器会话创建临时空间。可以通过 fgets、fputc 等程序使用这些文件。PVC 需要 3 个步骤：①在浏览器中输入 PVC 的 URL；②将源代码插入编辑器，使其可视化；③按下按钮，执行程序。在可视化过程中，只更改代码并按下执行按钮，用户就可以更改程序。

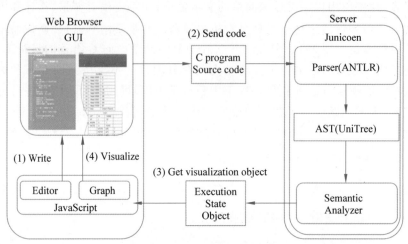

图 14-7　PVC 体系结构概述

图片来源：文献[13]

　　PVC、SeeC 和 PT 使用类似的可视化方法，通过箭头和方框显示变量的值、名称和类型，以表示指针和堆栈引用。例如，彩色箭头和变量地址可以帮助用户理解引用的不同。从可移动的图形可以更容易地看到可视化的结果，而递归函数的显示深度可以告知用户调用它的次数。只有 PVC 支持以下几个特性。

- 动态分配内存可视化；
- 内存地址值以十六进制显示；
- 文件和标准 I/O。

　　图 14-7 展示了 PVC 的可视化示例。画布上有两个盒子：main 和 GLOBAL。main 表示 main 函数的堆栈，而 GLOBAL 包含由 malloc 分配的堆内存的动态变量。框中的表列显示了每个变量的类型、名称、值和地址。例如，main 的第一行引用了一个变量 n，它是 int 类型，值为 3。此外，一些变量，如 asptr 和 d_arr，引用了其他变量。指针引用用与引用地址相同颜色的箭头表示（例如，从包含 ptr 的行到包含 arr[2] 的行的绿色箭头）。

　　图 14-6（左）和图 14-7 显示了相同的代码。在 SeeC 停止可视化后，PVC 继续可视化了指针变量 darray 所引用的分配的堆内存，而 darray 不是空闲的。因此，PVC 可用于调试具有内存泄漏操作调用的程序。

14.3.3　帮助学习历史的可视分析系统

　　在传统的历史课上，教师根据教科书授课，讲授学术界的主流观点。因为它们在向学生传授历史知识方面具有优势，这种课堂导向的历史课仍然是首选。然而，传统课堂的优势意味着学生被动地从教科书和教师那里获取知识，很少自己调查和分析历史事件和背景。因此，传统课堂上的学生不太可能学习如何独立构建知识，以及如何对历史事件形成自己的观点。Han 等[14] 提出了 HisVA,一个通过让学生以更自主的方式探索历史事件,增强翻转历史课堂的教学实践的可视化分析系统。HisVA 的界面由 3 个视图构成,分别显示事件、地图和资源。系统通过协调多视图(Coordinated & Multiple Views,CMVs)的方式为用户提供交互的学习环境,帮助他们在任一视图中都可以自主地持续获取知识。同时,CMVs 还有助于将各种事件联系起来,从不同角度挖掘它们之间的联系。

事件视图展示多个事件图表和一个汇总图表。这些图表初始时根据建模算法生成的顺序排序,用户可以交互地调整以及隐藏或显示选定的事件图表。每个图表显示 10 个主题关键词,并根据他们对主题的贡献排序。汇总图表按时间显示文章的聚合数量,以便用户查看跨时间的事件数和特定时间范围内的重要事件数。汇总图表在两侧分别提供了一个垂直灰色条,用户可以使用它们过滤时间范围。如果条形图位于两端,则整个数据集用于按时间计算事件数。每个事件图表都有一个折线图,用于显示与主题、主题编号和代表性主题关键字相关的事件数。与汇总图表一样,x 轴代表时间,y 轴表示与该时间相关的事件数。

地图视图显示与历史事件相关的位置。表示事件的基本单元是一个集群标记,该标记包含区域内的总事件数。用户可以通过使用放大图标、鼠标滚轮或单击任何簇更改当前地图的缩放级别。地图缩小时,相邻的簇聚合为一个更大的簇;地图放大时,簇标记拆分为多个标记,这些标记根据各自的事件区域重新定位。当缩放级别达到最大值时,每个标记都被圆圈包围,每个圆圈都映射到一个事件。如果单击了映射的事件,则会在列表视图中搜索并高亮显示该事件以进行读取。当光标悬停在圆圈上时,圆圈上会弹出一个工具提示,显示相关事件的标题和日期。

为了帮助用户利用更详细的信息高效地调查历史事件,HisVA 提供了一个资源视图,包括 4 个子视图:列表、结果、文章和注释视图。列表视图显示历史事件,允许用户顺序访问一系列事件,以及元信息,如缩略图、事件日期、与文章相关的主题号、主题权重和页面排名值。为了有效探索,列表视图允许用户按日期、重要权重和主题对事件进行排序。重要性权重高于阈值的事件以灰色突出显示。结果视图根据用户在搜索栏中的搜索列出相关文章。我们以线性结构显示文章,以便在学习中进行内容导航。当用户单击某个事件时,会弹出一个新窗口,显示单击的事件以及与单击的事件最相关的其他事件。

◆ 14.4　大规模在线开放课程数据可视分析

近年来,大规模在线开放课程(Massive Open Online Courses,MOOC)的出现吸引了大量的公众关注。MOOC 为可视化研究人员提供了一个机会。反过来,MOOC 可视化分析系统可以让不同的终端用户受益,如课程讲师、教育研究人员、学生、大学管理人员和MOOC 服务提供商。

Coursera 和 edX 等主要 MOOC 平台可以为课程讲师及其合作伙伴提供原始数据,除了提供专业中的基本信息,MOOC 平台还记录网络日志数据,如视频观看历史、课程视频点击流以及课程论坛中的活动。学生的表现,以及他们的性别、年龄和国籍也可以从中查看。这是历史上第一次有如此全面的学习行为相关数据可供分析。与传统的教育记录相比,MOOC 数据的粒度更细(更多学生的更多活动),并包含新的信息(如 clickstreams 中的"搜索"点击事件)。然而,对这些数据的分析则是一个比较大的挑战:首先,这些数据一般都较为庞大、复杂且异构,在某些情况下又可能是稀疏的或有噪声,从这类数据中提取有意义的信息无疑是具有挑战的;其次,分析系统的最终用户,如课程教师、教育研究人员和学生,他们通常对数据挖掘技术知之甚少或一无所知。因此,为他们提供一个易于使用的分析系统,并提供清晰的视觉辅助,以降低学习曲线,帮助他们更直观、更有效地分析数据,这一点至关重要。这就需要精心选择合适的可视化技术、设计直观的界面,以便最终用户无须太多培训就能轻松掌握;最后,不同的 MOOC 用户群体需求是多样的。课程讲师和 MOOC 视频提供商想知道讲座视频是否引人入胜,视频的哪些部分令观众兴奋,哪些部分被跳过,而教育研究人员更希望了解 MOOC 高辍学率背后的原因,并评估 MOOC 的有效性。

本节将通过介绍若干代表性研究工作,让大家对这个领域研究的问题和方法有一个初步的了解。

14.4.1　MOOC 学习序列可视分析

MOOC 数据不仅包含学习者概况和学习成果,还包含关于每个学习者何时以及进行哪种类型的学习活动的顺序信息,如在完成作业之前温习课堂视频。学习序列分析有助于理解学习序列和表现之间的相关性,从而进一步表征不同的学习者群体。Qing Chen 等[15]设计了一个交互式多层次可视分析系统 ViSeq,帮助教师探索各种类型的学习序列,以检测不同的学习群体,并理解学习序列和性能之间的潜在相关性。

如图 14-8 所示,ViSeq 包含 4 个主要视图:①发现学习群体的投影视图;②模式视图,以确定最常见的顺序模式;③序列视图,探索连续事件之间的过渡;④个体视角,展示每个学习者的学习顺序,并比较相似的个体。系统使用了各种交互技术,如过滤、搜索、高亮显示、排序和历史记录回调。进入系统后,用户可以从顶部的菜单中选择要浏览的课程。在主界面中,系统在菜单栏弹出窗口中显示投影视图和模式视图,在菜单栏中显示序列视图,在菜单栏中显示单个视图。通过投影视图和散点图,用户可以根据学习序列相似性识别学习群体。在模式视图中,VMSP 算法检测到的所有顺序模式都被列出,它们的柱状图位于左侧,显示了出现的频率。序列视图由一个交互式的连续序列转换的三级和弦图组成。通过从投影视图中选择一组学习者,更新模式视图和序列视图,从弹出窗口中出现个体视图,显示整个课程期间学习者的个体学习序列。此外,每个视图都有一个独立的控制面板来过滤学习者的成绩,以及在课程时间表上的活动时间段。该系统还提供了一个历史回调函数,允许用户记录当前已探索的数据,然后再进一步研究它。用户可以通过迭代地探索多个视图,为他们感兴趣的特定学习群体或个人检测模式。

14.4.2　面向在线题库的交互式学习路径规划

题库可以作为线上线下课堂的有益补充,让人们学习知识或锻炼作业、考试、面试等技能,因此受到广泛欢迎。例如,著名的在线编程题库 LeetCode,也称为在线评测,拥有超过 3000 万的用户群。然而,由于涉及大量习题以及有意隐藏其背后的知识,用户很难根据自己的目标和表现决定从哪里开始或如何继续。Meng Xia 等[16]针对这些问题提出的一个可视分析系统 PeerLens,帮助学习者在在线问题库中交互式地规划学习路径。系统设计的灵感来自学习同伴的概念,系统可以根据类似学习场景中其他用户的学习记录,向每个学习者推荐定制的、适应性强的练习问题序列。他们归纳了 3 种典型的学习场景(即定期学习、强

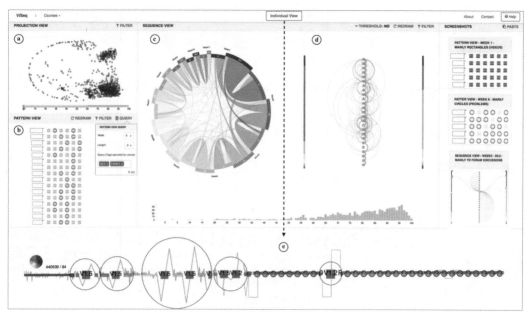

图 14-8 ViSeq 界面

图片来源：文献[15]

化学习和高级学习），基于 4 个属性（即学习时间、频率、强度和熟练程度）对学习同伴进行分类。用户可以将他们现有的学习路径与他们的同伴组进行比较，以确定所需的学习场景。他们还对问题提交类型进行定义，对相关同伴组的学习路径和用户的历史学习路径进行建模，在此基础上推导出 3 种未来学习路径（默认选择的流行学习路径、具有挑战性的学习路径和渐进学习路径），以满足不同水平学习者的特殊需求。

1. 系统界面

如图 14-9 所示，系统界面由 3 个协调的视图组成：同伴选择视图（a）、学习路径视图（b）和问题存档视图（c）。

同伴选择视图旨在帮助学习者定位或自定义学习路径与自己相似的同伴组，进一步由 4 个水平排列的雷达图组成。左边的 3 个图表分别显示了定期、密集和高级学习场景下的同伴群体。同时，最右边的图表允许学习者手动定制他们的学习场景。每个雷达图都有两个星形图，黄色的星形图代表所选择的学习组，蓝色的星形图代表学习者本人。星形图将相应学习组的关键属性可视化，图中 4 个辐条的长度分别与学习组的学习时长、频率、强度、熟练程度成正比。这些属性名和值被详细标记在每个辐条的末端，分布沿轴显示。图表中所示的强化学习组代表的是经常使用这个题库 1～3 个月，并且每天能熟练解决 2～5 个问题的人群。通过比较雷达图中的两个星形图，学习者可以了解自己的学习历史与目标学习群体的轮廓之间的差异。在与定制学习组关联的最右边的图表中，学习者可以通过拖动星形图中蓝色的数据点指定自己的学习目标。

学习路径视图将学习者的学习路径与被选择的同伴组的学习路径进行比较，并提供不同的学习路径建议。他们采用了拉链式的视觉隐喻，通过回答"我从哪里来？""我在哪里？"，以及"我该去哪里？"帮助学习者理解自己学习路径的背景。如图 14-9（b）所示，左边的历史路径显示了学习者尝试过哪些问题（见图 14-9（b1）），右边的未来路径显示了系统建议的 3 种学习路

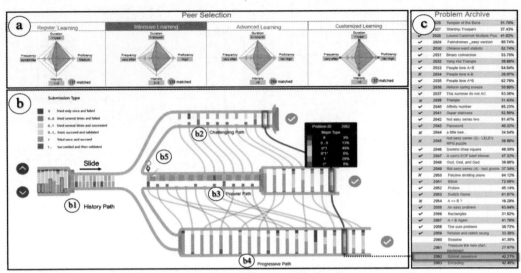

图 14-9　PeerLens 界面

图片来源：文献[16]

径(见图 14-9(b2,b3,b4))。中间的位置标记表示当前正在处理的问题(见图 14-9(b5))。未来的路径显示了 3 个建议的学习路径：具有挑战性的路径(见图 14-9(b2))、流行的路径(见图 14-9(b3))和渐进的路径(见图 14-9(b4))。当拉链闭合时，如图 14-9(b1)所示，上齿阵列编码了所选学习组对每个问题的主要提交类型，下齿阵列则显示了学习者对每个问题的预测难度。为了避免过度使用颜色，我们使用灰色条的高度显示难度，如图 14-9(b2)。灰色条越高，问题越难。

　　问题存档视图旨在允许学习者将学习路径上的问题快速映射到池中的原始问题。当鼠标指针悬停在学习路径上的任意条上时，相应的问题将在问题列表中突出显示。学习者可以点击问题列表中的问题进入原始问题页面。前面的记录和提示显示在每个问题的左边。

　　2. 系统架构

　　在体系架构上，系统由 3 个主要模块组成(见图 14-10)：①数据采集和预处理；②路径规划引擎；③可视化。

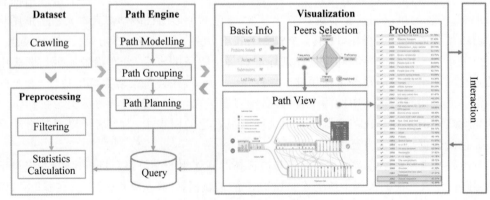

图 14-10　PeerLens 系统架构

图片来源：文献[16]

路径引擎模块对学习路径建模,将同伴学习路径进行分组,并推荐学习路径。可视化模块使用多个协调视图支持学习路径比较和规划。他们使用提交类型描述学习者如何解决一个特定的问题。同伴学习路径的分组分为 3 个步骤:首先,将问题池中的学习者群体学习路径指定前述 4 个属性,即学习持续时间、学习频率、学习强度和学习熟练程度(((Ee ＋ Ef)/♯{提交事件}));其次,绘制直方图概述,以检查沿每个属性的用户分布;最后,领域专家根据直方图为每个属性指定有意义的范围。在这个过程中需要考虑两个因素:每个范围内的用户数量和范围之间的行为差异。结合这些属性,进一步提取出 3 种典型的学习场景(定期学习、集中学习和高级学习)。

14.4.3 面向在线问题求解动力评估的可视化分析

问题求解动力学是指学生在一段时间内解决一系列问题的过程,从这个过程中可以推断出学生的认知技能及非认知特征和行为。例如,可以从求解问题的难度变化中得出一个学生的学习曲线(认知技能的指标),或者根据一段时间求解问题的频率得出一个学生的自我调节模式(非认知特征和行为的例子)。Meng Xia 等[17]设计了一个名为 SeqDynamics 的可视分析系统(见图 14-11),可以从认知和非认知的角度评估学生解决问题的动力。该系统通过一套新颖的可视设计和协调的情境视图,将学习者解决问题行为的时间顺序可视化,使用户能够在多个尺度上比较和评估解决问题的动态。

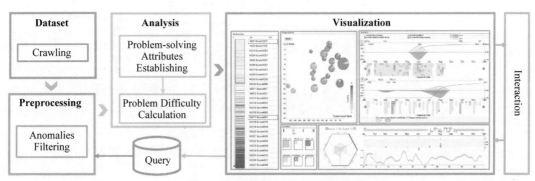

图 14-11 SeqDynamics 系统架构
图片来源:文献[17]

如图 14-12 所示,SeqDynamics 系统包含 4 个模块:①数据采集和预处理模块,将原始数据采集并预处理成按学习者 ID 索引的问题解决序列;②分析模块计算问题解决属性和学习者排名(R1);③可视化模块使用多个协调视图支持上下文(R2,R3)中不同问题解决动力学的解释、比较和组合;④交互为用户的交互提供响应性反馈,便于探索(R4)。SeqDynamics 的可视化分析模块包括:①排名视图(a),以升序显示学习者成绩和 ELO 排名的总体分布(宏观);②投影视图(b)和关联面板(d),便于教师自定义自己的评估标准,并在 2D 画布上比较候选子集的天气问题解决特征;③进化视图(c),随着时间的推移,扩展所选学习者解决问题的特征,以进行详细的检查(微观);④比较/合作视图(e),便于对两个问题解决顺序进行明确的比较,并表明两个学习者的互补性。用户还可以通过一系列交互,如查询、高亮显示、工具提示和刷屏,自由地探索数据集。

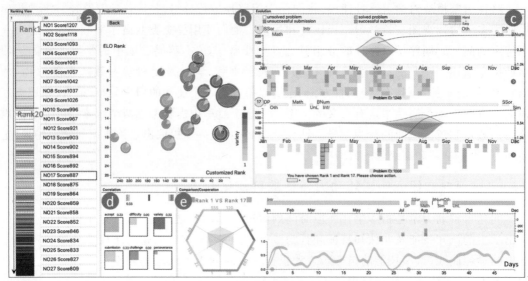

图 14-12　SeqDynamics 系统功能模块

图片来源：文献[17]

◆ 14.5　科学图谱绘制

如果说前面的内容针对的主要是一般性的知识教授过程，本节将围绕一类特殊的知识——科学前沿研究。

科学知识总是在不断更新，大多数的变化是逐渐的，但有些则是革命性的、根本性的。这就促成两种类型的科学知识：一种是稳固持久的；另一种是转瞬即逝的。新理论和新解释可能取代曾经广为人知的旧理论和旧解释。科学前沿既包括目前人类对世界的认识，也包括科学界提出的一系列难题。科学前沿不仅存在于人类知识和技术预期的边界，还包含许多未解之谜、学术争论及科学革命[18]。

科学知识传播的一个难题是，研究前沿的复杂多变与传统科学传播体系的呆板不灵活之间存在矛盾。研究前沿推动着新知识的产生；传统的传播体系评估新的知识，并将其传播到产生该知识的领域之外。研究前沿不断地演化并更新着自己的方向，这种动态变化使得人们很难只依靠正式传播体系中的学术论文把握一个研究领域当前的发展状态。信息科学与学术传播的有关研究指出，由于科学家不熟悉相关领域的背景知识，所以通过传统传播渠道很难搜集到有价值的科学信息。

在科学传播的过程中，科学文献的调查对研究过程非常重要，其可以使研究者了解研究领域的趋势并找到相关工作。近年来，随着新科学文献的大量涌现，它们的出版速度已超过人类阅读、分析和综合科学知识的速度。尤其对于研究新手来说，调查科学文献不是一件容易的事，因为他们可能不善于查找研究的关键词。此外，即使使用谷歌学术等著名的搜索引擎，也很难立即了解论文在其研究领域的地位，所以新手可能需要花很长时间寻找学术文献。因此，研究人员已经提出许多科研可视化工作，以图谱的形式让用户更高效地探索知识。

科学知识增长有 3 种简单的模式：第一种模式是最常见的累积性增长模式，即新知识按旧知识逻辑递进的方式增长。第二种模式是指新的理论假设，经过与传统理论的较量，或被接受或被证伪，不存在模棱两可的证明，因此结果会被科学家接受。大部分科学本质模型的讨论都基于这种模式。第三种模式是指新的科学理论不是源于近期的科学发展，而是得到科学历史进程中某一阶段理论的启发。这种模式是整个文化历史领域的随机性选择，这种非结构性的增长具有人文科学的特点。3 种模式进行比较，第一种模式强调了持续性累积增长；第二种模式不具备这种累积性；第三种模式既包含阶段性的累积增长，又包含阶段性的跳跃增长。最著名的代表就是库恩的科学革命结构理论。在该理论中，阶段性累积模式是常规科学，而累积增长的间断则被视为科学危机或革命[18]。

科学前沿图谱旨在使科学知识图景形象化，其不只是要呈现出一幅凭直觉设计和描绘的科学图景，更关键的是要能识别出那些有意义、更有可操作性的信息。科学图谱的显著进步是 20 世纪 60—70 年代研究先驱思想的复兴。在信息科学领域做出最具奠基性贡献的应属普赖斯（Derek de Solla Price，1922—1983），他的著作有《科学文献网络》《巴比伦以来的科学》[19]《小科学、大科学》。社会学家罗伯特·默顿（Robert Merton）和信息科学家加菲尔德认为《科学文献网络》一书是普赖斯对信息科学的最大贡献，此书中首次提出的科学出版物的引文使用法，为后来关于科学内容与研究前沿周期的研究奠定了基础。普赖斯首先提出引文分析可以获取科学文献发展的概念图，尤为重要的是，它还可以绘制科学前沿的主题图谱。这种科学文献的拓扑图可以在显示图形位置的同时综合提供相关的期刊、作者及文献信息[20]。

《巴比伦以来的科学》这本书建立了信息科学的范式基础。普赖斯在这本书中考察统计了科学期刊的增长情况，发现科学期刊的数量大约每 15 年增长 1 倍。他以科技文献量为纵轴，以历史年代为横轴，不同年代的科技文献量的变化过程表现为一根光滑的曲线，这条曲线十分近似地表示了科技文献量指数增长的规律，这就是著名的普赖斯曲线，如图 14-13 所示。

在《小科学、大科学》一书里，普赖斯提出一系列问题，这些问题激励着一代代科学学领域的研究者：为什么我们不以科学作为工具研究科学本身呢？为什么不对科学本身进行测量、总结、假设并提出结论呢？他用气体的热力学性质做隐喻阐明科学能够提高人类对科学的认识。热力学研究不

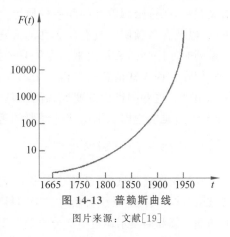

图 14-13　普赖斯曲线

图片来源：文献[19]

同温度和压力条件下气体的表现，重点不是单个分子的运动轨迹，而是一个复杂适应系统作为整体的结构和动力学特征。普赖斯认为，应该采用同样严谨的科学探索和数据调查方法研究科学本身：关注科学的整体表现、科学的"分子"轨道，以及科学"分子"间的相互作用和科学"气体"的政治社会属性[18]。

在以科学整体作为研究对象的复兴研究趋势中，科学前沿的可视化领域经历着前所未有的变革。用科学研究科学，则需要了解科学活动的本质、科学的哲学属性和社会属性。绘制科学前沿涉及多门学科，从科学哲学、科学社会学到信息科学、科学计量学、信息可视化及可视化

分析。每个单独的学科都有其自身的研究纲领和实际应用,都有它自己的理论和方法。

科学图谱已经普遍采用的设计隐喻是一个抽象的景观图,即用合理的轮廓显示虚拟的山谷和山峰。类似的景观隐喻也出现在许多早期的信息可视化设计中。这种隐喻自然来源于探险和导航的意图,如山峰的地标是用来吸引探险家的注意。如果景观的外形与隐含景观系统的显著特征相符,就可以通过这些易于找到的路标研究这个系统,使这一探索过程变成直观、有趣的航行。许多早期的信息可视化系统充分利用这样一个假设,即一个事件发生的概率越大,让用户易于找到这一事件就越重要。相比之下,用户很少主动浏览山谷,或注意那些小概率的事件。例如,系统常常强调高频主题,突出卓越作者,而不是那些低频者。

科学文献中知识结构的建模和可视化依靠大量有效的计算机应用、大量研究人员积极从事相关领域的研究,以及大量相关出版物的发表达到一个新水平。传统上,积极解决有关科学图谱和知识结构图谱的学科是信息科学。信息科学本身包括两个子领域:信息检索和引文分析。信息检索和引文分析都把科学文献作为它们的输入信息。然而,信息检索和引文分析关注文献的不同部分。信息检索的重点是文献的题录信息,如标题、关键词列表或全文;而引文分析关注的则是嵌入在文档中对应的参考文献,或那些附在文档后面的参考文献。开发强大的视觉空间隐喻使其能传达潜在的语义对信息可视化而言是最具有挑战性的。

信息检索给信息可视化研究带来许多重要的启发和挑战,而科学图谱超越了信息检索、信息可视化和科学计量学。它形成一个独具特色的研究领域,也具有应用于其他广泛科学领域的潜力。科学图谱描述了科学前沿的空间关系,这些科学前沿是重要的研究领域。科学图谱也可以被简单地用作描述研究领域分布和传达研究领域之间关系含义的便利工具。

整体看,科学图谱显示了研究领域或学科之间的关系。图中嵌入的标签揭示了它们的语义联系,或许暗示着互相联系的原因。此外,这些图谱还可揭示出当今学术界研究的科学领域,以及在各领域中具有代表性的人物、出版物、机构、地区或国家。知识的演化可以通过一系列时间序列图展示出来。尽管只依据当前的数据所绘制的图谱不能预测其研究进路,但它们在掌握丰富信息的分析人士那里是非常有用的。通过观察年复一年的变化,趋势被探测出来。这些图谱由此变成预测工具。另外,一些共引图谱中包含核心文献,因此即使是一个新手,也能立即识别出那些经典的著作和文章。

14.5.1 相关理论和技术

在科学图谱领域中,已经有许多学者提出开创性的理论、技术和应用,包括共词分析、作者共被引分析、文献共被引分析等。美国科学信息研究所(Institute for Scientific Information,ISI)的加菲尔德和斯莫尔通过引文分析绘制了科学图谱。米歇尔·卡隆(Michel Callow)和他的同事用共词分析追踪科学文献的变化。

共词分析方法从词的共现模式中提取更高层结构,其在科学计量学领域已经有很成熟的发展,该领域主要进行与科学技术指标有关的科学定量研究。共词分析的结果一般用概念网络展示,共词分析的历史中包含一些非常有趣的哲学和社会学内涵。

共词分析支持者的一个关键性的观点是,科学知识不仅产生于专家共同体内部。专家共同体是指独立地确定研究问题、界定所用的知识和方法的群体。专家共同体的专业领域可以通过科学文献中的引文分析确定,而共被引分析就是在这种情况下发展起来的。1976年,斯莫尔提出在科学领域中存在社会认知结构的问题,并指出了利用专家知识的困难——

专家都是有偏见的。共词分析则提供了一种"客观"的方法,不需要借助领域专家的帮助。

人们用 Leximappe 一词定义这一类概念图谱,其关键概念包括顶点(poles)和它们在概念图谱中的位置。顶点的位置是由中心性和密度决定的,中心性反映了结构的容量,密度反映了顶点内部的连贯性,两个顶点之间的关联强度反映它们之间的共现强度。它以共词的方法构建关系,形成了概念网络。Leximappe 将共词分析转变成社会科学家的有用工具,并结合著名的行动者网络理论,进行大量实证研究。这类图谱的具体类型有包容图和临近图。共词分析测算科学文献中关键词的包容度或临近度,并用包容图或临近图绘制科学知识图谱。近来,共词分析进一步发展,已经开始引入人工神经网络技术,如可以展示文本中的模式和趋势的自组织图谱。

20 世纪 80 年代,怀特和格里菲斯提出作者共被引分析方法,用来描绘知识结构[21],后来这一方法成为引文图谱领域中应用广度仅次于文献共被引分析的一种方法。这类共被引分析中的分析单元是作者以及他们在科学文献中所反映出的知识联系。这种以作者为中心的视角,开创了一种可以与文献共被引方法相提并论的挖掘知识结构的新方法。特别是当文献共被引网络太过复杂时,作者共被引网络为文献共被引分析提供了一个非常有用的替代。

作者共被引分析的第一步是确定共被引分析方法的研究范围和研究焦点。原始数据要么直接拿来分析,要么首先转换成共被引相关矩阵,后者更常见。显示方面,一般将多维尺度分析与聚类分析或最小主成分分析(PCA)联合起来使用。分组方法上,通常运用层次聚类法。图 14-14 说明了标准共被引分析的一般流程。例如,用多维尺度分析确定节点的位置;用单联通聚类或全联通聚类方法进行聚类,有时也用主成分分析方法代替聚类。具体实践过程中,一些研究者会选择直接分析原始共被引数据,而有些研究者则更愿意使用相关矩阵进行分析。分区的目的是将全域视图切分成更易于处理的局域视图,同时使得图谱变得更容易理解。最后,在图谱中附加引用次数和共被引强度等信息,以使图谱的信息更清晰、明确。

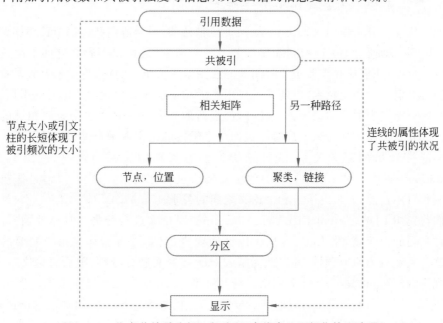

图 14-14　作者共被引分析一般流程(虚线表示可视化的可选项)

图片来源:文献[18]

与作者共被引网络相比,文献共被引网络能表征更具体的信息,因为在共被引作者网络中会合并同一作者不同论文的参考文献。同样,文献共被引网络比期刊共被引网络更详细。这种不同特征被归因于网络的"颗粒度"。结构变化的测量需要考虑颗粒度因素,因为不同等级颗粒度的网络将导致结构变化的不同度量。

绘制科学图谱时,即使是用最新的数据,也只能生成曾经的研究前沿图谱。出于出版周期的原因,当期刊出版的时候,研究重心可能已经转移了。除非从专业知识角度,一般这些图无法预见还未成真的重大研究事件或者暗示未来可能的走向。然而,当把数据从一年前扩展到十年前或更早时,文献共被引网络的图谱为我们了解正研究的领域提供了一个历史的,甚至是历史学的视角。

已经有很多关于引文网络可视化的研究,如 Brandes 等[22]提出的一种带有地形图的引文网络可视化技术,该技术将被许多论文重点引用,它还将具有类似引用模式的论文排列得更近。这使得能很容易地找到中心论文和具有类似引用模式的论文群。Lee 等[23]提出一种可视化技术,它将混合分布模型应用于标题和关键词,然后估计其主题,最后按主题和出版年份显示论文。Matejka 等[24]根据每年的引用次数对论文进行排序,并将其置于显示的中心位置。它可以可视化多达八代的引用。此研究将论文对应的节点按时间序列顺序放置,以表示引文网络的结构。Dunne 等[25]提出了引文网络和论文摘要的综合可视化。用户可以同时查看引文、基于引文数的排名,以及基于引文结构的图聚类所产生的集群中的论文摘要。

如今,文献共被引网络已经成为衡量学术影响力的最关键的指标之一,在绘制科学图谱的历史上具有重要位置。多种引文分析的方法都得到广泛应用,它们被用来提取科学文献中的引文模式,而这些引用模式可以洞察出一个无形的知识结构。下面介绍两项文献共被引网络的工作,以图谱的形式可视化研究前沿。

14.5.2 基于主题和引文网络的研究论文可视化

对于刚从事研究工作的人来说,文献调研并非易事,因为他们并不都擅长根据调研确定合适的关键词。即便有 Google Scholar 等著名搜索引擎,他们也不容易立即了解论文在其研究领域的位置;他们往往需要很长时间才能找到学术文献。另外,许多研究人员提出了用于文献调研的引用可视化技术,但通常需要用户手动指定他们想找出的论文的引用,而这往往又需要用户能确定适当的关键词。此外,许多新的研究领域是由多个研究领域的融合而形成的。研究人员需要从组织上理解涵盖如此多领域的论文在融合过程中的关系。而了解跨越多个研究领域的复杂关系,或者遍历他们感兴趣的关系,仍然比较困难。因此,Nakazawa 等[26]提出一种基于主题聚类的引文网络可视化技术,用户可以通过该技术跟踪研究领域和引用情况,并最终了解相关论文之间的关系。

他们首先用 LDA(Latent Dirichlet Allocation)对论文进行分类。具体地,将每篇论文视为各种主题的混合物,将 LDA 应用于论文摘要集以估计主题,计算每个摘要的主题分布。将这些主题视为研究领域,并以此为基础对所有论文进行分类;随后将论文视为节点,将引文视为有向边,构建一个引文网络。应用一种混合力导向和空间填充的图形绘制算法[27]排列节点,计算每个论文对应的节点位置,节点的显示大小与引用次数成正比;在上述过程之后,通过应用边捆绑算法对引文对应的边进行总结。由于引文网络有所谓的"引用"和"被引"的方向性,此工作将边的引用画成亮粉色,将边的被引用画成深粉色,以表示边的方向性。他们为节点分配色调，控制亮度以表示边的方向。如图 14-15 所示，用与出版年份相对应的颜色刻度绘制节点。

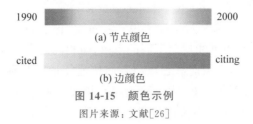

图 **14-15** 颜色示例

图片来源：文献［26］

　　图 14-16 展示了系统的用户界面。窗口的左边是绘图空间，右边是两个选项卡。其中一个选项卡提供了各种 GUI 小工具。用户可以通过使用图 14-16(1)、(3)所示的 GUI 小工具缩放和移动视图，切换边捆绑模式，并设置其阈值。当用户点击特定论文对应的节点时，该技术会在另一个选项卡的面板上显示该论文的详细信息，如 ACM 标识符、标题、作者、年份和摘要。同时，它突出显示被点击节点的边，以及与被点击节点相连的节点的边。这个边高亮功能适用于两个节点，这样可以比较每篇论文的引用情况。对于研究新手来说，仅通过观察引文网络，很难找到他们应该首先阅读的论文。这类用户可以通过选择一个研究类别或输入一个关键词过滤显示的论文。当选择用户感兴趣的研究类别时，显示中心将放大该研究类别的节点群。另外，当用户在图 14-16(2)所示的文本输入部件中输入关键词时，结果只显示标题包括该关键词的论文。当用户想调查会议或研究领域的全部内容时，可以先进行概述，然后通过选择类别或输入关键词缩小重点集群。用户可以跟踪重点集群的捆绑包，然后转而关注其他集群。如果用户想研究各自的论文，也可以通过此过程缩小重点论文的范围。如果用户点击一个论文节点，它的引文边就会突出显示。用户可以沿着这些边并跟踪它们。

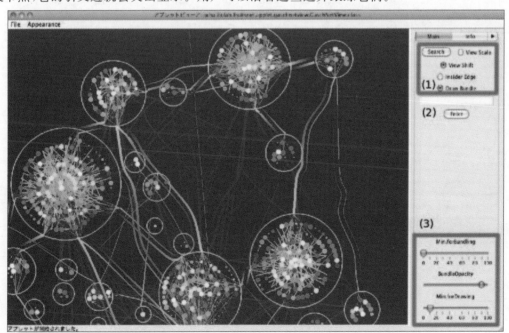

图 **14-16** 基于主题和引文网络的研究论文可视化系统用户界面

图片来源：文献［26］

14.5.3 借助可视分析促进学术文献中的偶然发现

做文献检索时，通常会在 Google Scholar 上搜索特定关键词或检查一些初始代表性论文的引用。这些方法对于学术文献综述来说至关重要，但有时类似的工作（mixed-initative 方法和 model-steering 方法）可能使用不同的术语，而相同的术语在不同领域的含义也完全不同（transformer 在电子学中指能够在电路之间传递能量的某种设备，而在计算领域则指一种基于注意力机制的神经网络模型）。这对识别相关文献构成了挑战。Narechania 等[28]提出了 VITALITY 系统作为已有文献检索方法的补充。借助 transformer 语言模型，系统能帮助用户在给定的一个论文或摘要列表的词嵌入空间发现语义上相似的论文，从而促进对相关文献的偶然发现。VITALITY 使用降维将文档级嵌入空间可视化为交互式二维散点图。VITALITY 还总结了有关文档语料库或搜索查询的元信息，包括关键字和合著者，并允许用户保存和导出论文，以便在文献综述中使用。

VITALITY 的界面由论文集视图、相似搜索视图、可视化画布、元数据视图和保存论文视图等构成（见图 14-17）。论文集视图以交互式表格布局显示整个论文集，显示论文集的概览（可见论文的数量）以及用于全局搜索、显示隐藏列、将论文列表加入相似性搜索的表格中等 UI 控件。相似性搜索视图提供了相关选项，用于查找与一篇或多篇给定论文或正在进行的工作标题和摘要相似的论文。可视化画布显示了整个论文集嵌入空间的二维 UMAP 投影。保存论文视图显示了一个表格，其中的论文被添加到"购物车"中，后面可以将其导出为 JSON。

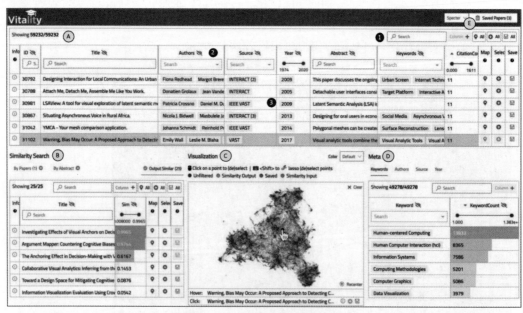

图 14-17　VITALITY 界面设计

图片来源：文献[28]

图 14-18 展示了 VITALITY 的处理流程，首先对 DBLP 数据进行相关性过滤；随后通过一个 Scraper 从给定的一系列 URL 地址抓取论文在出版社的页面，提取摘要、关键词和引用数等信息，最后与 DBLP 里的作者和题目等元信息关联；接着对数据进行清洗，消除重

复关键词等;在此基础上创建文档的 Glove 和 Specter 嵌入;将数据导出为各种不同的格式以方便后续开源使用;最后,服务器提供一个 RESTful 的 API 供交互系统进行渲染调用。

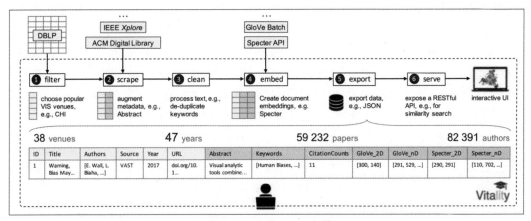

图 14-18 VITALITY 架构

图片来源:文献[28]

14.5.4 探索学科交叉和演化情况

鉴于收集大量科学文献数据的难度降低,挖掘文献元数据中包含的信息已成为一个重要的研究课题。此外,揭示科学的演变及其子领域之间的交叉,对于理解学科特点、发现新课题和预测未来至关重要。目前的工作要么侧重构建科学的框架,缺乏互动、详细的探索和解释,要么侧重较低的主题层面,缺少高层次的宏观视角。基于此,Li 等[29]设计并实现了一个层次可视分析系统 Galaxy Evolution Explorer(Galex),帮助分析人员更好地理解某个学科的演化和交叉规律。

如图 14-19 所示,系统设计遵循"总体概览为先,缩放和过滤次之,最后按需提供细节"

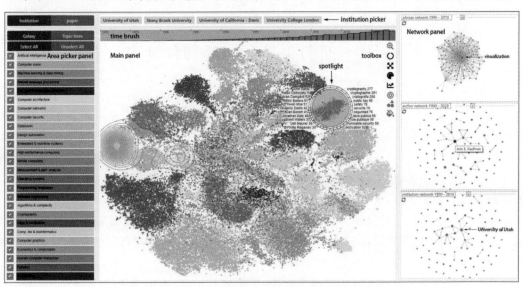

图 14-19 学科交叉演化可视探索系统 Galex 的界面设计

图片来源:文献[29]

的设计原则,从学科的层次提供关于计算机科学的概览,每个类别对应一种颜色机制,其中每个区域用不同的色相区分。用户可以通过区域选择工具选取感兴趣的一个或多个区域进行分析。作为核心,主面板提供对演化和交叉的层次性分析,并通过 3 个层不断细化数据描述的粒度。网络面板包含 3 个网络,提供对选定区域结构的不同角度解释。

Galex 处理流程如图 14-20 所示,数据集里文献的题目、关键词和摘要首先通过 TopMine[30] 进行词删除、词形还原和提取关键短语预处理;再通过 Doc2Vec[31] 生成文档向量;接着采用 t-SNE 进行降维。这样处理后,具有相似语义信息的文献将会放在附近区域。这些步骤都离线进行,这样就得到了文献布局,用于后续的可视探索和知识发现。

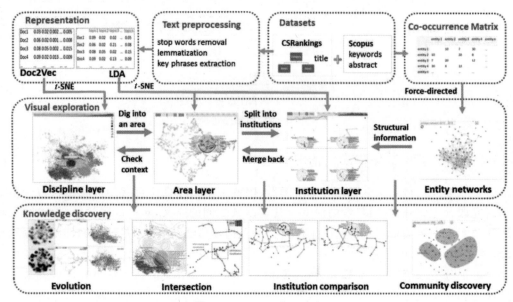

图 14-20　Galex 处理流程

图片来源:文献[29]

◆ 14.6　案例:面向主动学习的解释性可视化框架

可视化已经渗透到人们的工作和生活中。与此同时,我们也看到一种平民化的可视化,有很多人创建和发布数据可视化。因此,我们需要具备创造性和创新技能的人来开发清晰且信息丰富的可视化内容。我们当然希望拥有有创造力、对设计充满热情、对创建数据可视化解决方案充满激情的可视化专业人士和爱好者。我们需要能够应对新挑战并设计适当解决方案的独立创造性思考者。因此,有必要开发教学方法,使学习者能够独立思考并应用他们已经获得的知识[32]。特别是对于数据可视化的研究,以及计算机科学的所有领域,学习者需要发展他们的创造性技能。事实上,我们需要一个框架来培养和磨炼支持创造性设计的技能,促进对实施更有效可视设计的替代解决方案的思考,并培养高等教育学习者的批判性评估。

在高等教育中教授创新技能有很多好处;最重要的是,学生更善于思考问题,考虑替代策略,最终创造更有效的解决方案。虽然创造力在高等教育的各个学科中都是隐含的,但在教学中很少讨论或促进创造力。在课程中整合创造性练习的挑战之一是(本质上)创造性思维是一个定义不清的问题。没有一个答案,这不仅让学生(通常不习惯发散思维的学生)更难创建自己的评估,而且隐含地让老师更难判断和评分。

14.6.1　发现阶段

培养创造性思考者面临的一个重大挑战是,创造性问题本身往往是病态的,它们"模糊、易变,不易形式化"。这给学习者和教育者带来同样的负担;不仅因为学生难以回答创造性问题,或者他们不知道如何将问题分解成更小的部分,而且他们也更难评分。当老师要求学生"使用GridBagLayout 在 Java 中构建计算器应用程序"时,问题是收敛的,几乎没有设计创意的空间。但是,当问一个更开放的问题时,没有一个正确的答案,也没有很大的解释空间。

虽然教育者不应该回避提出不同的问题,但他们面临着一个困境。一方面,他们不应该期望学习者仅通过要求他们"构建一个解决方案"来开发自己的策略。另一方面,他们不应该说"使用此规范构建此工具",因为这会使他们无法充分发展自己的技能。我们需要的是一个框架,引导学习者完成关键阶段,同时为他们提供探索和设计自己富有想象力的解决方案的自由。这个框架能在规范性和为学习者提供创造性自由之间提供平衡。

人们创建可视化来探索数据中未知的关系,展示实验结果,目的是理解统计数据,说明和解释过程。呈现和解释性可视化之间存在着微妙而明显的差异。首先,解释性可视化的目标是教育。而可视呈现则用于辅助教授和提高技能。其次,解释性可视化的重点是阐述概念或过程,而不是数据集。最后,是阐明发生了什么,为什么会发生,以及它与其他原则的关系。研究人员已经开发了各种调查性工具和交互系统,以帮助用户探索和理解底层数据。同样,在许多科学中也大量借助可视化手段以清晰和有意义的方式呈现结果。然而,关于解释可视化的研究很少。

14.6.2　解释阶段

除传统的"粉笔＋讲授"的课堂教学外,还有许多不同的策略来指导学生的学习。比如像翻转课堂和混合式学习等策略已成功应用于一系列学科。一些特定学科的方法也开始出现,例如,在没有计算机的情况下练习计算技术。无论采用哪种方法,目的都一样:提高学生对该领域的知识,发展他们的技能。由于学生对特定学习风格的偏好不同,作为教育者,我们需要灵活变通。

而通过主动学习,学生可以参与学习的整个过程,而不是被动地倾听。这是教授创造性技能的一种特别有效的方法。学习者积极练习,甚至失败,以便逐渐提高他们在相关活动中的熟练程度。事实上,学生需要一个可以接受失败的安全环境。他们需要了解自己能做什么、可能做什么的界限和可能性,并学习如何改善和适应自己的行为。创造性思维是一种可以教授的技能,但它需要学习者付出时间和努力。例如,如果在设计中使用素描,学生可能害怕将他们的想法写在纸上。然而,通过实践和形成性评估,他们可以对设计构思充满信心,并知道如何改进和从错误中恢复。然而,如果学习者只注重培养技能,而不是他们自己的倾向性和警觉性,那么他们就不会培养应对陌生挑战所需的心态。尽管主动学习技术早已有之,比如 Stasko[33] 使用动画作为学习辅助工具,Hundhausen 和 Douglas 评估使用可视化帮助学生学习算法的好处,而 Greenfoot(Greenfoot.org)等工具使用动画教授编程技能。

但是,大多数以前的工作只关注这些算法的设计和实现。

在创建解释性可视化的任务中,学生需要按照6个步骤进行,以培养正确的心态和创造性技能。

- 全面理解主题材料,如提供适当的解释;这是一种"看一个,做一个,教一个"的方法。
- 理解最终用户并与他们共情,以判断最终用户是否会通过他们的解释理解信息。
- 理解讲故事的技巧和故事发展情况。
- 调查替代故事,这样可以决定呈现信息的最佳方式。
- 简化并强调要点(使次要的要点不那么明显或忽略它们)。
- 学生需要编辑故事并决定提供什么信息。

14.6.3　构思阶段

研究和设计人员采用了一种特殊的主动学习方式——基于项目的学习。通过基于项目的学习(Project-Based Learning,PBL),学生应对挑战,类似真实世界的问题,通过高度参与和直接参与,运用各种技能做出决策和创造解决方案。PBL起源于20世纪初,John Dewey关于体验式学习的理论,Piaget的建构主义观点和Kolb的基于经验的学习系统,是一种在各个课程和教育水平上都在积聚动力的方法。

在他们设计的框架中,学生被赋予一个精确的目标(构建一个解释性的可视化)。而关于期望得到的结果则有意放开让学生就如何进行实现做出自己的解释,从而激发他们的创造性和创新。该框架允许并鼓励学生在此过程中做出选择。当学生做出选择时,他们会感到能够掌控过程,从而对学习采取更积极的态度。PBL使学习者能通过学习主题,发展他们的元认知和批判性思维技能,创造新的东西。然而,为了创造一个有效的基于项目的学习环境,需要向学生提供关于他们进展情况的反馈,他们需要能修改自己的想法,需要批判性地思考自己做了什么。因此,必须确保学生有足够的机会从同龄人和导师那里获得反馈。

14.6.4　实验阶段

研究和设计人员借鉴Kolb[35]的经验学习周期设计了一个正式的框架(见图14-21),将思考与修改(通过形成性反馈的改进)结合起来,通过设计草图、构建工具和反思作品,整合、体验和实践这些想法。该方法还能让学生了解Blooms分类法的整个过程,从知识到综合和评估。如图14-21所示,整个框架的形式结构由6部分组成,在每个阶段,学习者的工作都会进行形成性评估(教师在课堂环境中给出个人口头反馈),学习者会改进这个版本,并提交总结性评估。

研究和设计人员在一门计算机图形学与可视化课程上实验了所提出的框架。整门课程分为两个学期。在第一学期,学生首先要接受关于所有算法的传统授课,选择他们的主题并开始规划他们的可视化。40名学生从50个主题列表中选择,包括移动四边形/立方体、体绘制、光线跟踪、线性插值和传递函数的使用。因为每个学生都研究自己的算法,所以他们很容易地一起工作,交流设计思想,而不会出现剽窃的问题。在第二学期,学生开发代码并完成评估。下面以一个选择移动四边形2D分片线性轮廓算法的学生(Tom)为例,介绍一下具体实验过程:

- 研究。学生在网上阅读IEEE和ACM数字图书馆的书籍、论文和其他资源,以了解

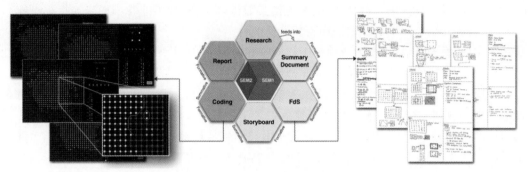

图 14-21 解释性可视化主动学习周期

图片来源：文献[36]

算法或技术。Tom 查看了 Lorensen & Cline[37] 的原始算法和其他论文。

- 总结文档。每个学生创建一个具有相同结构的两页算法摘要：历史、伪代码、数学、图表、应用程序、类似的技术、参考资料。这里有几个质量指标，从书面描述到图表的质量。图 14-22 显示了 Tom 两页总结报告中的一个图表，清楚阐明了算法的主要部分。

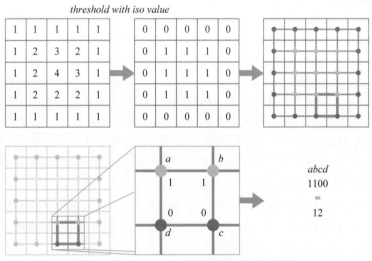

图 14-22 Tom 关于移动四边形的总结文档

图片来源：文献[36]

- 手绘设计。学生使用 Five Design-Sheet（FdS）方法[38] 绘制不同的可视化概念、3 种备选但可能实施的设计和实现的设计。他们的想法得到了形成性反馈。Tom 探索了 23 个想法，包括：应用阈值、匹配查找表中的大小写、从查找表中检索分段后将其插入精确位置、从一个体素移动到另一个体素的操作、解决歧义、从给定数据生成不同情况下的统计分析等。

- 故事板。学习者创建一个故事板来描述其解释性可视化的主要关键阶段。这进一步证实了他们对算法主要方面的了解。

- 代码。由于先修课程的要求，学生不得不使用 OpenGL 或 WebGL。然而，其他图形库也可以很容易地使用。在 3 个月的发展期，学生每周都会与学术导师会面，以获得关于他们进步的反馈。Tom 选择开发一个交互式 WebGL 应用程序。用户可以生成测试数据进行可视化(他努力使其随机,但过滤掉了非常小的未连接标量点),然后为每个体素生成索引和轮廓设置动画。

- **技术报告**。最后,学生就他的工作写一份技术报告,其中包括对他的成就的批判性评估和解释性的可视化,并向导师展示了他的可视化结果。

研究和设计人员对整个实验过程进行初步评估。学生完成一份包含 10 个问题的匿名问卷。他们收到积极和令人鼓舞的反馈。一名学生写道,"它将一个项目分解为逻辑步骤(设计-实施-评估)",另一名学生写道,"这是引导学生从理解、思考到实施的好方法"。两页的总结表让学生思考算法,导师可以确定学生是否真正理解算法! 如果学生感到困惑,可以给予额外的帮助。使用 FdS 方法进行素描,鼓励学生发挥创造力和想象力。虽然学生有机会重新提交每份 FdS,但只有两名学生决定重新提交。经过反思,他们认为学生会从计算机科学课程中的更多设计教学中受益,多次使用 FdS 将有利于学生学习。前几年,他们在这个模块中使用了一种更特别的设计和构建方法。而现在由 6 部分组成的结构开发出了更好的解决方案,而且成绩(平均)比前几年好。没有发现剽窃行为,学生从与他人讨论他的作品中获益:"你有机会……解释你在同一课程中与学生一起创造的算法"。

14.6.5 迭代阶段

结合实验阶段得到的反馈,研究和设计人员对上述框架原型进行了改进,重新定义了 6 部分:研究、报告、设计方案、计划、开发和反思。需要指出的是,学生从教学过程开始就知道他们将要做什么,这很重要。需要提供背景信息,如解释框架,重要的是学生的期望。管理学生的期望也很重要,学生需要意识到他们将开发自己的解释性可视化,并鼓励他们分享想法和概念。交代完背景,学生选择一个算法后,就可以按 6 部分依次展开活动。

- **研究**。目标是让学生深入理解算法。他们需要调研参考资料,包括书籍、论文、视频和其他资源,以便:①了解主题;②了解更多关于解释性可视化的信息,并查看其他人是否对所选算法做过任何改进。
- **报告**。目标是编写一份清晰、简洁的文件,从不同角度有效地传达信息,并总结重要信息。这份简明的、两页(约 1000 字)的报告由以下部分构成:摘要、历史、算法、数学、图表、应用、类似方案和参考。
- **设计方案**。目标是分析算法,进行创新,并设计不同潜在解决方案的草图。使用 FdS 方法,从许多最初的想法开始,将它们细化为 3 个,最后一个是(实现)设计,将实施。
- **计划**。目标是制定一个合适的解决方案,确定如何讲述故事,并确定故事的主要(关键)框架。对代码开发进行规划,并将其划分为可管理的部分(例如,使用 UML 或设计模式实现目标)。
- **开发**。目标是编码一个有效的解释性可视化解决方案,即不仅要考虑代码的语法,或者过程的语义,还要考虑描述的设计,它如何被设计为有效的,它的美学,以及它是否恰当地传达了故事。
- **反思**。目标是对工作进行批判性分析,并判断其是否符合目的,即对所完成的工作进行批评、评估和评估。这是通过创建一个 2000 字的报告完成的。

这 6 部分分为 3 个概念阶段(见图 14-23),每个阶段都包含传统课堂、实验活动评估和自学。研究和设计人员进行了一项可用性研究以评估新框架是否成功,并设计了一系列关于

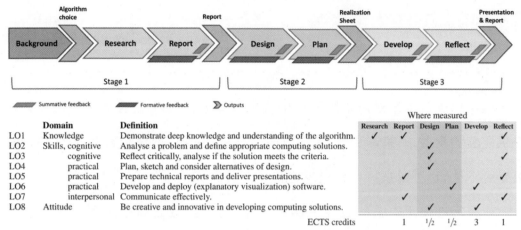

	Domain	Definition	Where measured					
			Research	Report	Design	Plan	Develop	Reflect
LO1	Knowledge	Demonstrate deep knowledge and understanding of the algorithm.	✓	✓				✓
LO2	Skills, cognitive	Analyse a problem and define appropriate computing solutions.			✓			
LO3	cognitive	Reflect critically, analyse if the solution meets the criteria.			✓			✓
LO4	practical	Plan, sketch and consider alternatives of design.			✓			
LO5	practical	Prepare technical reports and deliver presentations.	✓					✓
LO6	practical	Develop and deploy (explanatory visualization) software.				✓	✓	
LO7	interpersonal	Communicate effectively.	✓					✓
LO8	Attitude	Be creative and innovative in developing computing solutions.			✓		✓	
		ECTS credits	1	½	½		3	1

图 14-23　Tom 关于移动四边形的总结文档

图片来源：文献[39]

学生在知识、技能和态度方面取得学习成果的指标。

可用性研究的学生群体涵盖各种能力的学生，从受自然好奇心驱使的学业优秀的学生，到仅为了获得资格而参加的学生。通常，成绩不佳的学生认为学术作业与生活无关，因此不太可能参与。基于问题的学习自然会与任务相关。这可以通过分析学生的成绩来证明。当他们将使用 EVF 两年的学生平均成绩与不使用 EVF 三年的学生平均成绩进行比较（见图 14-24）时，发现不及格的学生更少，总体正态分布也变高了。当然，其中涉及很多因素；尽管如此，它还是EVF 使用的积极指标。EVF 被认为在 3 方面有影响作用：①PBL 的使用和解释性任务有助于吸引更多的学生。学生可以对任务产生同理心，看到与他们生活的相关性，并且可以将该项目作为简历中所做工作的一个例子。这种意识激励学生表现良好。②体验式风格意味着学生的发展和进步；他们开始意识到，可以尝试各种想法，当这些想法没有实现时，他们就会恢复过来。③导师/学生会议使学生能寻求建议和指导，并帮助学生保持正轨。

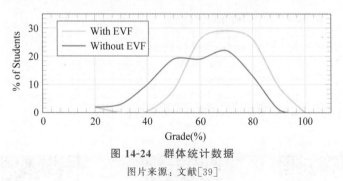

图 14-24　群体统计数据

图片来源：文献[39]

参考资料

图书资源支持

感谢您一直以来对清华版图书的支持和爱护。为了配合本书的使用，本书提供配套的资源，有需求的读者请扫描下方的"书圈"微信公众号二维码，在图书专区下载，也可以拨打电话或发送电子邮件咨询。

如果您在使用本书的过程中遇到了什么问题，或者有相关图书出版计划，也请您发邮件告诉我们，以便我们更好地为您服务。

我们的联系方式：

清华大学出版社计算机与信息分社网站：https://www.shuimushuhui.com/

地　　址：北京市海淀区双清路学研大厦 A 座 714

邮　　编：100084

电　　话：010-83470236　010-83470237

客服邮箱：2301891038@qq.com

QQ：2301891038（请写明您的单位和姓名）

资源下载：关注公众号"书圈"下载配套资源。

资源下载、样书申请

图书案例

书 圈

清华计算机学堂

观看课程直播